건축 적산 실습

조준현 이영호 조민석 공저

기문당

건축
적산
실습

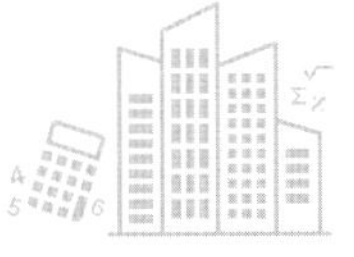

2001년 8월 10일 1판 1쇄 발행
2005년 8월 10일 2판 1쇄 발행
2012년 2월 29일 3판 1쇄 발행
2014년 3월 10일 4판 1쇄 발행
2016년 9월 5일 5판 1쇄 발행
2018년 2월 15일 6판 1쇄 발행
2023년 8월 25일 7판 2쇄 발행

저 자 조준현 이영호 조민석
발행인 강해작
발행처 기문당
주 소 서울시 성동구 무학봉 28길 4-1
전 화 02_2295_6171(代)~5
팩 스 02_6971_8188
출판등록 1976.10.7(1-44)
홈페이지 www.kimoondang.com
I S B N 978-89-6225-917-9 93540

머리말

건축공사를 하기 전에 정확한 공사비를 산출하여 확실한 공사계획을 세우고 공사비를 절감케 함으로써 경제적이고 합리적인 공사를 완성한다는 것은 건축업무 중 중요한 과정의 하나이기도 하다.

따라서 정확한 공사비를 산출하기 위해서는 신속·정확한 재료량과 품을 산출해야 하며, 이를 공부하고자 하는 학생이나 적산실무자 또는 각종 자격시험 준비자 여러분을 위하여 건축적산 실습을 저술하게 되었다.

이 책이 가지고 있는 특징을 몇 가지 든다면 다음과 같다.

첫째, 건축적산에 관련된 일반사항을 간략하게 수록하여 적산을 이해하는 데 도움이 되도록 하였다.

둘째, 적산업무 중 수량산출 과정이 가장 중요하고 또한 정확성이 요구되므로 각 공종별 수량산출에 대한 이론을 요약하여 설명하는 등 그 내용면에 많은 비중을 두었다.

셋째, 적산학은 이론도 중요하지만 이를 응용하여 실무에 적용되는 공부가 필요할 것으로 생각되어 적산실습문제를 가능하면 많이 수록하고, 이 문제에 대한 풀이를 이론과 접목시켜 알기 쉽게 수록하였을 뿐만 아니라 풀이 내용의 이해를 돕기 위한 해설을 붙이는 등 적산실습을 공부하는 데 보다 도움이 되도록 하였다.

넷째, 적산수량산출방법을 총괄적이고 체계적인 내용으로 공부하는데 도움을 주기 위하여 이 책의 부록편에 주택표준설계도(국토교통부 제정) 중 하나를 선택하여 실례로서 이 주택에 대한 공종별 수량산출 내용을 자세히 수록하였고 실습과제도 제시하였다.

이 책을 저술함에 있어 저자가 갖고 있는 다년간의 경험을 바탕으로 이론에 입각한 충실한 실습내용이 되도록 최선을 다하였으나 혹시 미비하고 불충분한 점 있으리라 사료되는 바, 그 점에 대해서는 차후 수시로 보완·교정하여 보다 좋은 책이 되도록 노력할 것을 다짐하고, 이 책이 다소나마 여러분에게 많은 도움이 되었으면 감사하겠다.

끝으로 이 책을 집필함에 있어 좋은 내용과 자료를 제공해 준 각 기관과 건축적산 분야 학자들의 업적에 대하여 경의를 표하며, 이 책의 출판에 협력해 주신 기문당의 강해작 사장님과 원고정리 및 도표작성 작업 등에 협력해 준 단아건축사사무소 직원 여러분에게 깊은 감사의 뜻을 표하는 바이다.

저 자

차 례

Chapter 01 총 론

Chapter 02 가설공사

Chapter 03 토공사 및 지정·기초공사

Chapter 04 철근콘크리트공사

Chapter 05 철골공사

Chapter 06 벽돌공사

Chapter 07 블록공사

Chapter 08 돌공사

Chapter 15 창호공사

Chapter 16 유리공사

Chapter 17 도장공사

Chapter 18 수장공사

부 록

Chapter 01

총 론

1.1 적산과 견적

적산(estimate)은 공사에 필요한 재료 및 품의 수량, 즉 공사량을 산출하는 기술활동이고, 견적(estimation, cost estimate program)은 그 공사량에 단가를 곱하여 공사비를 산출하는 기술활동이다.

적산은 건축에 관한 기초지식만 있으면 초보자라도 성의와 근면으로 이룰 수 있으나, 견적은 풍부한 경험, 충분한 지식, 정밀한 판단력 등이 있어야 한다.

오늘날에는 적산과 견적을 같은 의미로 서로 혼용하여 사용되는 경우가 많으나 공사비를 예측하는 모든 업무를 적산이라고 말하는 것이 통설로 되어가고 있다.

1.2 적산업무의 필요성

적산업무의 필요성은 다음과 같다.

(1) 건축주의 예산액을 세우고 조절하기 위한 자료로 활용하기 위해 필요하다.

(2) 설계자의 설계비 계산의 근거자료를 마련하기 위해 필요하다.

(3) 설계된 건축물의 시공에 필요한 비용, 즉 원가계산을 위해 필요하다.

(4) 입찰시 예정가격의 기초자료가 되고, 예산액 집행의 공정성을 점검 · 확인하기 위한 자료로 활용하기 위해 필요하다.

(5) 발주자가 예산액 범위 내에서 설계되었는지를 검토하는 데 필요하다.

(6) 건축공사중 설계변경에 필요한 자료를 얻기 위해 필요하다.

(7) 도급업자(시공자)가 시공을 진행하기 위한 공사비 산출, 시공계획서 작성, 하도급자에게 발주하는 공사수량 및 금액 결정의 자료를 만드는 데 필요하다.

1.3 적산작업의 과정

(1) 적산작업은 적산자(estimator) 한 사람이 전부를 맡아서 하는 경우와 여러 사람이 팀(team)을 편성하여 하는 경우로 대별되는데, 대개는 여러 사람이 업무를 분담하는 형태로 진행된다.

(2) 일반적인 적산작업 과정을 도표로 나타내면 그림 1.1과 같으며, 적산작업 과정에 있어 수량산출작업이 많은 비중을 차지하고 있으므로 수량산출을 어떻게 능률적으로 수행하느냐가 적산작업에 있어 최대 관심사가 된다.

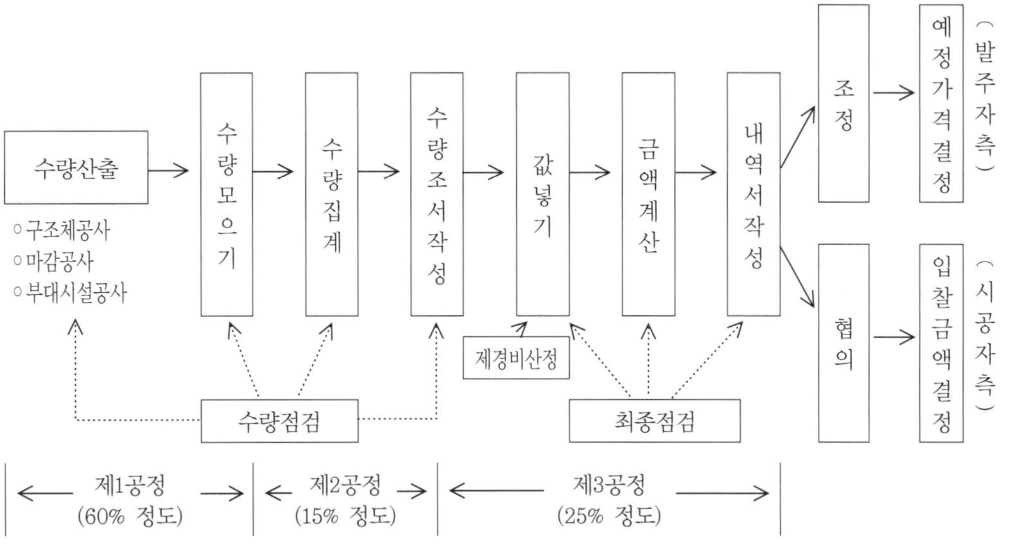

그림 1.1 적산작업 과정

1.4 적산작업시의 주의사항

(1) 설계도면의 매수 및 부수를 확인하고 추가 또는 변경된 도면이 있는지의 여부를 확인한다.

(2) 설계도 및 공사시방서를 정독하고 현장상황을 포함한 공사내용을 충분히 파악한 후 공사범위를 확인한다.

(3) 적산작업에 필요한 기준 및 자료 등의 비치 여부와 그 내용이 어느 정도 신빙성이 있는지 확인하고, 또한 수량계산서 및 집계용지의 서식과 공사비 내역서 양식이 사전에 결정되고 비치되어 있는지 확인한다.

(4) 모든 작업은 통일된 과정 및 적산순서에 따라 진행되도록 한다.

(5) 설계도 및 공사시방서에 명시되지 않는 사항으로서 공사에 관계된 사항에 대한 적산은 설계자 및 건축주(또는 발주자)와 협의하여 진행한다.

(6) 설계도에 따라 수량산출을 함에 있어 누락 또는 이중으로 산출, 계산 잘못(숫자 및 자릿수 틀림, 설계도면의 축척틀림 등), 문자의 잘못 읽기 등으로 인하여 착오를 일으키는 경우가 있으므로 이에 특히 유의한다.

(7) 산출된 수량은 설계수량(정미수량)과 소요수량의 구분을 명확히 하여 수량의 과다 및 부족현상이 발생하지 않도록 한다.

(8) 수량의 계산에 있어 소수점의 위치가 틀리지 않도록 하고 공사비 내역서 작성시 특히 주의한다.

(9) 재료 또는 노무의 단가는 공사량, 시공현장의 조건, 공사시기 및 지역, 공사기간 등 여러 조건에 따라 달라질 수 있으므로 이러한 여러 조건을 충분히 검토하여 단가를 결정한다.

(10) 적산이 완료되면 설계변경이나 기타의 경우에 대비하기 위해 구조와 마감별 또는 공정별 등 세부 항목별로 구분하여 적산내용을 종합 정리한다.

1.5 공사비의 구성

(1) 공사비(expenses of construction)라 함은 건축물을 완성하는데 필요한 모든 비용을 말한다. 그러나 건축공사비라고 하였을 경우의 공사비 개념은 설계비 및 감리비 등의 부대비를 제외한 공사 그 자체에 들어가는 비용을 가리키는 것이 일반적이다.

(2) 공사비는 공사원가와 일반관리비 및 이윤으로 구성된다. 공사비의 구성내용을 들면 표 1.1과 같다.

표 1.1 공사비의 구성

- 공사비
  - 공사원가
    - 재료비
      - 직접재료비(주요재료비, 부분품비)
      - 간접재료비(소모재료비, 소모공구 · 기구 및 비품비, 가설재료비)
    - 노무비
      - 직접노무비(직접작업에 종사하는 종업원 · 노무자의 노동력 대가인 기본급, 제수당, 상여금, 퇴직급여충당금 등)
      - 간접노무비(작업현장에서 보조작업에 종사하는 종업원 · 노무자 · 현장감독자 등의 기본급, 제수당, 상여금, 퇴직급여충당금 등)
    - 경 비
      - 현장관리비(전력비, 운반비, 기계경비, 특허권사용료, 기술료, 연구개발비, 품질관리비, 가설비, 보험료, 안전관리비, 소모품비, 여비, 교통비 등)
  - 일반관리비
    - 공사원가×일반관리비율(%) (일반관리비율은 공사원가금액에 따라 5~6% 범위 내임)
  - 이 윤
    - (공사원가+일반관리비)×이윤율(15%까지), 부가가치세−공사비×10%

1.6 명세견적과 개산견적

1.6.1 명세견적

명세견적(detailed estimate)은 완비된 설계도서 · 현장설명 · 질의응답 또는 계약조건 등에 의하여 정밀히 적산하여 공사비를 산출하는 것을 말한다. 보통견적이라 하면 명세견적을 말한다.

명세견적을 정밀하고 상세하게 견적한다 하여 정밀견적 또는 상세견적이라고도 한다.

1.6.2 개산견적

개산견적(preliminary estimate, rough estimate)은 설계도서가 불완전하고 또한 정밀 산출시간이 없을 때에 하는 것을 목적으로 건축물의 용도 · 재료 · 구조 · 공법 · 마무리 정도 등을 검토하고 과거의 비등한 건축물의 실적자료 또는 통계자료 등을 참고하여 공사재료량 및 공사비를 개산적으로 산출하는 것을 말한다.

개산견적은 상세한 수량을 산출하기 전에 대략적인 수량을 파악하기 위하여 또한 명세견적을 한 후에 검토하기 위한 자료로 개산견적이 이용된다. 그리고 공사입찰의 경우에도 견적기간이 짧다던가 입찰자가 전체를 상세하게 견적할 수 없는 경우에 이 개산견적이 이용되기도 한다.

개산견적 방법을 분류하면 다음과 같다.

- 개산견적
  - 단위기준에 의한 견적
    - 단위면적에 의한 견적
    - 단위체적에 의한 견적
    - 단위설비에 의한 견적
  - 비례기준에 의한 견적
    - 가격비율에 의한 견적
    - 수량비율에 의한 견적

개산견적을 함에 있어 개산견적을 하고자 하는 건축물의 내용을 정확히 파악한 후 이에 비등한 대상 건축물을 잘 선택하여 실적공사비 등의 자료를 충분히 확보하는 것이 가장 중요하며, 대상 건축물 선택시 고려사항으로 대상 건축물의 내용(용도, 규모, 구조, 마감 등)과 공사시행 상황(대지조성, 공법적용, 공정 · 자재 · 노무관리 등)을 들 수 있다.

1.7 건축수량

건축수량(quantity of building)이란 건축물을 구성하는 각 부분을 각기에 적응한 단위를 붙여 놓은 수로써 정량적으로 나타낸 것을 말한다. 예를 들면 건축물을 건축하는 데 필요한 콘크리트는 ○m^3이며, 철근은 ○t, 벽돌은 ○매, 타일은 ○m^2 등이다. 건축수량을 내용면에서 구분하면 다음과 같다.

(1) 설계수량

설계도서에 표시된 치수에 의해 산출된 수량을 말하며, 정미수량 · 정미량 또는 실수량이라고 표현하고 있다. 이 정미수량은 노무단가 적용시 사용된다. 그리고 정미수량의 단위가 면적인 경우에는 정미면적, 단위가 길이인 경우에는 정미길이, 단위가 개수 또는 매수인 경우에는 정미개수 또는 정미매수라고 표현하기도 한다.

(2) 계획수량

가설공사 등 설계도에 표시되지 않는 공사는 시공계획에 의해 수량을 산출하게 되는데, 이와 같이 시공계획에 의해 산출되는 것을 말한다.

(3) 소요수량

설계도서에 표시된 치수에 의해 산출된 수량, 즉 설계수량(정미수량)에 시공현장에서 시공상의 소모 및 절단낭비 등에 의한 할증(loss)을 포함시킨 수량을 말한다. 이 소요수량은 자재단가 적용시 쓰인다. 그리고 소요수량의 단위가 면적인 경우에는 소요면적, 단위가 길이인 경우에는 소요길이, 단위가 개수 또는 매수인 경우에는 소요개수 또는 소요매수라고 표현하기도 한다.

1.8 표준품셈과 일위대가표

1.8.1 표준품셈

(1) 품셈이란 한 공사단위(예 ; 콘크리트공사인 경우 콘크리트 1m^{3}당)에 필요한 표준적 재료수량 및 노무량을 말하며, 이는 일반적으로 단가의 산출에 사용되고 있다.

(2) 표준품셈은 각 공종별로 표준적이고 보편적인 공법 및 공종을 기준으로 단위면적당 소요되는 재료수량 · 노무량 · 장비사용시간 등을 수치로 표시한 적산기준이다. 이 표준품셈은 정부에서 시행하는 공사에 대한 공사비의 적정산정을 위한 일반적인 기준을 제공하고자 정부가 1970년도에 제정한 것이다. 현재 국가, 지방자치단체, 공기업, 준정부기관, 기타 공공기관 및 위 기관의 감독과 승인을 요하는 기관에서는 표준품셈을 건설공사 예정가격 산정의 기초로 활용하고 있는 실정이고 표준품셈을 매년 개정 · 보완하고 있다. 따라서 표준품셈을 적용할 시에는 당해년도분의 표준품셈을 적용한다.

1.8.2 일위대가표

표준품셈에서 제시된 재료수량 및 노무량에 각각 해당되는 단가를 곱하여 재료비 · 노무비를 산출하고 또한 이에 소요되는 소모품비와 사용기재의 손료 등을 산출하여 이를 집계해서 단위당 공사비로 계산하는 것을 일위대가라 하며, 이를 알아보기 쉽게 표로 나타내는 것을 일위대가표라 한다. 일위대가를 복합단가라 하기도 한다.

일위대가표 작성방법은 건축공사 표준품셈을 근거로 하여 작성하며, 예시하면 표 1.2와 같다.

표 1.2 시멘트벽돌 1.5B 막쌓기 일위대가표

(1,000매당)

명 칭	규 격	단위	수량	단가	금액	비 고
시멘트벽돌	190×90×57	매	1,050			◦ 할증률 5%를 가산한 것임
시 멘 트		kg	178.5			쌓기모르타르 0.35m^2(배합비 1 : 3)에 대한 시멘트 · 모래량이며, 모르타르 재료 할증이 포함됨
모 래		m^3	0.385			
조 적 공		인	1.33			
보 통 인 부		인	0.47			
	(벽돌운반)	인	0.44			◦ 건물 1층에 대한 운반임 (2층 : 0.56인, 3층 : 0.74인, 4층 : 0.96인, 5층 : 1.19인이고 층고는 3.6m를 기준)
계	재 료 비					
	노 무 비					

비고 : 본품은 소운반, 모르타르 배합 및 비빔, 먹매김, 규준틀 설치, 정착철물 설치, 줄눈누르기 및 마무리 작업을 포함한 것이다. 줄눈너비는 10mm를 기준으로 한 것이다.

1.9 실적공사비에 의한 적산방식

(1) 정부에서 시행하는 공사뿐만 아니라 민간에서 시행하는 공사까지 표준품셈에 의하여 공사비를 산출해 왔다. 그러나 표준품셈 자체가 건설공사의 다양성을 충분히 반영치 못하고, 신공법 · 신기술 적용에 장애가 됨으로써 기술개발을 저해하는 등 많은 문제점이 지적되면서 적산제도 개선의 필요성이 제기되었다. 따라서 정부 및 민간에서 시행하는 일부 공사에 실적공사비에 의한 적산방식을 적용하고 있다.

(2) 위에서 언급한 실적공사비에 의한 적산방식의 개념을 정의하면 실적공사비란 발주자가 제시한 시방 · 품질 · 작업물량에 대해 입찰자(시공자)가 실제공사를 수행하기 위해 요구되는 시간 · 투입자재 · 생산성 · 노무계획 · 공정계획 및 관리상 필요한 정보 등 구체적인 작업측면을 고려하여 각종 자원(노무, 자재, 장비 등)의 제 원가를 도출하고 시장 경쟁원리에 입각하여 최종 공사가격을 입찰내역서에 제시한 공사가격을 말한다. 입찰자가 제시하는 공사비는 직접공사비, 간접공사비, 이윤 등이 포함된 가격이다.
이와 같이 도출된 공사비를 토대로 발주자는 입찰자의 내역서에 제시된 공사비를 심사하여 해당 사업의 낙찰자를 선정하고, 내역서에 제시된 시공단가는 장래 유사공사 발주시에 예정가격 산정의 기준단가 자료로 활용하는 것을 실적공사비에 의한 적산방식이라고 한다.

1.10 단 가

1.10.1 단가의 종류

단가(unit cost, unit price)는 낱개의 단위가격, 즉 단위당의 가격을 말하며, 그 성격에 따라서 여러 종류로 분류된다. 단가는 각각의 목적에 따라 건축비 예측에 사용된다. 단가의 종류를 분류하면 다음과 같다.

(1) 건축단가에 의한 분류

① 면적에 따른 단가 : 건축물 바닥면적의 평방미터당(m^2당) 또는 평당 가격을 말한다.

② 용적에 따른 단가 : 건축물 용적의 입방미터당(m^3당) 가격을 말한다.

③ 사용단위에 의한 단가 : 병동 1병상(bed)당, 학교건축물의 학생 1명당, 극장 1좌석당의 가격이다.

④ 호수에 의한 단가 : 아파트 · 연립주택 등의 1세대당 · 1호당의 가격을 말한다.

(2) 형태에 의한 분류

① 재료단가 : 철근 톤(ton)당, 목재 입방미터(m^3)당 등의 단가로서, 보통 재료비 자체

외 취급비용, 운반비 등을 포함시킨다.

② 노무단가 : 건축목공, 미장공 등의 1명 1일당 노무임금이다.

③ 복합단가 : 재료비와 노무비 및 소모품비, 기구기재의 손료 및 도급경비 등을 포함한 단가를 말하며, 이 단가는 주로 단위당 단가로 형성되는 일위대가로서 건축공사비 산출에 가장 많이 사용되는 단가이다.

④ 합성단가 : 여러 가지 복합단가가 합성된 단가이다. 즉 건축 각 부분의 바탕에서 표면마감까지를 포함한 부분별 견적방식으로 적용되는 단가이다.

1.10.2 단가의 결정방법

단가는 다음과 같은 방법을 적용하여 결정하게 되는데, 다음 4가지 방법 중 하나 또는 몇 가지 방법을 적용하여 비교 · 검토한 후 단가를 결정하는 것이 일반적이다.

(1) 기성건축물의 실적치에 의한 방법
(2) 시판되고 있는 가격정보에 의한 방법
(3) 전문업자의 직접 가격정보에 따르는 방법
(4) 품셈에 따르는 방법

1.11 재료 및 자재단가와 노임

1.11.1 재료 및 자재단가

재료 및 자재가격 결정은 거래실례가격을 기준으로 한다. 재료 및 자재가격의 정보원으로서 전문가격조사기관이 매월 발간하는 가격정보지(물가정보, 물가자료, 유통물가, 거래가격 등)가 있다.

이 가격정보지에는 수량이나 장소 등 기타 여러 가지 조건이 설정되어 있으므로 이에 대해 충분히 감안하여 적용하여야 한다.

1.11.2 노 임

노임은 관계법령(국가를 당사자로 하는 계약에 관한 법률, 통계법)에 의거 매년 상반기 및 하반기에 발표하는 "건설노임"을 적용한다. 이 건설노임에 없는 직종에 대한 노임은 이와 유사한 직종의 노임에 의하거나 한국엔지니어링진흥협회가 매년 공표한 "엔지니어링사업대가기준"에서 정한 기술자 노임단가를 적용한다.

1.12 할증률

1.12.1 재료의 할증률

공사에 사용되는 재료는 운반 · 절단 · 가공 · 시공중에 손실량이 발생하게 된다. 설계도서에 의해 산출된 재료의 정미량에 손실량을 가산하여 주는 백분율(%)이 재료의 할증률이 되며, 이는 재료에 따라 일정하게 정해져 있다. 따라서 재료의 정미량에 할증률을 가산한 수량이 재료의 소요수량(실소요량)이 된다. 재료의 할증률은 일반적으로 표 1.3의 값 이내로 한다.

표 1.3 재료의 할증률

① 콘크리트 및 포장용 재료

종 류	정치식의 할증률(%)	기타의 할증률(%)
시멘트	2	3
잔골재, 채움재	10	12
굵은골재	3	5
아스팔트	2	3
석분	2	3
혼화재	2	–

속채움 재료의 경우에도 이 값을 준용한다.

② 노상 및 노반재료(선택층, 보조기층, 기층 등)

종 류	할 증 률 (%)
모래	6
부순돌, 자갈, 막자갈	4
석분	0
점질토	6

③ 강재류

종 류	할증률(%)	종 류	할증률(%)
원형철근	5	대형형강	7
이형철근	3	소형형강	5
일반볼트	5	봉강	5
강판	10	평강, 대강	5
강관 (옥외수도용 강관 제외)	5	리벳 (제품)	5
고장력볼트 (H.T.B)	3	경량형강, 각파이프	5

이형철근의 경우, 해당 공사 또는 구조물의 시공실적에 따라 조정하여 적용할 수 있다.

④ 기타 재료

재료별		할증률 (%)
목재	각재	5
	판재	10
합판	일반용합판	3
	수장용합판	5
도료		2
벽돌	붉은벽돌	3
	시멘트벽돌	5
	내화벽돌	3
원석(마름돌용)		30
석재판붙임용재	정형돌	10
	부정형돌	30
레디믹스트콘크리트타설 (현장플랜트 포함)	무근구조물	2
	철근구조물	1
	철골구조물	1
현장혼합콘크리트타설 (인력 및 믹서)	무근구조물	3
	철근구조물	2
	소형구조물	5
졸대		20
텍스		5
석고판(못붙임용)		5
석고판(본드붙임용)		8
콜크판		5
단열재		10
유리		1
테라코타		3
블록		4
기와		5
슬레이트		3
타일	모자이크	3
	도기	3
	자기	3
	아스팔트	5
	리놀륨	5
	비닐	5
	비닐랙스	5
	크링커	3

1.12.2 품의 할증률

재료뿐만 아니라 품에 있어서도 할증률을 감안해야 하는 경우가 있다. 공사지역의 특수한 상황에 따라 작업에 상당한 지장이 있다고 보는 특수지역, 도서지역, 야간작업, 고층공사, 소규모공사(연면적 $10m^2$ 이하)는 기본품에 할증해 줄 수 있는데, 이때 할증해 주는 백분율(%)을 품의 할증률이라 한다.

1.13 건설기계의 손료

(1) 건축공사에 사용되는 건설기계로는 불도저, 굴삭기, 덤프트럭, 디젤파일해머, 콘크리트 믹서, 타워크레인, 용접기 등 여러 가지가 있다. 이러한 건설기계의 감가상각비, 유지수리비, 관리비를 측정하여 합산한 것을 건설기계의 손료라고 한다.
   ① 감가상각비 : 건설기계의 사용에 따르는 건설기계가치의 감가액을 말한다. 이를 상각비라고도 한다.
   ② 유지수리비 : 건설기계의 효용을 버리지 않도록 정기적으로 점검해서 정비할 때 드는 비용을 말하며 정비비라고도 하다.
   ③ 관리비 : 보유한 건설기계를 관리하는 데 필요로 하는 이자 및 보관 비용을 말한다.

(2) 건설기계의 손료는 건설기계의 경비산정시 적용된다. 건설기계의 경비산정은 건설기계 손료, 운전경비, 수송비의 합계액으로 한다. 특별히 필요할 경우에는 조립 및 분해조립 비용도 포함할 수 있다.
   ① 건설기계손료 : 상각비, 정비비, 관리비의 합계액이다.
   ② 운전경비 : 건설기계를 사용하는 데 필요한 다음 경비의 합계액이다.
      ㉠ 연료 · 전력 · 윤활유 등
      ㉡ 운전수 및 조수의 급여 또는 임금과 기타의 운전노무비
      ㉢ 정비비에 포함되지 않는 소모품비

1.14 재료의 단위중량

재료의 단위중량은 재료의 입경 및 습윤도 등에 따라 달라지므로 시험에 의하여 결정하는 것이 원칙이다. 그러나 일반적으로 표 1.4의 추정 단위중량을 운반비 산출 등에 적용한다.

표 1.4 재료별 단위중량

종 별	형 상	단위	중 량 (kg)	비 고
암 석	화 강 암 안 산 암 사 암 현 무 암	m^3 〃 〃 〃	2,600~2,700 2,300~2,710 2,400~2,790 2,700~3,200	자연상태 〃 〃 〃
자 갈	건 조 습 기 포 화	m^3 〃 m^3	1,600~1,800 1,700~1,800 1,800~1,900	자연상태 〃 〃
모 래	건 조 습 기 포 화	m^3 〃 〃	1,500~1,700 1,700~1,800 1,800~2,000	자연상태 〃 〃
점 토	건 조 습 기 포 화	m^3 〃 〃	1,200~1,700 1,700~1,800 1,800~1,900	자연상태 〃 〃
점 질 토	보 통 의 것 역 이 섞 인 것 역이 섞이고 습한 것	m^3 〃 〃	1,500~1,700 1,600~1,800 1,900~2,100	자연상태 〃 〃
모 래 질 흙 자 갈 섞 인 토 사 자 갈 섞 인 모 래 호 박 돌		m^3 〃 〃 〃	1,700~1,900 1,700~2,000 1,900~2,100 1,800~2,000	자연상태 〃 〃 〃
사 석 조 약 돌 주 철 스 테 인 리 스 강, 주 강, 단 철 연 철 놋 쇠 구 리 납 (鉛) 목 재 소 나 무 소 나 무 (적 송) 미 송	 STS 304 STS 430 생 송 재 건 재 건 재 건 재	m^3 〃 〃 〃 〃 〃 〃 〃 〃 〃 〃 〃 〃 〃	2,000 1,700 7,250 7,930 7,700 7,850 7,800 8,400 8,900 11,400 800 580 590 420~700	자연상태 KSD 3695 KSD 3695
시 멘 트 시 멘 트 철 근 콘 크 리 트 콘 크 리 트		m^3 〃 〃 〃	3,150 1,500 2,400 2,300	 자연상태
시 멘 트 모 르 타 르 역 청 재 (방 수 용) 물 고 로 슬 래 그 부순돌		m^3 〃 〃 〃	2,100 1,100 1,000 1,650~1,850	 자연상태

※ ① 부순돌 및 조약돌 등은 모암의 암질에 따라 결정해야 한다.
② 본 표에 없는 품종에 대해서는 단위 비중시험에 의한 측정결과치에 따르거나 문헌에 의한다.

제 1 장 총론(재료의 할증률 및 중량에 관한) 적산실습

실습 1 철근콘크리트 사무소 건축물(연면적 300m²)의 주요 재료수량을 설계도에 의하여 산출한 결과 다음과 같을 때 이에 대한 소요수량을 산출하시오.

재료별	레디믹스트 콘크리트 (m^3)	철근 (이형철근) (ton)	벽돌 (붉은벽돌) (매)	블록 (매)	목재 (각재) (m^3)	도료 (l)	유리 (m^2)	타일 (도기) (m^2)
수량	160	15	11,500	650	0.17	75	63	175

풀이 재료수량을 설계도에 의하여 산출한 수량은 정미수량이 되므로 소요수량은 정미수량에 할증률을 가산한 수량으로 계산한다.

재료별	레디믹스트콘크리트	철근(이형철근)	벽돌(붉은벽돌)	블 록
소요수량	$160+(160\times0.01)$ $=161.6m^3$	$15+(15\times0.03)$ $=15.45t$	$11,500+(11,500\times0.03)$ $=11,845$매	$650+(650\times0.04)$ $=676$매
재료별	**목재(각재)**	**도 료**	**유 리**	**타일(도기)**
소요수량	$0.17+(0.17\times0.05)$ $=0.178m^3$	$75+(75\times0.02)$ $=76.5l$	$63+(63\times0.01)$ $=63.63m^2$	$175+(175\times0.03)$ $=180.25m^2$

해설 재료에 대한 할증률은 "표 1.3 재료의 할증률"에 따른다.

실습 2 철근콘크리트 건축물의 구조체 크기 및 개수가 다음과 같을 때 전체 콘크리트의 체적과 전체 중량을 산출하시오.

기둥의 크기 : 45cm×60cm×3.8m, 기둥개수 : 60개

보의 크기 : 30cm×40cm×1.8m, 보 개 수 : 175개

풀이 ① 전체 콘크리트 체적(m^3)=(기둥의 체적)+(보의 체적)

$$=(0.45\times0.6\times3.8\times60)+(0.3\times0.4\times1.8\times175)$$
$$=61.56+37.8$$
$$=99.36m^3$$

② 전체 콘크리트 중량(ton)$=99.36(m^3)\times2,400(kg/m^3)=238,464kg$

$$=238.464t$$

해설 철근콘크리트의 단위중량은 2,400(kg/m^3)이다(표 1.4 참조).

실습 3 다음 재료의 수량에 대한 중량을 산출하시오.

① 자갈(건조) : 4m^3 ② 모래(건조) : 5m^3 ③ 점토(건조) : 8m^3

④ 미송(건재) : 12m^3 ⑤ 시멘트 : 18m^3 ⑥ 무근콘크리트 : 8m^3

⑦ 시멘트모르타르 : 6m^3

풀이 ① 자갈(건조)=1,700(kg/m^3)×4(m^3)=6,800(kg)

② 모래(건조)=1,600(kg/m^3)×5(m^3)=8,000(kg)

③ 점토(건조)=1,450(kg/m^3)×8(m^3)=11,600(kg)

④ 미송(건재)=560(kg/m^3)×12(m^3)=6,720(kg)

⑤ 시멘트=1,500(kg/m^3)×18(m^3)=27,000(kg)

⑥ 무근콘크리트=2,300(kg/m^3)×8(m^3)=18,400(kg)

⑦ 시멘트모르타르=2,100(kg/m^3)×6(m^3)=12,600(kg)

해설 각 재료의 중량은 단위중량(kg/m^3)에 수량(m^3)을 곱하여 산출한다. 여기서 단위중량은 "표 1.4 재료별 단위중량"에 따르며, 위의 각 재료 중량 산출에 있어 단위중량은 평균치를 적용한 것이다.

Chapter 02

가설공사

2.1 개 요

가설공사는 간접공사에 속하는 것으로 본 공사인 직접공사 수행을 위해 필요한 준비단계의 공사, 즉 본 공사에 보조적인 역할을 하는 공사라고 할 수 있다.

가설공사에 대한 적산은 발주자측에서는 가장 파악하기 어렵고 까다로운 적산의 하나인 반면 시공자측에서는 공사실시에 커다란 영향을 미치는 만큼 타 공사 못지 않는 면밀한 검토와 세밀한 계산이 필요한 적산의 대상이라고 할 수 있다.

2.2 가설공사의 분류

가설공사는 일반적으로 직접가설공사와 공통가설공사(간접가설공사라고도 한다)로 구분한다.

가설공사
- 직접가설공사 : 규준틀, 외부비계, 내외발판, 재해방지시설, 건축물 보양 · 먹매김 등 건축공사시 직접 필요로 하는 공사로서 특정의 공사를 위한 가설공사
- 공통가설공사 : 현장사무소, 가설창고, 가설울타리, 동력 · 용수 · 광열설비, 가설도로, 현장뒷정리, 기계기구, 시험조사 등 건축공사시 운영관리상 필요로 하는 공사로서 전체공사에 공통으로 사용되는 가설공사

2.3 가설공사의 적산 일반

(1) 가설공사는 공사시방서 및 시공계획도에 의하여 적산하고 가설공사의 종류별로 수량을 산출한다.

(2) 가설공사에 소요되는 재료비는 대부분 손료로서 계상한다. 손료는 공기별 손료와 사용횟수별 손료 중 택일하여 적용하되 공기 및 사용횟수는 전체공정을 감안하여 검토한 후 결정한다.

2.4 가설건축물

2.4.1 가설건축물 종류

(1) 가설사무소(도급자용, 감리자 또는 감독관용)
(2) 가설창고(시멘트창고, 자재창고, 기계기구창고)
(3) 작업헛간
(4) 가설숙소
(5) 실험실
(6) 가설화장실(이동식 화장실)
(7) 경비초소
(8) 식당 및 취사장

2.4.2 가설건축물 적산

(1) 공사시방서에 가설건축물에 대한 내용(규모, 구조, 설비 등)이 기재된 경우에는 이에 의하여 시공계획도(배치도, 평면도 등)를 작성하고 가설건축물의 소요면적을 산출하는 것이 일반적이다.

(2) 공사시방서에 가설건축물에 대한 내용이 기재되어 있지 않는 경우에는 현장소요직원수 및 공사투입인원 등을 산정하고 작업동선 등 현장여건을 파악하여 시공계획도를 작성하고 이에 의하여 가설건축물의 소요면적을 산출한다. 이 경우 소요면적을 직접 산출하기 곤란한 경우에는 공사장의 위치 및 공사의 정도·규모·기간 등에 따라 표 2.1에 의하여 가설건축물의 규모를 결정한다.

표 2.1 시설물 규모에 의한 가설건축물의 규모

종 별	본 건축물의 규모 단위	1,000m^2 이하	3,000m^2 이하	6,000m^2 이하	6,000m^2 이상
감독 · 감리자사무소	m^2	18	38	46	80
도급자(수급자)사무소	m^2	24	50	60	100
기타 자재창고	m^2	70	100	130	180

※ ㉠ 가설건축물 종류의 선택은 공사종류 및 규모에 따라 택한다.
㉡ 가설건축물은 공사의 성질과 소요재료의 수급계획에 따라 증감할 수 있다.
㉢ 가설건축물 부지 조성비용은 별도 계상한다.

(3) 시멘트 창고의 필요면적은 다음 식에 의하여 산출한다.

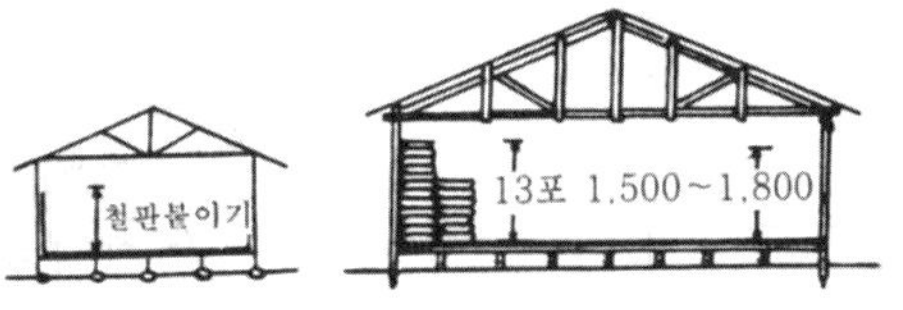

그림 2.1 시멘트 창고

$$A = 0.4 \times \frac{N}{n} (\text{m}^2)$$

여기서, A : 저장면적(m^2)
N : 저장할 수 있는 시멘트량
n : 쌓기단수(최고 13포대)

시멘트량이 600포대 이내일 때는 전량을 저장할 수 있는 창고를 가설하고, 시멘트량이 600포대 이상일 때는 공기에 따라 전량의 1/3을 저장할 수 있는 것을 기준으로 한다.

(4) 동력소 및 변전소의 필요면적 산출은 다음 식에 의하여 산출한다.

$$A = \sqrt{W} \times 3.3$$

여기서, A : 면적(m^2)
W : 전력용량(kWh)

(5) 목조 가설건축물 및 조립식 가설건축물은 사용개월수에 따라 구분하여 면적으로 산출하고 컨테이너형 가설건축물 및 이동식 화장실 등은 사용개월수에 따라 구분하여 개소로 산출한다.

2.5 규준틀 및 먹매김

2.5.1 규준틀

(1) 규준틀은 건축물의 위치, 기초깊이 · 폭 등을 결정하기 위하여 설치하는 가설물로서 수평규준틀과 세로규준틀로 구분하여 적산한다.

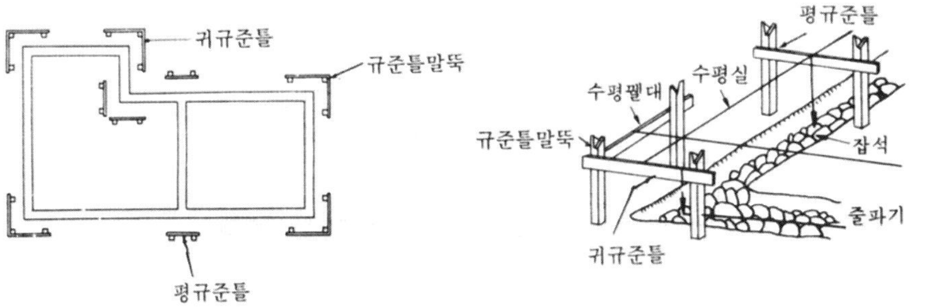

그림 2.2 규준틀

(2) 수평규준틀의 평면 배치도를 작성하여 설계도면(구조도)에서 기초의 위치가 모서리에 있는 것은 귀규준틀, 중간에 위치한 것은 평규준틀로 구분하여 수량을 산출한다.
(3) 규준틀의 수량은 설치하는 위치에 따라 개소로 산출한다.

2.5.2 먹매김

(1) 먹매김은 2층 이상(목수일이 비교적 적은 벽돌조, 철근콘크리트 슬래브조 등의 2층 이상)의 수평보기에 적용한다.
(2) 먹매김의 수량은 건축물의 연면적으로 산출한다. 여기서 연면적은 건축허가 면적이지만 거푸집 · 구조부 먹매김을 위한 연면적은 공사면적(정화조, 저수조 등을 포함한 실면적)으로 한다.

2.6 비 계

2.6.1 개 요

(1) 비계(scaffoldings, scaffold)는 2가지 이상의 공사 또는 작업을 위해 건축물 내 · 외부에 작업공간을 확보하기 위한 목적으로 설치하는 가설물로 다음과 같이 구분한다.

- 비계
  - 위치별
    - 내부비계
    - 외부비계
  - 재료별
    - 목재비계(통나무비계 또는 긴비계목비계)
    - 단관비계(강관비계)
    - 강관틀비계
  - 형태별
    - 외줄비계
    - 겹비계
    - 쌍줄비계
  - 용도별
    - 수평비계
    - 말비계
    - 비계다리
    - 달비계
    - 콘크리트타설 발판비계
    - 철골조용비계

(2) 비계는 공사의 규모, 작업내용, 중량물에 따라 비계의 구조를 결정하게 되는데, 근래에는 목재비계는 거의 사용하지 않고 철재비계(단관비계, 강관틀비계)를 많이 사용하고 있다.

2.6.2 내부비계

(1) 내부비계는 마감공사 작업을 돕기 위한 가설물로서, 수평비계와 말비계로 구분하며, 수평비계는 2가지 이상의 복합공사 또는 단일공사라도 작업이 복잡한 경우에 사용함을 원칙으로 하고, 말비계는 층고 3.6m 미만일 때의 경미한 내부공사에 사용함을 원칙으로 한다.

(2) 내부비계의 비계면적은 연면적(비계설치 바닥면적의 합계)의 90%로 계산한다.

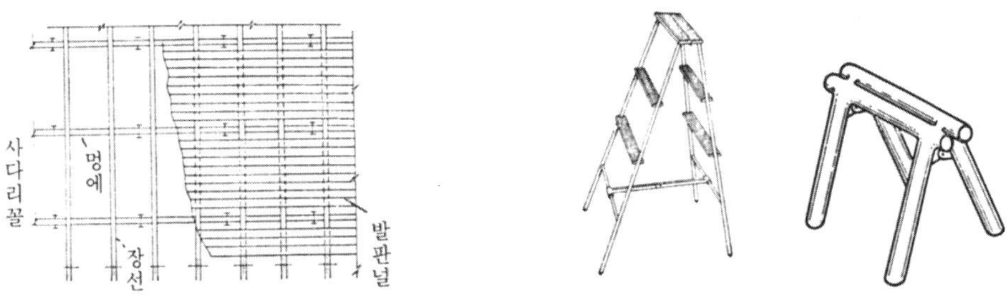

(수평비계) (말비계)

그림 2.3 내부비계

2.6.3 외부비계

[1] 외줄비계, 겹비계

(1) 외줄비계는 중·저층 건축물로서 조적공사(벽돌, 블록공사 등)의 경량재를 사용하는 공사에 사용하고 겹비계는 외줄비계로는 적재하중이 과다하여 보강이 필요한 공사에 사용한다.

(2) 외줄비계와 겹비계의 비계면적은 다음 기준에 의하여 산출한다.

① 목조일 때는 벽체 중심선에서 45cm 거리의 지면에서 건축물 높이(처마, 패러핏 상단)까지의 외주면적으로 산출한다.

외주면적(m^2)$=(L+8$개 코너$\times 0.45)\times H$

여기서, L : 건축물의 외주둘레 길이(m)

H : 건축물 높이(m)

0.45(m) : 벽체 중심선에서의 거리

② 철근콘크리트조 및 철골조일 때는 벽체 외면에서 45cm 거리의 지면에서 건축물 높이(처마, 패러핏 상단)까지의 외주면적으로 산출한다.

외주면적(m^2)$=(L+8$개 코너$\times 0.45)\times H$

여기서, L : 건축물의 외주둘레 길이(m)

H : 건축물 높이(m)

0.45(m) : 벽체 외면에서의 거리

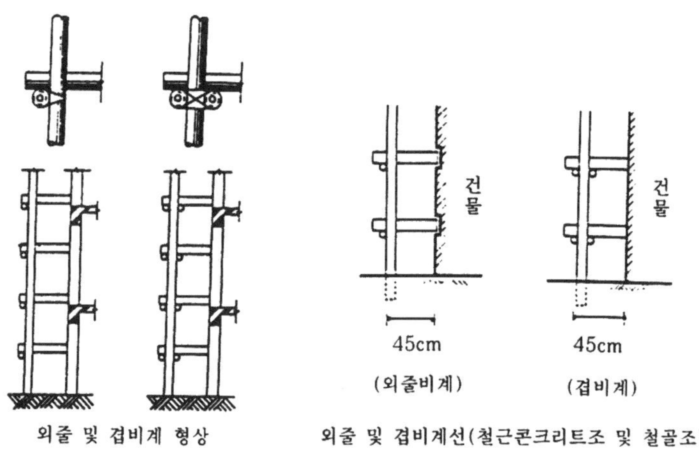

외줄 및 겹비계 형상　　외줄 및 겹비계선(철근콘크리트조 및 철골조)

그림 2.4 외부비계

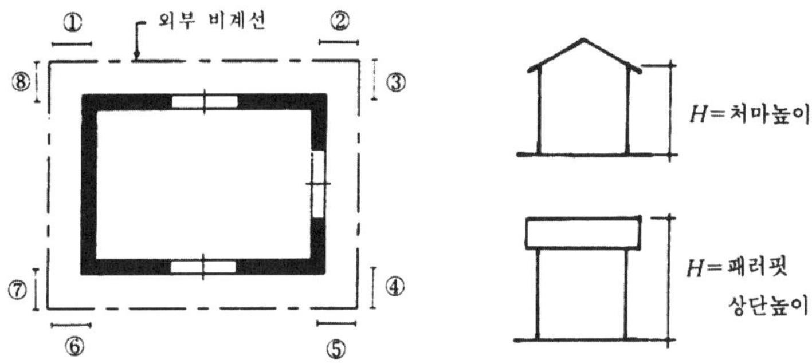

그림 2.5 외부비계선 및 코너

[2] 쌍줄비계

(1) 쌍줄비계는 외줄비계 또는 겹비계로는 작업이 이루어지지 않을 경우와 고층건축물 작업으로서 비계 위에 많은 자재를 놓고 작업하게 되는 미장공사, 타일공사, 석공사, 테라코타공사, 콘크리트공사 등의 외장공사에 사용한다.

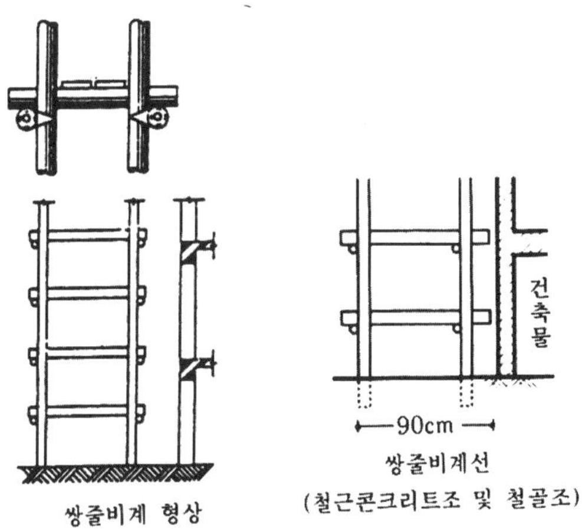

그림 2.6 쌍줄비계

(2) 쌍줄비계의 비계면적은 다음 기준에 의하여 산출한다.

① 목조일 때는 벽체 중심선에서 90cm 거리의 지면에서 건축물 높이(처마, 패러핏 상단)까지의 외주면적으로 산출한다.

$$외주면적(m^2) = (L + 8개\ 코너 \times 0.9) \times H$$

여기서, L : 건축물의 외주둘레 길이(m)
H : 건축물 높이(m)
0.9(m) : 벽체 중심에서의 거리

② 철근콘크리트조 및 철골조일 때는 벽체 외면에서 90cm 거리의 지면에서 건축물 높이(처마, 패러핏 상단)까지의 외주면적으로 산출한다.

$$외주면적(m^2) = (L + 8개\ 코너 \times 0.9) \times H$$

여기서, L : 건축물의 외주둘레 길이(m)
H : 건축물 높이(m)
0.9(m) : 벽체 외면에서의 거리

[3] 단관비계, 강관틀비계

(1) 단관비계는 고층건축물 작업으로 비계 위에 많은 자재를 적재할 때 또는 공사기간이 장기간일 때 사용하며, 일반건축공사에서 목재비계보다 많이 쓰이고 있는 비계이다.
(2) 강관틀비계는 단관비계보다 하중을 많이 적재할 때 또는 대규모 장기공사일 때 사용한다.
(3) 단관비계 및 강관틀비계의 비계면적은 벽체 외면에서 100cm 거리의 지면에서 건축물 높이(처마, 패러핏 상단)까지의 외주면적으로 산출한다. 여기서 단관비계는 단관복식으로 된 비계를 말하며, 단관외줄로 된 비계인 경우에는 [2] 쌍줄비계에 준하여 비계면적을 산출한다.

$$\text{외주면적}(m^2) = (L + 8\text{개 코너} \times 1.0) \times H$$

여기서, L : 건축물의 외주둘레 길이(m)
H : 건축물 높이(m)
1.0(m) : 벽체 외면에서의 거리

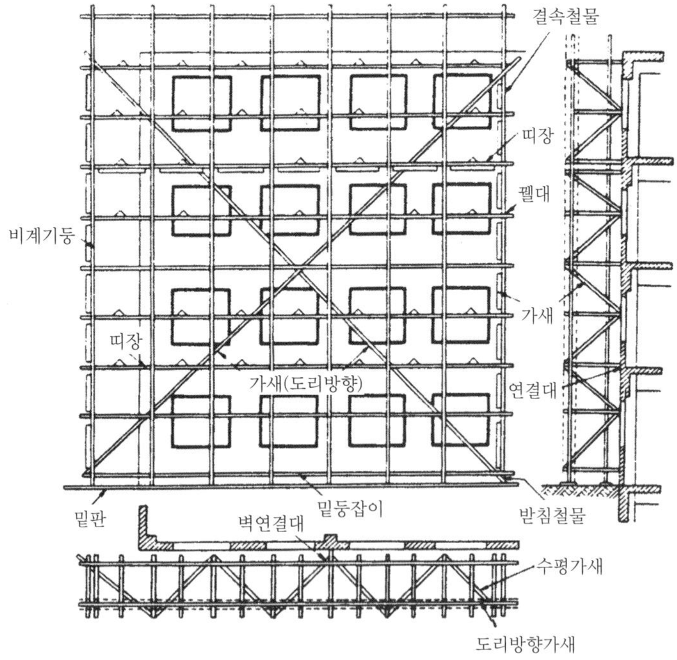

그림 2.7 단관비계

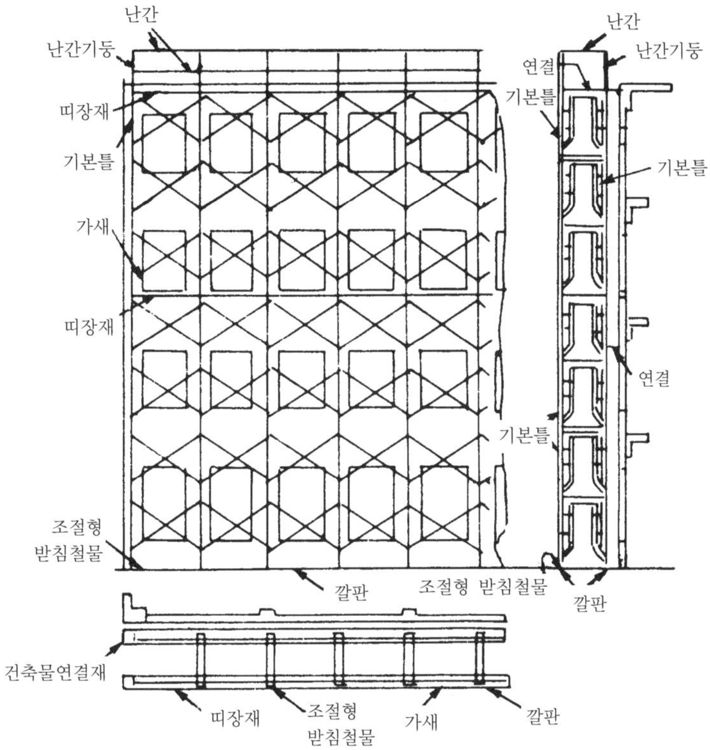

그림 2.8 강관틀비계

2.6.4 비계다리

(1) 비계다리는 작업자의 보행통로 및 자재 운반용 통로로서 사용하기 위하여 설치한다.

(2) 비계다리는 통나무비계다리(긴비계목 비계다리)와 강관비계다리로 구분하여 비계다리면적으로 산출한다.

(3) 비계다리 면적은 비계다리의 디딤판 연면적으로 산출한다.

$$\begin{aligned}\text{비계다리 면적}(S) &= (\text{경사디딤판 면적}) + (\text{계단참디딤판 면적})\\ &= (H/\sin 17°)\times 0.9 + (N\times 1.2)\times 0.9\\ &= \{(H/0.3) + (N\times 1.2)\}\times 0.9\end{aligned}$$

여기서, H : 건축물 높이(m), 0.9 : 비계다리 폭(m), 1.2 : 계단참 길이(m)

N : 계단참 개소수(계단참은 7m 높이마다 또는 층마다 설치하는 것으로 보아 계단참 개소수를 계산함)

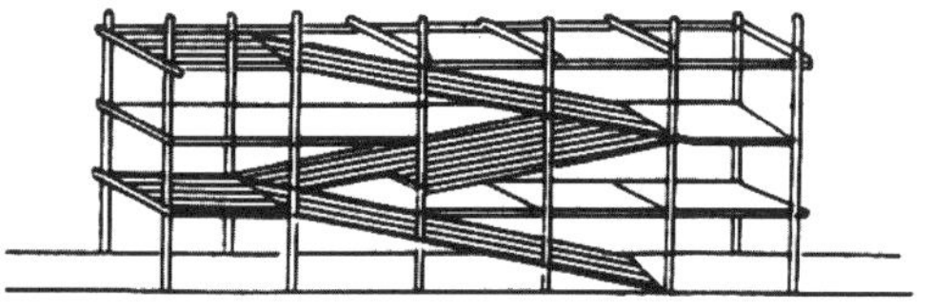

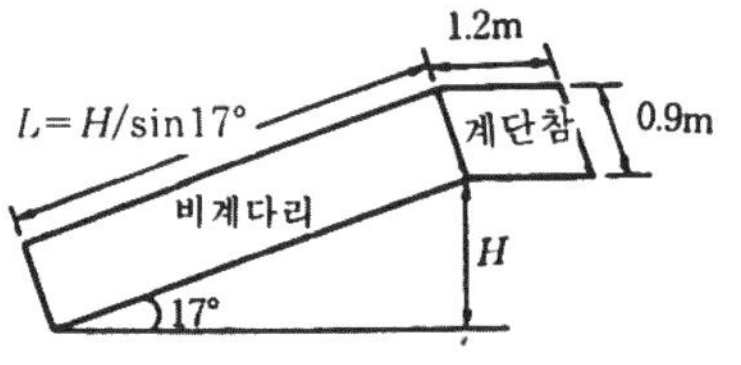

그림 2.9 비계다리

(4) 비계다리 설치 개소수는 건축물별로 1동의 건축면적이 1,600m²마다 1개소씩 설치하는 것을 표준으로 하여 산출한다.

2.7 건축물 동바리

(1) 동바리는 상부거푸집을 받쳐 콘크리트 타설시 변형을 방지하기 위한 받침대로서 재료에 따라 목재동바리, 철재동바리, 까치발동바리로 구분하여 적산한다.

(2) 목재동바리의 수량은 체적 계산으로 산출하며 체적 계산은 [공m^3]로 산출한다. [공m^3]의 체적은 상층바닥판 면적(발코니 등 돌출부 포함 면적)에 층높이를 곱한 것의 90%로 한다. 여기서 상층바닥판 면적을 산출함에 있어 상층바닥판에 개소당 $1m^2$ 이상의 개구부가 있는 경우에는 이 개구부 면적을 공제한다.

동바리 [공m^3]=상층바닥판 면적×층높이×0.9

또는 동바리 [10공m^3]=상층바닥판 면적×층높이×0.9÷10

(3) 철재동바리의 수량은 층고 4.2m 이하의 연면적(발코니 등 돌출부 포함 면적)에 90%로 하여 면적(m^2)으로 산출하며, 층고 4.2m 이상 또는 특수한 구조인 경우에는 설계한 내용에 따라 설계수량을 산출한다. 여기서 연면적 산출함에 있어 목재동바리와 같이 바닥판에 개소당 $1m^2$ 이상의 개구부가 있는 경우에는 이 개구부 면적을 공제한다.

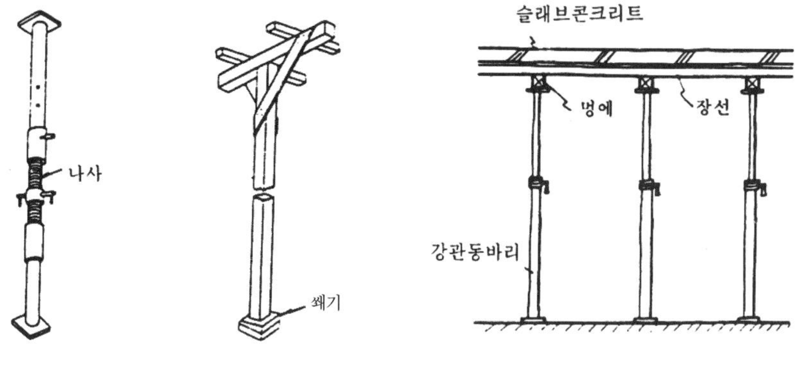

(a) 강관동바리(받침기둥) (b) 목재동바리(받침기둥) (c) 철재동바리(강관동바리) 설치 예

그림 2.10 강관 · 목재동바리

2.8 타워크레인

(1) 타워크레인(tower crane)은 자재를 달아 올리거나 수평으로 운반하는 것을 목적으로 하는 중량물 운반 장비로서 대개 전문임대업체로부터 임대하여 사용하는 것이 일반적이지만 보유 장비를 사용하기도 한다. 소요경비는 사용 개월수를 기준으로 하여 월별 임대료와 설치 및 해체에 대한 비용 또는 타워 자재운반 등을 포함한 제반 경비로 산출한다.

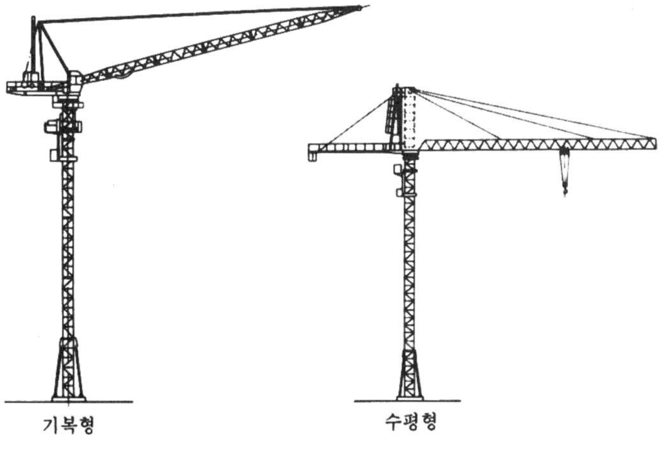

그림 2.11 타워크레인

(2) 타워크레인 선정은 소요경비와 관계가 있으므로 운반하고자 하는 건축자재의 중량과 운반거리 등을 고려한 적합한 것으로 선정하도록 한다(타워크레인이 점차 대형화되어 붐의 길이가 100m, 기중능력 600ton 정도까지 제작되고 있다).

2.9 낙하물 방지망

(1) 낙하물 방지망은 기존의 비계를 이용하거나 기존의 비계가 없을 때에는 구조체에 지지하여 작업인부의 추락방지 또는 상부로부터 낙하되는 물체에 대한 인명, 시설 보호를 위한 가설물로서 방지망의 재료에 따라 철망, 발, 방수포, 합판, P.V.C망 등으로 구분하고 또한 근래에 많이 사용되고 있는 조립식 알루미늄 방지망으로 구분하여 적산한다.

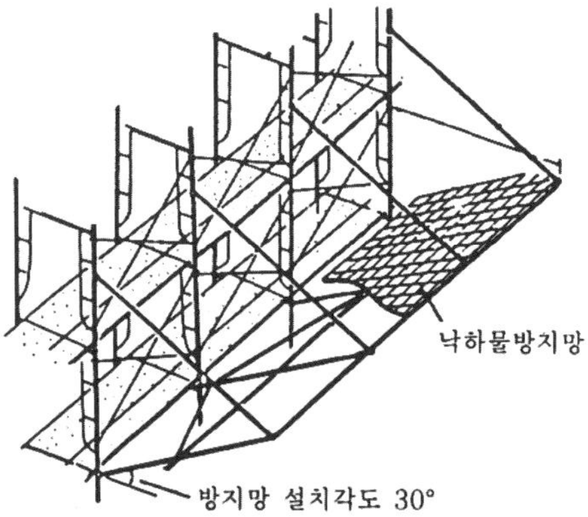

그림 2.12 낙하물 방지망

(2) 낙하물 방지망은 지상에서 높이 3.5m 되는 곳의 비계 바깥에 수평에 대하여 30° 정도로 경사지게 설치하고 또 필요한 부분에 높이 15m 이내마다 방지망을 설치하는 것으로 하여 적산한다.

(3) 낙하물 방지망의 수량은 1개소의 설치면적에 설치개소수를 곱한 면적(m^2)으로 산출하고 1개소의 설치면적은 다음과 같이 산출한다.

낙하물 방지망 설치면적(A)=망설치 필요길이(l)×망설치 필요 폭(W)

여기서 $W = \dfrac{W}{\cos 30^\circ} = \dfrac{W}{0.866} = W \times 1.1547 \fallingdotseq W \times 1.15$

따라서 설치면적(A)=망설치 필요길이(l)×수평폭(W)×1.15배

또한 건축물 주위 전체에 낙하물 방지망을 설치하였을 경우의 낙하물 방지망 수량 산출은 다음과 같다.

$$\text{낙하물 방지망 설치면적}(A) = \text{망설치 폭}(W) \times \text{망설치 길이}(l)$$
$$= 1.15 \times W' \times \{2(a+b) + 8 \times W\}$$
$$\text{또는 } A = (a+2W) \times (b+2W) - a \times b$$

여기서, W : 낙하물 방지망의 폭

W' : 낙하물 방지망의 수평폭(통상 3.0m 정도)

W : 1.15 × W'(통상 3.5m 정도)

l : 낙하물 방지망의 길이

$2(a+b)$: 건축물의 외주길이

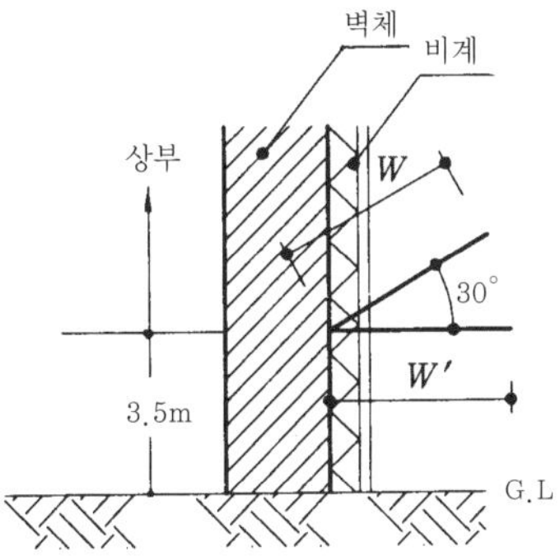

그림 2.13 낙하물 방지망 설치 표시도

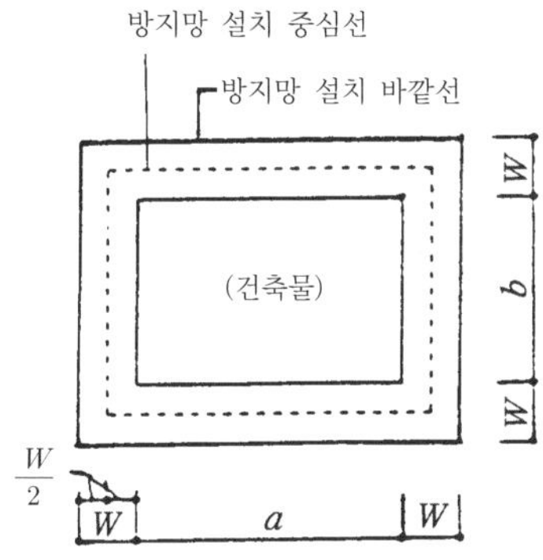

그림 2.14 낙하물 방지망 평면도

2.10 가설울타리

(1) 가설울타리는 공사현장의 보안 · 안전을 위하고 도심지 현장 주변을 미려하게 하기 위하여 설치한다.

(2) 가설울타리의 수량은 사용재료(철조망, 합판, 기성제컬러강판 등), 설치높이 및 사용개월수별로 구분하여 출입문 설치 부분을 제외한 가설울타리 설치 부분의 총길이(m)로 산출하고 출입문은 형태, 길이, 높이 등을 고려한 개소로 산출한다.

(3) 가설울타리에 페인트칠을 한다거나 그래픽 디자인(graphic design)을 하는 경우에는 별도로 구분하여 적산한다.

2.11 건축물 보양 및 현장정리

(1) 건축물 보양은 보양개소 및 사용재료에 따라 다음과 같이 구분하여 적산한다.

① 콘크리트면 : 부직포 덮기, 살수

② 석재면, 테라조면 : 합판, 하드롱지 바르기(벽체), 각재로 주위 보호

③ 타일면, 테라코타면 : 부직포 덮기, 톱밥깔기

④ 목공사, 치장재 : 하드롱지 바르기 또는 비닐씌우기

⑤ 문틀 : 합판

⑥ 아스팔트 방수층 : 부직포 덮기

⑦ 기타 부분 : 목재, 석고보드, 스티로폼 등

(2) 건축물 보양의 수량은 보양면적으로 산출한다. 여기서 보양면적(m^2)은 보양이 필요한 실제의 시공표면적(철근콘크리트조 건축물인 경우에는 보양이 필요한 바닥면적, 즉 연면적)으로 계산한다. 다만, 문틀과 같은 곳에 보양하는 경우의 보양 수량은 개소 또는 연길이(m)로 산출한다.

(3) 현장정리(뒷정리)는 공사 착공부터 준공 청소까지 현장 내외의 청소 및 정리에 대한 경비로서 구조체별(콘크리트조, 목조, 철골조, 조적조, 철골철근콘크리트조)로 구분하여 건축연면적(m^2)으로 수량을 산출한다.

제2장 가설공사 적산실습

실습 1 철근콘크리트조로 된 사무소건축물의 층수가 9층이고 1개 층의 바닥면적이 110m²일 때 이에 소요되는 가설공사비(개산)는 얼마인가?
(단, 사무소건축물의 면적당(m²당) 공사비는 770,000원 정도이다)

풀이 건축공사비=9×110×770,000=762,300,000원
가설공사비(개산)=762,300,000원×4.5%=34,303,500원
≒34,300,000원

해설 가설공사비가 건축공사비에서 차지하는 비율은 건축물의 종류·규모·구조 등에 따라 각각 다르지만 대략적으로 4~5%(평균 4.5%) 정도로 본다. 경우에 따라서는 건축공사비의 5~10%로 보기도 한다.

실습 2 본 건축물의 연면적이 4,800m²일 때 도급자(수급자)용 가설사무소와 기타 자재창고의 필요 면적은 얼마인가?

풀이 (1) 도급자(수급자)용 가설사무소의 필요 면적은 60m²이다.
(2) 기타 자재창고의 필요 면적은 130m²이다.

해설 "표 2.1 시설물 규모에 의한 가설건축물의 규모"에 의하여 구한다.

실습 3 시멘트 560포대를 저장할 수 있는 시멘트 창고를 짓고자 한다. 시멘트 창고의 필요 면적을 구하시오.

풀이 시멘트 560포대 저장 시멘트 창고의 필요 면적 $(A)=0.4\times\frac{560}{13}$
$\fallingdotseq 17.23\text{m}^2$

해설 "2.4.2 (3)항"에 의한 시멘트 창고의 필요 면적 산출공식에 의하여 산출한다.
쌓기단수는 문제에 주어지지 않았으므로 13단으로 한다.

실습 4 900kW의 전력을 사용하는 현장에서 필요로 하는 동력소 및 변전소의 필요면적은 얼마인가?

풀이 동력소 및 변전소의 필요 면적$(A) = 3.3 \times \sqrt{900} = 3.3 \times 30 = 99(m^2)$

해설 "2.4.2 (4)항"에 의한 동력소 및 변전소의 필요 면적 산출 공식에 의하여 산출한다.

실습 5 다음 그림과 같은 철근콘크리트조 6층 건축물 신축시 필요한 귀규준틀, 평규준틀 수량을 산출하시오.(단 1~6층까지의 건축물 평면은 동일하다)

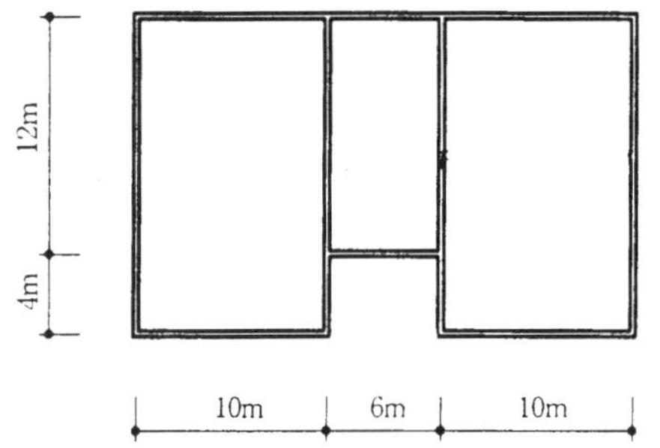

풀이 (1) 귀규준틀 : 6개소

(2) 평규준틀 : 4개소

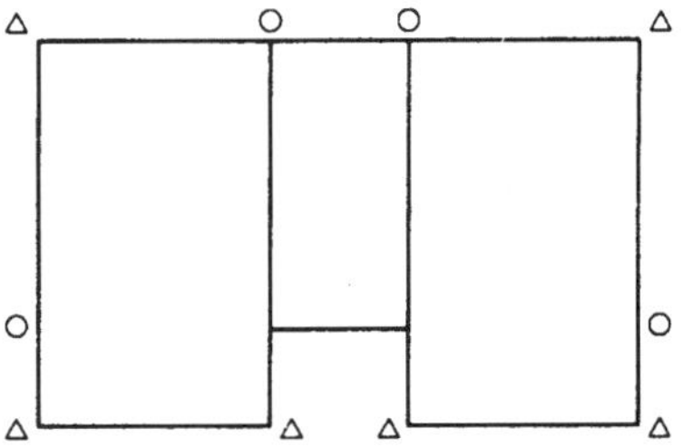

△ : 귀규준틀 ○ : 평규준틀

실습 6 다음 그림과 같은 철근콘크리트조 건축물에서 외줄비계매기할 때의 비계면적을 산출하시오.(단, 벽체두께는 20cm이다)

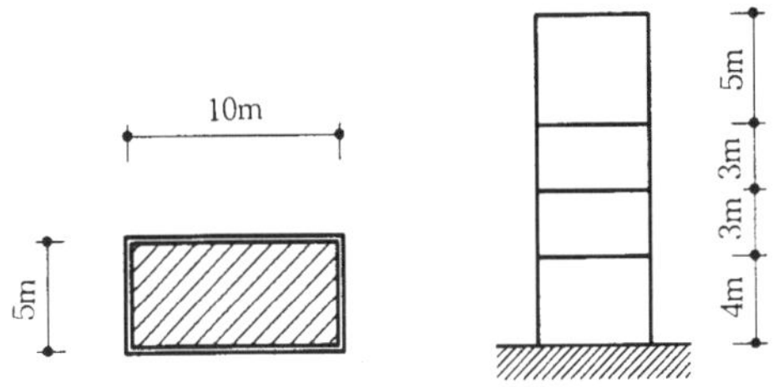

풀이 건축물의 외주둘레 길이 : $L=\{(5+0.2)+(10+0.2)\}\times2=30.8\text{m}$

건축물 높이 : $H=4+3+3+5=15\text{m}$

따라서 외줄비계매기 면적 : $A=(30.8+8\times0.45)\times15=516\text{m}^2$

실습 7 다음 그림과 같은 철근콘크리트조 건축물 높이가 30m일 때 쌍줄비계매기의 면적을 산출하시오.

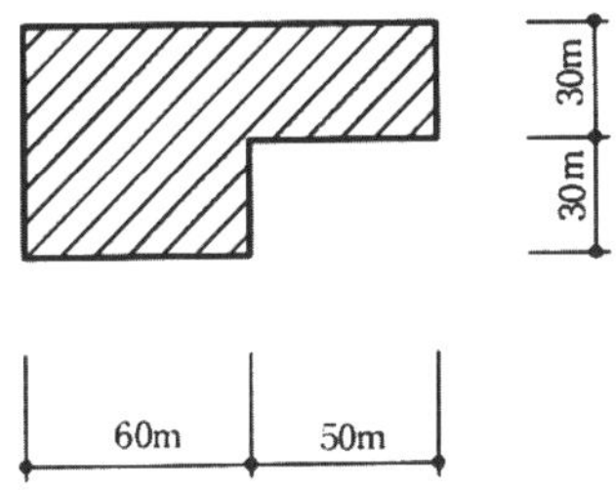

풀이 건축물의 외주둘레 길이 : $L=\{(60+50)+(30+30)\}\times2=340\text{m}$

건축물 높이 : $H=30\text{m}$

따라서 쌍줄비계매기 면적 : $A=(340+8\times0.9)\times30=10,308\text{m}^2$

실습 8 다음 그림과 같은 철근콘크리트조 건축물 신축시 사용되는 단관비계의 수량을 산출하시오.(단, 건축물의 높이는 36m이다)

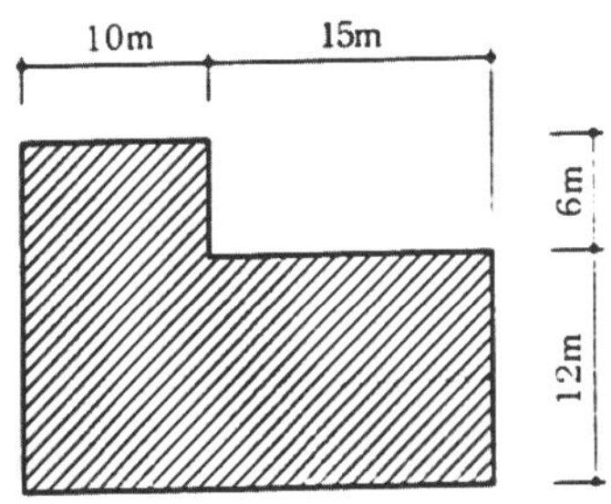

풀이 건축물의 외주둘레 길이 :

$L=\{(10+15)+(12+6)\}\times2=86\text{m}$

건축물 높이 : $H=36\text{m}$

따라서 단관비계의 비계면적 :

$A=(86+8\times1.0)\times36=3,384\text{m}^2$

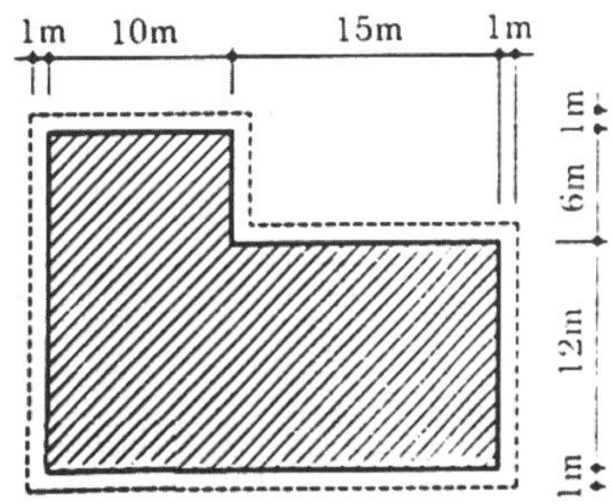

실습 9 건축면적이 4,200m²인 5층 철근콘크리트조 사무소 건축물을 신축할 경우 설치하여야 할 비계다리의 개소수와 비계다리 면적을 산출하라.(단, 층당 높이는 3.6m이고 계단참은 7m 높이마다 설치하는 것으로 한다)

풀이 비계다리 설치 개소수 $=4,200m^2 \div 1,600m^2 = 2.625 ≒ 3$개소

비계다리 면적$(S) = (H/\sin 17°) \times 0.9 + (N \times 1.2) \times 0.9$

비계다리 면적 $= \left(\dfrac{3.6 \times 5}{0.3} \times 0.9\right) + \left(\dfrac{3.6 \times 5}{7} \times 1.2 \times 0.9\right) = 56.77 ≒ 57m$

해설 비계다리 설치 개소수는 건축물 1동의 건축면적 1,600m²마다 1개소씩 설치하는 것으로 계산하며, 비계다리면적은 비계다리의 디딤판 연면적으로 산출한다.

여기서, 비계다리의 설치기준이 다음과 같은 경우이다.

- 승강이 비탈 30° 이하(보통 17°)
- 폭은 90cm
- 계단참은 7m 높이마다 설치, 계단참 길이 1.2m

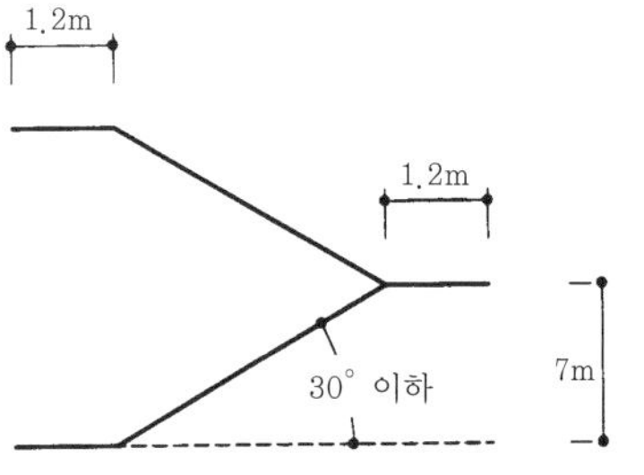

실습 10 다음 그림과 같은 철근콘크리트조 5층 연립주택을 신축할 경우의 동바리 수량을 산출하시오.

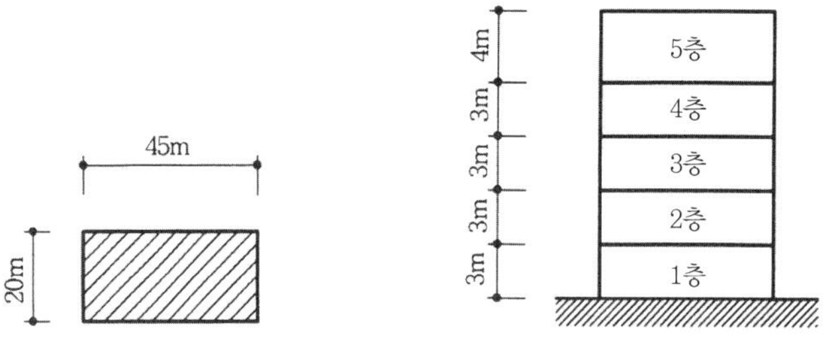

평면도(1~5층 동일)　　　단면도

풀이 연립주택의 한층 바닥판 면적 $=45 \times 20 = 900m^2$

연립주택의 층높이 $=3 \times 4 + 4 = 16m$

따라서, 동바리 [공m³] $= 900 \times 16 \times 0.9 = 12,960m^3$

또는 동바리 [10공m³] $= 12,960m^3 \div (10m^3) = 1,296m^3$

실습 11 다음 그림과 같은 6층 사무실 건축물을 철근콘크리트조로 신축할 때 낙하물방지 철망 2개소의 설치면적과 보호막면적을 산출하시오.(단, 낙하물방지 철망 및 보호막은 쌍줄 비계에 걸쳐서 설치하는 것으로 하고 높이 2.6m인 가설울타리가 건축물 벽체 외면에서 4.2m 떨어져 설치된 것으로 한다)

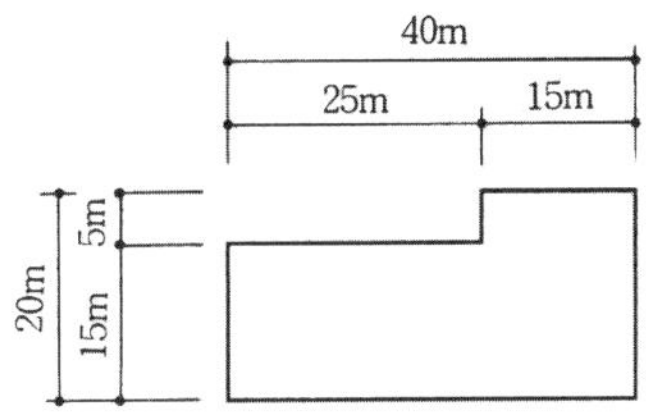

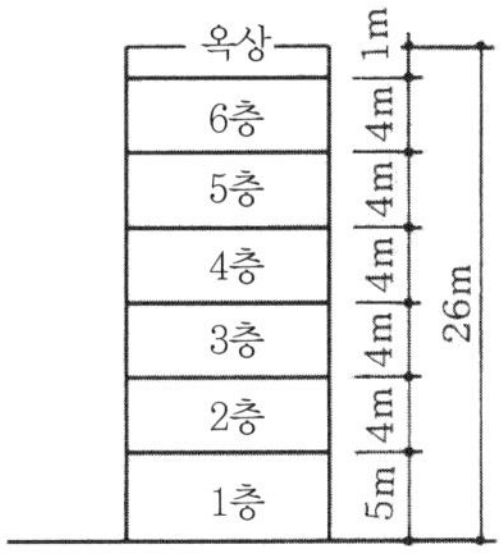

풀이 (1) 낙하물방지 철망(2개소) 설치면적 산출

낙하물방지 철망면적(A) = 철망 설치 필요 폭(W)×철망 설치 필요 길이(l)

$W = W' \times 1.15 = 3 \times 1.15 = 3.45$(m)

$l = 2(a+b) + 4W = 2(40+20) + (4 \times 3.45) = 133.8$(m)

따라서, $A = W \times l = 3.45 \times 133.8 \times 2$(개소)$= 923.22$(m^2)

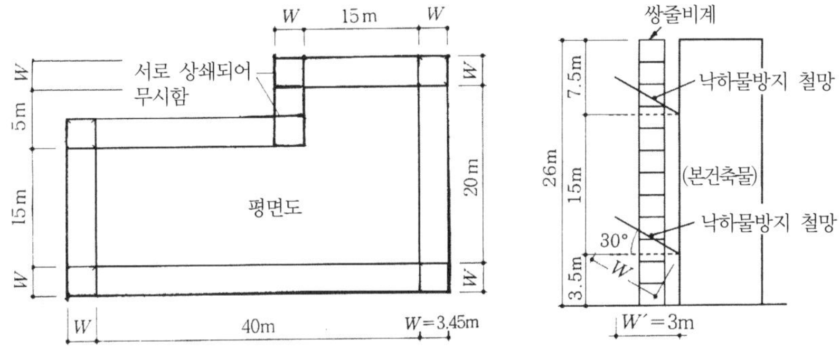

(2) 보호막 설치면적 산출

보호막 설치면적(A)=외부비계면적(A')−가설울타리면적(A'')

$A' = \{2(40+20) + 8 \times 0.9\} \times 26 = 3,307.2$(m^2)

$A'' = \{2(40+20) + 8 \times 4.2\} \times 2.6 = 399.36$(m^2)

따라서, $A = 3,307.2 - 399.36 = 2,907.84 ≒ 2,908$(m^2)

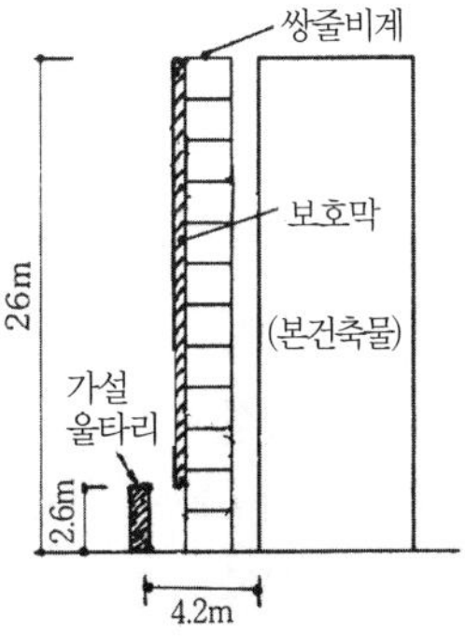

실습 12 사무실 건축물을 철근콘크리트조로 신축할 경우의 강관 동바리 단위면적($1m^2$)당 일위대가표를 작성하시오.(다만, 설치높이는 3.5m이고 설치간격은 0.6m이며, 사용기간은 6개월까지로 한다)

풀이 강관 동바리 일위대가표

(m^2 당)

품 명	규 격	단 위	수 량	단 가	금 액	비 고
강관동바리	(설계수량)	식	1			손율 10%
형틀목공		인	0.06			
보통인부		인	0.012			
잡재료 및 소모재료		식	1			주 재료비의 5%
계	재료비					
	노무비					

해설 강관 동바리의 일위대가표는 다음의 표준품셈에 의하여 작성한다.

(품셈 2.1) 강관 동바리

(m^2당)

구 분	단위	수 량	
		3.5m 이하	3.5m 초과 4.2m 이하
형틀목공	인	0.05	0.06
보통인부	인	0.01	0.01
비 고	수평연결재가 필요한 경우는 다음과 같이 계상한다.		

(1단 설치일 때, m^2당)

구 분	규 격	단 위	수 량
형틀목공	설치 · 해체	인	0.02
보통인부	설치 · 해체	인	0.01

① 전체 동바리 연결을 기준으로 산정된 것이다.

② 설치간격에 따른 요율은 다음 기준을 적용한다.

설 치 간 격	0.6m 이하	0.6m 초과~0.8m 이하	0.8m 초과
요율(%)	120%	100%	90%

※설치간격은 멍에간격을 기준한 것이다.

③ 본 품은 강관동바리(설치높이 4.2m까지) 설치 및 해체작업을 기준한 것이다.

④ 본 품은 멍에의 설치 · 해체 작업이 포함되어 있다.

⑤ 동바리를 지반에 설치할 경우에 지반고르기 및 콘크리트 타설 등은 별도 계상한다.

⑥ 재료량은 설계수량을 적용한다.

⑦ 잡재료 및 소모재료(고정못 등)는 주재료비의 5%로 계상한다.

⑧ 강관동바리의 손율은 다음과 같이 계상한다.

사 용 월 별	3개월	6개월	12개월
손율(%)	6	10	19

실습 13 철근콘크리트조 아파트를 신축하는데 필요한 단관비계(강관비계) 매기에 대한 단위면적(m^2)당 일위대가표를 작성하라.(단, 공사기간은 18개월이다)

풀이 강관틀비계 매기(18개월) 일위대가표

(m^2당)

품 명	규 격	단위	수량	단가	금액	비 고
비계기본틀(기둥)	1.2m×1.9m	개	0.100			0.36×0.28
비계장선틀	1.0m×1.9m	개	0.095			0.34×0.28
가 새	1.2m×1.9m	개	0.190			0.68×0.28
조절받침철물		개	0.016			0.04×0.42
이음철물	삽입걸이	개	0.017			0.68×0.56
철 물	앵커용	개	0.04			
비 계 공	조립 · 해체	인	0.0302			
공구손료		식	1			인건비의 5%
계	재료비					
	노무비					

해설 강관틀비계 매기의 일위대가표는 다음의 표준품셈에 의하여 작성한다.

(품셈 2.2) 강관틀비계 매기

(m^2당)

구 분	규 격	단 위	수 량	비 고
비계기본틀(기둥)	1.2m×1.9m	개	0.36	
비 계 장 선 틀	1.0m×1.9m	개	0.34	
가 새	1.2m×1.9m	개	0.68	
조 절 받 침 철 물		개	0.04	
이 음 철 물	삽입걸이	개	0.68	
철 물	앵커용	개	0.04	
비 계 공	조립, 해체	인	0.0302	

① 공구손료는 인건비의 5%이며 재료할증, 소운반 및 잡재료는 포함되어 있다.

② 가설장비 설치용 시설, 비계다리, 낙하물 방지, 작업대 시설 등은 별도 계상할 수 있다.

③ 높이 45m 이상이나 20m를 넘어 중량작업을 할 때의 비계 안전상 보강 및 기타 보강재는 별도 계상한다.

④ 건축물 높이 30m를 초과하는 경우 매 3.5m 증가마다 인력품을 10%씩 가산한다.

【해설】

① 강관틀비계 방식의 일반적 기준이며 이외의 비계 매기에서는 실 설계에 의한 수량을 계상하고 손율은 (1)공기에 대한 손율에 따른다.

② 강관틀비계 매기 면적 30m×30m(900m^2)일 때의 기준이다.

③ 본 품은 KS F 8003의 규정에 준하여 적용한다.

④ 강관틀비계품은 작업발판 설치품이 포함되지 않은 것이므로 작업발판 설치가 필요한 경우에는 이에 대한 품을 별도로 계상할 수 있다.

(1) 공기에 대한 손율

재료 / 공기	손율				비 고
	강관비계기본틀 · 비계장선틀 · 가새	받침철물 · 조절받침철물	조임철물 이음철물	철물(앵커용)	
3개월	6%	9%	12%	100%	
6개월	10%	15%	20%	100%	
12개월	19%	29%	38%	100%	
18개월	28%	42%	56%	100%	
24개월	37%	56%	74%	100%	
30개월	46%	69%	92%	100%	
36개월	55%	83%	100%	100%	
42개월	64%	96%	100%	100%	
48개월	73%	100%	100%	100%	
54개월	84%	100%	100%	100%	
60개월	91%	100%	100%	100%	
66개월	100%	100%	100%	100%	

① 강재비계 내구연한 5.5년을 기준한 것이다.

② 사용 조작 횟수는 400회 기준이며 운반 보관에 대한 손율은 계상된 것이다.

③ 일반적인 파이프 비계매기에 대한 기준이다.

④ 간단한 공사 및 보수공사(도장, 청소 등)에는 그 공사 성질에 따라 목재 및 철재 이동식 비계를 비교 설계하여 경제적인 것을 계상한다.

실습 14 철근콘크리트조 건축물을 신축하는데 필요한 강관비계다리(슬로프식)에 대한 단위면적당(m^2당) 일위대가표를 작성하시오.(단, 공사기간은 18개월이다)

풀이 강관비계다리(슬로프식) 일위대가표

(m^2당)

품 명	규 격	단위	수량	단가	금액	비 고
강 관	ϕ48.6mm×2.4mm	m	4.2			15×0.28
이음철물		개	1.103			1.97×0.56
조임철물	직교 · 자재	개	4.049			7.23×0.56
받침철물		개	0.109			0.26×0.42
철 물	앵커용	개	0.04			
발 판	P.S.P 420×3,040×3	매	0.395			0.94×0.42
각 재	육 송	m^3	0.0086			0.0115×0.75
철 선	#8~10	kg	0.265			
비 계 공	(조립 · 해체)	인	0.273			
공구손료		식	1			인건비의 5%
계	재 료 비					
	인 건 비					

해설 강관비계다리(슬로프식)의 일위대가표는 다음의 표준품셈에 의하여 작성한다.

(품셈 2.3) 강관비계다리(슬로프식)

(m^2당)

구 분	규 격	단위	수량	비 고
강 관	ϕ48.6mm×2.4mm	m	15.0	
이음철물		개	1.97	
조임철물	직교 · 자재	개	7.23	
받침철물		개	0.26	
철 물	앵커용	개	0.04	
발 판	P.S.P 420×3,040×3	매	0.94	
각 재	육 송	m^3	0.0115	
철 선	#8~10	kg	0.265	
비 계 공	(조립 · 해체)	인	0.273	

① 공구손료는 인건비의 5%이며, 재료할증 · 소운반 및 잡재료는 포함되어 있다.
② 손율은 (품셈 2.2) (1)항 (공기에 대한 손율)에 따른다.
③ 본 품은 30m까지 적용하며, 이를 초과하는 경우 매 3.5m 증가마다 인력품을 10%씩 가산한다.

【해설】

① 본 표는 강관비계다리(슬로프식)를 독립적으로 설치할 때를 기준한 것이다.
② 비계다리 면적은 디딤판의 면적을 기준한 것이다.
③ 본 표의 강관비계다리 폭은 0.9m이며, 계단참은 길이 5.4m, 폭 1.8m를 기준한 것이다.

Chapter 03

토공사 및 지정·기초공사

3.1 토공사

3.1.1 개 요

토공사란 건축공사에 따르는 흙을 대상으로 하는 일련의 공사를 총칭한다.

토공사는 일반적으로 터파기가 대부분인 지중작업이기 때문에 예측하지 못한 지하용수, 암반 등의 영향을 받아 공사비의 증대를 초래할 우려가 가장 많은 공종 중의 하나이다.

3.1.2 토공사의 구분

토공사를 일반적으로 다음과 같이 구분하여 적산하지만, 공사규모에 따라 적정한 방법으로 구분하여 토공사를 적산한다.

(1) 공정별 구분

① 터파기 : 건축물의 기초 또는 지하구조물을 설치하기 위하여 필요한 흙을 굴착하는 작업

② 흙 되메우기 : 터파기에 의하여 생긴 공간에 건축물의 기초 · 지하실 등의 구조체가 들어서고 남은 여유공간을 좋은 흙 · 모래 등으로 메우기 하는 작업

③ 잔토처리 : 터파기로 인하여 발생한 흙의 양에서 되메우기 · 돋우기에 필요한 흙의 양을 제외하고 장 · 내외로 처리하는 작업

④ 흙 다지기 : 되메우고 난 흙에 의하여 주변 흙이 붕괴할 우려가 있어 이를 방지하기 위하여 되메우기한 후 다지기 한다거나 건축물 내 · 외부의 지반에 빈 공간이 있어 이를 흙으로 채워 주변 흙의 붕괴를 방지하기 위하여 다지기 하는 작업

⑤ 흙 돋우기 : 흙을 쌓아올려 높아지게 하는 작업으로서 현장 내에서 생긴 잔토 등을 일정한 장소에 흙 돋우기하여 조경 등을 하기 위한 목적으로 하는 경우와 그대로 쌓아두는 경우가 있음

⑥ 흙막이 : 터파기 공사를 할 때 터파기 측면을 보호하여 토사의 붕괴와 유출을 방지하고 기초공사의 안정성을 확보하기 위하여 시행하는 작업

(2) 공사 방법별 구분

① 인력에 의한 공사 : 순수인력, 리어카, 지게, 우마차 등을 이용한 토공사

② 기계에 의한 공사 : 덤프트럭, 불도저, 파워쇼벨, 스크레이퍼, 모터 그레이터, 백호우, 드래그라인, 크램쉘, 착암기 등의 장비를 이용한 토공사

3.1.3 흙의 휴식각

토사나 암을 수평면에 쌓아 올리면 어느 한도까지 흘러내리다가 정지된다. 이와 같이 흙의 흘러내림이 정지될 때 흙의 경사진 면과 수평면이 이루는 각도를 흙의 휴식각이라 하고, 토질시험에 의하지 아니하는 경우에 있어서의 토질에 따른 흙의 휴식각은 표 3.1을 표준으로 한다.

표 3.1 흙의 휴식각

토질		휴식각(도)	비고
모래	건조	20~25	
	습기	30~45	
	포화	20~40	
보통흙	건조	20~45	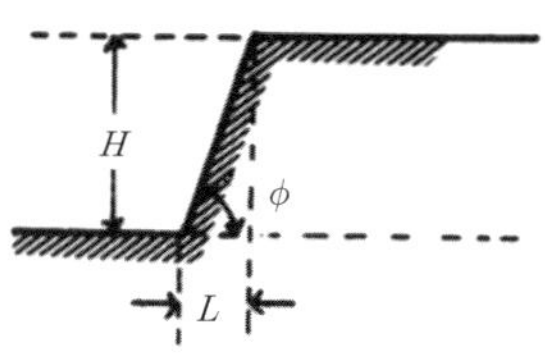
	습기	25~45	
	포화	25~30	
진흙	건조	40~50	
	습기	30	
	포화	20~25	
자갈	일반	30~35	휴식각$=\phi$
	모래, 진흙 반 섞임	20~35	$\cot\phi = \dfrac{L}{H}$
암반	연암	–	
	경암	–	

3.1.4 토량환산계수

(1) 토량환산계수는 자연상태의 토사나 암석을 파내면 공극 등으로 그 체적이 상당히 증가하고 이것을 다지면 체적이 비례적으로 감소되는데 이러한 흙의 상태에서 표 3.2에서 표시한 토질별 흐트러진 상태의 토량변화율(L)과 다져진 상태의 토량변화율(C)의 관계를 계수로 나타내는 것이다.

$$L = \frac{\text{흐트러진 상태의 토량}(\mathrm{m}^3)}{\text{자연상태의 토량}(\mathrm{m}^3)}$$

$$C = \frac{\text{다져진 상태의 토량}(\mathrm{m}^3)}{\text{자연상태의 토량}(\mathrm{m}^3)}$$

표 3.2 토량의 변화율

종 별	L	C
경암	1.70~2.00	1.30~1.50
보통암	1.55~1.70	1.20~1.40
연암	1.30~1.50	1.00~1.30
풍화암	1.30~1.35	1.00~1.15
호박돌	1.10~1.15	1.95~1.05
역질토	1.15~1.20	1.90~1.00
고결된 역질토	1.25~1.45	1.10~1.30
모래	1.10~1.20	0.85~0.95
암괴, 호박돌이 섞인 모래	1.15~1.20	0.90~1.00
모래질흙	1.20~1.30	0.85~0.90
암괴, 호박돌이 섞인 모래질흙	1.40~1.45	0.90~0.95
점질토	1.25~1.35	0.85~0.95
역이 섞인 점질토	1.35~1.40	0.90~1.00
암괴, 호박돌이 섞인 점질토	1.40~1.45	0.90~0.95
점토	1.20~1.45	0.85~0.95
역이 섞인 점질토	1.30~1.40	0.90~0.95
암괴, 호박돌이 섞인 점토	1.40~1.45	0.90~0.95

비고 : 암(경암 · 보통암 · 연암)을 토사와 혼합성토할 때는 공극채움으로 인한 토사량을 계상할 수 있다.

표 3.3 토량환산계수(£)

구하는 토량 / 기준이 되는 토량	자연상태의 토량	흐트러진 상태의 토량	다져진 후의 토량
자연상태의 토량	1	L	C
흐트러진 상태의 토량	$1/L$	1	C/L

(2) 토량환산계수는 토질을 시험하여 적용하는 것을 원칙으로 하나 소량의 토량인 경우에는 표 3.3 토량환산계수(£)를 따를 수 있다.

3.1.5 터파기 여유폭

거푸집, 흙막이, 방수, 잡석지정 등의 작업공간을 확보하기 위하여 넓게 팔 필요가 있는 경우에는 설계에 의하여 결정하는 것을 원칙으로 하되 일반적으로 다음을 표준으로 한다.

(1) 흙막이가 있는 경우

표 3.4 터파기 여유폭(흙막이가 있는 경우)

높이 (H)	터파기 여유폭 (D)
5.0m 이하	60~ 90cm
5.0m 이상	90~120cm

(2) 흙막이가 없는 경우

표 3.5 터파기 여유폭(흙막이가 없는 경우)

높이 (H)	터파기 여유폭 (D)
1.0m 이하	20cm
2.0m 이하	30cm
4.0m 이하	50cm
4.0m 이상	60cm

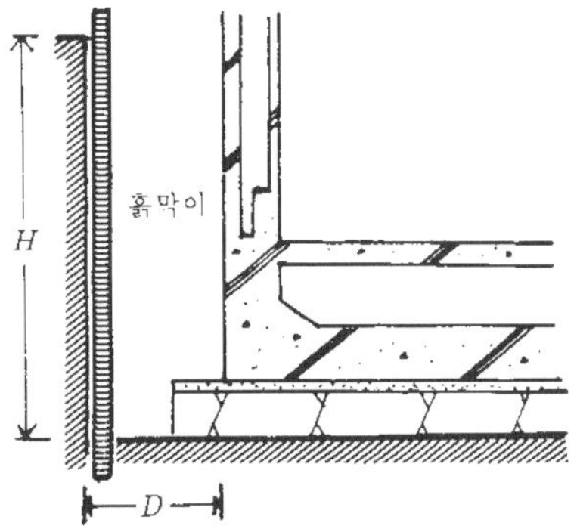

그림 3.1 터파기 여유폭(흙막이 있는 경우)

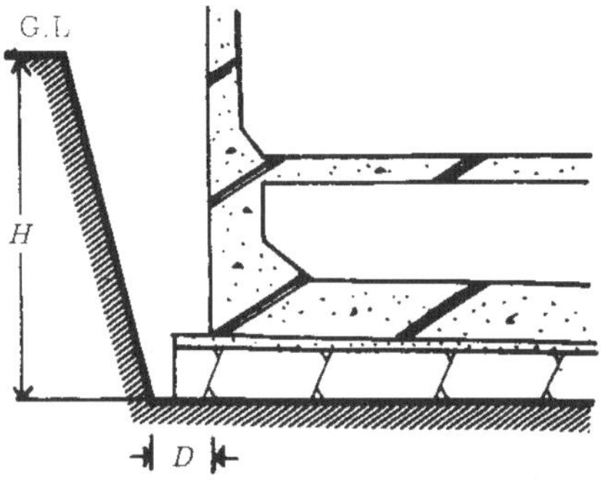

그림 3.2 터파기 여유폭(흙막이 없는 경우)

3.1.6 터파기 비탈폭

터파기의 비탈폭은 흙의 휴식각에 의하여 산정하는 것이 원칙이다. 단, 소규모공사로서 흙의 휴식각에 의하지 않을 경우에는 표 3.6을 참고하여 산정할 수 있다.

표 3.6 흙의 비탈폭

토	질	비탈 적용	비탈폭 (L)
모 래	건 조	0.8	$0.8H$
	보 통	0.5	$0.5H$
	습 윤	1.0	$1.0H$
보 통 흙	건 조	0.5	$0.5H$
	보 통	0.4	$0.4H$
	습 윤	0.4	$0.4H$
진 흙	건 조	0.3	$0.3H$
	보 통	0.4	$0.4H$
	습 윤	1.0	$1.0H$
자 갈	일 반	0.4	$0.4H$
	모래 · 진흙 반섞임	0.5	$0.5H$
암 반	연 암	0	0
	경 암	0	0

(건설회사 제공 자료)

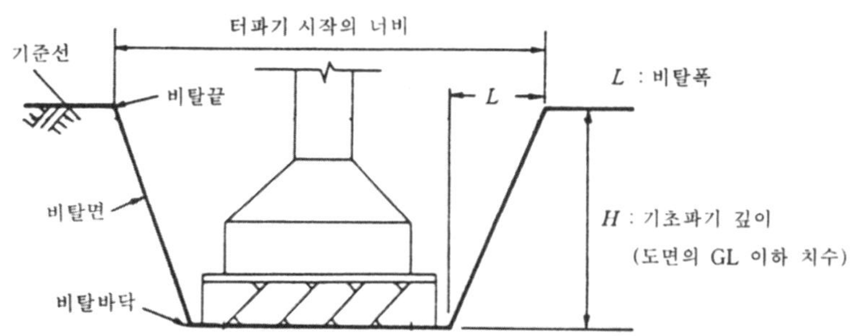

그림 3.3 터파기 단면

3.1.7 터파기량 산출

터파기량의 산출은 터파기의 형태에 따라 다음 방법에 의하며, 터파기 종류(독립기초파기, 줄기초파기, 온통파기, 지중보파기)에 따라 구분하여 산출한다.

[1] 독립기초파기(구덩이 파기)

$$\text{터파기량}(A) = \frac{h}{6}\{(2a+a')b+(2a'+a)b'\} \qquad ①$$

$$= \frac{h}{3}\{(ab+a'b')+\sqrt{(ab)\times(a'b')}\} \qquad ②$$

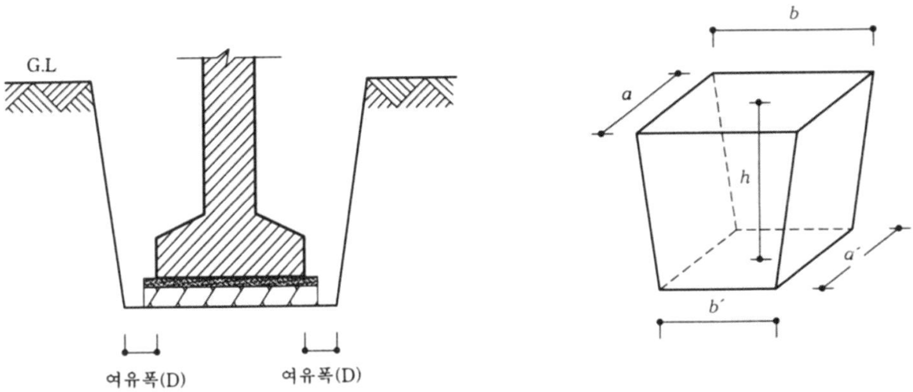

그림 3.4 독립기초파기

[2] 줄기초파기

$$\text{터파기량}(A) = \left(\frac{a+b}{2}\right)h \times (\text{줄기초 길이})$$

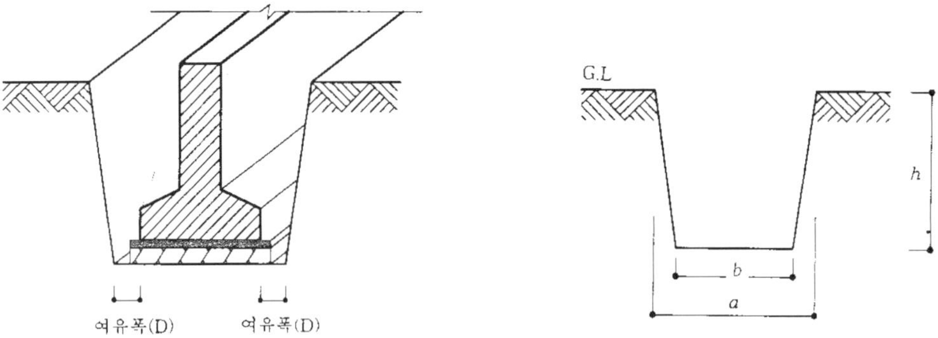

그림 3.5 줄기초파기

[3] 온통기초파기

$$\text{터파기량}(A) = \left(\frac{A' + B'}{2}\right) \times H$$

여기서, A' : 상부면적(터파기 시작 면적)

B' : 하부면적(터파기 바닥 면적)

H : 터파기 깊이

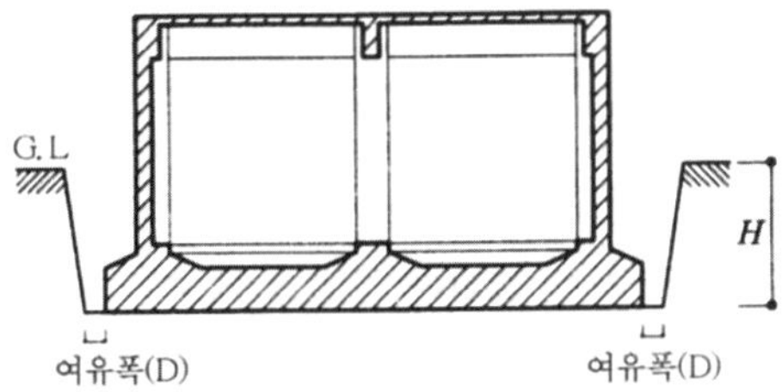

그림 3.6 온통기초파기

3.1.8 흙 되메우기량 산출

(1) 흙 되메우기량은 자연상태의 토량을 기준으로 산출한다.
(2) 흙 되메우기량은 다음과 같이 산출한다.

흙 되메우기 토량=(흙파기 체적)−(기초구조부 체적)

여기서, 흙파기 체적은 자연상태의 체적으로 산출된 터파기량이 되고, 기초 구조부 체적은 지반선 이하의 지정(잡석, 자갈, 모래)량, 기초콘크리트량, 지하실 구조체 체적 등의 총합계가 된다.

(3) 장외에서 흙을 반입하여 되메우기할 때의 토량은 흐트러진 상태의 토량으로 보아 토량환산계수를 적용하여 흙 되메우기량을 산출한다.

3.1.9 잔토처리량 산출

(1) 잔토처리량은 자연상태의 토량을 기준하여 산출하고 흙의 체적이 증가하는 것을 고려하여 토량환산계수를 적용한다.
(2) 잔토처리량은 다음과 같이 산출한다.

① 일부 흙을 되메우고 잔토처리할 때

㉮ 되메우고 돋우기할 때

잔토처리량={흙파기 체적-(되메우기 체적+돋우기 체적)}×(토량환산계수)

㉯ 되메우기만 할 때

잔토처리량={흙파기 체적-되메우기 체적}×(토량환산계수)

② 흙파기량을 전부 잔토처리할 때

잔토처리량=(흙파기 체적)×(토량환산계수)

이 경우는 흙파기량을 현장 내에 쌓아둘 수 없는 여유 장소가 없거나 다른 곳에 필요가 없어 전부 장외로 반출할 때이다.

3.1.10 흙 다지기량 산출

(1) 흙 다지기량은 흙 되메우기량 산출방법과 같이 자연상태의 토량을 기준으로 산출하여 흙을 다지면 흙의 체적이 감소되는 것을 고려하여 토량환산계수를 적용한다.
(2) 흙 다지기량은 다음과 같이 산출한다.

흙 다지기량=(흙 다지기 체적)×(토량환산계수)

3.1.11 흙 돋우기량 산출

(1) 흙 돋우기의 준공토량은 흙 돋우기 설계도의 양으로 한다. 다만, 흙을 돋우기 하고자 하는 곳의 지반이 연약한 경우에는 지반침하를 고려하여야 하며, 이 경우 흙 돋우기량은 지반 침하량 등 지반 성질에 따라 가산할 수 있다.
(2) 흙 돋우기량은 흙 다지기량 산출과 같은 방법으로 다음과 같이 산출한다.

흙 돋우기량=(흙 돋우기 체적)×(토량환산계수)

3.1.12 흙막이 수량산출

(1) 흙막이(shoring)는 터파기 공사를 할 때 터파기 측면을 보호하며 토사의 붕괴와 유출을 방지하고 기초공사의 안정성을 확보하기 위하여 시행하는 공사로서 여러 가지 공법이 있지만 일반적인 것을 들면 표 3.7과 같다.
(2) 흙막이 수량은 설계도서에 의한 공법(종류)별 정미수량으로 산출한다.
(3) 흙막이는 설치하는 개소, 면적(m^2) 또는 연장(m)으로 산출한다.

표 3.7 흙막이공법

구 분		내 용
① 간단한 공법 및 사용재료에 의한 구분		
간단한 흙막이	줄기초 흙막이	줄기초파기 너비 1m 내외, 길이 1.5m 내외로 하여 파는 동안 옆벽이 무너질 것을 고려하여 널판이나 띠장을 버팀대로 버티는 공법
	어미말뚝식 흙막이	통나무, 각재, I형강, H형강 등의 어미말뚝을 지중에 설치하고 지반을 굴착하면서 어미말뚝 사이에 널을 삽입하여 흙막이 벽으로 한 공법
	연결재 또는 당겨매기식 흙막이	온통파기 또는 지반이 연약하여 빗버팀대로 지지하기 곤란한 대지에 있어서 흙막이 말뚝과 널말뚝 상부에 ㄱ자형강 또는 각재를 연결재 또는 로프로 끌어 당겨 매는 공법
버팀대식 흙막이	빗버팀대식 흙막이	중앙부를 먼저 굴착하고 그 부분의 기초 및 본체를 구축하여 본체에서 경사지게 버팀대를 걸쳐 흙막이 벽을 지지하면서 외주를 굴착해 가는 공법
	수평버팀대식 흙막이	중앙부를 굴착하는 것은 빗버팀대식과 동일한 방법으로 한 다음 수평으로 버팀대를 설치하는 공법으로서 버팀대를 평면적으로 창살 모양처럼 짜는 직교형이 일반적이다.
널말뚝 흙막이	목재 널말뚝 흙막이	낙엽송, 소나무 등의 생나무로 된 목재 널말뚝을 이용하여 흙막이하는 공법
	철근콘크리트 기성재 널말뚝 흙막이	프리캐스트콘크리트 널말뚝을 이용하여 흙막이하는 공법
	철재 널말뚝 흙막이	용수가 많고 토압이 크고, 기초가 깊을 때 철재 널말뚝을 이용하여 흙막이하는 공법
② 지지방법에 의한 구분		
H-beam 및 토류벽 설치공법		지반이 양호하고 지하 구조체가 깊은 공사에 일반적으로 많이 사용되는 흙막이 공법으로서 H형강을 H-pile로 하여 박고 띠장과 토류판 등의 설치로 토류벽을 설치하는 공법
어스앵커(earth anchor)공법		흙막이널에 수평띠장을 대고 버팀대로 지지하는 대신 배면의 단단한 지반에 앵커하여 주변 흙막이널을 지지하는 공법
버팀지지(struct)공법		흙막이 벽체 양면을 이용하여 수평버팀대를 설치하여 토압의 균형을 유지케 하는 공법, 이 공법을 수평버팀대 공법이라고도 함
아일랜드(island)공법		넓고 깊은 기초파기에서 중앙부의 흙을 먼저 파내어 중앙에 구조체, 즉 뚝(island)을 만들어 흙막이널이 넘어지지 않도록 받치게 하는 공법. 이 공법은 경사(빗)버팀대 공법이라고도 함

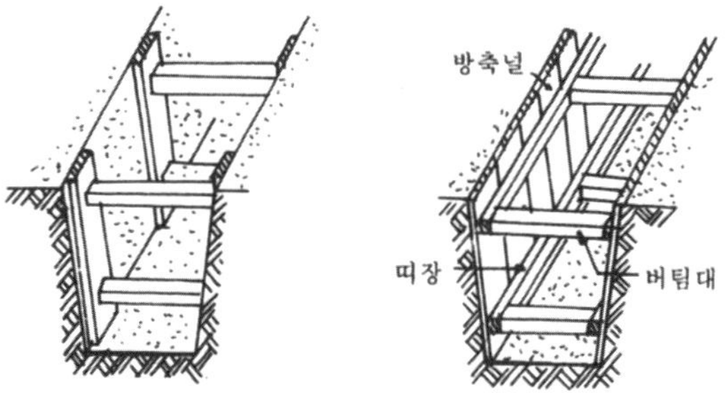

그림 3.7 줄기초 흙막이

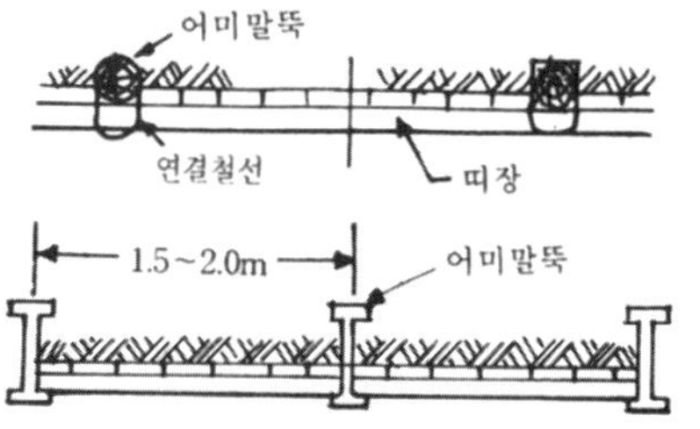

그림 3.8 어미말뚝 흙막이

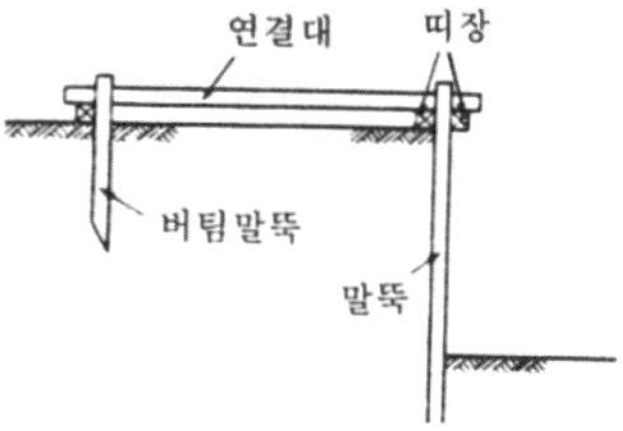

그림 3.9 연결재식 흙막이

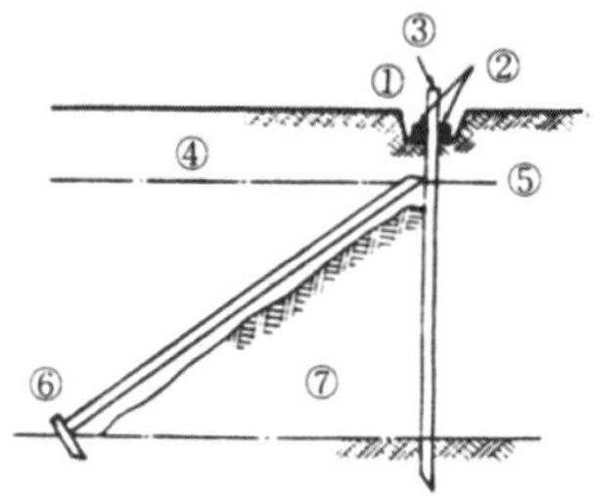

① 줄파기 ② 규준대 대기
③ 널말뚝박기 ④ 중앙부 흙파기
⑤ 띠장대기 ⑥ 버팀말뚝 및 버팀대 대기 ⑦ 갓둘레 흙파기

그림 3.10 빗버팀대식 흙막이

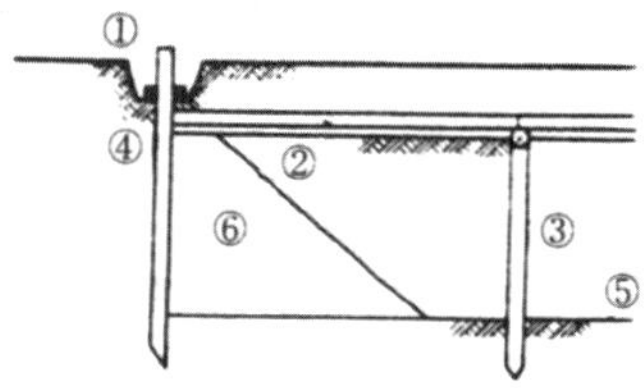

① 줄파기, 규준대 대기, 널말뚝박기
② 흙파기 ③ 받침기둥 박기
④ 띠장 및 버팀대 대기
⑤ 중앙부 흙파기 ⑥ 갓둘레 흙파기

그림 3.11 수평버팀대식 흙막이

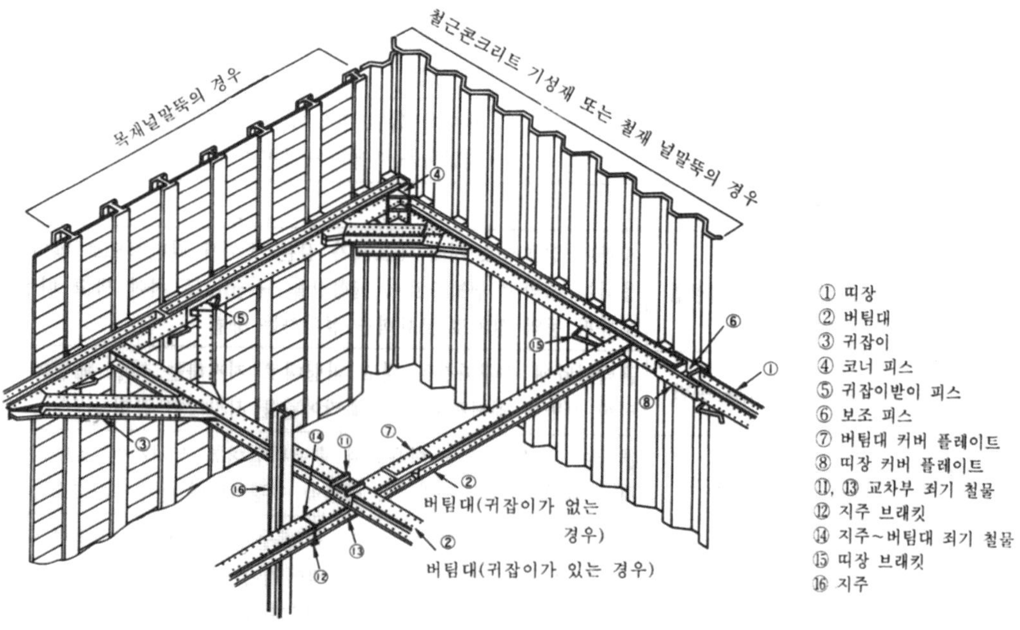

그림 3.12 일반적인 널말뚝 흙막이

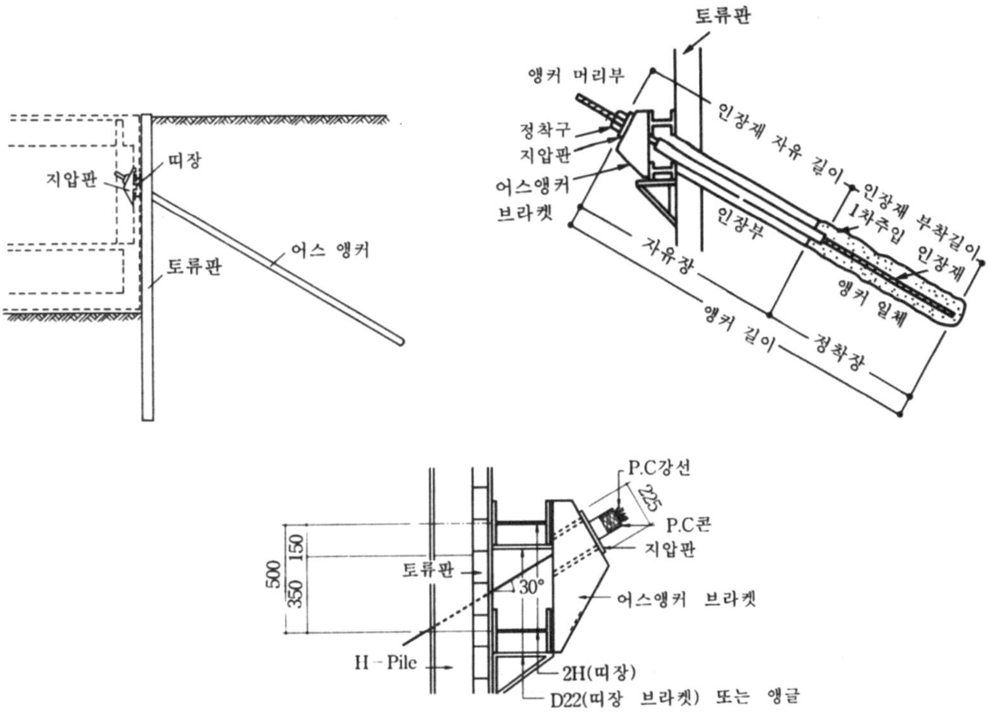

그림 3.13 어스앵커공법 흙막이

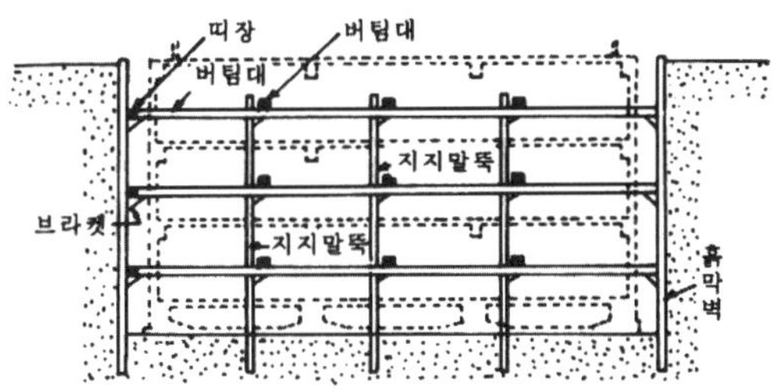

그림 3.14 버팀지지공법 흙막이

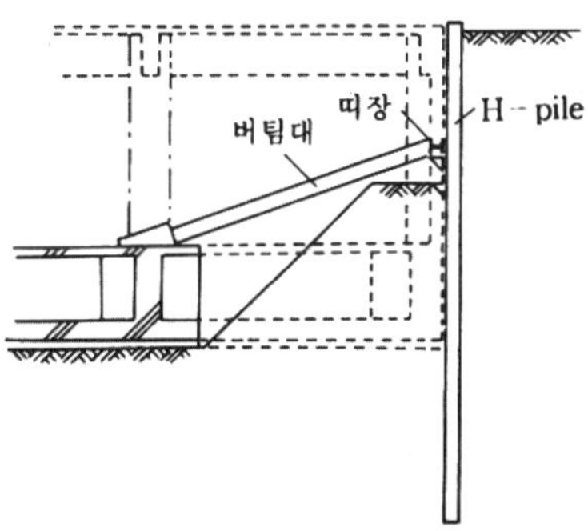

그림 3.15 아일랜드공법 흙막이

3.2 지정 및 기초공사

3.2.1 개 요

지정이란 기초를 지반에 안전하게 지지시키기 위하여 기초 자체를 보강하거나 지반의 내력을 증진시키는 구조 부분을 말하며, 기초는 건축물의 하중을 받아 지정 또는 지정이 없을 때에는 지반에 안전하게 전달시키는 구조 부분이다.

지정과 기초는 이와 같이 구분되지만 지정 자체가 기초가 되며 그 공법이 그대로 기초의 공법으로 될 때도 있고 터파기 공법 자체가 기초의 공법으로 될 때도 있다.

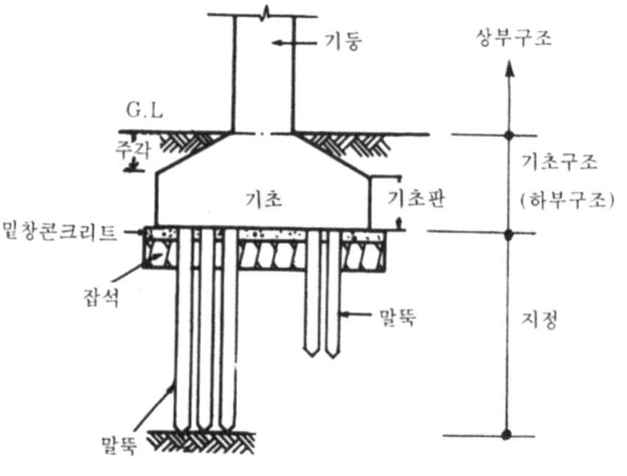

그림 3.16 기초구조

3.2.2 지정의 구분

(1) 보통지정(사용재료별 구분)

① 모래지정

② 자갈지정

③ 잡석지정

④ 밑창콘크리트지정

⑤ 긴주춧돌지정 등

(2) 말뚝지정(말뚝별 구분)

① 말뚝의 기능별 : 지지말뚝지정, 마찰말뚝지정

② 말뚝의 재료별 : 나무말뚝지정, 기성철근콘크리트말뚝지정, 제자리콘크리트말뚝지정, 강재말뚝지정

3.2.3 보통지정의 수량산출

[1] 모래지정

(1) 모래지정의 수량은 장소별, 두께별로 구분하여 정미수량(실체적)으로 산출하고 정미수량에 20% 가산한 것을 소요량으로 한다.

(2) 모래지정의 정미수량은 다음과 같이 체적으로 산출한다.

모래지정 체적(m^3)={깔기면적(기초면적+여유폭 부분 면적)}×(깔기두께)

단, 지반의 내력을 증진시키기 위한 모래지정인 경우는

모래지정 체적(m^3)=(깔기면적)×(깔기두께)

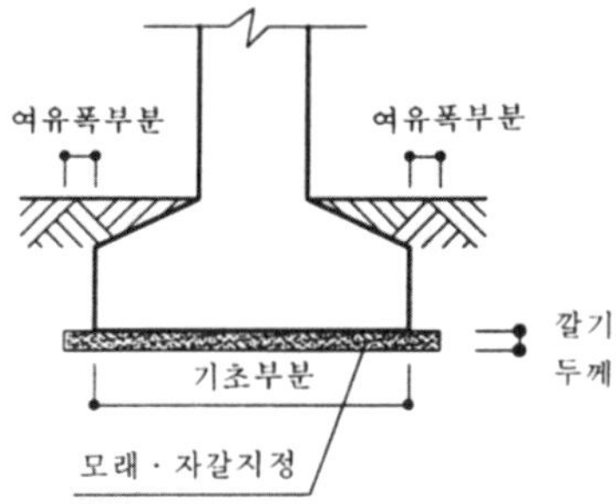

그림 3.17 모래 · 자갈지정

[2] 자갈지정

(1) 자갈지정의 수량은 장소별, 두께별로 구분하여 정미수량(실체적)으로 산출하고 10%를 가산한 것을 소요량으로 한다.

(2) 자갈지정의 정미수량은 다음과 같이 체적으로 산출한다.

자갈지정 체적(m^3)={깔기면적(기초면적+여유폭 부분 면적)}×(깔기두께)

단, 지반의 내력을 증진시키기 위한 자갈지정인 경우는

자갈지정 체적(m^3)=(깔기면적)×(깔기두께)

(3) 틈막이 왕모래의 체적은 자갈지정 체적의 40%로 하여 산출한다.

[3] 잡석지정

(1) 잡석지정의 수량은 장소별, 두께별로 구분하여 정미수량(실체적)으로 산출하고 10%를 가산한 것을 소요량으로 한다.

(2) 틈막이 자갈의 체적은 잡석지정 체적의 30%로 하여 산출한다.

(3) 잡석지정의 정미수량은 다음과 같이 체적으로 산출한다.

잡석지정 체적(m^3)={(깔기면적(가로폭×세로폭)}×(깔기두께)

여기서, 가로폭, 세로폭은 잡석지정의 폭을 말하며, 설계도서에 특기가 없는 경우에 목조 및 조적조 기초측면은 10cm, 철근콘크리트조 기초측면은 15cm를 가산하여 잡석지정의 폭으로 한다.

단, 지반의 내력을 증진시키기 위한 잡석지정인 경우에는

잡석지정 체적(m^3)=(깔기면적)×(깔기두께)

(4) 지중보의 잡석은 지중보의 폭에 5cm를 가산한 것으로 하여 지중보 잡석지정의 폭으로 한다.

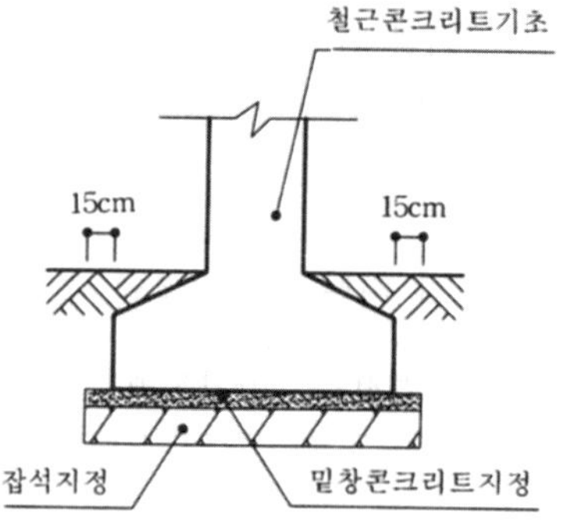

그림 3.18 잡석 및 밑창콘크리트지정

[4] 밑창콘크리트지정

(1) 밑창콘크리트의 수량은 콘크리트의 배합비별로 구분하여 산출하며, 설계도서에 의한 정미수량으로 산출한다.

(2) 설계도서에 특기가 없는 밑창콘크리트의 배합비는 시멘트 : 모래 : 자갈=1 : 3 : 6으로 하고, 두께는 6cm로 하며, 폭은 목조 및 조적조 기초측면은 10cm, 철근콘크리트조의 기초측면은 15cm를 가산하여 수량을 산출한다.

3.2.4 말뚝지정 수량산출

[1] 나무말뚝지정

(1) 나무말뚝 수량은 재종 · 치수별로 구분하여 개수로 산출하고 설계도서에 의한 정미수량으로 산출한다.

(2) 나무말뚝은 설계도서에 특기가 없는 경우 이음이 없는 통나무로 보고 수량을 산출한다.

[2] 기성철근콘크리트 말뚝지정, 강재말뚝지정, 제자리콘크리트지정

(1) 기성철근콘크리트 말뚝 및 강재말뚝 수량은 종류별, 치수별로 구분하여 개수로 산출하고, 설계도서에 의한 정미수량으로 산출한다. 단, 시항타용 말뚝은 별도로 계산한다.

(2) 제자리 콘크리트말뚝은 설계도서에 의한 개소로 정미수량을 산출한다.

(참고)

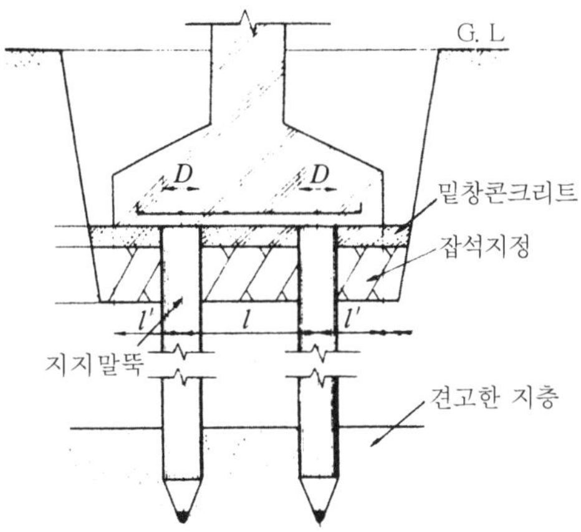

그림 3.19 말뚝지정

① 기초판과 끝과의 거리(l')는 $1.25D$ 이상

② 최소 중심간격(l)은 $2.5D$ 이상

3.3 토공사용 건설기계의 시공능력 산정

토공사용 건설기계 중 주로 사용되고 있는 기종에 대한 시공능력 산정식은 다음과 같으며, 이 시공능력 산정식의 각 인자에 대한 결정방법은 건설공사표준품셈의 기계화 시공편을 참조한다.

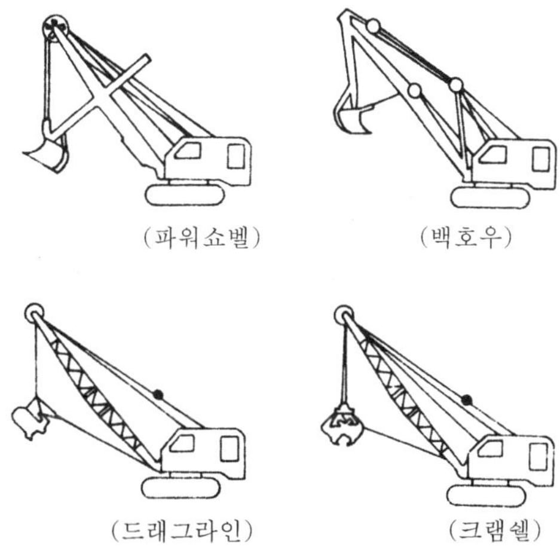

그림 3.20 쇼벨계 굴착기계

(1) 파워쇼벨, 백호우, 크램쉘, 드래그라인

$$Q = \frac{3{,}600 \cdot q \cdot k \cdot f \cdot E}{\mathrm{cm}}$$

여기서, Q : 시간당 작업량($\mathrm{m^3/hr}$)

q : 립퍼 또는 버킷용량($\mathrm{m^3}$)

f : 토량환산계수

E : 작업효율

k : 립퍼 또는 버킷계수

cm : 1회 사이클 시간(초)

(2) 불도저

$$Q = \frac{60 \cdot q \cdot k \cdot E}{cm} \qquad q = q^0 \times e$$

여기서, Q : 시간당 작업량(m^3)

q : 삽날의 용량(m^3)

q^0 : 거리를 고려하지 않은 삽날의 용량(m^3)

e : 운반거리계수

f : 토량환수계수

E : 작업효율

cm : 1회 사이클 시간

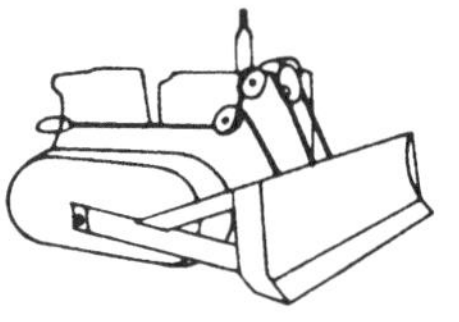

(스트레이트 도저)

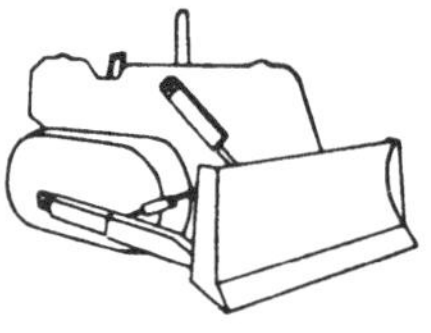

(앵글 도저)

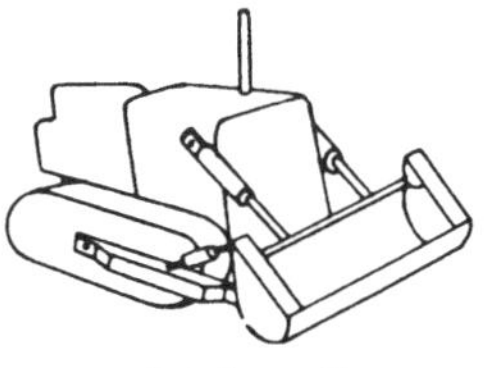

(버킷 도저)

그림 3.21 불도저

(3) 덤프트럭

$$Q = \frac{60 \cdot q \cdot f \cdot E}{cm}$$

$$q = \frac{T}{\gamma_t} \cdot L$$

여기서, Q : 1시간당 흐트러진 상태의 작업량(m^3/hr)

q : 흐트러진 상태의 덤프트럭 1회 적재량(m^3)

γ_t : 자연상태에서의 토석 단위중량(습윤밀도)(t/m^3)

T : 덤프트럭의 적재용량(ton)

L : 토량환산계수에서의 토량변화율

$$L = \frac{\text{흐트러진 상태의 토량}(m^3)}{\text{자연상태의 토량}(m^3)}$$

f : 토량환산계수

그림 3.22 덤프트럭

E : 작업효율

cm : 1회 사이클 시간(분)

cm : $t_1 + t_2 + t_3 + t_4$

여기서, t_1 : 적재시간

t_2 : 왕복시간

t_3 : 적하시간

t_4 : 적재장소에 도착한 때로부터 적재작업이 시작될 때까지의 시간

제3장 토공사 및 지정 · 기초공사 적산실습

실습 1 다음 그림과 같은 터파기 시작의 너비(A)를 산출하시오. 다만, 흙의 휴식각은 60°로 한다.

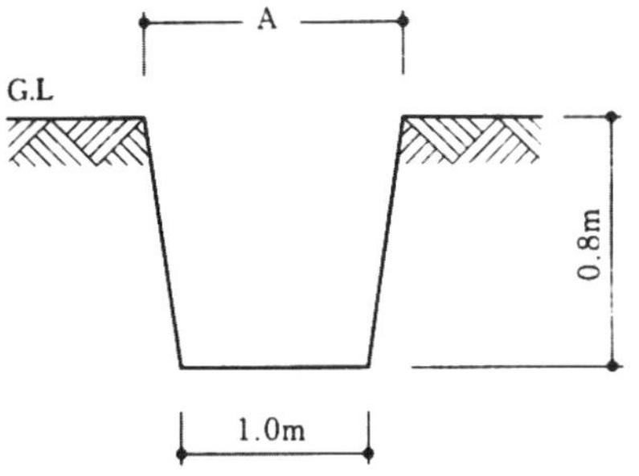

풀이 흙의 휴식각을 ϕ라 하면 $\cot\phi = \dfrac{L}{H}$에서 $\cot 60° = \dfrac{L}{0.8(\mathrm{m})}$

$$\therefore\ L = 0.8 \times \cot 60°$$

$$= 0.8 \times \frac{1}{\sqrt{3}} = 0.46\mathrm{m}$$

따라서, $A = 1.0\mathrm{m} + 2 \times L = 1.0\mathrm{m} + 2 \times 0.46\mathrm{m} = 1.92\mathrm{m}$

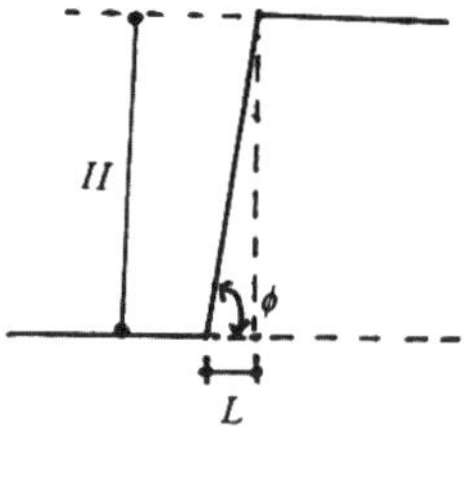

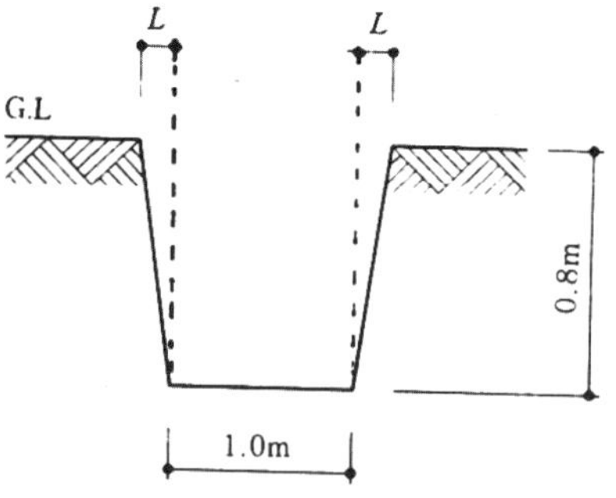

해설 흙파기의 비탈폭(L)은 토질에 따른 휴식각으로 산출한다.

실습 2 자연상태의 점질토로 된 토량 $10m^3$을 흐트러진 상태의 토량으로 환산하면 얼마가 되는가?(다만, 점질토의 흐트러진 상태의 토량변화율(L)은 1.3으로 한다)

풀이 점질토의 흐트러진 상태의 토량$(m^3) = 10m^3 \times 1.3 = 13m^3$

해설 자연상태의 점질토 $1m^3$를 파내면 흐트러진 상태로 되며, 그 토량의 부피는 표 3.2에서와 같이 흐트러진 상태의 토량변화율(L) 1.25~1.35(평균 1.3)을 적용하여 25~35%(평균 30%)가 증가하게 된다. 따라서 자연상태의 토량을 흐트러진 상태의 토량으로 환산하고자 할 때는 표 3.2 토량의 변화율을 적용하여 계산하면 된다.

실습 3 다음 그림과 같은 독립기초의 터파기량을 산출하라.(다만, 터파기의 세로 방향의 밑변폭은 1.8m, 윗변폭은 2.4m이다)

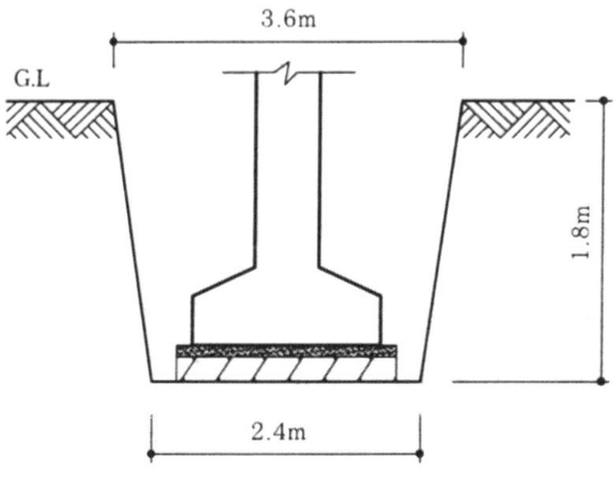

풀이 여기서, h : 1.8m

a : 2.4m

a' : 1.8m

b : 3.6m

b' : 2.4m 이므로

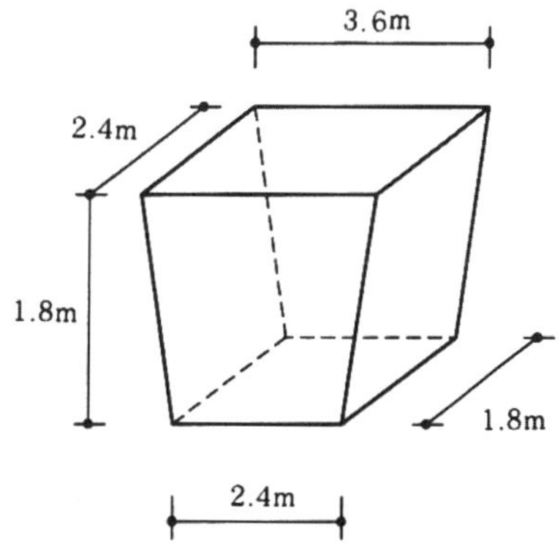

$$V = \frac{h}{6}\{(2a+a')b+(2a'+a)b'\}$$

$$= \frac{1.8}{6}\{(2\times2.4+1.8)\times3.6+(2\times1.8+2.4)\times2.4\}$$

$$= 11.448\text{m}^3 \fallingdotseq 11.45\text{m}^3$$

또한, $V = \frac{h}{3}\{(ab + a'b') + \sqrt{(ab) + (a'b')}\}$

$$= \frac{1.8}{3}(2.4 \times 3.6 + 1.8 \times 2.4) + \sqrt{2.4 \times 3.6 + 1.8 \times 2.4} \fallingdotseq 11.45\text{m}^3$$

실습 4 다음 그림과 같은 줄기초의 터파기량을 산출하고, 이 토량을 8톤 트럭으로 몇 회 운반해야 하는가를 계산하라.(단, 흙의 부피증가율은 20%, 트럭 1대의 흐트러진 상태의 흙 적재량은 6m³로 한다)

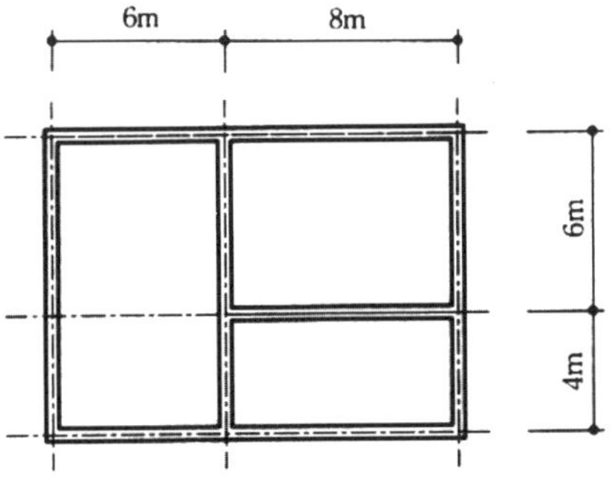

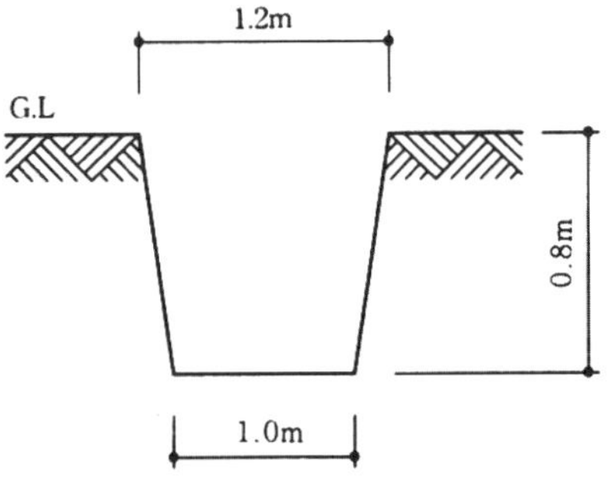

풀이 줄기초의 터파기량$(V) = \left(\frac{a+b}{2}\right)h \times$ (줄기초 길이)

① 줄기초길이$=(6+8)\times2+(6+4)\times3+8=66$m

② 터파기량$(V) = \left(\frac{1.2+1.0}{2}\right)\times 0.8 \times 66 = 58.08\text{m}^3$

③ 운반토량=터파기량×부피증가율$=58.08\times1.2=69.696\fallingdotseq69.7\text{m}^3$

④ 8톤 트럭 1대 적재량은 6m^3이므로 $69.7\text{m}^3 \div 6\text{m}^3$/회 = 11.62(회) ≒ 12회

실습 5 다음 그림과 같은 모래질흙의 줄기초파기에서 파낸 흙을 6톤 트럭으로 운반하려고 한다. 몇 대의 트럭이 필요한가?

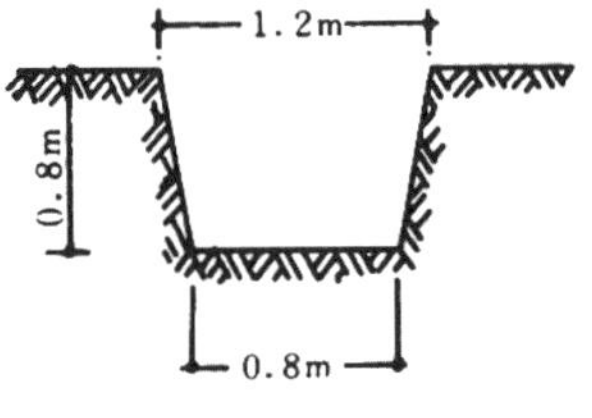

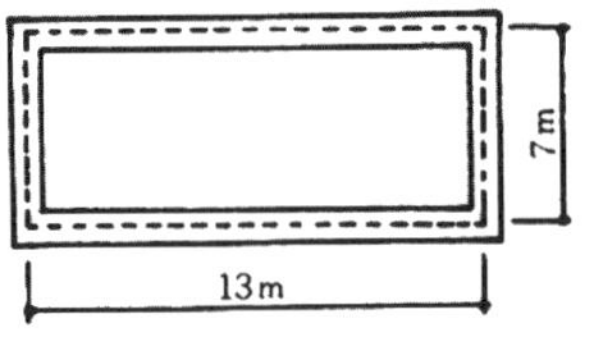

풀이 줄기초의 터파기량$(V) = \left(\frac{a+b}{2}\right)h \times$ (줄기초 길이), 모래질흙의 단위중량(자연상태)은 1,700~1,900kg/m^{3}이므로 평균 1.8t/m^{3}된다.

① 줄기초의 터파기량$(V) = \left(\frac{1.2+0.8}{2}\right)\times 0.8 \times (13\times 2 + 7\times 2) = 32\text{m}^3$

② 운반토량=줄기초의 터파기량(자연상태)=32m^3

③ 트럭대수=(32×1.8)÷6=9.6대≒10대

실습 6 다음 그림과 같은 줄기초에서 터파기, 되메우기 및 잔토처리량을 산출하고 인력으로 터파기 및 되메우기를 하는 경우의 품과 현장내 잔토처리하는 품을 산출하라.(단, 줄기초의 지반은 경질토사이고 흙의 부피증가는 25%이다)

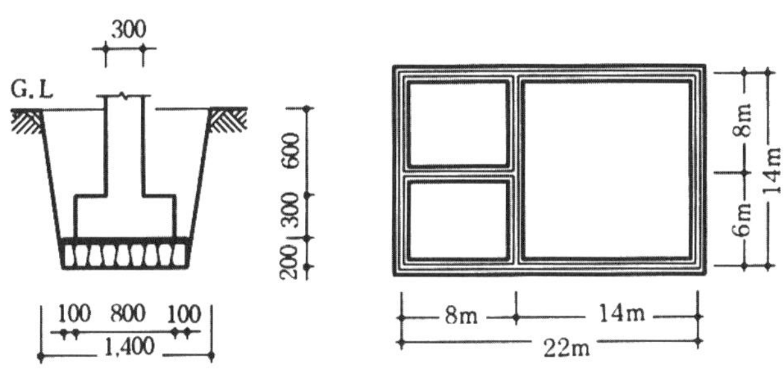

풀이 (1) 터파기, 되메우기 및 잔토처리량

① 줄기초 총 길이$(l) = 22\times 2 + 14\times 3 + 8\times 1 = 94\text{m}$

② 터파기량$(V) = \left(\frac{1.4+1.0}{2}\right)\times 1.1 \times 94 = 124.08\text{m}^3$

③ 되메우기량=124.08−(1.0×0.2×94+0.8×0.3×94+0.3×0.6×94)=124.08−58.28=65.8m^3

④ 잔토처리량=(124.08−65.8)×1.25=72.85m^3

(2) 인력 터파기 및 되메우기품

① 인력터파기 보통인부(인)=124.08×0.35인=43.428≒43.43인

② 되메우기 보통인부(인)=65.8×0.1인=6.58인

(3) 현장내 잔토처리품

잔토처리 보통인부(인)=72.85×0.2인=14.57인

해석 인력터파기, 되메우기 및 현장내 잔토 처리품은 "실습 12(품셈 3.1), 실습 13(품셈 3.3) 및 실습 14(품셈 3.4)"에 의한 것이다.

실습 7 흐트러진 상태의 모래질흙 $15m^3$를 이용하여 $10m^2$의 면적에 60cm 두께로 다져진 상태의 흙돋우기할 때 시공완료 후 흐트러진 상태로 남는 모래질흙의 양을 산출하시오.

풀이 (1) 흐트러진 상태의 모래질흙 $15m^3$를 다져진 상태로 환산한 양

모래질흙의 토량변화율 : $L = 1.25$, $C = 0.9$이므로

$$15m^3 \times \frac{C}{L} = 15 \times \frac{0.9}{1.25} = 10.8m^3$$

(2) 다짐 후에 다져진 상태의 남은 모래질흙량

$$V = 10.8m^3 - (10m^2 \times 0.6m) = 4.8m^3$$

(3) 다져진 상태의 모래질흙 $4.8m^3$를 흐트러진 상태로 환산

$$4.8m^3 \times \frac{L}{C} = 4.8 \times \frac{1.25}{0.9} = 6.66m^3$$

해설 토량의 변화율 값은 표 3.2에 의하여 구한다. 또한 토량환산계수는 표 3.3에 의한다.

실습 8 다음 그림에서와 같은 줄기초에서 각 지정의 재료량과 품을 산출하라.
(단, 줄기초의 길이는 150m이다)

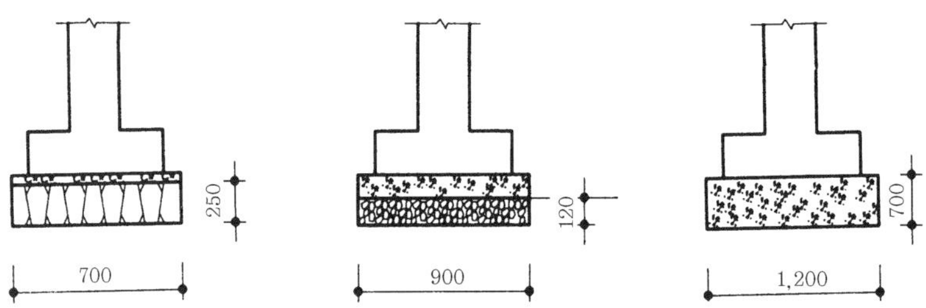

(잡석지정) (자갈지정) (모래지정)

풀이

구 분	재 료 량	품
잡석지정	잡석량$=(0.7\times0.25\times150)\times1.1$ $=26.25\times1.1=28.87m^3$ 자갈량(틈막이용)$=26.25\times0.3=7.87m^3$	보통인부 $=(26.25\div10)\times0.18$ $=0.4725\fallingdotseq0.47$

구 분	재 료 량	품
자갈지정	자갈량=(0.9×0.12×150)×1.1 =16.2×1.1=17.82m^3 왕모래량(틈막이용)=16.2×0.4=6.48m^3	보통인부=(16.2÷10)×0.16 =0.2592≒0.26
모래지정	모래량=(1.2×0.7×150)×1.2 =126×1.2=151.2m^3	보통인부=(126÷10)×0.15 =1.89

해설 건축지정의 재료 및 품은 "실습 15(품셈 3.5)"에 의하여 산출한다.

실습 9 점질토로 된 대지의 터파기량 9,000m^3 전부를 8t 트럭으로 잔토처리할 경우 차량대수를 산출하시오.(단, 점질토의 토량변화율 $L=1.3$이고, 8t 트럭 1대의 흐트러진 상태의 점질토 적재량은 5.2m^{3}이다)

풀이 (1) 잔토처리할 점질토의 양$(V)=9{,}000\text{m}^3\times1.3=11{,}700\text{m}^3$

(2) 8t 트럭 차량대수$(n)=11{,}700\text{m}^3\div5.2\text{m}^3=2{,}250$대

실습 10 다음과 같은 조건에서 덤프트럭의 1일 운반횟수(사이클수)를 산출하시오.

(조건) 운반거리 : 5km, 적재 · 적하 및 작업장 진입시간 : 18분
평균 운반속도 : 40km/hr, 1일 작업시간 : 8시간

풀이 (1) 1회 운반시간$=18\text{분}+\dfrac{60\text{분}}{40\text{km}}\times5\text{km}\times2(\text{왕복})=33\text{분}$

(2) 1일 운반횟수$(n)=\dfrac{8\times60\text{분}}{33\text{분}}=14.545\text{회}\fallingdotseq15\text{회}$

실습 11 터파기량 중 500m³를 불도저 2대로 터고르기 작업을 하려고 한다. 불도저의 삽날 용량은 0.6m³, 토량환산계수는 0.95, 작업효율은 0.9, 1회 사이클 시간이 12분일 때 불도저가 작업을 완료할 수 있는 시간을 산출하시오.

풀이 불도저의 시간당 작업량$(Q) = \dfrac{60 \cdot q \cdot f \cdot E}{\text{cm}}(\text{m}^3/\text{hr})$

여기서, $q = 0.6\text{m}^3$

$f = 0.95$

$E = 0.9$

cm = 12분

따라서 $Q = \dfrac{60 \times 0.6 \times 0.95 \times 0.9}{12} = 2.565(\text{m}^3/\text{hr})$

불도저가 작업을 완료할 수 있는 시간 : $(500\text{m}^3 \div 2.565\text{m}^3/\text{hr}) \div 2$대

=97.46시간

실습 12 흙파기 기계인 파워쇼벨(power shovel)로 터파기할 경우 다음과 같은 조건일 때 백호우의 시간당 작업량을 산출하시오.

(조건) ① 터파기의 토질 : 점질토

② 파워쇼벨의 버킷용량 : 0.6m³

③ 점질토의 토량환산계수 : 0.9

④ 작업효율 : 0.75(현장조건 양호)

⑤ 파워쇼벨의 버킷계수 : 0.95

⑥ 1회 사이클 시간 : 30초(선회각도 90°)

풀이 파워쇼벨의 시간당 작업량$(Q) = \dfrac{3{,}600 \cdot q \cdot k \cdot f \cdot E}{C_m}(\text{m}^3/\text{hr})$

여기서, $q = 0.6\text{m}^3$

$k = 0.95$

$f = 0.9$

$E = 0.75$

$C_m = 30$초

따라서, $Q = \dfrac{3{,}600 \times 0.6 \times 0.95 \times 0.9 \times 0.75}{30} = 46.17\ (\text{m}^3/\text{hr})$

실습 13 보통토사인 지반이 깊이 2.4m되는 인력터파기 할 때와 경질토사인 지반에 깊이 1.8m되는 인력터파기할 경우 인력터파기 $1m^3$당 일위대가표를 작성하시오.

풀이

(m^3당)

품 명	규 격	단위	수량	단가	금액	비 고
보통인부	보통토사 깊이 2.4m	인	0.34			자연상태기준
보통인부	경질토사 깊이 1.8m	인	0.35			자연상태기준

해설 인력터파기의 일위대가표는 다음의 표준품셈에 의하여 작성한다.

(품셈 3.1) 인력터파기

(m^3당)

구 분	깊이(m) / 직종(인)	0~1	1~2	2~3
보통토사	보통인부	0.20	0.27	0.34
경질토사	보통인부	0.26	0.35	0.44
고사점토 및 자갈섞인 토사	보통인부	0.32	0.43	0.54
호박돌섞인토사	보통인부	0.57	0.77	0.97
연암 및 풍화암	할석공	1.60	1.80	2.00
	보통인부	0.80	0.90	1.00
보통암	할석공	2.40	2.60	2.80
	보통인부	1.20	1.30	1.40
경암	할석공	4.40	6.10	7.80
	보통인부	1.80	2.50	3.20

① 본 품은 자연상태를 기준으로 한 것이다.
② 본 품에서 흙막이 및 물푸기 품을 포함하지 않았다.
③ 협소한 장소와 용수가 있는 곳은 본 표의 50%까지 가산할 수 있고 수중의 터파기는 2배로 한다.
④ 주위에 장애물(가시설물, 인접건축물 및 기타 시설물)이 있을 때와 협소한 독립기초파기 때에는 품을 50%까지 가산할 수 있다.
⑤ 되메우기에 있어서는 m^3당 0.1인을 별도 가산한다.
⑥ 현장 내에서 소운반하여 깔고 고르는 잔토처리는 m^3당 0.2인을 별도 가산한다.
⑦ 깊이 3m 이상의 터파기는 본품의 터파기 깊이에 비례하여 계상할 수 있다.
⑧ 화강암 풍화토(眞砂)에 대하여는 현지 실정에 따라 별도 계상할 수 있다.

【해설】

① 본 품은 소운반이 수반되지 아니하는 구조물의 터파기 또는 이에 준하는 굴착에 한하며, 소운반이 필요할 때는 별도로 계상한다.
② 호박돌 섞인 토사의 품에는 발파품을 인력품으로 환산한 것도 포함되어 있다.
③ 터파기 흙의 운반을 요할 때의 운반시점은 지반면상의 터파기 비탈어깨선부터 하고, 되메우기의 다짐이 필요할 때에는 다짐품을 별도로 가산한다.

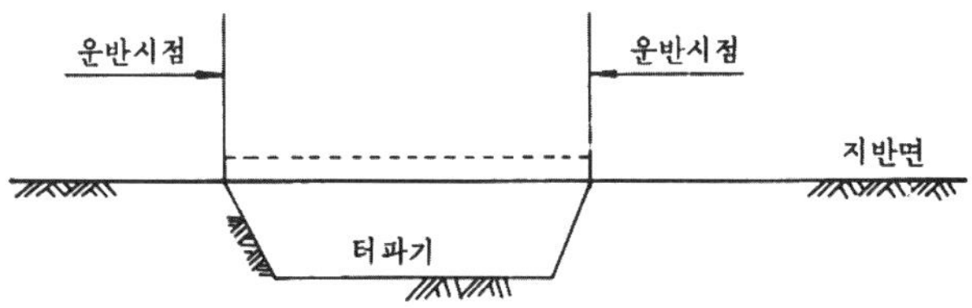

④ 본 품에는 깊은 터파기에 있어서의 2단 던지기 및 3단 던지기 작업도 감안된 것이다.
⑤ 터파기의 비탈면은 토질에 따라서 적정하게 결정해야 한다.
⑥ 절취나 터파기에 있어서는 면고르기를 별도로 보지 않는다.
⑦ 공구손료는 별도로 계산하지 않는다.

실습 14 줄기초 터파기를 한 다음 줄기초를 시공한 주위에 성토두께 15cm 정도 되도록 토사를 인력 흙다지기를 하면서 인력 흙되메우기할 경우 일위대가표를 작성하시오.

풀이

(m^3당)

품 명	규 격	단위	수량	단가	금액	비 고
보통인부 보통인부	토사, 성토두께 15cm	인 인	0.14 0.1			인력 흙다지기 인력 흙되메우기

해설 인력 흙다지기 및 인력 흙되메우기의 일위대가표는 다음의 표준품셈에 의하여 작성한다.

(품셈 3.2) 인력 흙다지기

구 분	성토두께(cm)	15	30
토 사 점 토	m^3당 m^3당	0.14인 0.25	0.11인 0.19
토 사 점 토	$100m^3$당 $100m^3$당	2.14 3.80	3.33 5.70

① 흙고르기를 포함한다.
② 살수품은 물의 운반거리에 따라 별도 계상한다.
③ 기계 병용시(유압식 진동콤팩터 등) 본품의 20%를 감할 수 있다.

【해설】

① 본 품은 흐트러진 상태의 흙의 두께를 깔아서 다져진 상태의 토량을 기준으로 한 것이다.
② 모래밭은 적용되지 않는다.

(품셈 3.3) 흙되메우기

(m^3당)

구 분	단 위	수 량	비 고
보 통 인 부	인	0.1	

실습 15 현장 내에서 소운반하여 깔고 고르는 잔토처리인 경우 일위대가표를 작성하시오.

풀이

(m^3당)

품 명	규 격	단위	수량	단가	금액	비 고
보통인부		인	0.2			현장 내에서 소운반하여 깔고 고르기까지 품임

해설 잔토처리(현장내 깔고 고르기)의 일위대가표는 다음의 표준품셈에 의하여 작성한다.

(품셈 3.4) 잔토처리(현장내 깔고 고르기)

(m^3당)

구 분	단 위	수 량	비 고
보 통 인 부	인	0.2	현장 내에서 소운반하여 깔고 고르는 잔토처리품이다.

실습 16 잡석지정을 인력으로 시공할 경우 일위대가표를 작성하시오.

풀이

(m^3당)

품 명	규 격	단위	수량	단가	금액	비 고
자 갈 잡 석 보통인부		m^3 m^3 인	0.3 1.1 0.18			보통인부는 재료량 10m^3 당 품이다.
계	재 료 비					
	노 무 비					

해설 건축지정의 일위대가표는 다음의 표준품셈에 의하여 작성한다.

(품셈 3.5) 기초지정(인력)

(m^3당)

재료 및 품 \ 공종별	단위	모래지정	자갈지정	잡석지정
모 래	m^3	1.2	–	–
왕 모 래	m^3	–	0.4	–
자 갈	m^3	–	1.1	0.3
잡 석	m^3	–	–	1.1
보 통 인 부	인	0.15	0.16	0.18

① 본 품에는 재료의 할증률이 포함되어 있는 것이다.
② 본 품에는 소운반, 고르기 및 다짐작업을 포함한다.
③ 보통인부는 재료량 10m^3당 품이다.

Chapter 04

철근콘크리트공사

4.1 개 요

철근콘크리트공사(reinforced concrete works)는 거푸집을 짜 세우고 거푸집 안에 철근을 배근하여 콘크리트를 부어넣어 굳은 다음 거푸집을 제거하고 소정의 마무리를 하는 공사가 되므로 ① 콘크리트공사 ② 거푸집공사 ③ 철근공사로 크게 구분하여 적산하게 된다. 그러나 수량산출에 있어서는 구분 없이 동시에 하는 것이 편리하다.

철근콘크리트공사의 수량산출은 콘크리트, 거푸집, 철근으로 구분하여 다음의 순서대로 층별 또는 아래에서 위로 진행하는 것이 중복, 누락을 피하고 동시에 구조상의 각 부재의 비교 대응이 가능하게 되어 유리하다.

기초 → 기초보 → 기둥 → 큰보 → 작은보 → 바닥판 → 벽 → 계단 → 기타

4.2 콘크리트공사

4.2.1 콘크리트 수량산출 구분

콘크리트는 사용하는 골재 · 강도 · 품질 · 시공조건 · 비빔방법 · 타설방법 등에 따라 적용단가가 상이하므로 다음과 같이 구분하여 수량을 산출한다.

(1) 골재에 의한 구분 : 중량콘크리트, 보통콘크리트, 경량콘크리트

(2) 강도에 의한 구분 : 보통강도콘크리트(설계기준강도 300kg/cm^2 이하), 고강도콘크리트

(설계기준강도 300kg/cm^2 이상), 초강도콘크리트(설계기준강도 1,000kg/cm^2 이상)

(3) 품질에 의한 구분 : 고급(설계기준강도 210~270kg/cm^2 이상), 상용(설계기준강도 150~240kg/cm^2 정도), 간이(설계기준강도 135kg/cm^2 정도)

(4) 시멘트에 의한 구분 : 포틀랜드시멘트, 고로시멘트, 플라이애시시멘트 등

(5) 시공조건에 의한 구분 : 한중콘크리트, 수밀콘크리트, 서중콘크리트 등

(6) 배합에 의한 구분 : 용적배합콘크리트, 배합설계콘크리트, 레미콘(레디믹스트콘크리트)

(7) 비빔방법에 의한 구분 : 인력비빔, 기계비빔

(8) 타설방법에 의한 구분 : 인력타설, 펌프카(pump car)타설, 슈트(chute)타설, 타워크레인 버킷(tower crane bucket)타설, 윈치(winch)타설

4.2.2 콘크리트 수량산출 일반

(1) 콘크리트의 수량은 4.2.1 콘크리트 수량 산출 구분과 같이 구분하여 도면 정미량으로 산출한다. 여기서 도면 정미량이라 함은 설계도의 치수에 의하여 산출된 콘크리트 체적(m^3)을 말한다.

(2) 콘크리트 수량산출 순서는 일반적으로 건축물의 최하부(지하층)에서부터 상부(지상층)로, 또한 각 층별로 구분하여 기초, 기둥, 벽체, 보, 바닥판, 계단 및 기타 세부의 순으로 산출하되 서로 중복되지 않도록 설계도면에 표시하면서 산출한다. 특히 연결 부분은 서로 중복이 없도록 산출한다.

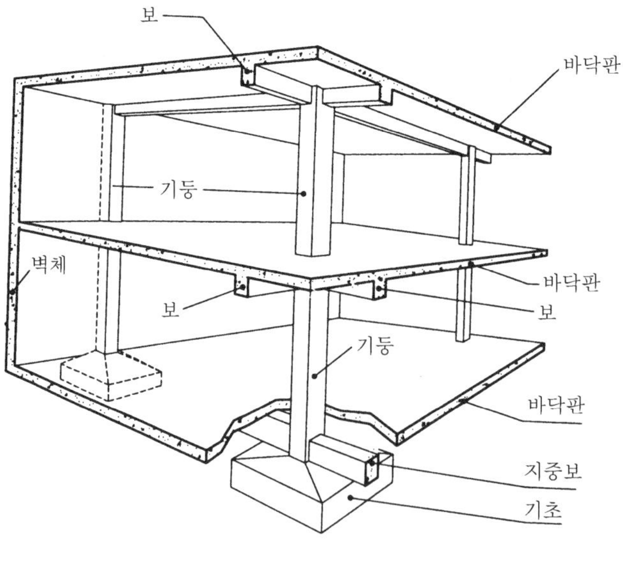

그림 4.1 콘크리트구조

(3) 철근콘크리트 속에 들어가는 철근 및 소구경 관류(일반적인 설비배관)가 차지하는 체적은 콘크리트의 체적에서 제외하지 않는다. 다만, 직경이 큰 구조용 파이프, 조립부재, 대형덕트 또는 홈통용 큰 강관 등이 차지하는 공간은 공제한다. 단, 공간의 체적(공간의 면적에 콘크리트의 두께를 곱한 체적)이 1개소당 0.05m^3 이하일 때에는 콘크리트 체적에서 공제하지 아니한다.

(4) 철골철근콘크리트구조 등과 같이 콘크리트 중에 매설된 철골의 체적은 콘크리트체적에서 공제한다. 여기서 공제된 철골의 체적은 철골의 도면 정미량에 있어 7.85ton을 1m^{3}로 환산한 체적으로 한다.

(5) 창호 또는 출입구 등의 개구부 체적은 콘크리트체적에서 공제한다. 다만, 개구부 면적에 벽두께를 곱한 개구부의 체적이 1개소당 0.05m^3 이하인 개구부 체적은 공제하지 아니한다.

(6) 레디믹스트콘크리트(레미콘)량은 도면 정미량으로 산출하고 레미콘의 타설할증률(구입시)은 무근콘크리트 구조물인 경우에는 2%, 철근콘크리트 구조물 또는 철골철근콘크리트 구조물인 경우에는 1%를 적용한다.

4.2.3 구조부위별 수량산출 방법

[1] 기 초

(1) 독립기초

독립기초의 콘크리트 수량은 설계치수에 의한 기초저면에서 기둥과의 접촉면까지의 체적을 산출하여 동일 형태의 수량(개수)을 곱한 전체의 체적(m^3)을 구하고, 이를 전체 독립기초의 콘크리트량으로 한다.

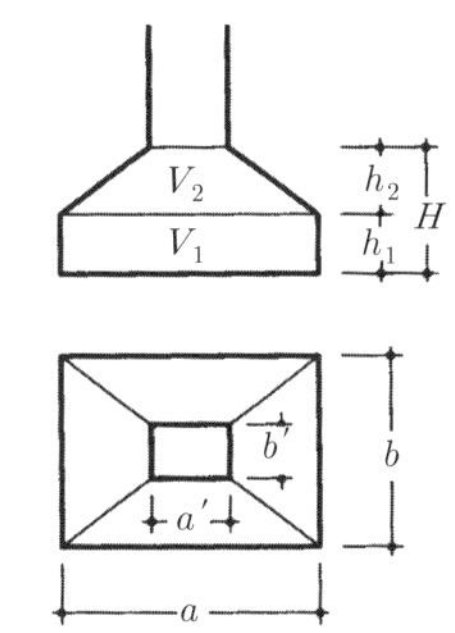

그림 4.2 독립기초 단면도

$$V = V_1 + V_2$$

여기서, $V_1 = (a \times b) \times h_1$

$$V_2 = \frac{h_2}{6}\{(2a + a')b + (2a' + a)b'\}$$

또는 $V_2 = \frac{h_2}{3}\{(ab + a'b') + \sqrt{(ab) \times (a'b')}\}$

(2) 줄기초

줄기초 단면적에 줄기초의 중심연장길이를 곱하여 전체의 체적(m^3)을 구하고, 이를 전체 줄기초의 콘크리트량으로 한다.

$$V = A \times L$$

여기서, A : 줄기초 단면적(m^2)

L : 중심연장 길이

$$A = ah_1 + \frac{a+a'}{2} \times h_2 + a'h_3$$

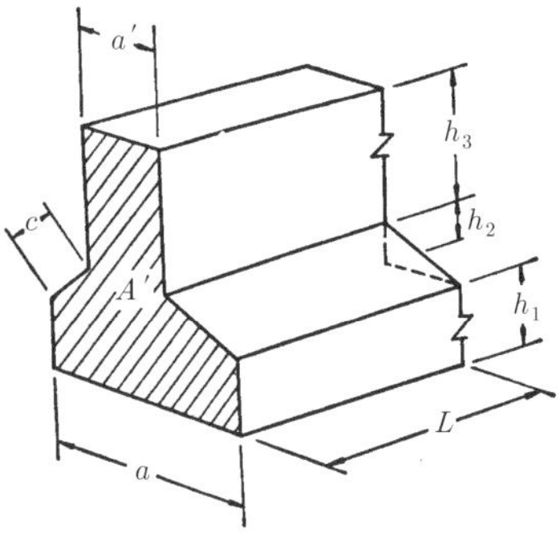

그림 4.3 줄기초 단면도

(3) 온통기초

온통기초의 닥바 전체 면적에 두께를 곱하여 전체의 체적(m^3)을 구하고 이를 전체 온통기초의 콘크리트량으로 한다.

$$V = \text{바닥 전체 면적}(S) \times \text{기초판 두께}(T)$$

(4) 기초보

기초보 단면적에 기초보 길이를 곱하여 전체의 체적(m^3)을 구하고 이를 전체 기초보의 콘크리트량으로 한다. 다만, 기초보의 체적을 산출시 그림 A' 부분(기초보가 기초의 경사면에 접한 부분)과 같은 곳에 대한 체적 계산을 고려한다.

$$\text{체적}(V) = \text{기초보 단면적}(A) \times \text{기초보 길이}(L)$$

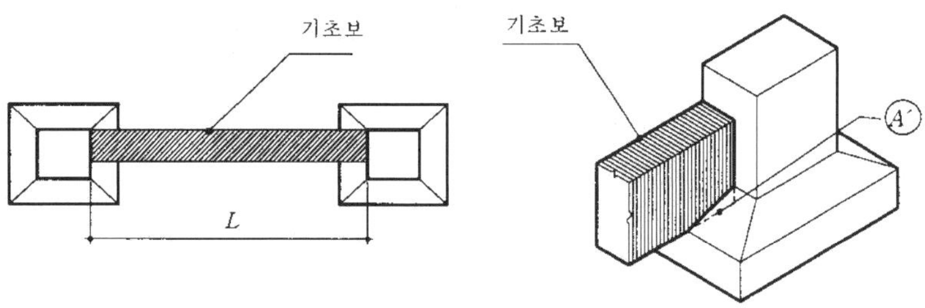

그림 4.4 기초보 단면도

[2] 기 둥

기둥의 단면적에 기둥 높이를 곱한 한 개의 기둥 체적(m^3)을 구하여 이를 기둥 한 개의 콘크리트량으로 한다. 여기서, 기둥 높이의 산정은 층높이(층고)에서 바닥판 두께를 뺀 바닥판간의 높이로 한다.

층별 기둥의 체적은 기둥 한 개의 체적을 구한 다음 한 층 내의 동일 모양(규격 · 높이)의 기둥 개수를 곱하여 산출하고, 이를 한 층의 콘크리트량으로 한다. 만약 층별로 기둥의 모양이 다르다거나 같은 층 내의 기둥이라도 모양이 다른 경우에는 기둥 모양별로 체적을 구한다.

$$기둥\ 체적(V) = 기둥\ 단면적(A \times B) \times 바닥판간의\ 높이(H-t) \times 동일\ 모양의\ 기둥개수(n)$$

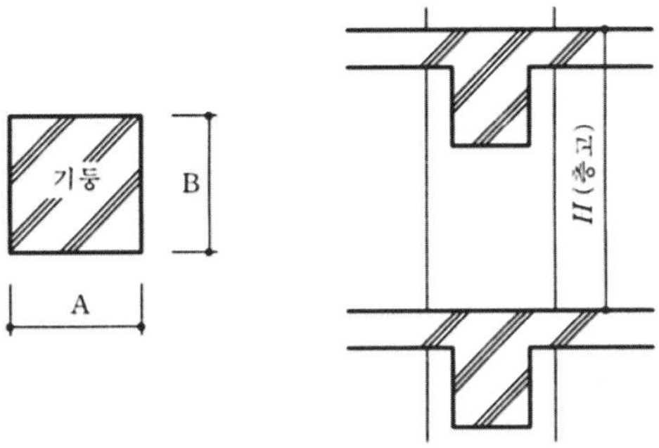

그림 4.5 기둥 단면도

[3] 보

보 단면적에 보 길이를 곱한 한 개의 보 체적(m^3)을 구하여 이를 보 한 개의 콘크리트량으로 한다. 여기서 보 단면적은 보의 너비에 춤에서 바닥판 두께를 뺀 것을 곱한 면적으로 하고 보 길이는 기둥간 안목거리로 한다. 작은 보의 경우 작은 보 길이는 큰 보간의 길이로 한다.

보 전체의 체적은 보 한 개의 체적을 구한 다음 동일 모양(규격, 길이)의 보 개수를 곱하여 산출한다. 만일 보 모양이 다를 경우에는 보 모양별로 체적을 구한다.

$$보\ 체적(V) = 보\ 단면적\{A \times (D-t)\} \times 보\ 길이(l) \times 동일\ 모양의\ 보\ 개수(n)$$

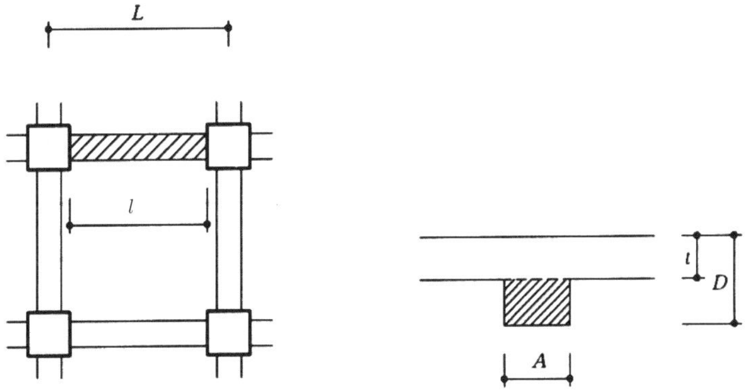

그림 4.6 보 단면도

[4] 바닥판

바닥판 전면적에 바닥판 두께를 곱하여 체적(m^3)을 구하고, 이를 바닥판의 콘크리트량으로 한다. 여기서 바닥판 전면적은 바닥 외곽선으로 둘러싸인 면적으로 한다. 다만, 개구부 면적은 공제하되, 개구부 면적에 바닥판 두께를 곱한 개구부의 체적이 1개소당 $0.05m^3$ 이하인 때에는 공제하지 아니한다.

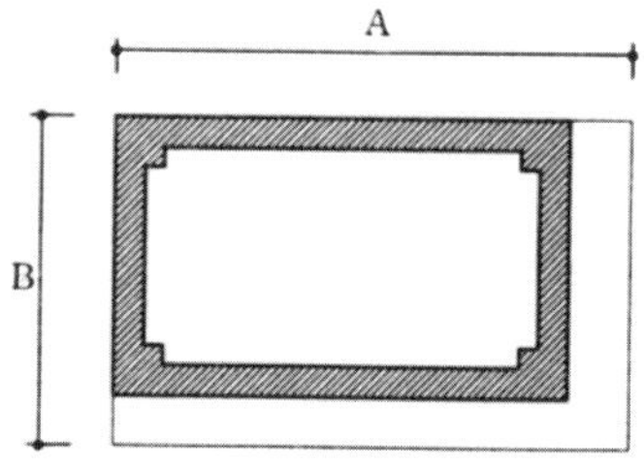

※ 바닥판 전면적=A×B

$$\text{바닥판 체적}(V) = \text{바닥판 전면적}(S) \times \text{바닥판 두께}(t)$$

[5] 벽 체

벽 면적에서 개구부 면적을 뺀 면적에 벽 두께를 곱하여 체적(m^3)을 구하고, 이를 벽체의 콘크리트량으로 한다. 여기서 벽 면적은 기둥 면적을 빼고 높이는 바닥판간 또는 보간 안목거리로 한다. 또한 개구부 면적은 개구부의 안목거리로 산출하고 개구부(창, 출입구 등) 면적에 벽 두께를 곱한 개구부의 체적이 1개소당 $0.05m^3$ 이하인 개구부 면적은 공제하지 아니한다. 다만, 헌치(haunch)가 있는 보와 접한 경우의 벽인 경우에는 헌치 부분의 면적을 제외한다(보의 콘크리트량 산출에서 헌치 부분의 체적을 고려하기 때문임)

$$\text{벽 체적}(V) = L \cdot H \cdot T - l \cdot h \cdot t$$

$$\text{또는 벽 체적}(V) = L \cdot H \cdot T - l \cdot h \cdot t - (\text{헌치 부분의 체적})$$

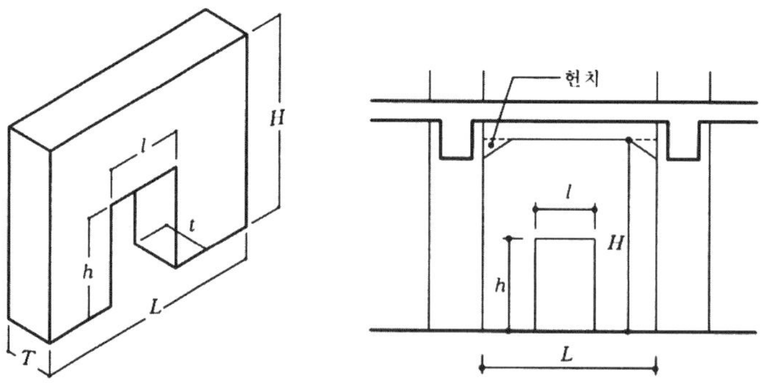

그림 4.7 벽체 단면도

[6] 계 단

계단의 체적(m^3)을 구하고, 이를 계단의 콘크리트량으로 한다. 계단의 체적은 경사면적에 계단의 평균두께(t_o)를 곱하여 구한다. 또한 경사면적에 계단두께(T)를 곱한 체적과 경사면적에 단의 평균두께(t)를 곱한 것을 계단 한 단의 체적으로 하여 이에 계단 단수를 곱한 체적을 합한 것으로 계단의 체적을 구하기도 한다. 따라서 이 체적이 바로 계단의 콘크리트량이 된다. 그리고 계단참(landing)의 콘크리트량 산출은 계단참을 바닥판으로 보고 바닥판의 콘크리트량 산출방법과 같이 산출한다.

$$\text{계단 체적}(V) = W \times l \times t_o$$

$$\text{또는 계단 체적}(V) = (W \times l \times T) + (V_1 \times \text{계단 단수})$$

여기서, W : 계단폭
l : 계단의 경사길이
V_1 : 한 단의 체적
t_o : 계단의 평균두께
T : 계단바닥판 계단두께

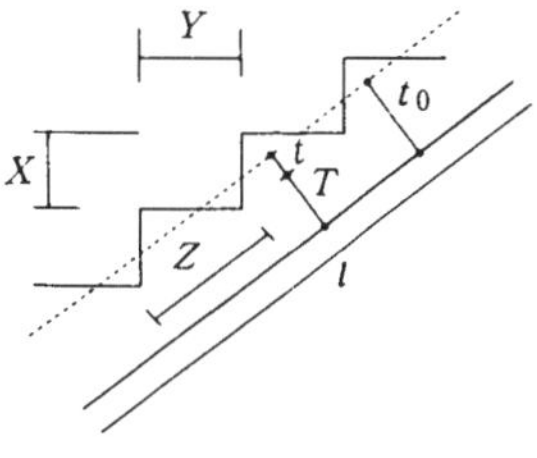

그림 4.8 계단 단면도

※ 계단의 평균두께(경사면적의 평균두께 ; t_o)

$$\sqrt{X^2 + Y^2} = Z,\ \frac{X \times Y}{2} = S,\ Z \times t = S,\ t = \frac{S}{Z},\ T + t = t_o$$

$$\text{계단참 체적}(V) = \text{계단참 면적} \times \text{계단참 슬래브 두께}$$

4.2.4 용적배합 콘크리트의 각 재료량 산출방법

(1) 용적배합 콘크리트의 용적배합비가 $1 : m : n$ 이고, 물 · 시멘트비가 $x\%$일 때, 콘크리트 비벼내기량(V) 및 각 재료의 수량은 다음과 같은 약산 식으로 구한다.

$$\text{콘크리트 비벼내기량 } V = \frac{W_c}{g_c} + \frac{m \cdot W_s}{g_s} + \frac{n \cdot W_g}{g_g} + W_c \cdot x(\text{m}^3)$$

$$\text{시멘트 소요량 } C = \frac{1}{V}(\text{m}^3) \text{ 또는 } C = \frac{1,500}{V}(\text{kg}),\ C = \frac{37.5}{V}(\text{포})$$

$$(\because \text{ 시멘트 } 1\text{m}^3 = 1,500\text{kg} = 37.5\text{포})$$

$$\text{모래의 소요량 } S = \frac{m}{V}(\text{m}^3)$$

자갈의 소요량 $G = \frac{n}{V}(\mathrm{m}^3)$

물의 소요량 $w = C \cdot x$ (ton 또는 m^3)

여기서, V : 콘크리트의 비벼내기량(m^3)

W_c : 시멘트의 단위용적중량($\mathrm{t/m^3}$ 또는 kg/l)

W_s : 모래의 단위용적중량($\mathrm{t/m^3}$ 또는 kg/l)

W_g : 자갈의 단위용적중량($\mathrm{t/m^3}$ 또는 kg/l)

g_c : 시멘트의 비중

g_s : 모래의 비중

g_g : 자갈의 비중

(2) 용적배합 콘크리트의 용적배합비가 $1 : m : n$ 이고 물 · 시멘트비를 고려하지 아니한 경우 콘크리트 비벼내기량(V) 및 각 재료의 수량은 다음과 같은 약산식으로 구한다.

콘크리트 비벼내기량 $V = 1.1\mathrm{m} + 0.57n(\mathrm{m}^3)$

시멘트의 소요량 $C = \frac{1,500}{V}(\mathrm{kg})$ 또는 $C = 37.5 \times \frac{1}{V}$(포)

모래의 소요량 $S = \frac{m}{V}(\mathrm{m}^3)$

자갈의 소요량 $G = \frac{n}{V}(\mathrm{m}^3)$

4.3 거푸집공사

4.3.1 거푸집 종류

거푸집공사(form work)는 거푸집의 조립 및 해체에 관한 가설공사이고 거푸집(forms)은 콘크리트를 부어 굳히기 위한 목적으로 만든 가설구조물을 말한다. 거푸집의 종류는 재료 및 공법에 따라 여러 가지가 있다. 주로 사용되고 있는 것을 들면 다음과 같다.

(1) 목재거푸집(wood forms)
(2) 합판거푸집(plywood forms)
(3) 강재거푸집(steel forms)
(4) 유로폼(euro form)
(5) 터널폼(tunnel form)
(6) 갱폼(gang form)

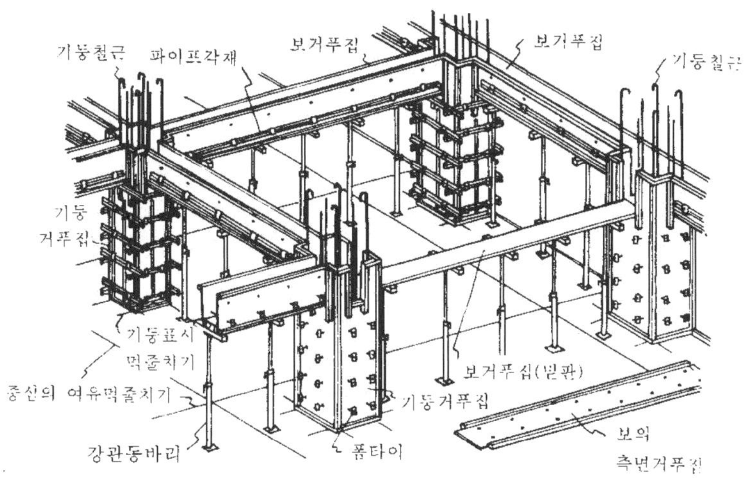

(기둥 · 보 거푸집의 조립)

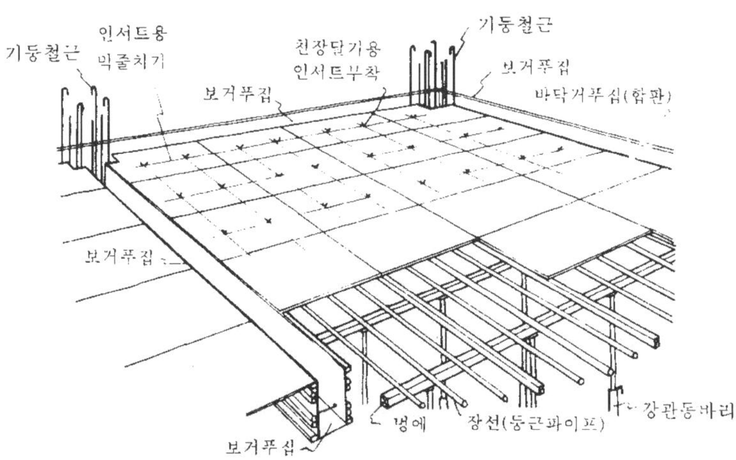

(바닥거푸집의 조립)

그림 4.9 거푸집의 조립(일반 예)

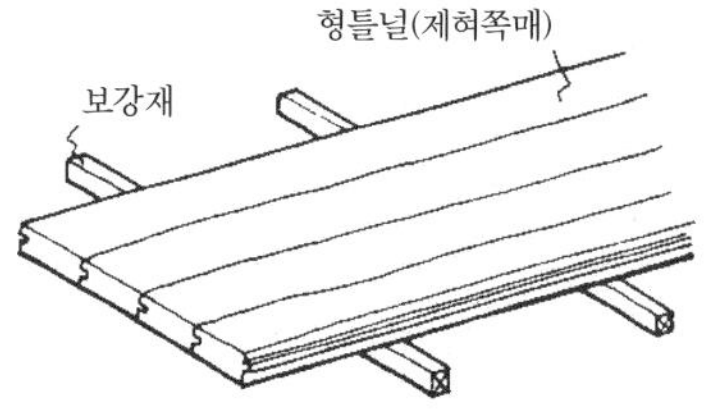

(목재거푸집)

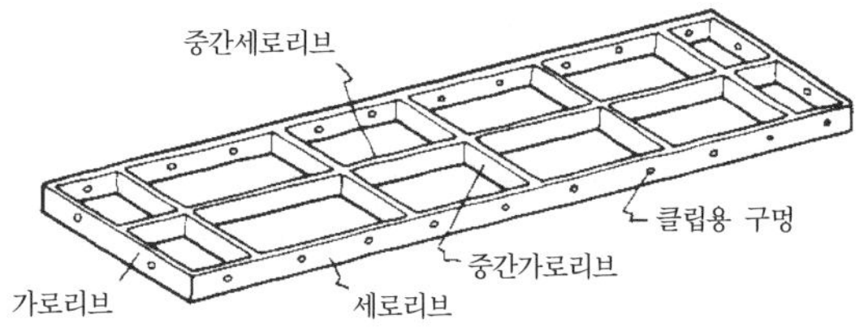

(강재거푸집)

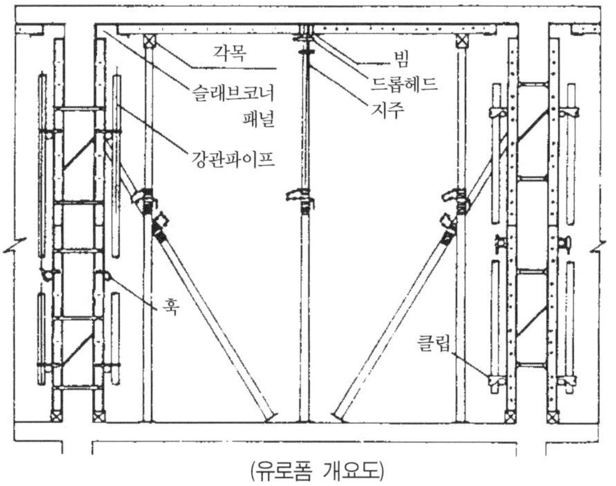

(유로폼 개요도)

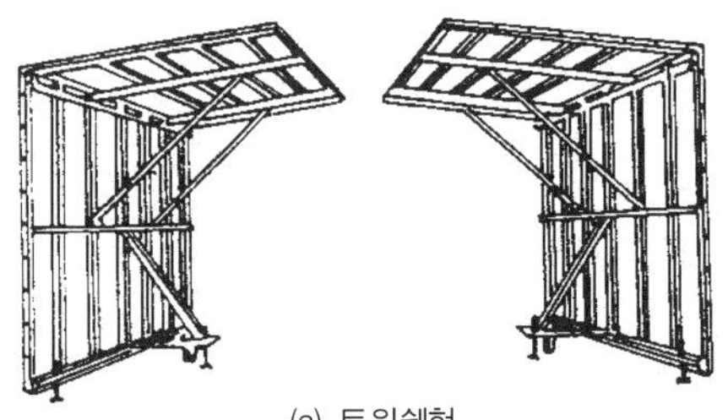

(a) 트윈쉘형

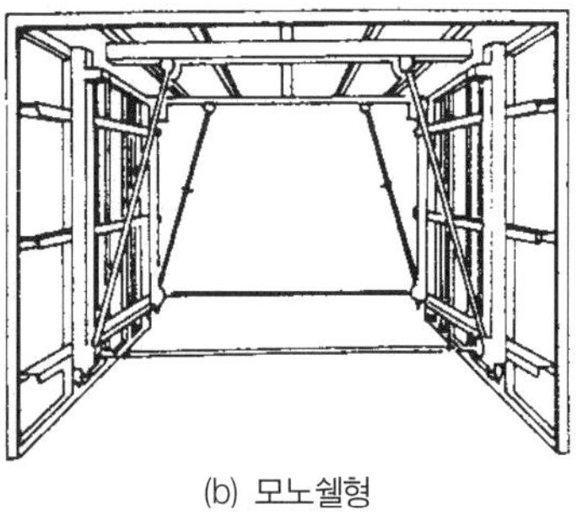

(b) 모노쉘형

(터널폼 개요도)

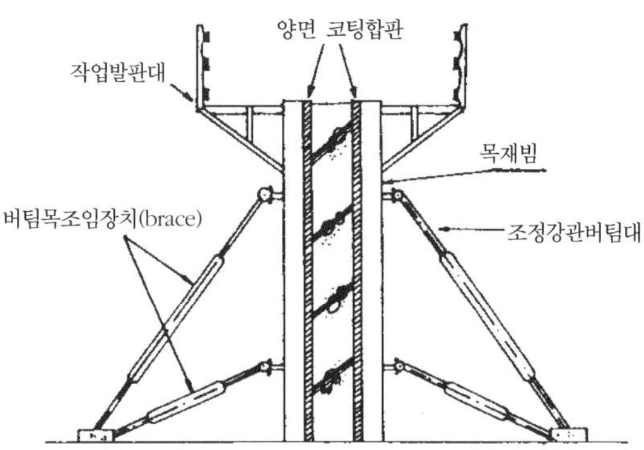

(갱폼 개요도)

그림 4.10 거푸집

4.3.2 거푸집 수량산출 구분

거푸집은 종류, 용도, 사용횟수에 따라 적용단가가 상이하므로 다음과 같이 구분하여 수량을 산출한다.

(1) 종류별 구분
목재거푸집, 합판거푸집, 강재거푸집, 유로폼, 터널폼, 갱폼

(2) 용도별 구분
보통부분, 제치장면, 곡면 · 원형, 특수의장면, 묻어버리기

(3) 사용횟수별 구분
1회, 2회, 3회, 4회, 5회, 6회, 7회

4.3.3 거푸집 수량산출 일반

(1) 거푸집 수량은 4.3.2 거푸집 수량산출 구분과 같이 구분하여 산출하고, 각 층별 또는 구조별로 나누어 각 부분에 서로 중복이 없도록 산출한다.
(2) 거푸집 수량은 설계도서에 의하여 산출한 정미면적으로 하고, 이를 거푸집의 소요량으로 한다.
(3) 거푸집 수량산출은 콘크리트 수량산출 순서와 같이 산출하되 서로 중복되지 않도록 설계도면에 표시하면서 산출한다.
(4) 거푸집 수량(거푸집 면적)산출에 있어 다음의 접합부 면적이 $1m^2$ 이하인 것은 거푸집 면적에서 공제하지 않는다.
① 기초와 지중보가 접합하는 부분
② 지중보와 기둥이 접합하는 부분
③ 기둥과 보가 접합하는 부분
④ 큰 보와 작은 보가 접합하는 부분
⑤ 기둥과 벽체가 접합하는 부분
⑥ 보와 벽이 접합하는 부분
⑦ 바닥판과 기둥이 접합하는 부분
⑧ 벽과 계단슬래브가 접합하는 부분
(6) 창 · 출입구 등의 개구부로서 1개소당 개구부 면적이 $1m^2$ 이하인 경우에는 거푸집 면적에서 공제하지 않는다.
(7) 비탈면에 대한 거푸집 수량산출 여부는 그 비탈면의 물매가 30° 이상인 경우에는 거푸집을 설치하는 것으로 보아 거푸집수량에 산입하고 물매가 30° 이하인 경우에는 거푸집

을 설치하지 않는 것으로 보아 거푸집수량에서 제외한다. 대부분 독립기초의 상면 또는 지붕면 등이 이에 해당된다.

4.3.4 구조부위별 수량산출 방법

[1] 기 초

거푸집 수량은 콘크리트에 접하는 면의 설계치수에 의한 면적(m^2)으로 산출하고 콘크리트 측면의 면적에 비탈면의 물매가 30° 이상인 경우에는 비탈면의 면적을 더한 것으로 한다.

(1) 독립기초

① $\theta < 30°$인 경우$\left(\frac{h}{c} < \frac{1}{2}\text{일 때}\right)$

거푸집면적$(S) = 2 \times (A + B) \times H$

만일 동일 형태의 독립기초가 여러 개라면

전체 거푸집면적(S)

$= \{2 \times (A + B) \times H\} \times$ 동일기초수

② $\theta > 30°$인 경우$\left(\frac{h}{c} \geq \frac{1}{2}\text{일 때}\right)$

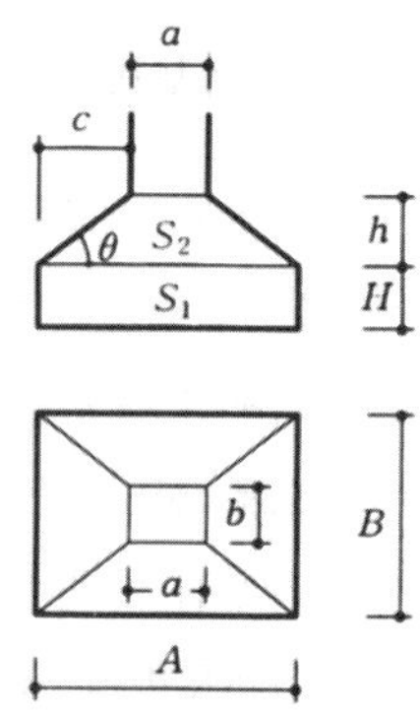

그림 4.11 독립기초(거푸집)

거푸집면적(S) =수직면 거푸집면적(S_1)

+비탈면 거푸집면적(S_2)

$$S_1 = 2 \times (A + B) \times H$$

$$S_2 = 2 \times (\text{A길이쪽 비탈면적} + \text{B길이쪽 비탈면적})$$

여기서, $\text{A길이쪽 비탈면적} = \frac{(A+a)}{2} \times \sqrt{h^2 + \left\{\frac{B-b}{2}\right\}^2}$

$\text{B길이쪽 비탈면적} = \frac{(B+b)}{2} \times \sqrt{h^2 + \left\{\frac{A-a}{2}\right\}^2}$

(2) 줄기초

줄기초의 수직면과 비탈면은 독립기초에 준하고 줄기초 중심선 길이를 곱하여 전체면적을 구한다.

① 비탈면의 물매가 30° 이하인 경우

거푸집 전체면적$(S) = 2 \times L \times (h_1 + h_2)$

② 비탈면의 물매가 30° 이상인 경우

거푸집 전체면적(S)

$= \{2 \times L \times (h_1 + h_2)\} + (2 \times L \times C)$

여기서, L : 줄기초 중심선 길이

C : 비탈면의 폭

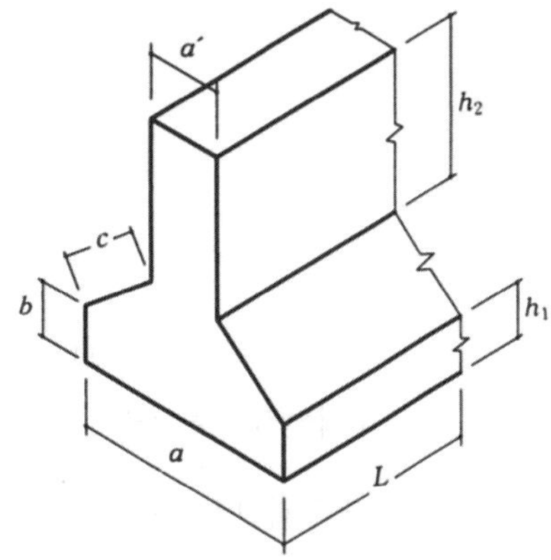

그림 4.12 줄기초(거푸집)

(3) 기초보

기초보 양쪽 측면의 면적을 거푸집 면적으로 한다.

거푸집 전체면적$(S) = 2 \times (B \times L)$

여기서 B : 기초보 측면의 높이

L : 기초보 전체길이

기초보의 바닥면은 밑창콘크리트, 잡석깔기 또는 지반에 직접 접하기 때문에 바닥면의 거푸집은 설치하지 않는 것으로 보아 거푸집 수량에 산입하지 않는다.

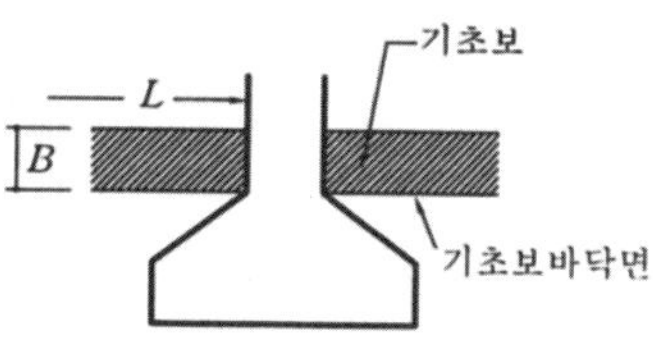

그림 4.13 기초보(거푸집)

[2] 기 둥

(1) 기둥 둘레 길이에 기둥 높이를 곱한 면적을 기둥의 거푸집면적으로 한다. 여기서, 기둥높이는 층높이(층고)에서 바닥판의 두께를 뺀 바닥판간의 높이(바닥판 안목간의 높이)로 한다.

$$\begin{aligned}\text{거푸집면적}(S) &= \text{기둥 둘레길이} \times \text{기둥 높이} \\ &= 2(A+B) \times h \quad \text{또는} \\ &\quad 2(A+B) \times (H-t)\end{aligned}$$

(2) 원형기둥인 경우에는 원형기둥 둘레길이에 기둥 높이를 곱한 면적을 원형기둥의 거푸집면적으로 한다.

거푸집면적(S)

$=$원형기둥 둘레길이$\times$기둥 높이$= \pi \times D \times h$

여기서, D : 원형기둥의 지름

h : 원형기둥 높이

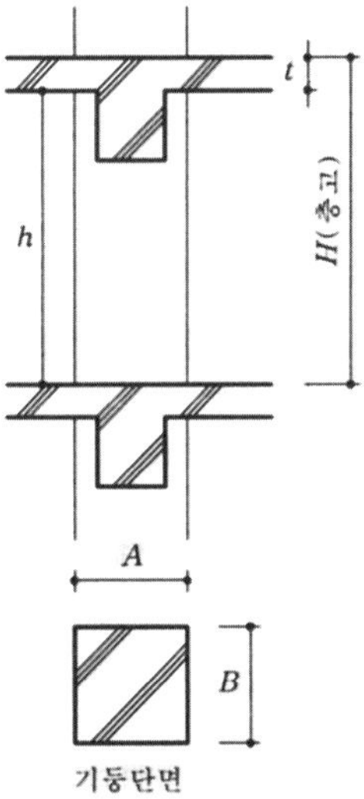

그림 4.14 기둥(거푸집)

[3] 보

(1) 기둥간 안목길이에 보의 춤에서 바닥판의 두께를 뺀 높이의 2배를 곱한 면적을 보의 거푸집면적으로 한다.

$$거푸집면적(S) = l \times 2 \times (D - t)$$

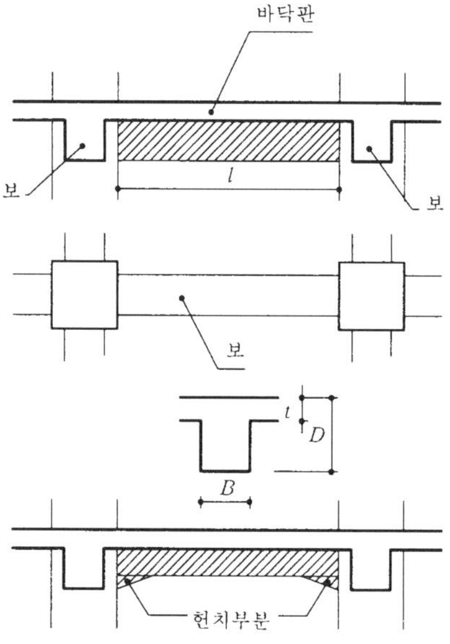

그림 4.15 보(거푸집)

(2) 보에 헌치(haunch)가 있는 경우에는 헌치가 없는 것으로 보아 계산한 면적에 헌치 부분의 삼각형 면적을 더한 것을 거푸집면적으로 한다.

[4] 바닥판

외벽의 두께를 뺀 내벽간 바닥면적을 바닥판의 거푸집면적으로 하며, 캔틸레버(cantilever)로 된 외부 바닥판은 바닥판 길이에 외벽의 두께를 뺀 바닥판 폭을 곱한 바닥면적을 외부 바닥판의 거푸집면적으로 한다. 다만, 다른 부위(외벽, 기둥 등)에 접하지 않는 바닥판인 경우에는 바닥판의 외주둘레 길이에 바닥판 두께를 곱한 바닥판 측면의 면적을 더해 주어야 한다.

$$바닥판\ 거푸집면적(S) = A \times B$$

$$또한,\ 바닥판\ 거푸집면적(S) = A \times B + A' \times B'$$

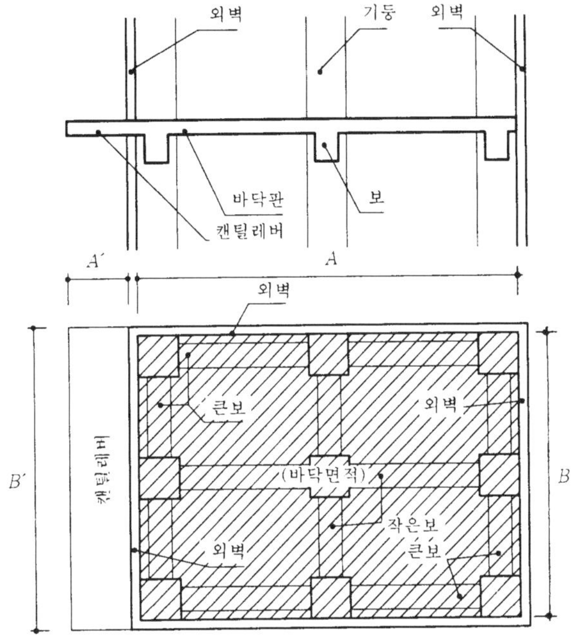

그림 4.16 바닥판(거푸집)

[5] 벽 체

벽 면적에서 개구부 면적을 뺀 면적에 2배한 것을 벽체의 거푸집 면적으로 한다.

벽체 거푸집면적(S) =(벽면적 − 개구부면적)×2

여기서, 벽면적은 기둥과 보의 면적(기둥과 보가 벽체에 일체가 되는 부분의 면적이 됨)을 뺀 것으로 하고, 개구부 1개소당 면적이 $1m^2$ 이하인 경우에는 주위의 사용재를 고려하여 거푸집면적에서 공제하지 아니한다.

벽체 거푸집면적(S) = $(a\times h)\times 2-(a'\times h'+a''\times h'')\times 2$

($a'\times h'$ 또는 $a''\times h''>1m^2$일 때)

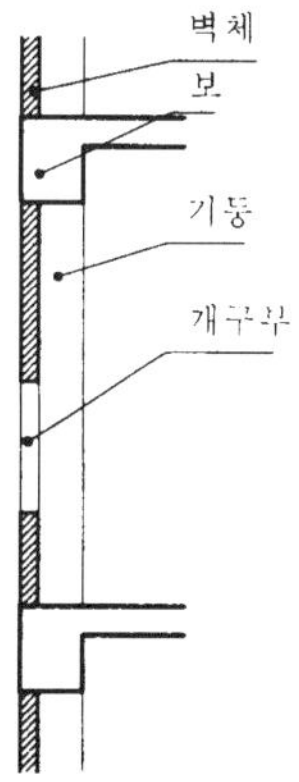

그림 4.17 벽체 단면도

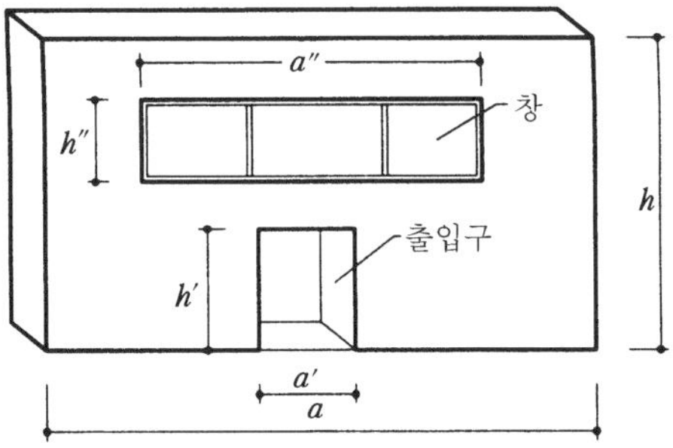

그림 4.18 벽체 입면도

[6] 계 단

계단의 거푸집 면적은 바닥밑면과 다른 부분에 접합하지 않는 측면, 챌판의 면적 및 계단참의 밑면적으로 한다.

바닥 밑면의 면적(S_1) = $D \times l$

측면의 면적 (S_2) = $(t_1 + t_2) \times l$

여기서, D : 계단폭, l : 계단의 경사길이

t_1 : 계단의 슬래브 두께, t_2 : 계단의 평균 두께

챌판의 면적(S_3) = $a \times D \times$ 챌판 개수

계단참 밑면적(S_4) = 계단참 길이 × 계단참 폭

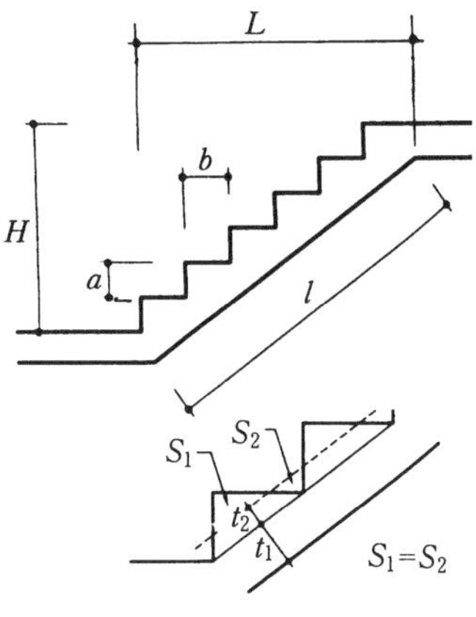

그림 4.19 계단 단면도

(참고) $l = \sqrt{L^2 + H^2}$

$(t_1 + t_2)$ = 계단 바닥판의 평균 두께

$$\frac{a \times b}{2} = \sqrt{a^2 + b^2} \times t_2$$

$$\therefore\ t_2 = \frac{a \times b}{2\sqrt{a^2 + b^2}}$$

4.4 철근공사

4.4.1 철근 일반

[1] 철근의 종류

철근은 콘크리트 속에 묻어서 콘크리트를 보강하기 위하여 사용되는 강재이다. 철근의 종류에는 다음과 같은 것이 있으며, 이형철근을 많이 사용하고 있다.

① 원형철근(rounded bar)
② 이형철근(deformed bar)
③ 고강도철근(hightensile bar)
④ 피아노선(piano wire)
⑤ 용접철망(welded steel wire fabrics)
⑥ 철선, 강선(steel wire)

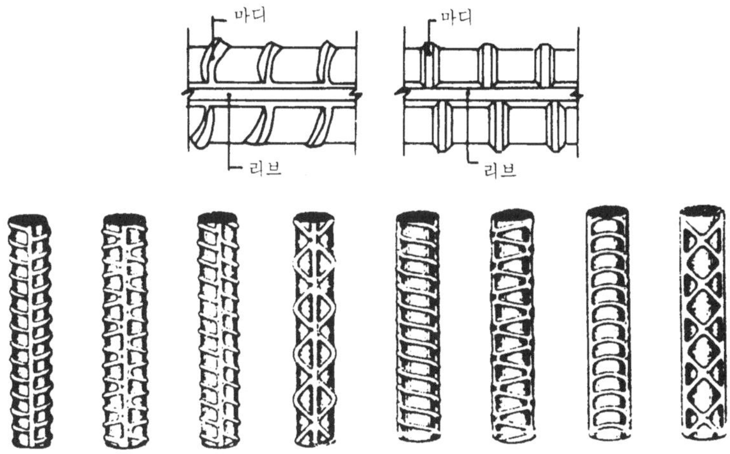

(이형철근)

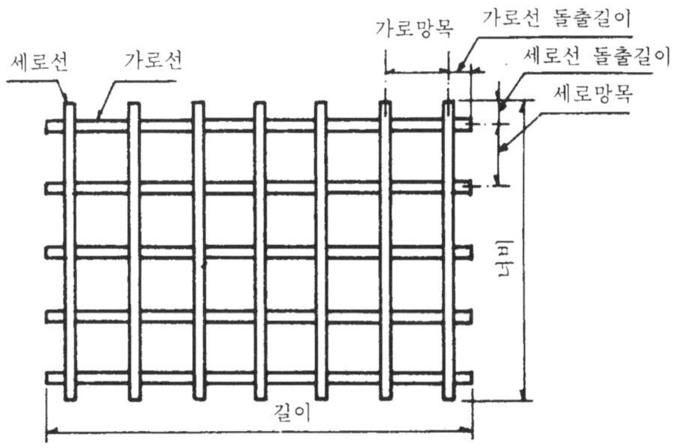

(용접철망)

그림 4.20 철 근

[2] 철근의 중량 산출기준, 정척길이

보통 사용되는 원형철근, 이형철근의 중량 산출기준은 표 4.1 및 표 4.2와 같으며, 정척길이는 특별한 지정이 없으면 3.5, 4.5, 5.0, 5.5, 6.0*, 6.5, 7.0*, 7.5, 8.0*, 9.0*, 10.0*m로 한다(KS D 3504, *는 시중에서 구입 가능한 것임).

표 4.1 원형철근 중량 산출기준(KS D 3502)

직 경 (mm)	단위중량 (kg/m)	단 면 적 (cm^2)
6	0.222	0.2827
9	0.499	0.6362
12	0.888	1.131
13	1.04	1.327
16	1.58	2.011
19	2.23	2.835
22	2.98	3.801
25	3.85	4.909
28	4.83	6.158
32	6.31	8.042
36	7.99	10.18

비고 : 원형철근의 중량(kg/m) = [직경(mm)]^2 × 0.00617

표 4.2 이형철근 중량 산출기준(KS D 3504)

호칭명	단위중량 (kg/m)	공칭지름 (mm)	공칭단면적 (cm^2)
D 6	0.249	6.35	0.3167
D10	0.560	9.53	0.7133
D13	0.995	12.7	1.267
D16	1.56	15.9	1.986
D19	2.25	19.1	2.865
D22	3.04	22.2	3.871
D25	3.98	25.4	5.067
D29	5.04	28.6	6.424
D32	6.23	31.8	7.942
D35	7.51	34.9	9.566
D38	8.95	38.1	11.40
D41	10.5	41.3	13.40

비고 : 공칭단면적(S) = $\frac{0.785 \times d^2}{100}$, 단위중량(kg/m) = 0.785 × S

[3] 철근의 이음길이

철근의 이음길이는 철근의 종류, 콘크리트의 품질과 강도 등에 따라 다르나 일반적으로 다음에 따른다.

① 인장력을 받는 곳에 배근하는 인장철근은 $40d$ 이상으로 한다(용접이음 경우 제외).

② 압축력을 받는 곳에 배근하는 압축철근 또는 작은 인장력을 받는 곳에 배근하는 인장철근은 $25d$ 이상으로 한다(용접이음 경우 제외). 여기서, 지름이 다른 두 철근의 이음길이는 작은 철근의 지름에 의한다.

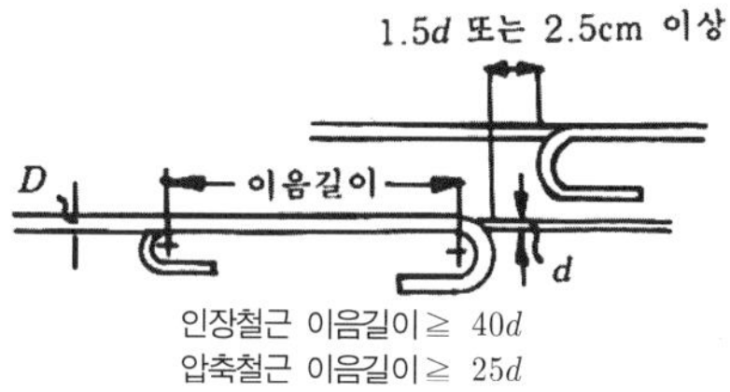

그림 4.21 철근의 이음길이

③ 이음길이는 갈고리 중심간의 거리로 한다(이음길이에는 갈고리 부분은 포함되지 않는다).

[4] 철근의 정착길이

인장력을 받는 철근이 빠져 나오지 않도록 콘크리트 속에 깊이 연장하여 뽑혀 나오지 않게 정착(anchor)하는 정착길이는 철근의 종류, 콘크리트의 품질과 강도 등에 따라 다르나 일반적으로 다음에 따른다.

① 인장력을 받는 곳에 배근하는 인장철근은 $40d$ 이상으로 한다.

② 압축력을 받는 곳에 배근하는 압축철근은 $25d$ 이상으로 한다.

③ 보 및 슬래브 철근의 정착은 정착길이에 관계없이 기둥 및 보의 중심을 지나서 구부린다. 정착길이의 끝은 갈고리(hook)로 구부려 콘크리트에서 빠져 나오지 않게 한다.

[5] 철근의 갈고리(구부리기)

철근의 말단부(끝 부분)를 구부려서 콘크리트에서 빠져나오지 않도록 하는 갈고리(hook)는 철근의 종류 및 지름에 따라 갈고리 형상 및 길이가 다르다. 갈고리 길이는 표 4.3을 적용하는 것이 일반적이다.

표 4.3 철근 말단부의 갈고리(구부림) 형상

구부림각도	180°	135°	90°
철근말단부	철근 지름 D16 이상	D13 이하	D13 이하
	용도 : 주근	늑근, 대근, 보조근	경미한 바닥근, 띠근
	구부림 안치수 $D \geq 3d$ (구부림 반지름 $\gamma \geq 2d$)	$D \geq 3d$ ($\gamma \geq 2d$)	$D \geq 3d$ ($\gamma \geq 2d$)
	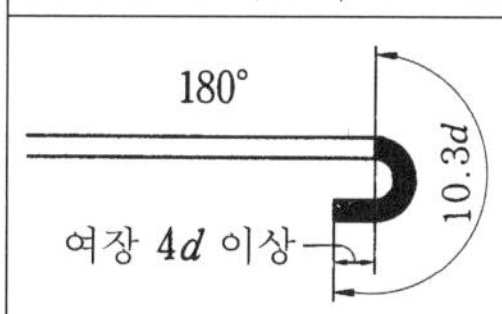	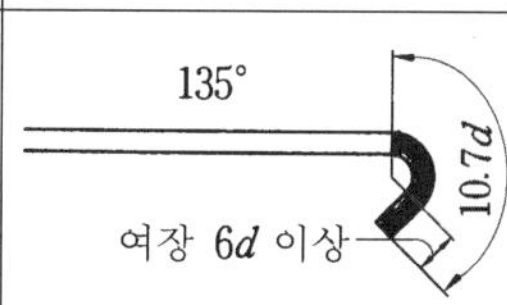	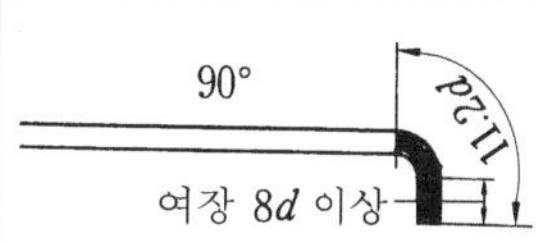

※ 철근 갈고리의 길이 계산

① 구부림 각도 180° 인 경우

$$갈고리\ 길이 = 3.14 \times 4d \times \frac{180°}{360°} + 4d$$

$$= 10.28d \fallingdotseq 10.3d$$

② 구부림 각도 135°인 경우

$$갈고리\ 길이 = 3.14 \times 4d \times \frac{135°}{360°} + 6d$$

$$= 10.71d \fallingdotseq 10.7d$$

③ 구부림 각도 90° 인 경우

$$갈고리\ 길이 = 3.14 \times 4d \times \frac{90°}{360°} + 8d$$

$$= 11.14d \fallingdotseq 11.2d$$

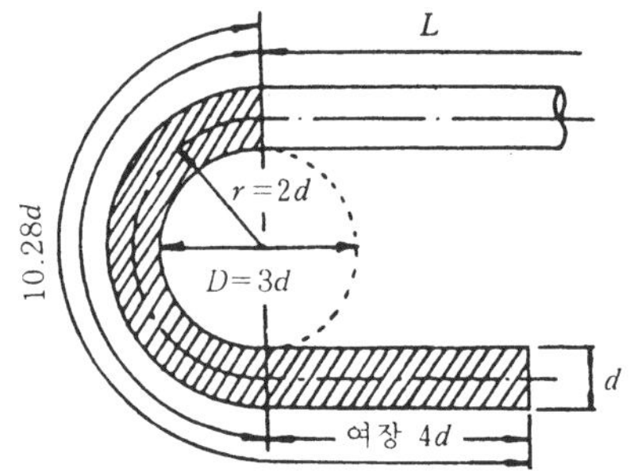

[6] 철근의 피복두께

철근에 대한 콘크리트 피복두께의 최소값은 표 4.4와 같으며, 이 피복두께는 철근의 표면에서 이것을 덮는 콘크리트의 표면까지 최단거리를 말한다.

표 4.4 철근의 피복두께 최소값

부위			피복두께 (mm)	비고
흙에 접하지 않는 부분	지붕슬래브·바닥슬래브·비 내 력 벽	옥 내	30	
		옥 외	40	내구성상 유효한 마감이 있는 경우는 담당원의 승인을 받아 30mm로 할 수 있다.
	기 둥 보 내 력 벽	옥 내	40	
		옥 외	50	내구성상 유효한 마감이 있는 경우는 담당원의 승인을 받아 40mm로 할 수 있다.
	옹 벽		50	콘크리트 품질 및 시공방법에 따라 담당원의 승인을 받아 40mm로 할 수 있다.
흙에 접합 부분	기둥·보·바닥 슬래브·내력벽		50	
	기 초 · 옹 벽		70	

비고 : 위 표는 보통콘크리트에 대한 피복두께이고, 경량콘크리트에 대한 피복두께는 보통콘크리트 피복두께에 대하여 필요에 따라 10mm를 더한 것으로 한다.

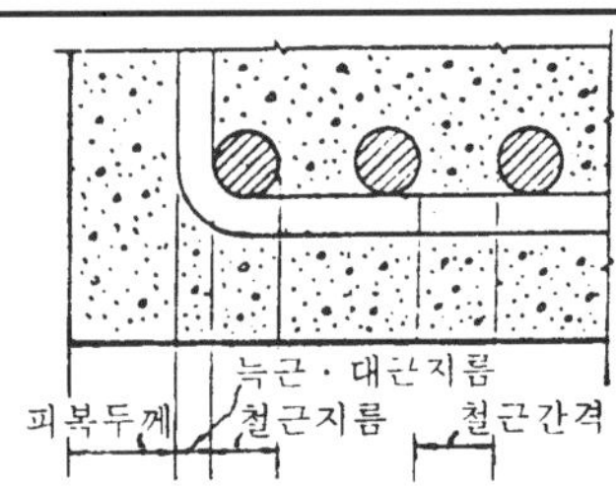

그림 4.22 철근피복두께 및 철근간격

4.4.2 철근 수량산출 일반

(1) 철근 수량산출 순서는 일반적으로 건축물의 최하부(지하층)에서부터 상부(지상층)로, 또한 각 층별로 구분하여 기초, 기둥, 보, 벽체, 바닥판, 계단 및 기타 세부의 순으로 산출하되 각 부분에 중복이 없도록 산출한다.

(2) 철근 수량은 종류별, 지름별로 총 길이를 산출하고 단위중량을 곱하여 총 중량으로 산출한다.

(3) 철근 수량은 이음 또는 정착길이를 정밀히 계산하여 정미량을 산정하고 정미량에 원형철근은 5% 이내, 이형철근은 3% 이내의 할증률을 가산하여 소요량으로 한다. 여기서 할증률은 철근의 절단 손실에 해당되므로 고철대 값으로 계상하여 철근공사비에서 공제한다.

(4) 철근의 이음 개소 또는 가스압접 개소는 철근의 정척길이에 의한 실 개소수로 산정하되 개략치를 산정할 때의 철근의 단위 길이는 이형철근 D13(원형철근은 지름 13mm) 이하인 경우는 6m, 이형철근 D16(원형철근은 지름 16mm) 이상인 경우는 7m를 기준으로 하여, 이 길이마다 이음이 있는 것으로 하고 이음 개소수를 산정한다.

(5) 철근의 이음길이는 도면, 공사시방서에 따라 계산하되, 이에 의하지 않을 경우에는 4.4.1 [3]항에 따른다. 다만, 가스압접의 경우에 있어서 이음길이는 계산하지 않는다.

(6) 철근 정착길이는 도면, 공사시방서에 따라 계산하되, 이에 의하지 않을 경우에는 4.4.1 [4]항에 따른다.

(7) 철근 말단부의 갈고리에 해당되는 철근 길이는 4.4.1 [5]항에 따라 계산하여 철근수량에 포함시킨다.

(8) 철근 본수(개수) 산정시 철근의 나누기 본수는 그 부분의 직선간 길이를 철근의 간격으로 나누어 소수점 이하 1위에서 올림(절상)한 정수(동일 부분의 간격이 다를 때에는 그 정수를 합한 값)에 1을 더한 것으로 한다. 기둥의 대근(hoop), 보의 늑근(stirrup), 바닥판의 철근, 벽의 철근 등이 여기에 해당된다.

(9) 개구부(창, 출입구 등)의 면적이 1개소당 $0.5m^2$ 이하인 때에는 철근수량에서 공제하지 아니한다.

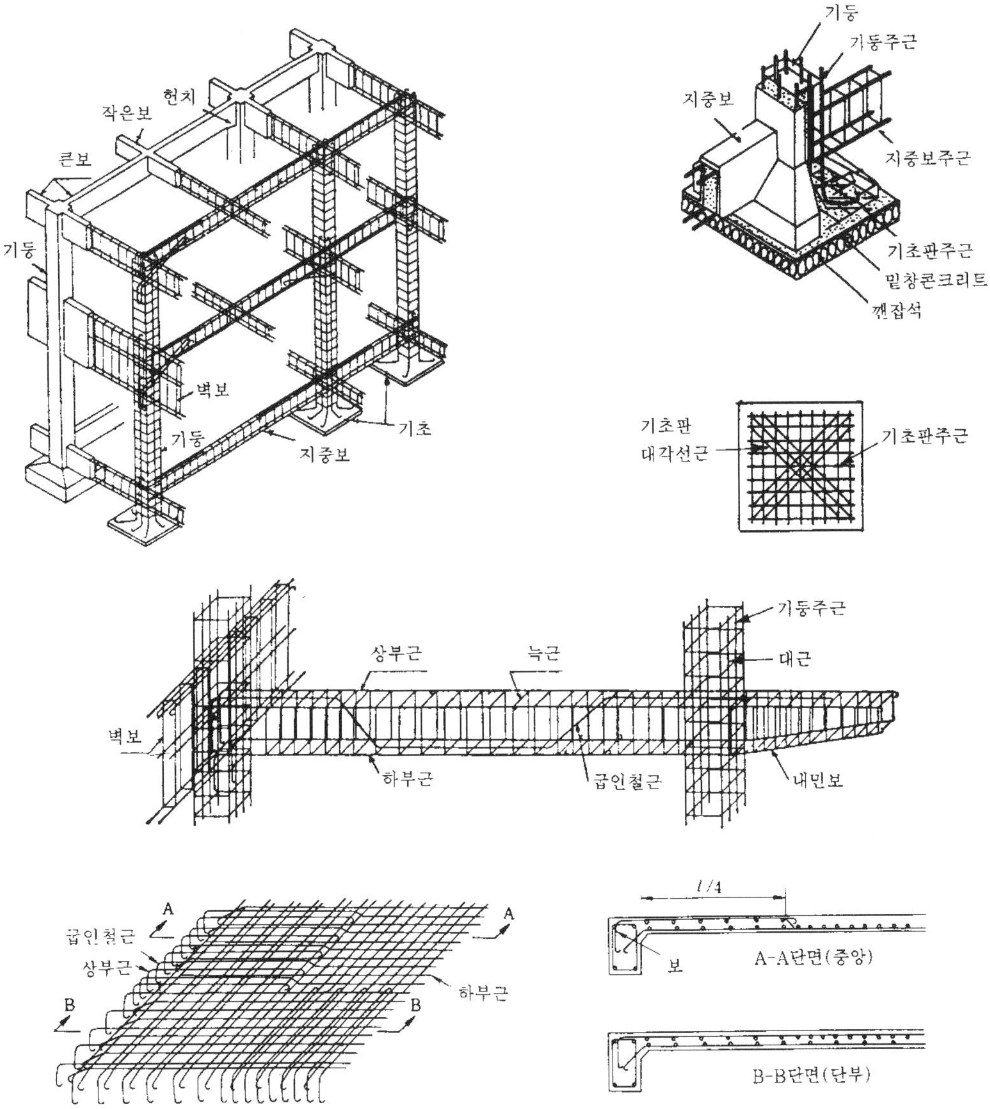

그림 4.23 철근 일반 배근도(예시)

4.4.3 구조부위별 철근 수량산출 방법

[1] 기 초

(1) 독립기초의 철근 수량산출

① 기초판의 철근길이는 기초판 X방향(장변방향) 및 Y방향(단변방향)으로 배근된 철근의 길이에 대각선근 및 상부근의 철근길이를 합한 전체길이로 산출한다. 단, 상부근은 배근한 경우에만 계산한다.

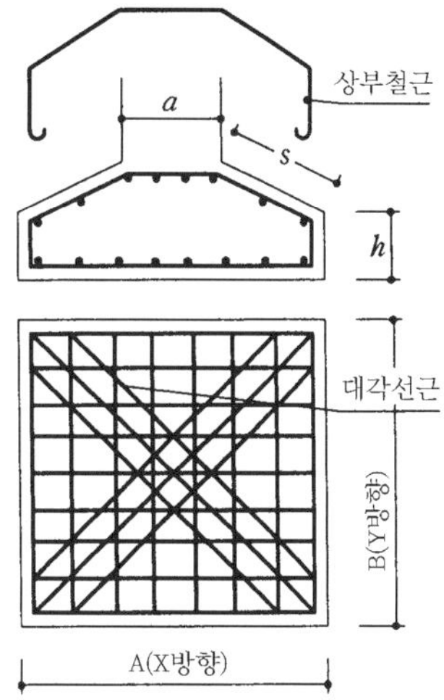

그림 4.24 독립기초 배근도

㉮ 기초판 X방향 철근길이(m)
=(X방향 철근개수)×{X방향 길이(A)
−피복두께(0.14)}

여기서, X방향 철근개수
=(Y방향 길이÷철근간격)+1

피복두께 : 설계도 및 공사시방서에 명시되어 있지 않는 경우에는 0.14m (한쪽 피복두께가 70mm이기 때문임)로 한다.

㉯ 기초판 Y방향 철근길이(m)
=(Y방향 철근개수)×{Y방향 길이(B)−피복두께(0.14)}

여기서, Y방향 철근개수=(X방향 길이÷철근간격)+1

㉰ 대각선근 철근길이(m)
=(대각선근 개수)×{$\sqrt{A^2+B^2}$ −피복두께(0.14)}

㉱ 상부철근길이(m)=(상부철근개수)×{$2(h+s)+a$}

여기서, 기초 상부에 Y방향으로 철근이 배근되어 있는 경우에는 이에 대한 철근 길이를 위 ㉰항과 같이 별도로 산출하여 가산한다.

따라서

기초판의 전체길이(m)=(기초판 X방향 철근길이)+(기초판 Y방향 철근길이)
+(대각선근 철근길이)+(상부 철근길이)

② 철근의 말단부(끝부분)에 갈고리(hook)를 한다면 이 갈고리에 대한 길이를 계산하여 가산한다. 다만, 이형철근을 사용했을 경우에는 철근 말단부에 갈고리를 하지 않는 것이 통례이다.

③ 독립기초의 철근수량은 위 ①, ②항에서 산출한 철근 총길이에 단위중량을 곱한 것을 독립기초 1개소의 철근중량(ton)으로 하고, 여기에 독립기초 개소수를 곱한 것을 전체 철근중량(ton)으로 하여 산출하며, 전체 철근중량에 할증률(이형철근인 경우 3% 이내)을 가산한 것을 독립기초의 철근 소요량으로 한다.

독립기초 철근 소요량(ton) = (독립기초 1개소의 철근중량)
× (동일 형태의 독립기초 개소수) × (할증률)

(2) 줄기초의 철근 수량산출

① 줄기초의 철근길이는 기초벽 또는 기초판의 세로근과 가로근의 철근길이를 구하여 이를 합한 전체길이로 산출한다.

기초벽의 철근길이(m) = (세로근 길이) + (가로근 길이)
세로근 길이(m) = A × {(l ÷ 철근간격) + 1}
가로근 길이(m) = l × {(A ÷ 철근간격) + 1}

여기서, l : 줄기초의 길이

기초판의 철근길이(m) = (세로근 길이) + (가로근 길이)
세로근 길이(m) = l × {(B ÷ 철근간격) + 1}
가로근 길이(m) = B × {(l ÷ 철근간격) + 1}

여기서, l : 줄기초의 길이

위의 계산방법은 피복두께(기초 · 옹벽의 경우 70mm)를 감안하지 않는 경우이고, 피복두께를 감안한다면 l(줄기초의 길이)에서 0.14m(한쪽 피복두께 70mm), B(기초판 폭)에서 0.14m를 공제한 것으로 계산한다.

② 철근 이음개소 및 이음길이에 대한 계산은 별도로 계산하여 가산하고, 철근 말단부 갈고리에 대한 길이 계산 여부는 독립기초를 참조하여 결정한다.

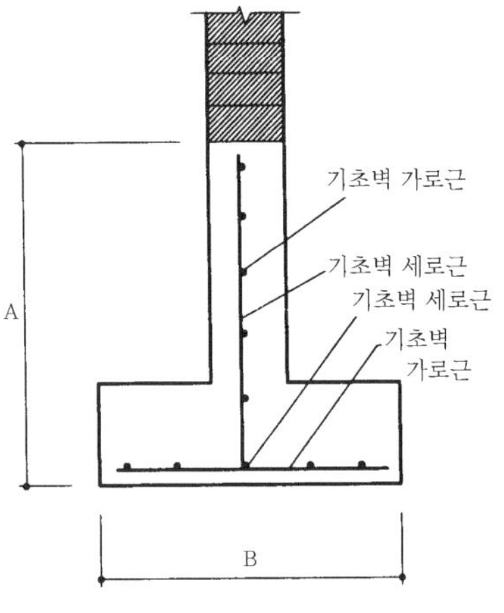

그림 4.25 줄기초 배근도

③ 줄기초의 철근수량은 철근 총 길이에 단위중량을 곱한 것을 줄기초의 철근중량(ton)으로 하고, 전체 철근중량에 할증률(이형철근의 경우 3% 이내)를 가산한 것을 줄기초의 철근소요량으로 한다.

줄기초 철근소요량(ton) = (철근 총길이 × 단위중량) × 할증률

(3) 기초보의 철근 수량산출

① 기초보의 철근길이는 보의 철근길이 계산방법에 의하여 산출한다.

② 기초보의 철근수량은 철근길이에 단위중량을 곱한 것을 기초보의 철근중량(ton)으로 하고, 철근중량에 할증률(이형철근의 경우 3% 이내)를 가산한 것을 기초보의 철근 소요량으로 한다.

[2] 기 둥

(1) 주근의 철근길이 산출

① 주근의 철근길이는 기둥의 높이(층높이)에다 기둥에 배근된 철근개수와 동일 형태의 기둥수를 각각 곱하여 산출한다.

주근의 철근길이(m) = 기둥높이 × 철근개수 × 동일 형태의 기둥수

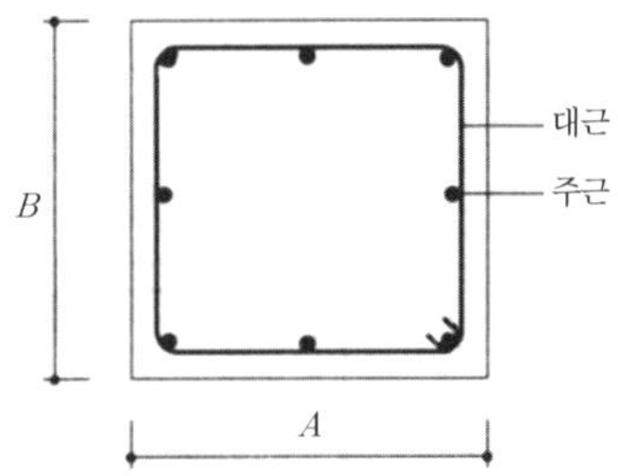

그림 4.26 기둥 배근도(A)

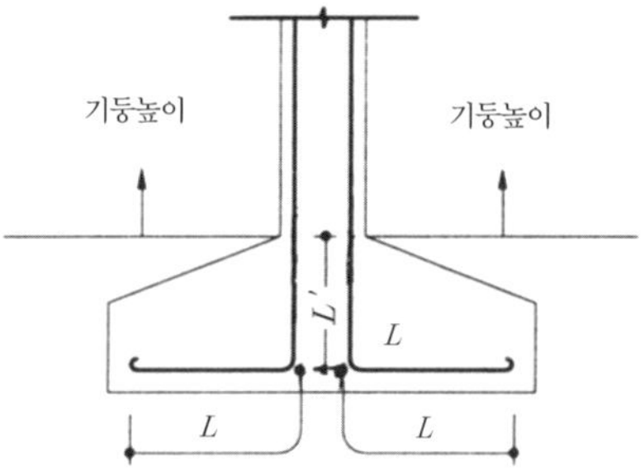

그림 4.27 기둥 배근도(B)

② 철근 한 개의 길이는 최하층의 기둥, 각층 일반의 기둥, 최상층의 기둥에 따라 그 길이 계산방법이 다음과 같이 다르다.

㉮ 최하층의 기둥

주근 한 개의 철근길이(m)
= 최하층 기둥높이 + 기초깊이(L') + 정착길이(L) + 이음길이 + 갈고리길이

여기서, 정착길이(L)는 기초판에 연장하여 정착되는 길이를 말하며, 설계도에 명시가 없으면 기초판 폭의 1/3 또는 60~100cm로 한다.

㉯ 각층 일반의 기둥

주근 한 개의 철근길이(m) = 기둥높이(층높이) + 이음길이

㉰ 최상층 기둥

주근 한 개의 철근길이(m) = 최상층 기둥높이(최상층 층고) + 이음길이 + 갈고리길이

③ 주근의 철근길이 계산시 기둥 최하층 및 최상층의 피복두께에 해당되는 길이만큼 공제하는 것이 원칙이지만, 대부분은 공제하지 않고 계산하는 경우가 많다. 또한 주근의 이음길이는 $25d$ 이상으로 하여 계산한다.

(2) 대근(hoop)의 철근길이 산출

① 대근의 철근길이는 대근 개수에 대근 한 개의 길이를 곱한 것에 동일 형태의 기둥수를 곱하여 산출한다. 여기서 대근 개수는 기둥높이를 대근간격으로 나누어 산출한다. 만일, 기둥높이를 대근간격으로 나눈 숫자가 소수점 이하인 경우에는 소수점 이하 1위에서 올림(절상)한 정수(대근간격이 다를 때에는 그 정수를 합한 값)에 1을 더한 것으로 한다. 대근 한 개의 길이는 기둥단면에서 피복두께를 뺀 기둥둘레길이에 갈고리 길이를 합한 것으로 한다.

대근의 철근길이(m) = (기둥높이 ÷ 대근간격) × 대근 한 개의 길이
× 동일 형태의 기둥수

여기서, 기둥높이는 (1)항에 따라 계산하되 최하층 기둥높이는 기초깊이(L')를 더한 것으로 한다.

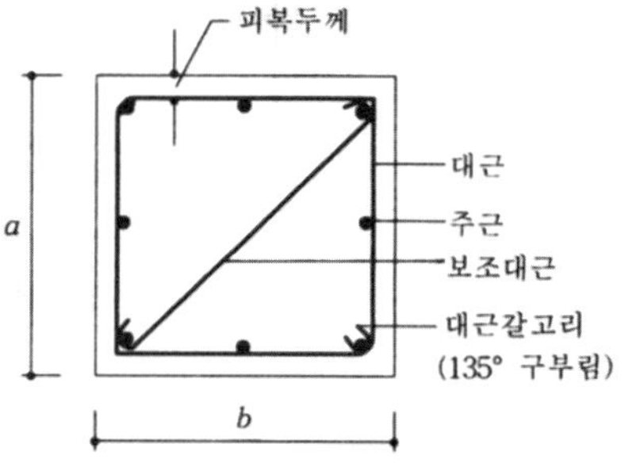

그림 4.28 기둥의 배근도

② 보조대근을 설치하는 경우에 있어서의 보조대근의 철근길이는 보조대근을 기둥단면의 대각선으로 설치하는 것으로 보아서 다음과 같이 산출한다.

보조대근의 철근길이 = (기둥높이 ÷ 보조대근의 간격) × (기둥의 대각선길이
− 피복두께 + 갈고리길이) × 동일 형태의 기둥수

여기서, 기둥높이는 (1)항에 따라 계산하되 최하층 기둥높이는 기초깊이(L′)를 더한 것으로 하며, 보조대근의 간격은 설계도에 간격표시가 없으면 대근 3단마다 설치하는 것으로 보아 계산한다.

(3) 기둥의 철근 수량산출

① 기둥의 철근수량은 주근의 철근수량에 대근(보조대근을 설치하는 경우에는 보조대근 포함)의 철근수량을 합한 것으로 산출한다.

주근의 철근수량은 위 (1)항에서 산출한 주근의 철근 총 길이에 단위중량을 곱한 것을 주근 철근중량(ton)으로 하고 대근(보조대근 포함)의 철근수량은 위 (2)항에서 산출한 대근의 철근 총 길이에 단위중량을 곱한 것을 대근 철근중량(ton)으로 한다.

② 기둥의 전체 철근중량에 할증률(이형철근인 경우 3% 이내)을 가산한 것을 기둥의 철근 소요량으로 한다.

[3] 보

(1) 직선근(상부근, 하부근)의 철근길이 산출

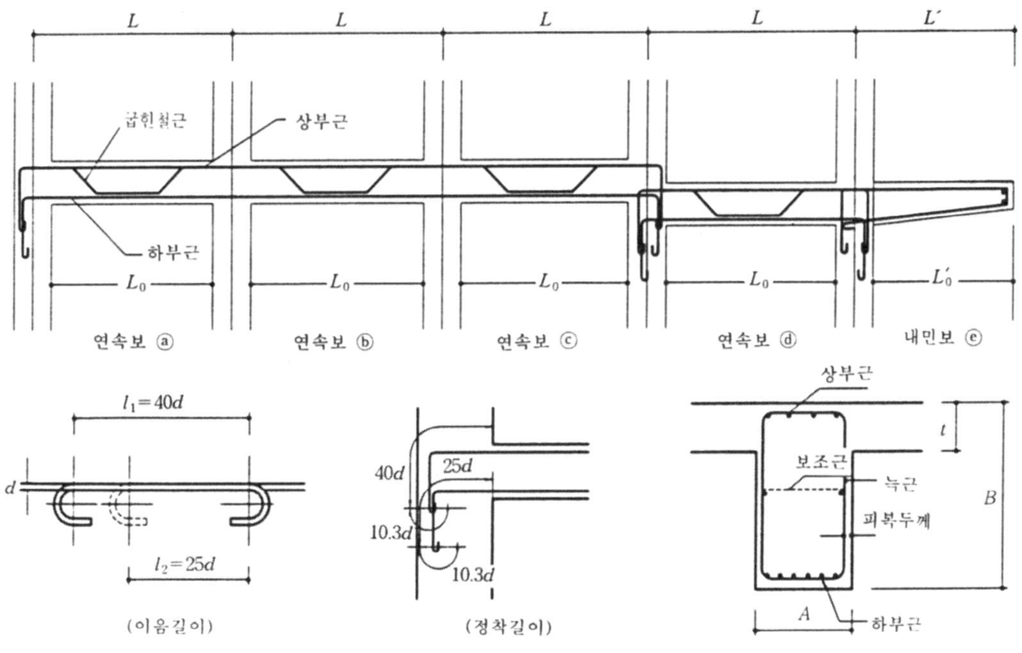

그림 4.29 보의 배근도

① 연속보 ⓐ의 경우로서 보 한 개의 철근길이

상부근의 철근길이=(기둥간 안목치수+정착길이+기둥폭/2+이음길이)×철근개수

$$=(L_o+S+C/2+l)\times n$$

여기서, L_o : 기둥간 안목치수　　C : 기둥폭　　n : 철근개수(본수)

S : 정착길이　　l : 이음길이

또한, 하부근의 철근길이는 상부근의 철근길이 산출방법과 같다. 다만, 정착길이를 $25d$로 하고 철근이 이형철근으로서 D16 이상인 경우에는 갈고리에 대한 길이($10.3d$)를 정착길이에 더해주고 이음길이는 양쪽 갈고리길이($10.3d\times 2$)를 이음길이에 더해준다.

② 연속보 ⓑ의 경우로서 보 한 개의 철근길이

상부근의 철근길이=(기둥간 안목치수+기둥폭+이음길이)×철근개수
$=(L_o + C + l) \times n$

또한, 하부근의 철근길이는 상부근의 철근길이 산출방법과 같다.

③ 연속보 ⓒ의 경우로서 보 한 개의 철근길이

연속보 ⓐ의 경우와 같다. 다만, 이음길이만이 다르다(직선근의 길이에 따라 이음 개소가 다르기 때문임)

④ 단독보 ⓓ의 경우로서 보 한 개의 철근길이

상부근의 철근길이=(기둥간 안목치수+정착길이+이음길이)×철근개수
$=(L_o + S \times 2 + l) \times n$

또한, 하부근의 철근길이는 상부근의 철근길이 산출방법과 같다.

위에서 정착길이(S)는 상부근인 경우는 $(40d + 10.3d)$로 하고 하부근인 경우는$(25d + 10.3d)$로 한다. 여기서, $10.3d$는 갈고리길이이고 이음길이에는 양쪽 갈고리길이 $(10.3d \times 2)$를 더해 준다. 다만, 철근이 이형철근으로서 D16 이상인 경우에 갈고리를 하는 것으로 보는 것이 일반적이다.

⑤ 내민보 ⓔ의 경우로서 보 한 개의 철근길이

상부근의 철근길이=(내민보 바깥치수+정착길이)×철근개수
$=(L_o' + S) \times n$

또한, 하부근의 철근길이는 상부근의 철근길이 산출방법과 같다.

위에서 정착길이(S)는 상부근인 경우는 $(40d + 10.3d)$로 하고 하부근인 경우는 $(25d + 10.3d)$로 한다.

내민보 바깥 끝단의 세로방향 철근길이=(내민보폭+이음길이)×철근개수
$=(b + l) \times n$

(2) 굽힌철근(bent bar)의 철근길이 산출

굽힌철근의 길이는 굽힌 부분 1개소당 굽힌철근의 수평길이에 보춤(보의 높이)를 더한 것에 정착길이 및 이음길이를 합한 것을 굽힌철근 한 개의 길이로 하고, 이 한 개의 길이에 굽힌철근 개수(본수)를 곱하여 전체길이로 한다.

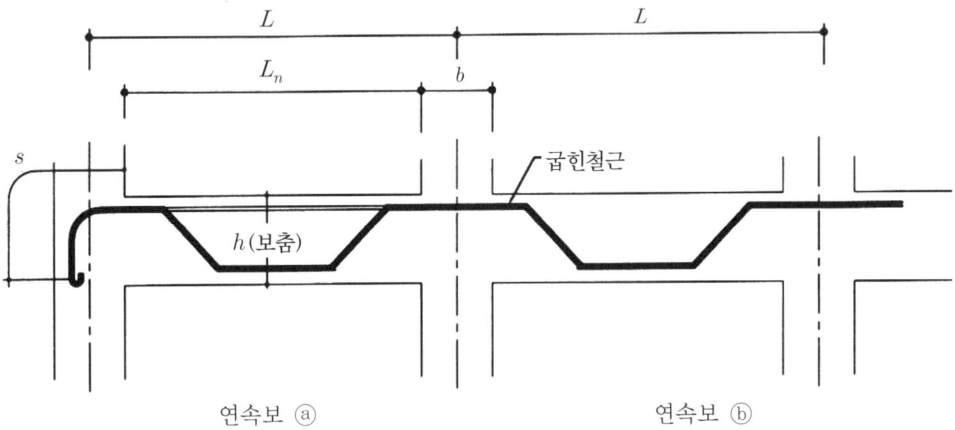

그림 4.30 보의 굽힌철근

연속보 ⓐ의 경우

굽힌철근의 길이 $= (L_o + c/2 + h + s + l) \times n$

여기서, L_o : 기둥간 안목치수

c : 기둥폭

h : 보춤

s : 정착길이($40d$, 갈고리를 한 경우 $40d + 10.3d$)

l : 이음길이($40d$, 갈고리를 한 경우 $40d + 10.3d \times 2$)

n : 굽힌철근의 개수(본수)

연속보 ⓑ의 경우

굽힌철근의 길이 $= (L + h + l) \times n$

(3) 늑근(stirrup) 및 보조근(reinforcement bar)의 철근길이 산출

① 늑근의 철근길이는 보의 주변길이에서 피복두께를 공제하고, 여기에 갈고리길이를 더한 것을 늑근 한 개의 철근길이로 하여 이에 늑근개수를 곱한 것으로 산출한다. 늑근개수는 보의 길이를 늑근의 간격으로 나누어 산출하되 소수점 이하가 되는 경우에는 소수점 1위에서 올림(절상)한 정수(늑근의 간격이 다를 때에는 그 정수를 합한 값)에 1을 더한 것으로 한다.

늑근의 철근길이$= [2 \times (a + b) - (8 \times$ 피복두께$) + ($갈고리길이$)] \times$ 늑근개수

여기서, 피복두께길이$= 8 \times 4\text{cm} = 32\text{cm}$

갈고리길이$= (10.7d \times 2 - 2d \times 2) + (11.2d \times 2 - 2d \times 2) = 35.8d$

위에서 피복두께에 의한 공제길이(32cm)와 갈고리 길이(D10을 주로 사용하므로 $35.8d=35.8$cm)가 거의 같은 것으로 보아 늑근 한 개의 철근길이를 보의 설계치수에 의한 주변길이 즉 $2\times(a+b)$로 계산하기도 한다.

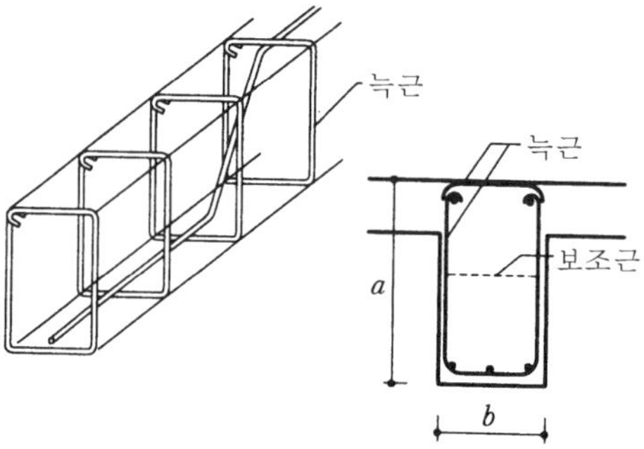

그림 4.31 보의 늑근

② 보조늑근의 철근길이는 보의 밑변길이(b)에서 피복두께를 공제하고 갈고리 길이를 더한 것을 보조늑근 한 개의 철근길이로 하여 이에 보조늑근 개수를 곱한 것으로 한다.

보조늑근의 철근길이 $= b-(2\times$피복두께$)+($갈고리길이$)$

여기서, 피복두께길이 $= 2\times 4$cm $= 8$cm

갈고리길이 $= 10.7d\times 2 - 2d\times 2 = 17.4d$

위에서 피복두께에 의한 공제길이(8cm)와 갈고리길이(D10을 주로 사용하므로 $17.4d=17.4$cm)를 비교하면 갈고리 길이가 피복두께에 의한 공제 길이보다 길지만 이로 인한 보조늑근의 전체 철근 수량에 영향을 주지 않는 것으로 보아 보조늑근의 철근길이를 보의 밑변길이(b)로 계산하기도 한다.

(4) 보의 철근 수량산출

보의 철근수량은 직선근 및 굽인철근에 대한 이음, 정착, 굽힘 등을 고려한 전체길이를 구한 다음 이에 단위중량을 곱한 것을 직선근 및 굽인철근의 철근중량(ton)으로 하고, 늑근 및 보조근의 길이를 구하여 단위중량을 곱한 것을 늑근 및 보조근의 철근중량(ton)으로 하여 이를 합한 것을 보의 전체 철근중량으로 한다. 그리고 보의 전체 철근중량에 할증률(이형철근의 경우 3% 이내)을 가산한 것을 보의 철근 소요량으로 한다.

[4] 바닥판

(1) 바닥판 철근길이 산출 구분

바닥판의 철근길이 산출은 다음과 같이 구분하여 각 철근의 길이를 산출한 다음 철근규격별 합산하는 방법으로 산출하는 것이 유리하고 특히 각 철근간격에 따른 철근 개수 계산에 착오 없도록 한다.

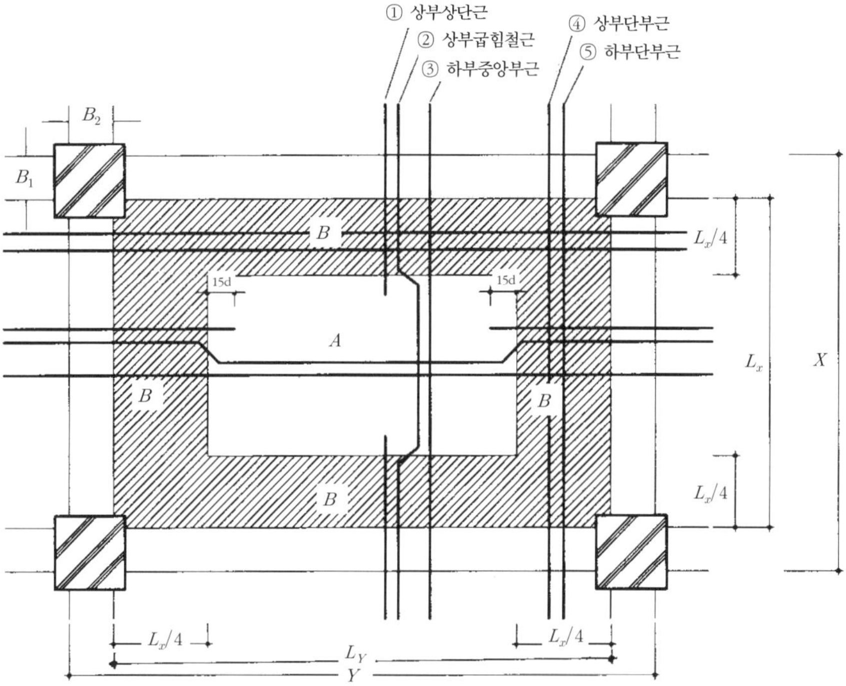

비고 : 1. 단부(주열대)는 빗금친 부분인 B를 말하고 중앙부(주간대)는 A부분을 말한다.
2. 단부의 폭은 단변 및 장변 동일하게 $L_x/4$이다.

그림 4.32 바닥판의 배근도(A)

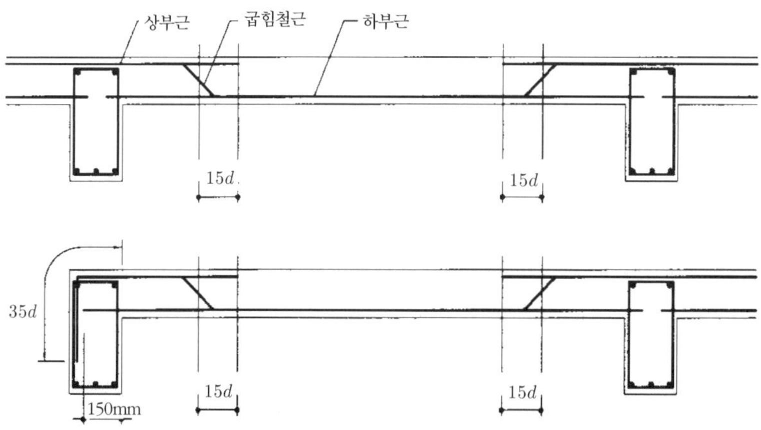

비고 : $15d$의 길이를 여장길이라고 한다.

그림 4.33 바닥판의 배근도(B)

- 주근(단변방향 철근)
  - 하부근
    - 단부근
    - 중앙부근
  - 상부근
    - 굽힌철근
    - 단부근
    - 상단근(top bar)
- 부근(장변방향 철근)
  - 하부근
    - 단부근
    - 중앙부근
  - 상부근
    - 굽힌철근
    - 단부근
    - 상단근(top bar)

(참고) 바닥판의 배근은 보의 주근, 굽힌철근(bent bar), 상단근(top bar) 등이 2방향으로 배근되는 것이라고 생각하여 보통 단변방향(X방향)의 철근을 주방향(主方向), 장변방향(Y방향)의 철근을 부방향(副方向)의 철근이라고 부른다. 이는 전자를 주근(main bar)이라고 부르는 것에 비해, 후자의 철근을 부근(sub bar) · 배력근(配力筋) 또는 온도조절철근(temperature bar)이라고도 부른다.

(2) 바닥판 철근의 이음길이 계산

① 4변 고정단 바닥판(단독슬래브)의 경우 : 이형철근 D13(원형철근은 지름 13mm) 이하인 경우에는 6m, 이형철근 D16(원형철근은 지름 16mm) 이상인 경우에는 7m를 기준으로 하여 이 길이마다 이음이 있는 것으로 하고 이음 개소수를 산정한다.

② 3변 고정단 바닥판, 2변 고정단 바닥판 등의 연속된 바닥판인 경우 : 연속된 바닥판의 전체길이에 대한 4.5m마다 0.5개소씩 이음이 있는 것으로 간주하고 4.5m마다 0.5개소의 이음을 더하는 것으로 계산한다.

③ 바닥판 철근의 1개소당 이음길이 : 인장철근의 경우는 $40d$ 이상, 압축철근인 경우는 $25d$ 이상으로 하여 계산한다. 다만 이형철근을 사용시 바닥판 철근의 말단부 갈고리는 하지 않는 것이 일반적이므로 이에 해당되는 철근길이는 계산하지 않는다.

(3) 바닥판 철근의 개수 계산

① 상부 상단근의 철근개수$=\{$(안목거리$-L_x/2)\div$배근간격$\}-1$: 소수이하 1위에서 올림(절상)

② 상부 굽힌철근의 개수$=\{$(안목거리$-L_x/2)\div$배근간격$\}-1$: 소수이하 1위에서 올림(절상)

③ 하부 중앙부근의 철근개수$=\{$(안목거리$-L_x/2)\div$배근간격$\}-1$: 소수이하 1위에서 올림(절상)

④ 상부 단부근의 철근개수$=(L_x/4\div$배근간격$)+1$: 소수이하 1위에서 올림(절상)

⑤ 하부 단부근의 철근개수=(L_x/4÷배근간격)+1 : 소수이하 1위에서 올림(절상)
여기서, 안목거리는 보와 보간의 안목치수를 말하므로 단변에 있어서는 L_x 가 되고 장변에 있어서는 L_y 가 된다(그림 4.32 참조).

(4) 바닥판 철근의 길이 산출

(가) 주근(단변방향 철근)의 철근길이

① 상부 상단근(top bar)

㉮ 보에 정착시키는 경우

철근길이=단부(주열대)폭+여장길이+정착길이=$L_x/4+15d+35d$

여기서, 단부(주열대)폭=단변방향의 안목길이(L_x)의 1/4, 즉 $L_x/4$
여장길이=단부(주열대)의 끝에서 $15d$
정착길이=$35d$(바닥판의 상부근이 한쪽보에 정착하는 경우이며 양쪽보에 정착하는 경우에는 $35d\times2$로 한다. 그리고 바닥판의 하부근이 한쪽보에 정착하는 경우에는 $10d$ 또는 150mm로 하고 양쪽보에 정착하는 경우에는 $10d\times2$ 또는 300mm로 한다)

㉯ 인접 바닥판과 연결되어 있는 경우

철근길이=단부(주열대)폭+(보폭÷2)+여장길이=$L_x/4+B_1/2+15d$

② 상부 굽힌철근(bent bar)

㉮ 보에 정착시키는 경우

철근길이=단변방향의 안목거리+바닥판 두께+정착길이+이음길이
=$L_x+t+35d+(40d\times1)$

여기서, 단변방향의 안목거리=단변방향의 보와 보간의 안목치수(L_x)
(굽인부분의 1개소에 바닥판 두께(t)의 1/2을 가산하지만 일반적으로 무시하고 계산한다)
이음길이=안목거리 4.5m마다 0.5개소의 이음을 더한 것으로 하여 이음개소수를 계산하므로 대개 안목거리가 4.5m 넘는 경우가 많으므로 1개소 이음이 있는 것으로 계산하고 이 개소수에 1개소당 이음길이 $40d$를 곱한 것으로 한다.

㉯ 인접 바닥판과 연결되어 있는 경우

철근길이=단변방향의 보중심간 거리+바닥판두께+이음길이=$X+t+(40d\times1)$

③ 하부 중앙부근

㉮ 보에 정착시키는 경우

$$\text{철근길이}=\text{단변방향의 안목거리}+\text{정착길이}+\text{이음길이} = L_x + 10d(\text{또는 } 150\text{mm}) + (40d \times 1)$$

㉯ 인접 바닥판과 연결되어 있는 경우

$$\text{철근길이}=\text{보중심간 거리}+\text{이음길이}=X+(40d \times 1)$$

④ 상부 단부근

㉮ 보에 정착시키는 경우

$$\text{철근길이}=\text{단변방향의 안목거리}+\text{정착길이}+\text{이음길이}=L_x+35d+(40d \times 1)$$

㉯ 인접 바닥판과 연결되어 있는 경우

$$\text{철근길이}=\text{보중심간 거리}+\text{이음길이}=X+(40d \times 1)$$

⑤ 하부 단부근

㉮ 보에 정착시키는 경우

$$\text{철근길이}=\text{단변방향의 안목거리}+\text{정착길이}+\text{이음길이} = L_x + 10d(\text{또는 } 150\text{mm}) + (40d \times 1)$$

㉯ 인접바닥판과 연결되어 있는 경우

$$\text{철근길이}=\text{보중심간 거리}+\text{이음길이}=X+(40d \times 1)$$

(나) 부근(장변방향철근)의 철근길이

근(단변방향철근)의 철근길이 산출방법과 같다.

(5) 바닥판 철근 수량산출

바닥판 철근 총길이에 철근 규격별 단위중량을 곱하여 바닥판의 전체 철근중량(ton)으로 산출한다. 그리고 바닥판의 전체 철근중량에 할증률을 가산한 것을 바닥판의 철근 소요량으로 한다.

[5] 벽 체

(1) 벽체의 철근은 복근(複筋)과 단근(單筋)으로 구분하여 산출하고, 벽체에 개구부가 없는 경우에는 세로근 및 가로근으로 구분하여 철근의 길이를 산출하며 벽체에 개구부(창, 출입구 등)가 있는 경우로서 개구부 1개소당 면적이 0.5m^2 이상인 경우에는 개구부에 해당하는 철근(세로근 및 가로근)수량을 공제한다.

(2) 벽체에 배근된 세로근 및 가로근은 다른 구조부위에 정착하게 되는데 이 때 정착하는 길이는 설계도서에 명기가 없으면 $35d$로 보아 산출한다.

(3) 벽체에 배근된 세로근의 이음길이는 설계도서에 명기가 없으면 $40d$로 보아 산출하고 이음개소수는 철근의 정척길이에 따라 계산하는 것이 원칙이나 보통 건축물 층수마다 1개소 이음이 있는 것으로 보아 산출한다.

(4) 벽체의 철근의 나누기 본수는 벽체의 안목길이를 배근간격으로 나눈 정수(소수점 이하인 경우에는 소수점 1위에서 올림한 정수)값에 1을 더한 것으로 산출한다.

(5) 벽체의 철근 총길이에 철근 규격별 단위중량을 곱하여 벽체의 전체 철근중량(ton)으로 산출하고 벽체의 전체 철근중량에 할증률(이형철근의 경우 3% 이내)을 가산한 것을 벽체의 철근 소요량으로 한다.

[6] 계 단

(1) 계단은 바닥판에 경사지게 걸쳐 있고 그 위에 보행을 위한 단(段)을 설치한 것으로 단을 제외한 부분인 바닥판은 바닥판과 같이 배근되어 있는 것이 일반적이므로 [4] 바닥판에 준해서 철근길이를 산출하고 단에 배근된 철근은 디딤면과 챌면으로 구분하여 설계도에 표시된 치수에 의하여 철근길이를 산출한다.

(2) 계단에 배근된 철근에는 일반적으로 상부주근, 하부주근, 보강근(보조근, 배력근), 부근 등이 있으며, 이들 철근길이는 설계도에 표시된 치수에 의거 차례대로 산출한다.

(3) 계단의 정착길이는 일반적으로 상부주근의 경우 $35d$, 하부주근의 경우 $25d$로 보아 산출하고, 이음길이는 $40d$로 보아 산출한다.

(4) 계단의 철근 총 길이에 철근 규격별 단위중량을 곱하여 계단의 전체 철근중량(ton)으로 산출하고 계단의 전체 철근중량에 할증률(이형철근의 경우 3% 이내)을 가산한 것을 계단의 철근 소요량으로 한다.

제4장 철근콘크리트공사 적산실습

실습 1 철근콘크리트조 건축물의 연면적이 900m²이라고 하면 이에 필요한 콘크리트, 거푸집 및 철근의 수량을 산출하시오.(다만, 개산견적으로 개산량을 산출한다)

풀이 ① 콘크리트량(m^3)=900×(0.4~0.8)=360~720m^3(평균 540m^3)

② 거푸집량(m^2)=900×(4~5)=3,600~4,500m^2(평균 4,050m^2)

③ 철근량(ton)=900×(0.04~0.05)=36~45t(평균 40.5t)

해설 철근콘크리트조 건축물의 단위면적당(m^2당) 소요되는 재료량은 다음 표의 값에 따라 개산한 것이다.

구 분	연면적 m^2당	콘크리트 m^3당
콘크리트량	0.4~0.8m^3(평균 0.6m^3)	−
거푸집량	4~5m^2(평균 4.5m^2)	5~8m^2(평균 6.5m^2)
철근량	0.04~0.05t(평균 0.045t)	0.03~0.06t(평균 0.04t)

실습 2 연면적이 3,300m²인 철근콘크리트조 5층 건축물에 있어서 콘크리트 소요량이 660m³일 때 거푸집 및 철근의 수량을 산출하시오.(다만, 개산견적으로 개산량을 산출한다)

풀이 ① 거푸집량(m^2)=660×(5~8)=3,300~5,280m^2

또는 660×6.5=4,290m^2

② 철근량(ton)=660×(0.03~0.06)=19.8~39.6t

또는 660×0.04=26.4t

해설 "실습 1 해설" 참조

실습 3 철근콘크리트조 1층당 연면적이 600m²의 3층 아파트 건축에 있어서 콘크리트, 거푸집 및 철근의 개산량을 개산견적으로 산출하시오.(단, 철근콘크리트조 벽식구조이다)

풀이 ① 콘크리트량(m^3)=600×3×(0.48~0.64)=864~1,152m^3(평균 1,008m^3)

② 거푸집량(m^2)=600×3×(4.4~6.6)=7,920~11,880m^2(평균 9,900m^2)

③ 철근량(ton)=600×(0.033~0.055)=59.4~99t(평균 79.2t)

해설 건축물별 콘크리트, 거푸집 및 철근의 개산량은 다음 표의 값에 따라 개산한 것이다.

재료	단위	사무소 (SRC조)	학교·병원 (RC조)	아파트(RC조)		공장·창고 (SRC조)
				벽식구조	라멘식구조	
콘크리트	건축물 m^2당	$0.56 \sim 0.8m^3$	$0.6m^3$	$0.48 \sim 0.64m^3$	$0.47 \sim 0.74m^3$	−
거푸집	건축물 m^2당	$2.8 \sim 4.6m^2$	$4.0 \sim 4.5m^2$	$4.4 \sim 6.6m^2$	$4.0 \sim 5.8m^2$	−
	콘크리트 m^3당	$4.6 \sim 6.9m^2$	$6.3 \sim 8.8m^2$	$7.9 \sim 10.5m^2$	$7.1 \sim 9.8m^2$	−
철근	건축물 m^2당	63~83kg	56~100kg	33~55kg	36~65kg	45~73kg
	콘크리트 m^3당	84~144kg	73~124kg	76~96kg	90~116kg	75~103kg
철골	건축물 m^2당	23~110kg	−	−	−	43~103kg

실습 4 연면적 3,500m^2인 철골철근콘크리트조 사무소 건축물에서 콘크리트량, 거푸집량, 철근량 및 철골량은 대략 얼마나 되는가 산출하시오.

풀이 ① 콘크리트량(m^3)$=3,500\times(0.56\sim0.8)=1,960\sim2,800m^3$ → 평균 $2,380m^3$

② 거푸집량(m^2)$=3,500\times(2.8\sim4.6)=9,800\sim16,100m^2$ → 평균 $12,950m^2$

③ 철근량(ton)$=3,500\times(0.063\sim0.083)=220.5\sim290.5t$ → 평균 255.5t

④ 철골량(ton)$=3,500\times(0.023\sim0.11)=80.5\sim385t$ → 평균 232.75t

해설 "실습 3 해설" 참조

실습 5 연면적이 1,800m^2인 철근콘크리트조 건축물에 소요되는 콘크리트량, 거푸집량, 철근량을 산출하고, 또한 이에 소요되는 품(콘크리트공, 거푸집공, 철근공)을 산출하시오.(다만, 개산견적으로 한다)

풀이 ① 콘크리트량(m^3)$=0.4\sim0.8(m^3/m^2)\times1,800(m^2)=720\sim1,440(m^3)$
→ 평균 $1,080(m^3)$

② 거푸집량(m^2)$=4\sim5(m^2/m^2)\times1,800(m^2)=7,200\sim9,000(m^2)$
→ 평균 $8,100(m^2)$

③ 철근량(ton)$=0.04\sim0.05(t/m^2)\times1,800(m^2)=72\sim90(t)$
→ 평균 81(t)

④ 콘크리트공(인)
손비빔인 경우 : $1.0\sim1.2$(인/m^3)$\times1,080(m^3)=1,080\sim1,296$(인)
→ 평균 1,188(인)

기계비빔인 경우 : 0.3~0.5(인/m^3)×1,080(m^3)=324~540(인)

→평균 432(인)

⑤ 거푸집 : 형틀목공(인)=0.1~0.17(인/m^2)×8,100(m^2)

=810~1,377(인)→평균 1,093(인)

조력공(인)=0.05~0.07(인/m^2)×8,100(m^2)

=405~567(인)→평균 486(인)

⑥ 철근공(인)=4~6(인/t)×81(t)=324~486(인)→평균 405(인)

해설 철근콘크리조 건축물의 단위당 소요되는 재료량과 품은 다음 표의 값에 따라 개산한 것이다.

재료별	소요재료량 (건축연면적 1m^2당)	소　요　품	비　고
콘크리트	0.4~0.8m^3 (평균 0.6m^3)	손 비 빔 : 1~1.2인/m^3 기계비빔 : 0.3~0.5인/m^3	소요품은 콘크리트공으로서 콘크리트 1m^3당 임
거 푸 집	4~5m^2 (평균 4.5m^2)	형틀목공 : 0.10~0.17인/m^2 조 력 공 : 0.05~0.07인/m^2	소요품은 거푸집 1m^2당 임
철　근	0.04~0.05t (평균 0.045t)	철근공 : 4~6인/t	소요품은 철근 1ton당 임

실습 6 철근콘크리트조 건축물 신축공사에 소요되는 콘크리트량이 1,200m^3일 때 이에 소요되는 거푸집량과 철근량을 개산하고 또한 여기에 소요되는 품(형틀목공, 철근공)을 개산하시오.

풀이 (1) 거푸집량과 철근량

① 거푸집량(m^2)=5~8(m^2/m^3)×1,200(m^3)=6,000~9,600(m^2)

→평균 7,800(m^2)

② 철근량(ton)=0.03~0.06(t/m^3)×1,200(m^3)=36~72(t)

→평균 54(t)

(2) 품(형틀목공, 철근공)

① 형틀목공(인)=0.1~0.17(인/m^2)×7,800(m^2)=780~1,326(인)

→평균 105(인)

② 철근공(인)=4~6(인/t)×54(t)=216~324(인)→평균 270(인)

해설 철근콘크리트조 건축공사에서 콘크리트 $1m^3$당 소요되는 재료량(거푸집량 · 철근량) 또는 이에 소요되는 품(형틀목공, 철근공)은 다음 표의 값에 따라 개산한 것이다.

재료량(거푸집량 · 철근량)			품(형틀목공, 철근공)		
거푸집량(m^2)	콘크리트 $1m^3$당	$5 \sim 8m^2$	형틀목공(인)	거푸집 $1m^2$당	0.1~0.17인
철근량(ton)	콘크리트 $1m^3$당	0.03~0.06t	철근공(인)	철근 1ton당	4~6인

실습 7 연면적 $3,500m^2$인 철골철근콘크리트조 10층 사무소 건축물에서 콘크리트량, 거푸집량, 철근량 및 철골량을 개산하시오.

풀이 ① 콘크리트량(m^3) = 3,500 × (0.56~0.8) = 1,960~2,800m^3 → 평균 2,380m^3

② 거푸집량(m^2) = 3,500 × (2.8~4.6) = 9,800~16,100m^2 → 평균 12,950m^2

③ 철근량(ton) = 3,500 × (0.063~0.083) = 220.5~290.5t → 평균 255.5t

④ 철골량(ton) = 3,500 × (0.023~0.11) = 80.5~385t → 평균 232.75t

해설 "실습 3 해설" 참조

실습 8 다음 그림과 같은 철근콘크리트 기초에 사용된 콘크리트량을 산출하라.

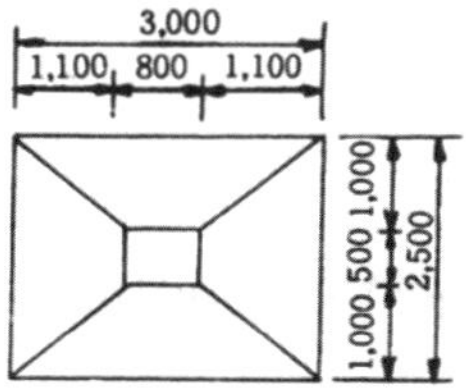

평면도

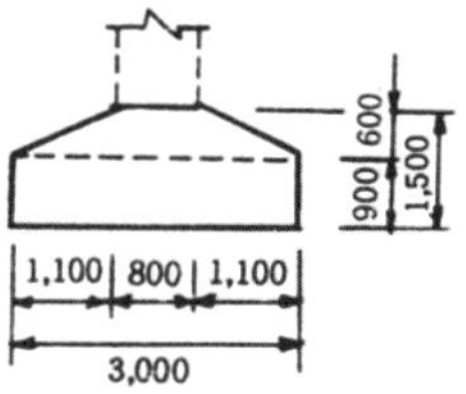

입면도

풀이

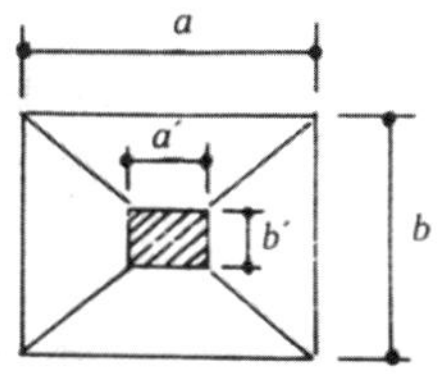

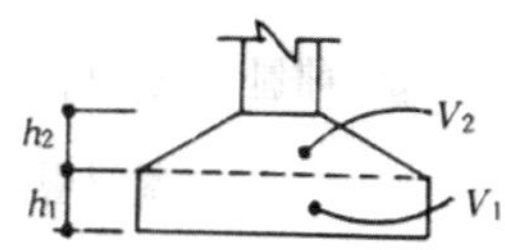

$$V_1 = abh_1$$

$$V_2 = \frac{h_2}{6}\{(2a+a')b + (2a'+a)b'\}$$

$$V = V_1 + V_2$$

$$V = 3 \times 2.5 \times 0.9 + \frac{0.6}{6}\{(2 \times 3 + 0.8) \times 2.5 + (2 \times 0.8 + 3) \times 0.5\} = 6.75 + 1.93 = 8.68m^3 \fallingdotseq 8.7m^3$$

실습 9 다음 그림과 같은 철근콘크리트조 2층 건축물에 있어서 기둥, 보, 바닥판의 콘크리트량을 산출하시오.(다만, 기둥단면은 전부 50cm×50cm, 보의 단면은 G_1 =40cm×80cm, G_2 =40cm×70cm, B =40cm×60cm, 슬래브 두께 12cm, 층고는 3.6m, 치수선은 기둥 중심선임)

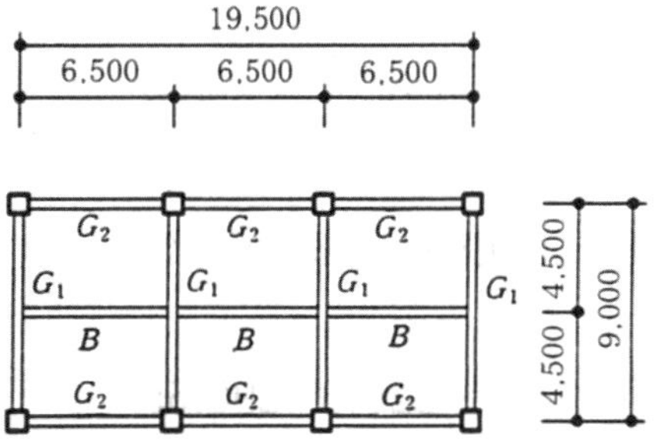

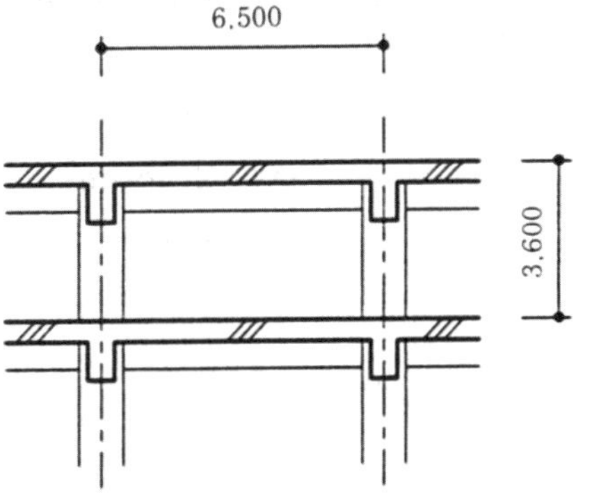

풀이 ① 기둥의 콘크리트량 산출(한층분)

기둥단면=0.5m×0.5m, 기둥높이=3.6−0.12=3.48m,

기둥개수=8개

따라서 기둥의 콘크리트량 : $V_1 = 0.5 \times 0.5 \times 3.48 \times 8 = 6.96\text{m}^3$

② 보의 콘크리트량 산출(한 층 분)

G_1보 : 단면적=0.4×(0.8−0.12)=0.272m^2,

길이=9−0.5=8.5m, 개수=4개

G_2보 : 단면적=0.4×(0.7−0.12)=0.232m^2,

길이=6.5−0.5=6.0m, 개수=6개

B보 : 단면적=0.4×(0.6−0.12)=0.192m^2, 길이=6.5−0.4=6.1m,

개수=3개

따라서 보의 콘크리트량 :

$$V_2 = (0.272\times8.5\times4)+(0.232\times6\times6)+(0.192\times6.1\times3)$$
$$=9.248+8.352+3.5136=21.11\text{m}^3$$

③ 바닥판의 콘크리트량 산출(한층분)

바닥판의 면적=(9+0.5)×(19.5+0.5)=190, 바닥판두께=0.12m

따라서 바닥판의 콘크리트량 : $V_3 = 190\times0.12 = 22.8\text{m}^3$

④ 기둥, 보, 바닥판의 한 층 분 전체 콘크리트량

$V = V_1 + V_2 + V_3 = 6.96+21.11+22.8 = 50.87\text{m}^3$

따라서 2층 전체 콘크리트량=50.87×2=101.74m^3

실습 10 철근콘크리트조 건축물에서 소요 콘크리트량이 300m³인 경우 시멘트, 모래, 자갈의 소요량을 약산식으로 산출하라.(단, 배합비는 1 : 2 : 4, 물시멘트비는 60%이고 단위용적중량(t/m³)은 W_c : 1.5, W_s : 1.3, W_g : 1.6이며, 비중은 g_c : 3.15, g_s : 2.67, g_g : 2.64이다)

풀이 ① 콘크리트 1m³에 소요되는 시멘트, 모래, 자갈, 물의 소요량을 구하면 다음과 같다.

콘크리트 비벼내기량 : $V = \frac{1.5}{3.15} + \frac{2\times1.3}{2.67} + \frac{4\times1.6}{2.64} + 1.5\times0.6 ≒ 4.78\text{m}^3$

시멘트 소요량 : $C = \frac{1}{4.78} ≒ 0.21\text{m}^3$

$= 1,500\times\frac{1}{4.78} ≒ 315\text{kg}$

또는 $37.5\times\frac{1}{4.78} ≒ 7.85$포대

(∵ 시멘트 1m³=1,500kg=37.5포대)

모래 소요량 : $S = \frac{2}{4.78} = 0.418\text{m}^3 ≒ 0.42\text{m}^3$

자갈 소요량 : $G = \frac{4}{4.78} = 0.836\text{m}^3 ≒ 0.84\text{m}^3$

물의 소요량 : $w = c\cdot x = 315\text{kg}\times0.6 = 189\text{kg}$

② 따라서 콘크리트량이 300m³인 경우 시멘트, 모래, 자갈, 물의 소요량은 다음과 같다.

시멘트 소요량 : $C = 315\text{kg}\times300 = 94,500\text{kg}$

$= 7.85$포 $\times 300 = 2,355$포대

모래 소요량 : $S = 0.42\times300 = 126\text{m}^3$

자갈 소요량 : $G = 0.84\times300 = 252\text{m}^3$

물의 소요량 : $w = 189\times300 = 56,700\text{kg}$

실습 11 배합비가 1 : 3 : 6인 무근콘크리트 100m³를 제조하는데 필요한 시멘트, 모래, 자갈의 소요량을 산출하라.(단, 약산식으로 산출한다)

풀이 ① 무근콘크리트 1m³에 소요되는 시멘트, 모래, 자갈의 소요량을 구하면 다음과 같다.

무근콘크리트 비벼내기량 :

$$V = 1.1m + 0.57n = (1.1\times3) + (0.57\times6) = 6.72\text{m}^3$$

시멘트 소요량 : $C = \dfrac{1}{V} = \dfrac{1}{6.72} \fallingdotseq 0.149\text{m}^3$

$= \dfrac{1{,}500}{V} = \dfrac{1{,}500}{6.72} \fallingdotseq 223.2\text{kg}$

$= \dfrac{37.5}{V} = \dfrac{37.5}{6.72} \fallingdotseq 5.58$포대

(∵ 시멘트 1m^3=1,500kg=37.5포대)

모래 소요량 : $S = \dfrac{m}{V} = \dfrac{3}{6.72} = 0.446\text{m}^3$

자갈 소요량 : $G = \dfrac{n}{V} = \dfrac{6}{6.72} = 0.892\text{m}^3$

② 따라서, 무근콘크리트 100m^3에 소요되는 시멘트, 모래, 자갈의 소량은 다음과 같다.

시멘트 소요량 : C=223.2×100=22,320kg

=5.58×100=558포대

모래 소요량 : S=0.446×100=44.6m^3

자갈 소요량 : G=0.892×100=89.2m^3

실습 12 다음 그림의 줄기초에 대한 거푸집수량을 산출하시오.

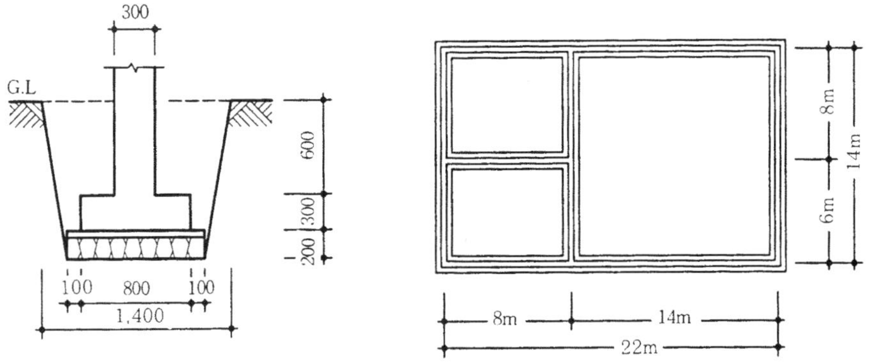

풀이 ① 줄기초 총 길이=22×2+14×3+8=94m

② 기초판 거푸집면적$(V_1) = 0.3 \times \left(94 - \dfrac{0.8}{2} \times 4\text{개소}\right) \times 2\text{면} = 55.44\text{m}^2$

③ 기초벽 거푸집면적$(V_2) = 0.6 \times \left(94 - \dfrac{0.3}{2} \times 4\text{개소}\right) \times 2\text{면} = 110.88\text{m}^2$

④ 전체 거푸집면적$(V) = V_1 + V_2 = 55.44 + 110.88 = 166.32\text{m}^2$

실습 13 "실습 9"의 그림과 같은 철근콘크리트조 건축물의 기둥, 보, 슬래브의 거푸집 수량을 산출하라.(단, 기둥 크기 C=500×500mm, 보 크기 G_1=400×800mm, G_2=400×700mm, B=400×600mm, 슬래브 두께 t=120mm, 층고 H=3,600mm, 치수선은 기둥중심선임)

풀이 거푸집수량은 콘크리트에 접하는 면적(m^2)으로 산출하므로 기둥 · 보 · 슬래브의 각 부분의 거푸집면적과 전체 거푸집면적의 산출은 다음과 같다.

① 기둥 거푸집면적(m^2)=기둥둘레길이×기둥높이×동일 모양의 기둥개수

$$=(0.5+0.5)\times2\times(3.6-0.12)\times8=55.68\text{m}^2$$

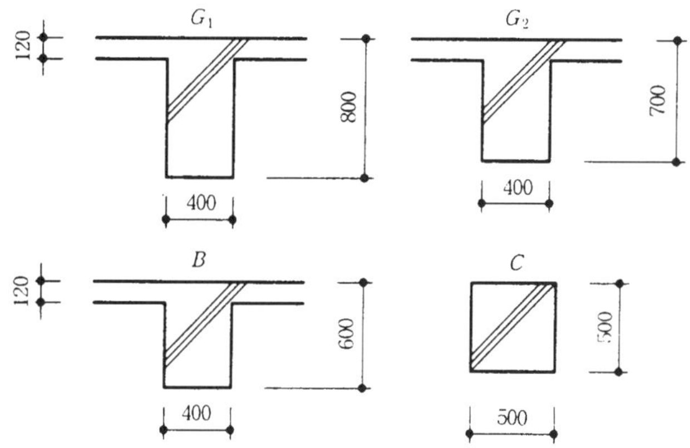

② 보 거푸집면적(m^2)=기둥간 안목거리×(보춤−바닥판두께)×2×동일 모양의 보 개수

G_1 거푸집면적$=(9-0.5)\times(0.8-0.12)\times2\times4=46.24\text{m}^2$

G_2 거푸집면적$=(6.5-0.5)\times(0.7-0.12)\times2\times6=41.76\text{m}^2$

B 거푸집면적$=(6.5-0.4)\times(0.6-0.12)\times2\times3=17.568\text{m}^2$

③ 바닥판 거푸집면적(m^2)$=(19.5+0.5)\times(9+0.5)=190\text{m}^2$

④ 따라서 전체 거푸집면적(m^2)$=55.68+46.24+41.76+17.568+190$

$$=351.248\text{m}^2$$

실습 14 다음 그림과 같은 독립기초의 기초판과 기둥의 철근량을 산출하라.
(단, 정미량으로 산출하고 기초판의 철근 피복두께는 60mm로 한다)

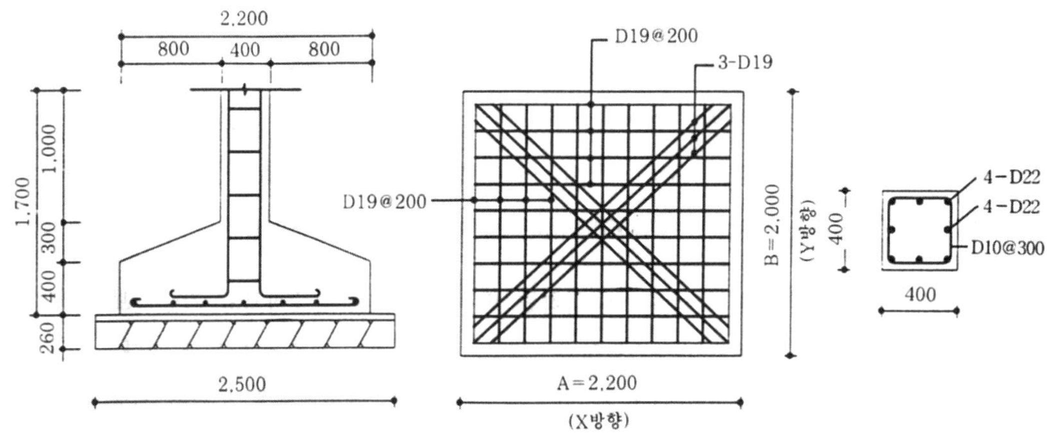

풀이 ① 기초판의 철근량 산출

기초판의 철근길이(m)=(X방향 철근길이)+(Y방향 철근길이)+(대각선근 길이)

여기서, X방향 철근길이$=\{2.2-(2\times0.06)+(2\times0.196)\}\times\left(\dfrac{2}{0.2}+1\right)$

$=27.192\text{m}$

(∵ 갈고리길이$=10.3d=10.3\times0.019≒0.196\text{m}$,

피복두께$=6\text{cm}$)

Y방향 철근길이$=\{2-(2\times0.06)+(2\times0.196)\}\times\left(\dfrac{2.2}{0.2}+1\right)$

$=27.264\text{m}$

대각선근길이$=6개\times(\sqrt{2.2^2+2^2}-2\times0.06)+0.196=18.016\text{m}$

(∵ 대각선근길이=대각선근개수$\times(\sqrt{A^2+B^2}$ −피복두께)

+갈고리길이

따라서, 기초판의 철근길이=27.192+27.264+18.064=72.472m

기초판의 철근량(D19)=72.472×2.25=163.062kg≒0.163t

(∵ D19 단위중량=2.25kg/m)

② 기둥의 철근량 산출

주근의 철근길이=8×{(1.7−0.1)+(0.3+10.3×0.022)}

=17.013m(∵ $L=0.3+10.3d$)

대근의 철근길이$=\{2\times(0.4+0.4)-8\times0.03\}\times\dfrac{1.7-0.1}{0.3}$

=7.208m(∵ 기둥의 피복두께=3cm, 갈고리는 없는 것으로 계산한 것임)

따라서, 주근의 철근량(D22)=17.013×3.04=51.72kg≒0.517t

대근의 철근량(D10)

=7.208×0.56

=4.036kg

≒0.404t

(∵ D22 단위중량

=3.04kg/m,

D10 단위중량

=0.56kg/m)

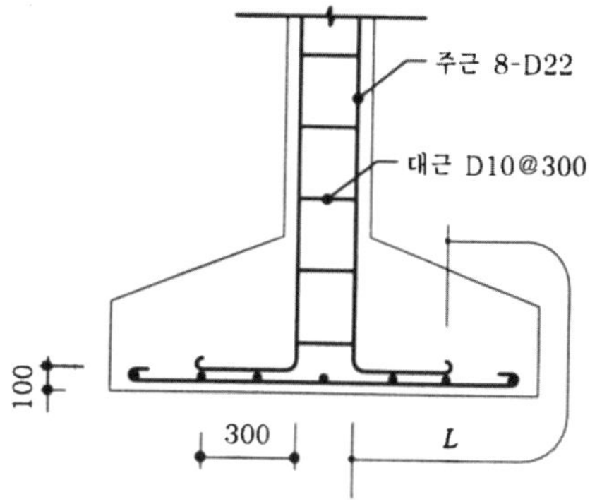

실습 15 다음 그림과 같은 8개의 기둥에 대한 중간층분의 철근소요량을 산출하라.
(단, 층고는 3.6m로 하고 주근의 이음이 1개소 있는 것으로 한다)

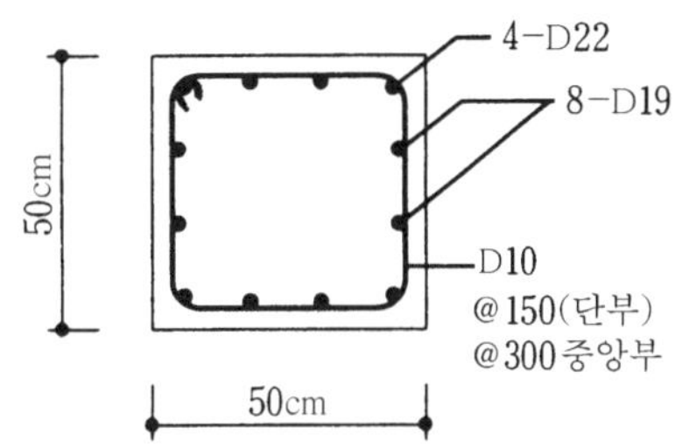

풀이 ① 주근(D22) 철근소요량 산출

기둥 1개의 주근(D22)길이=(3.6+25×0.022)×4=16.6m

기둥 8개의 주근(D22)길이=16.6m×8=132.8m

기둥 8개의 주근(D22)정미량=132.8×3.04=403.712kg

기둥 8개의 주근(D22)소요량=403.712×1.03≒415.823kg≒0.416t

② 주근(D19) 철근소요량 산출

기둥 1개의 주근(D19)길이=(3.6+25×0.019)×8=32.6m

기둥 8개의 주근(D19)길이=32.6×8=260.8m

기둥 8개의 주근(D19)정미량=260.8×2.25=586.8kg

기둥 8개의 주근(D19)소요량=586.8×1.03=604.404kg=0.604t

③ 대근(D10) 철근소요량 산출

대근 1개의 길이=2×(0.5+0.5)−(8×0.04)+(2×10.7×0.01−2×0.01×2)

=1.854m

∵ 대근 1개의 길이=기둥둘레길이−피복두께길이+(갈고리 135° 구부림길이×2쪽
−구부림 반경길이×2쪽)

대근 개수=(3.6/2÷0.15)+(3.6/2÷0.3)+1=19개

기둥 1개의 대근(D10)정미량=1.854×0.56×19≒19.73kg

기둥 8개의 대근(D10)소요량=19.73×8×1.03≒162.58kg≒0.163t

④ 기둥 전체의 철근소요량=0.416+0.604+0.163=1.183t

실습 16 다음 그림과 같은 벽체배근도에 의하여 철근소요량을 산출하시오.

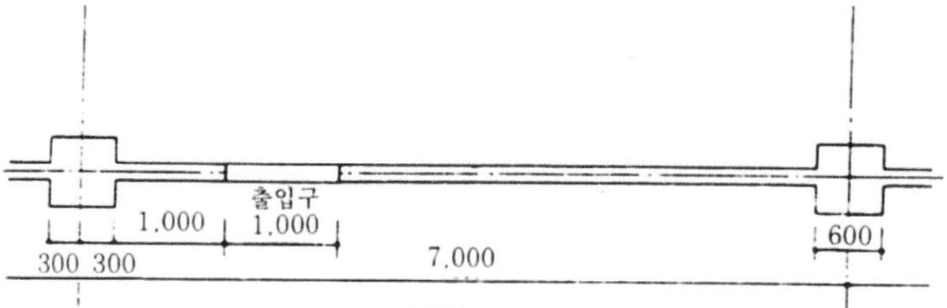

(평면도)

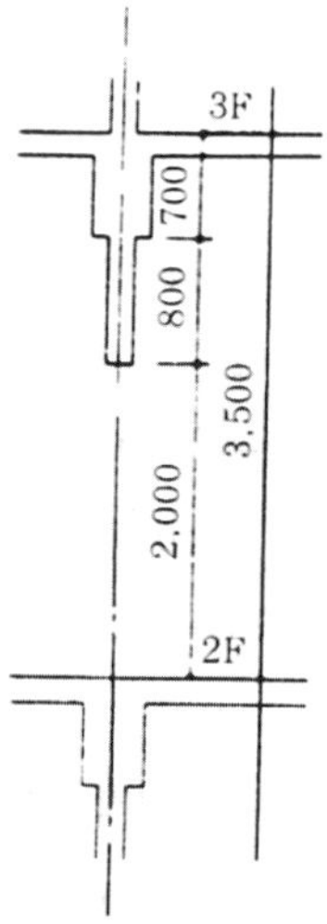

단면도

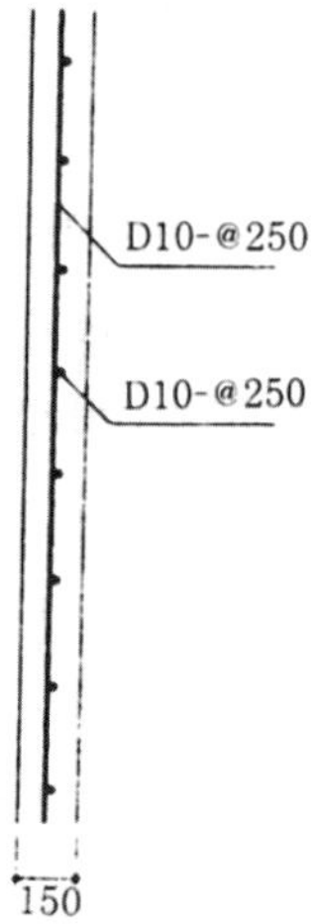

벽체배근도

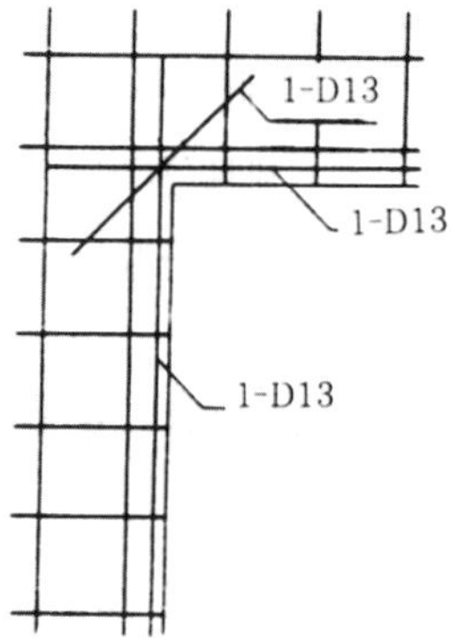

(출입구보강배근도)

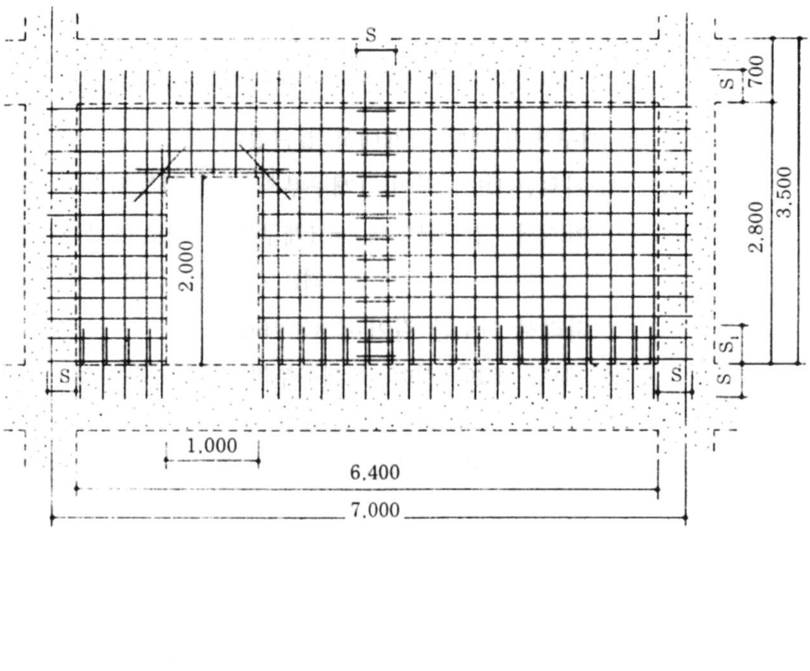

풀이 벽체 철근 수량산출에 있어 벽체에 개구부가 있어 그 면적은 $1.0\times2.0=2.0\text{m}^2>0.5\text{m}^2$가 되므로 개구부에 해당되는 철근수량은 공제한 것으로 산출한다.
또한 벽체 높이는 $3.5-0.7=2.8\text{m}$, 벽체 가로길이는 $7-0.6=6.4\text{m}>6.0\text{m}$가 되어 이음은 1.0개소 있는 것으로 보아 철근길이를 산출한다. 그리고 철근의 정착길이(S)는 $35d$, 이음길이(S_1)는 $40d$로 보고, 개구부가 없는 것으로 보아 철근길이를 산출한 다음 개구부에 해당되는 철근길이를 산출하여 이를 가감한다.

(1) 벽체(개구부 포함)의 철근길이 산출

① 세로근(D10) 철근길이

철근길이(L_1) = (벽체높이 + 정착길이 + 이음길이) × (철근본수)

$=(h+35d\times2+40d)\times n$

여기서, 철근본수(n) = {(벽체의 가로 안목치수) ÷ (세로 배근간격)} + 1

$=(6.4\div0.25)+1=26.6\fallingdotseq27$본

따라서 $L_1=(2.8+35\times0.01\times2+40\times0.01)\times27=105.3\text{m}$

② 가로근(D10) 철근길이

철근길이(L_2) = (벽체 가로 안목치수 + 정착길이 + 이음길이) × (철근본수)

$=(l+35d\times2+40d)\times n$

여기서, 철근본수(n) = {(벽체의 세로 안목치수) ÷ (가로배근간격)} + 1

$=(2.8\div0.25)+1=12.2\fallingdotseq13$본

따라서 $L_2=(6.4+35\times0.01\times2+40\times0.01)\times13=97.5\text{m}$

(2) 개구부에 의한 공제대상 철근길이 산출

① 가로근(D10) 길이 = (개구부의 가로 안목치수) × (철근본수)

여기서, 철근본수(n) = {(개구부의 세로 안목치수) ÷ (가로근 배근간격)} + 1

$=(2\div0.25)+1=9$본

따라서 가로근 길이 $=1\times9=9\text{m}$

② 세로근(D10) 길이 = {(개구부의 세로 안목치수) + (정착길이) + (이음길이)} × (철근본수)

여기서, 철근본수(n) = {(개구부의 가로 안목치수) ÷ (세로근 배근간격)} + 1

$=(1\div0.25)+1=5$본

따라서 세로근 길이 $=(2+35\times0.01+40\times0.01)\times5=13.75\text{m}$

※ 벽체(개구부 포함) 세로근 철근길이 산출시 정착길이 및 이음길이를 가산하여 계산하였으므로 개구부 하단측 세로근의 정착길이와 이음길이도 가산하여 개구부의 세로근 길이를 산출한다.

(3) 개구부 보강근의 철근길이 산출

① 가로방향 보강근(D13) 철근길이={(개구부의 가로 안목치수)+(정착길이)}×(철근본수) $=(l_o+35d\times 2)\times n$

따라서, 가로방향 보강근길이=(1+35×0.013×2)×1=1.91m

② 세로방향 보강근(D13) 철근길이={(개구부의 세로 안목치수)+(정착길이)}×(철근본수) $=(h_o+35d\times 2)\times n$

따라서, 세로방향 보강근길이=(2+35×0.013×2)×2=5.82m

③ 경사방향 보강근(D13) 철근길이=(정착길이)×(철근본수) $=(40d\times 2)\times n$

따라서, 경사방향 보강근길이=(40×0.013×2)×2=2.08m

(4) 철근길이 집계

철근(D10)길이=(105.3+97.5)−(9+13.75)=180.05m

철근(D13)길이=1.91+5.82+2.08=9.81m

(5) 철근소요량 산출

철근(D10)소요량=180.05mm×0.56kg/m×1.03≒103.85kg

철근(D13)소요량=9.81m×0.995kg/m×1.03=10.05kg

실습 17 다음 그림과 같은 계단배근도에 의하여 철근소요량을 산출하시오.

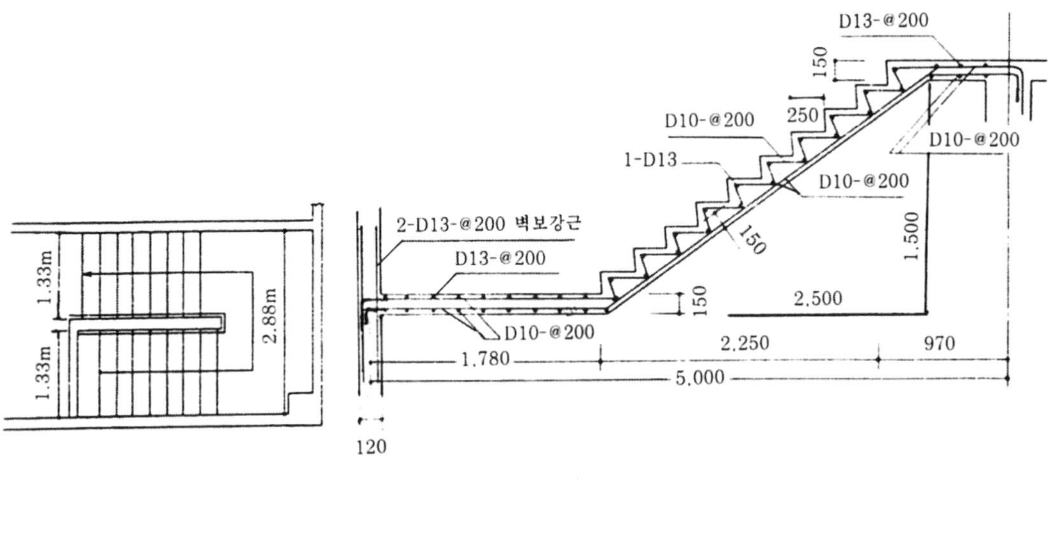

풀이 계단의 철근 수량산출은 계단, 계단참, 바닥판 부분으로 구분하고, 계단 철근의 정착길이는 상부주근의 경우 $35d$, 하부주근의 경우 $25d$로 하고, 이음은 없는 것으로 보아 산출하며 계단참 및 바닥판 철근의 정착길이는 상부근의 경우 $35d$, 하부근의 경우 $25d$로 하고 이음은 역시 없는 것으로 보아 산출한다.

(1) 계단부분 철근길이 산출

① 상부주근(D13)의 철근길이
=(계단폭+정착길이)×(철근본수)×(계단양쪽)
$=(W+35d)\times n\times 2$
$=(1.33+35\times 0.013)\times 10\times 2=35.7\text{m}$

② 하부주근(D10)의 철근길이
=(계단폭+정착길이)×(철근본수)×(계단양쪽)
$=(W+25d)\times n\times 2$
$=(1.33+25\times 0.01)\times 10\times 2=31.6\text{m}$

③ 보강근(D10)의 철근길이
=(경사면의 길이)×(철근본수)×(계단양쪽)
$=(L+25d\times 2)\times n\times 2$
여기서, 계단판의 수평길이=(디딤판폭)×(디딤판수)
$=0.25\times 10=2.5\text{m}$
계단판의 수직길이=(챌판높이)×(챌판수)
$=0.15\times 10=1.5\text{m}$
경사면의 길이$(L)=\sqrt{2.5^2+1.5^2}\fallingdotseq 2.92\text{m}$
철근본수(n)=(계단폭÷보강근 배근간격)+1
$=(1.33\div 0.2)+1=7.65\fallingdotseq 8$본
따라서, 보강근(D10) 철근길이$=2.92\times 8\times 2=46.72\text{m}$

④ 부근(D10)의 철근길이
={(챌판높이×챌판개수)+(디딤판폭×디딤판개수)}×(철근본수)×(계단양쪽)
여기서, 챌판높이=0.15m, 챌판개수=10개, 디딤판폭=0.25m,
디딤폭개수=9개,
부근의 철근본수=(계단폭÷부근 배근간격)+1
$=(1.33\div 0.2)+1=7.65\fallingdotseq 8$본
따라서, 부근(D10)의 철근길이$=\{(0.15\times 10)+(0.25\times 9)\}\times 8\times 2=71.2\text{m}$

(2) 계단참부분 철근길이 산출

① 상부주근(D13)의 철근길이=(계단참폭+정착길이)×(철근본수)

여기서, 철근본수=(0.97÷0.2)+1=5.85≒6

따라서 상부주근(D13)의 철근길이=(2.88+35×0.013×2)×6=22.74m

② 상부부근(D10)의 철근길이=(계단참 길이+정착길이)×(철근본수)

여기서, 철근본수는 계단 양쪽 부근의 본수와 같으므로 16본이다.

따라서 상부주근(D10)의 철근길이=(0.97+35×0.01)×16=21.12m

③ 하부주근(D10)의 철근길이=(계단참폭+정착길이)×(철근본수)

여기서, 철근본수={(0.97−0.25)÷0.2}+1=4.6 ≒ 5

따라서 하부주근(D10)의 철근길이=(2.88+25×0.01×2)×5=16.9m

④ 하부보강근(D10)의 철근길이=(계단참길이+정착길이)×(철근본수)

여기서, 철근본수는 계단 양쪽 보강근의 본수와 같으므로 16본이다.

따라서 하부보강근(D10)의 철근길이=(0.97+25×0.01)×16=19.52m

(3) 바닥판 부분 철근길이 산출

① 상부주근(D13)의 철근길이=(바닥판폭+정착길이)×(철근본수)

여기서, 철근본수={(1.78−0.06)÷0.2}+1=9.6≒10본

따라서, 상부주근(D13)의 철근길이=(2.88+35×0.013×2)×10=37.9m

② 상부부근(D10)의 철근길이=(바닥판길이+정착길이)×(철근본수)

여기서, 철근본수는 계단 양쪽 부근의 본수와 같으므로 16본이다.

따라서 상부보강근(D10)의 철근길이={(1.78−0.06)+35×0.01)×16
=33.12m

③ 하부주근(D10)의 철근길이=(바닥판폭+정착길이)×(철근본수)

여기서, 철근본수={(1.78−0.06)÷0.2}+1=9.6 ≒ 10본

따라서 하부주근(D10)의 철근길이=(2.88+25×0.01×2)×10=33.8m

④ 하부보강근(D10)의 철근길이=(바닥판길이+정착길이)×(철근본수)

여기서, 철근본수는 계단 양쪽 보강근의 본수와 같으므로 16본이다.

따라서 하부보강근(D10)의 철근길이={(1.78−0.06)+25×0.01×2)×16
=35.52m

(4) 철근길이 집계

철근(D10)길이=31.6+46.72+71.2+21.12+16.9+19.52+33.12+33.8+
35.52=309.5m

철근(D13)길이=35.7+22.74+37.9=96.34m

(5) 철근소요량 산출

철근(D10)소요량=309.5m×0.56kg/m×1.03≒178.52kg

철근(D13)소요량=96.34m×0.995kg/m×1.03=98.73kg

실습 18 다음 그림과 같은 바닥판 배근도에 의해 1개소의 바닥판 철근 소요량을 산출하라.
(단, 바닥판의 두께는 15mm이고 상단근을 제외한 각 철근마다 이음이 1개소 있는 것으로 한다)

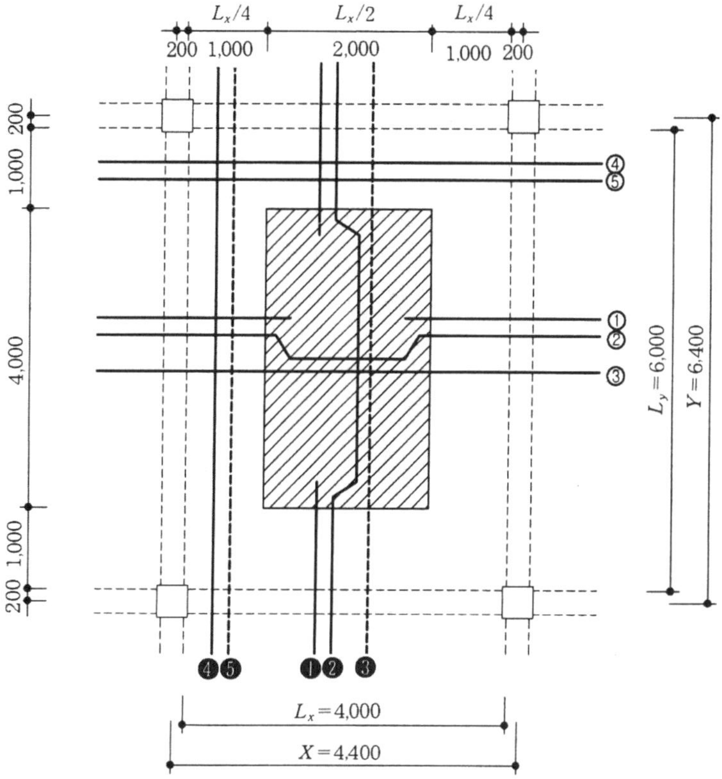

주근
- ① : D10@400(상부 상단근)
- ② : D10@400(상부 굽힌철근)
- ③ : D10@400(하부 중앙부근)
- ④ : D10@400(상부 단부근)
- ⑤ : D10@400(하부 단부근)

부근
- ❶ : D10@500(상부 상단근)
- ❷ : D10@500(상부 굽힌철근)
- ❸ : D10@500(하부 중앙부근)
- ❹ : D10@500(상부 단부근)
- ❺ : D10@500(하부 단부근)

풀이 (1) 주근(단변방향 철근)의 소요량 산출

① (상부 상단근)의 철근길이 $=(L_x/4+B/2+15d)\times 2$쪽$\times$개수

$L_x/4$(주열대 폭)$=1,000\text{mm}=1\text{m}$

$B/2=200\div 2=100\text{mm}=0.1\text{m}$

$15d$(여장길이)$=15\times 10=150\text{mm}=0.15\text{m}$

상부 상단근 개수$=\{$(장변방향의 안목거리$-L_x/2)\div$배근간격$\}-1$

$=\{(6,000-4,000/2)\div 400\}-1=9$개

따라서, 철근길이$=\{1+0.1+0.15\}\times 2$쪽$\times 9=22.5\text{m}$

철근소 요량$=22.5\text{m}\times 0.56\text{kg/m}\times 1.03=12.978\text{kg} \fallingdotseq 0.013\text{t}$

② (상부 굽힌철근)의 철근길이={$X+t+(40d\times1)$}×개수

X(X방향 보중심간 거리)=4,400mm=4.4m, t=15mm=0.015m

$40d\times1$(이음길이)=(40×10)×1=400mm=0.4m

상부 굽힌철근개수={(장변방향의 안목거리−L_x/2)÷배근간격}−1

=(4,000÷400)−1=9개

따라서, 철근길이=(4.4+0.015+0.4)×9=43.3m

철근 소요량=43.3m×0.56kg/m×1.03=24.975kg ≒ 0.025t

③ (하부 중앙부근)의 철근길이={$X+(40d\times1)$}×개수

하부 중앙부근개수={(장변방향의 안목거리−L_x/2)÷배근간격}−1

=(4,000÷400)−1=9개

따라서, 철근길이=(4.4+0.4)×9=43.2m

철근 소요량=43.2m×0.56kg/m×1.03=24.917kg ≒ 0.025t

④ (상부 단부근)의 철근길이={$X+(40d\times1)$}×2쪽×개수

상부 단부근개수=(L_x/4÷배근간격)+1

=(1,000÷400)+1=3.5=4

따라서, 철근길이=(4.4+0.4)×2×4=38.4m

철근 소요량=38.4m×0.56kg/m×1.03=22.149kg ≒ 0.021t

⑤ (하부 단부근)의 철근길이={$X+(40d\times1)$}×2쪽×개수

④ (상단 단부근)의 철근길이 산출과 같다.

따라서, 철근길이=38.4m

철근 소요량=0.021t

(2) 부근(장변방향 철근)의 소요량 산출

주근(단변방향 철근)의 소요량 산출방법과 같이 부근(장변방향 철근)의 소요량을 산출한다.

① (상부 상단근)의 철근 소요량=($L_x/4+B/2+15d$)×2쪽×개수

×0.56kg/m×1.03

상부 상단근 개수={(단변방향의 안목거리−L_x/2)÷배근간격}−1

={(4,000÷4,000/2)÷500}−1=3개

따라서, 철근 소요량 =(1+0.1+0.15)×2×3×0.56×1.03=4.326kg

≒ 0.043t

② (상부 굽힌철근)의 철근 소요량 ={$Y+t+(40d\times1)$}×개수×0.56kg/m×1.03

Y(Y방향 보중심간 거리)=6,400mm=6.4m, t=15mm=0.015m

상부 굽힌철근개수=(2,000÷500)−1=3개

따라서, 철근 소요량=(6.4+0.015+0.4)×3×0.56×1.03=11.792kg

≒ 0.012t

③ (하부 중앙부근)의 철근 소요량 $= \{Y+(40d \times 1)\} \times$ 개수 $\times 0.56$kg/m $\times 1.03$

하부 중앙부근개수 $=(2,000 \div 500)-1=3$개

따라서, 철근 소요량 $=(6.4+0.4)\times 3\times 0.56\times 1.03=11.767$kg ≒ 0.012t

④ (상부 단부근)의 철근 소요량 $= \{Y+(40d \times 1)\} \times 2$쪽 $\times$ 개수 $\times 0.56$kg/m $\times 1.03$

상부 단부근개수 $=(1,000 \div 500)+1=3$개

따라서, 철근 소요량 $=(6.4+0.4)\times 2\times 3\times 0.56\times 1.03=23.533$kg ≒ 0.024t

⑤ (하부 단부근)의 철근 소요량 $= \{Y+(40d \times 1)\} \times 2$쪽 $\times$ 개수 $\times 0.56$kg/m $\times 1.03$

④ (상부 단부근)의 철근 소요량 산출과 같다.

따라서, 철근 소요량 $=23.533$kg ≒ 0.024t

(3) 철근 총소요량 산출

철근 총소요량 $=(0.013+0.025\times 2+0.021\times 2)+(0.043+0.012\times 2+0.024\times 2)$
$=0.22$t

실습 19 사무소건축물 신축에 있어 기초부분, 지하 1층, 지상 1층~3층의 소요 거푸집 면적이 다음 그림과 같을 때 주문 거푸집량을 산출하시오.(다만, 전용률은 70%, 주문율은 108%로 한다)

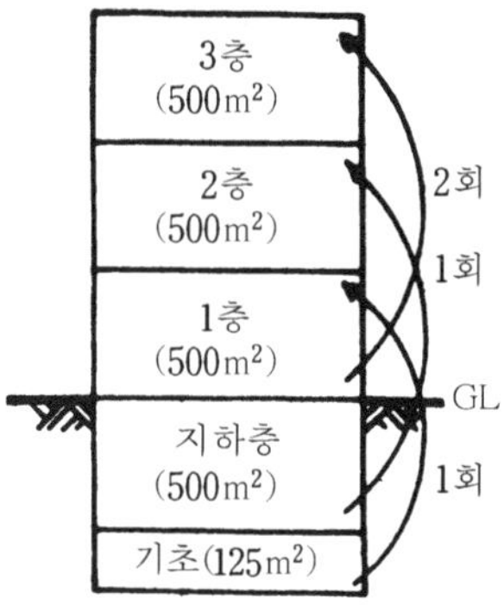

풀이 기초용 거푸집은 1층으로 전용하고, 지하층 거푸집은 2층으로 전용하며, 1층의 거푸집은 3층으로 전용한다.

(1) 거푸집 전체면적(A) $=125+500\times 4=2,125\text{m}^2$

(2) 기초에 소요되는 거푸집량 $=125\text{m}^2$

주문 거푸집량 $=125\text{m}^2\times 108\%=135\text{m}^2$

(3) 지하층에 소요되는 거푸집량 $=500\text{m}^2$

주문 거푸집량 $=500\text{m}^2\times 108\%=540\text{m}^2$

(4) 1층 거푸집량은 기초용 거푸집의 70%가 전용되므로

$125\text{m}^2\times 70\%=87.5\text{m}^2$, 부족량은 $500\text{m}^2-87.5\text{m}^2=412.5\text{m}^2$가 된다.

주문 거푸집량 $=412.5\text{m}^2\times 108\%=445.5\text{m}^2$

(5) 2층 거푸집량은 지하층 거푸집의 70% 전용되므로

$500\text{m}^2\times 70\%=350\text{m}^2$, 부족량은 $500\text{m}^2-350\text{m}^2=150\text{m}^2$가 된다.

주문 거푸집량 $=150\text{m}^2\times 108\%=162\text{m}^2$

(6) 3층 거푸집량은 1층 거푸집량의 70%가 전용되므로

$500\text{m}^2\times 70\%=350\text{m}^2$, 부족량은 $500\text{m}^2-350\text{m}^2=150\text{m}^2$가 된다.

주문 거푸집량 $=150\text{m}^2\times 108\%=162\text{m}^2$

(7) 따라서 전체 주문 거푸집량 $=135+540+445.5+162+162=1,444.5\text{m}^2$

실습 20 합판 제치장거푸집(제물치장거푸집)의 일위대가표를 작성하시오.(단, 1회 사용시)

풀이

(m^2당)

품 명	규 격	단위	수량	단가	금액	비 고
합 판	두께 12㎜ 내수합판	m^2	1.03			
각 재		m^3	0.038			
철 선		kg	0.29			
못		kg	0.2			
볼 트		개	2			볼트의 손율은 15%이다
나무덧쇠		개	2			
박리제		ℓ	0.19			
형틀목공		인	0.23			
보통인부		인	0.14			
사용고재처리		식	1			합판 및 각재설계단가를 기준으로 하여 23% 적용한다
계	재료비					
	노무비					

해설 합판제치장거푸집(제물치장거푸집)의 일위대가표는 다음 표준품셈에 의하여 작성한다.

(품셈 4.2) 제치장거푸집(제물치장거푸집)

(m^2당)

종별	단위	기준수량		사용 횟수별 기준 수량에 대한 비율(%)			
		목재	합판				
				구 분		목재	합판
판 재	m^3	0.03	–				
합 판	m^2	–	1.03	1회 사용시	재료비	100%	100%
각 재	m^3	0.038	0.038		노무비	100%	100%
철 선	kg	0.29	0.29				
못	kg	0.25	0.2				
볼 트	개	2	2	2회 사용시	재료비	57.7%	57%
나무덧쇠	개	2	2		노무비	63%	60%
박 리 제	ℓ	0.19	0.19				
형틀목공	인	0.42	0.23	제작 · 조립 · 철거 포함			
보통인부	인	0.24	0.14				
사용고재 평가기준	%	23	23	판재 · 합판 및 각재의 설계단가를 기준으로 함			

① 본 품에는 제치장거푸집(제물치장콘크리트용 거푸집)의 제작 · 조립 · 설치에 소요되는 품이 포함되어 있다.
② 본 품에서 2회의 사용고재량은 횟수별 비율 속에 포함되어 있다.
③ 본 품의 기준수량은 1회 사용시를 기준한 것이므로 2회 사용시의 재료 및 노무비를 계상하고자 할 때는 횟수별 비율만을 적용한다.
④ 동바리 재료 및 품은 별도 계상한다.
⑤ 곡면 및 특수형상 부분의(워플슬래브, 난간 등) 거푸집 자재 및 품은 별도 계상할 수 있다.

⑥ 볼트의 손율은 15%이다.
⑦ 파이프는 별도 계상한다.
⑧ 합판 규격은 12㎜ 내수합판을 기준한 것이다.

실습 21 유로폼(Euro Form)의 벽 일위대가표를 작성하시오.

풀이

(10m²당)

품 명	규 격	단위	수량	단가	금액	비 고
패 널	600×1,200mm	매	0.71			• 수직고 7m 적용한 것이다. • 재료의 할증 및 손율이 계상되어 있다. • 소운반, 청소, 기름칠 및 보수품이 포함되어 있다.
내부코너패널	(200+200)×1,200mm	매	0.02			
웨 지 핀		개	19.002			
플 랫 타 이	L=200mm	개	20.026			
강 관 파 이 프	D48.6mm	m	0.773			
훅 클 램 프		개	2.827			
박 리 제		l	0.125			
형 틀 목 공	조립 · 해체	인	0.96			
보 통 인 부	조립 · 해체	인	0.45			
잡 자 재	(재료비의 50%)	식	1			
공 구 손 료	(인력품의 3%)	식	1			
계	재 료 비					
	노 무 비					

해설 유로폼(Euro Form)의 일위대가표는 다음 표준품셈에 의하여 작성한다.

(품셈 4.3) 유로폼(Euro Form)

(10m²당)

구 분	규격	단위	수량	
			벽	바닥
패 널	600×1,800mm	매	–	0.470
패 널	600×1,200mm	〃	0.710	–
슬래브코너패널	220×1,500mm	〃	–	0.130
내부코너패널	(200+200)×1,200mm	〃	0.020	–
보	100×1,650mm	〃	–	0.064
웨지핀(Wedge Pin)		개	19.002	6.567
드롭헤드(Drop Head)		개	–	0.074
볼트(너트 포함)		조	–	0.377
플랫타이(Flat Tie)	L=200mm	개	20.026	–
강관파이프	D 48.6mm	m	0.773	–
훅 클램프(Hook Clamp)		개	2.827	–
목 재		m³	–	0.007
박리제		l	0.125	0.125
형틀목공	조립 · 해체	인	0.96	

보통인부			인	0.45
비 고	-본 품은 수직고 7m까지 적용하며 이를 초과하는 경우 매 3m 증가마다 인력품을 10%까지 가산한다. 다만, 현장여건에 따라 장비가 필요하다고 판단되는 구조물에서는 장비로 계상할 수 있다.			

① 본 품은 철근콘크리트 벽식구조를 기준한 것이다.
② 본 품에는 재료의 할증 및 손율이 계상되어 있다.
③ 본 품에는 소운반, 청소, 기름칠 및 보수품이 포함되어 있다.
④ 잡자재(철선, 보조각재 등)는 재료비의 5%로 계상한다.
⑤ 공구손료는 인력품의 3%로 계상한다.
⑥ 플랫타이(Flat Tie) 대신 폼타이(Form Tie) 사용시 소요수량은 "표준품셈 합판거푸집"에 따라 계상한다.
⑦ 본 품의 사용 조작횟수(손율) 기준은 다음을 기준한 것이다.

구 분	사용 조작 횟수
패널류	15회 사용시 잔존율 25%
보, 드롭헤드, 강관파이프, 훅 클램프, 웨지핀	25회 사용시 잔존율 10%

⑧ 패널류의 수량은 본 표에 표시된 규격을 기준으로 하여 산정한 것이므로 규격별로 구분 산정하고자 할 때에는 설계 수량에 따라 계상할 수 있다.

실습 22 철근콘크리트구조와 철골철근콘크리트구조의 철근 1톤당 철근 현장 가공 및 조립에 대한 일위대가표를 각각 작성하라.(단, 철근콘크리트의 철근은 보통가공 및 조립으로 본다)

풀이 (1) 철근콘크리트구조의 철근 현장 가공 및 조립 일위대가표

(ton당)

품 명	규 격	단 위	수 량	단 가	금 액	비 고
철 근	각종	ton	1			
결 속 선	ϕ0.9m/m(#20)	kg	6.5			
철 근 공	(가공 및 조립)	인	3.08			
보통인부		인	1.20			
기구손료	(품의 2%)	식	1			정착에 소요되는 기구의 손료임
계	재 료 비					
	노 무 비					

(2) 철골철근콘크리트구조의 철근 현장 가공 및 조립 일위대가표

(ton당)

품 명	규 격	단위	수량	단가	금액	비 고
철 근	각종	ton	1			
결 속 선	ϕ0.9m/m(#20)	kg	8			
철 근 공	(가공 및 조립)	인	3.43			
보통인부		인	1.30			
기구손료	(품의 2%)	식	1			정착에 소요되는 기구의 손료임
계	재 료 비					
	노 무 비					

해설 철근 현장 가공 및 조립의 일위대가표는 다음의 표준품셈에 의하여 작성한다.

(품셈 4.4) 철근 현장 가공 및 조립

(ton당)

구 조 별	가 공		조 립		계	
	철근공 (인)	보통인부 (인)	철근공 (인)	보통인부 (인)	철근공 (인)	보통인부 (인)
보통 가공 및 조립	1.24	0.45	1.84	0.75	3.08	1.20
복잡한 가공 및 조립	1.51	0.50	1.92	0.80	3.43	1.30

① 철골과 병용하는 가공 및 조립은 복잡한 가공 및 조립에 준한다.

② P.C강선인 경우에는 복잡한 가공 및 조립품의 40%까지 가산할 수 있다. 다만, 정착에 소요되는 기구의 손료는 노력품의 2%를 계상한다.

③ 가공은 절단, 절곡(밴딩) 등 철근의 변형을 요하는 작업이며, 철근가공에 사용되는 기계기구(철근가공기 등) 손료는 인력품(가공)의 2%를 계상한다.

【해설】

① 결속선은 0.9mm를 표준으로 하고 보통 구조에서는 6.5kg, 복잡한 구조에서는 8kg을 표준 사용량으로 한다.

② 복잡한 가공 및 조립은 직경 13mm 이하의 철근이 전 철근중량의 50% 이상인 경우를 말한다.

③ 산재되어 있는 소형구조물(콘크리트 10m^3 미만)에서는 그 조립에 대한 노력품을 50%까지 가산할 수 있다.

④ 수직고 7m 이상에서 장비가 필요하다고 판단되는 구조물에서는 별도계상할 수 있다.

Chapter 05

철골공사

5.1 개 요

건축물이 점차 대형화, 고층화되어 가고 또한 건식화되어 감에 따라 많은 건축물이 철골구조로 설계되어 건축이 이루어지고 있는 추세라 하겠다. 따라서 철골공사비가 차지하는 비율도 높아져 가고 그에 따라 철골적산에 대한 관심도 더 많이 갖게 되었다.

5.2 강재의 종류 및 단면형상

철골조는 여러 종류의 강재가 사용되어 가공·조립되므로 설계도에 의한 강재의 종류를 잘 파악하여 수량을 산출하여야 한다. 철골조에 주로 사용되는 강재의 종류, 강재단면 형상과 표시방법은 다음과 같다.

(1) 강재의 종류

① 형강 : 등변형강, 부등변형강, ㄷ형강, I형강, H형강, T형강, Z형강

② 강판 : 박강판(두께 3mm 이하의 강판, 얇은 강판이라고도 함), 중강판(두께 3mm 초과 6mm 이하의 강판), 후강판(두께 6mm 이상의 강판, 두꺼운 강판이라고도 함)

③ 봉강 : 원형강, 반원형강, 각강, 6각강, 8각강

④ 평강 및 강관

⑤ 경량형강 : 경ㄷ형강, 경Z형강, 경ㄱ형강, 경C형강

(2) 강재 단면형상과 표시방법

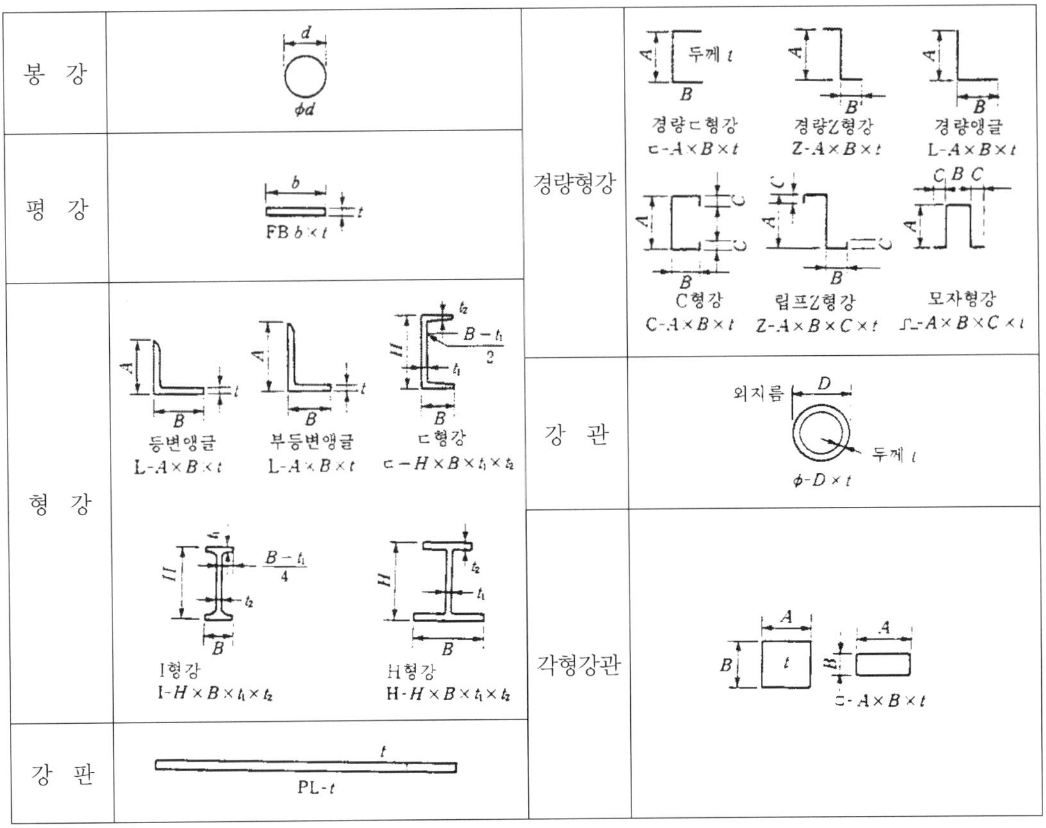

그림 5.1 강재단면형상과 표시방법

5.3 철골재 적산순서 및 구분

[1] 적산순서

(1) 철골조 또는 철골철근콘크리트조의 철골재를 적산시 설계도서 내용을 잘 파악하여 순서를 정하고, 건축물의 종류에 따라 철골구조 형태가 각기 다르므로 이에 적합한 최적의 순서를 정하여 이 순서에 따른 적산작업을 하는 것이 유리하다.

(2) 철골재의 적산은 일반적으로 다음 순서에 의한다.

① 층별 : 기둥 → 벽체 → 보 → 바닥 → 지붕틀 → 기타(계단, 난간 등)

② 철골조 : 기둥 → 사이기둥 → 보 → 지붕틀 → 가새중도리 → 외벽가새 → 띠장 → 내벽 띠장

③ 철골철근콘크리트조 : 기둥 → 큰보 → 작은보 → 바닥 → 가새 → 계단 → 기타

[2] 적산구분

다음과 같이 구분하여 적산한다. 또한 주재와 부속재(접합부 등에 쓰이는 소형재)로 나누어 적산한다.

(1) 기둥 : 주기둥, 사이기둥(샛기둥), 이음재(접합), 브래킷(brackt) 등

(2) 보 : 큰보, 작은보, 벽보, 이음재(접합), 브래킷, 스터드보울트(stud bolt) 등

(3) 트러스보 : 주트러스, 부트러스, 이음재(접합), 수평가새 등

(4) 바닥 : 바닥판, 개구부 보강 등

(5) 벽면 : 가새, 개구부 보강 등

(6) 기타 : 계단, 난난, 부속부위

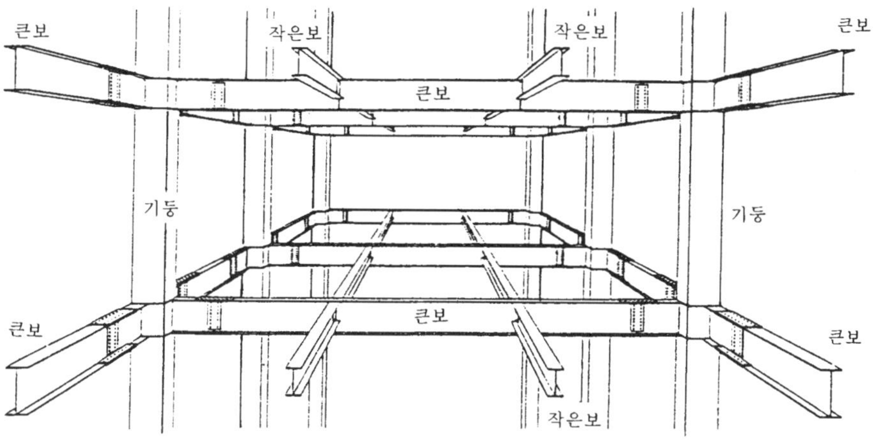

(a) 철골조 주재

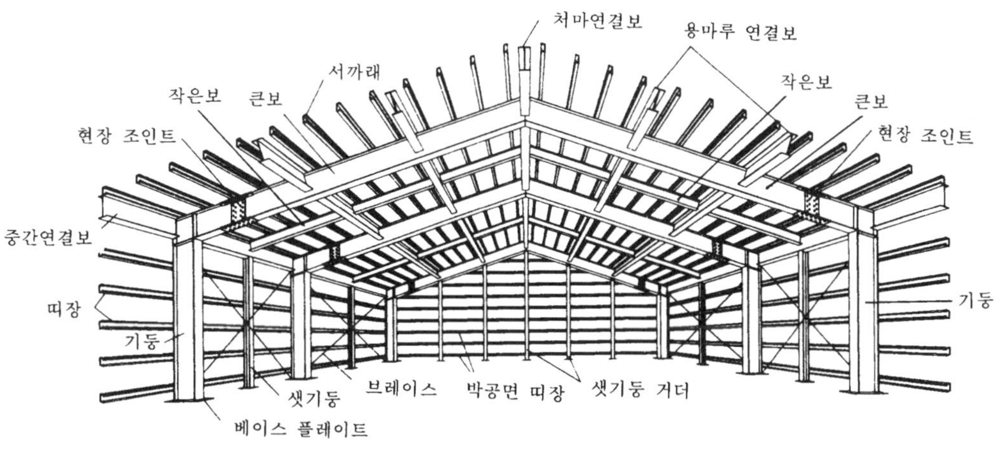

(b) 단일부재형

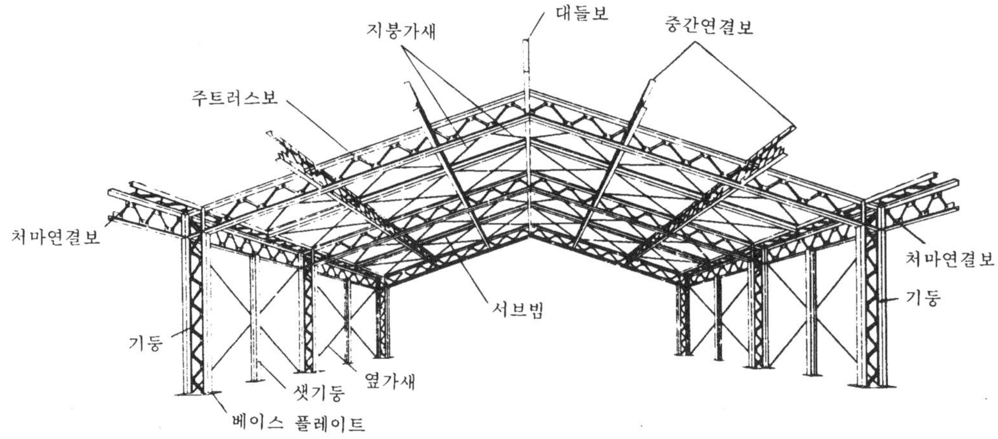

(c) 트러스형

그림 5.2 철골조의 부재

5.4 철골 수량산출 일반

(1) 철골재는 5.3 철골적산 순서 및 구분에 따라 산출한다. 접합은 리벳트·볼트 또는 용접으로 구분하여 계상한다. 또한 철골공사는 다음과 같이 대별하여 수량을 산출한 후 수량집계표를 작성하는 것이 철골공사비를 계산하는 데 유리하다.

① 가공조립 : 공장 또는 현장에서 절단, 조립, 용접 등 철골재를 가공하고 조립하는 과정의 공정을 말함.

② 현장세우기 : 현장 또는 공장에서 가공, 조립한 철골재를 현장에 세우기 하는 작업의 공정을 말함.

③ 운반 : 가공조립을 위한 원자재 운반과 현장에 세우기 위한 가공재 운반을 말함.

(2) 철골재는 설계도면에 의거 규격별로 수량을 산출한 후 단위중량을 곱한 실중량을 정미량으로 하고 정미량에 표 5.1의 값 이내의 할증률을 가산한 것을 소요량으로 한다.

표 5.1 철골재의 할증률

구 분	할증률(%)	구 분		할증률(%)
대형형강	7	강관		5
소형형강	5	일반볼트		5
봉강	5	고장력볼트(H.T.B)		3
평강, 대강	5	리벳(제품)		5
경량형강	5	철근	원형철근	5
각파이프	5			
강판	10		이형철근	3

(3) 철골재의 중량은 한국산업규격품(KS품)인 경우에는 한국산업규격(KS)에 의한 강재 제원표(諸元表)에 의하여 산출하고, 한국산업규격품이 아닌 경우에는 생산자의 카탈로그(catalogue)에 의하여 산출하거나 다음과 같은 강재중량 산출식으로 산출한다.

① 형강의 중량(kg) = 단면적(mm^2)×길이(m)×0.00785

② 원형강의 중량(kg) = [직경(mm)]^2×길이(m)×0.00617

③ 각강의 중량(kg) = [1변(mm)]^2×길이(m)×0.00785

④ 판류의 중량(kg) = [폭×길이](m^2)×두께(mm)×7.85

판류 $1m^2$의 중량(kg) = [판두께(mm)]×7.85

(4) 철골재의 운반비 계산에 있어 운반량은 철골재를 공장에서 가공조립하기 위한 필요중량과 공장에서 제작된 부재를 현장에 세우기 위해 반입된 실중량으로 산출한다.

5.5 철골부재별 수량산출

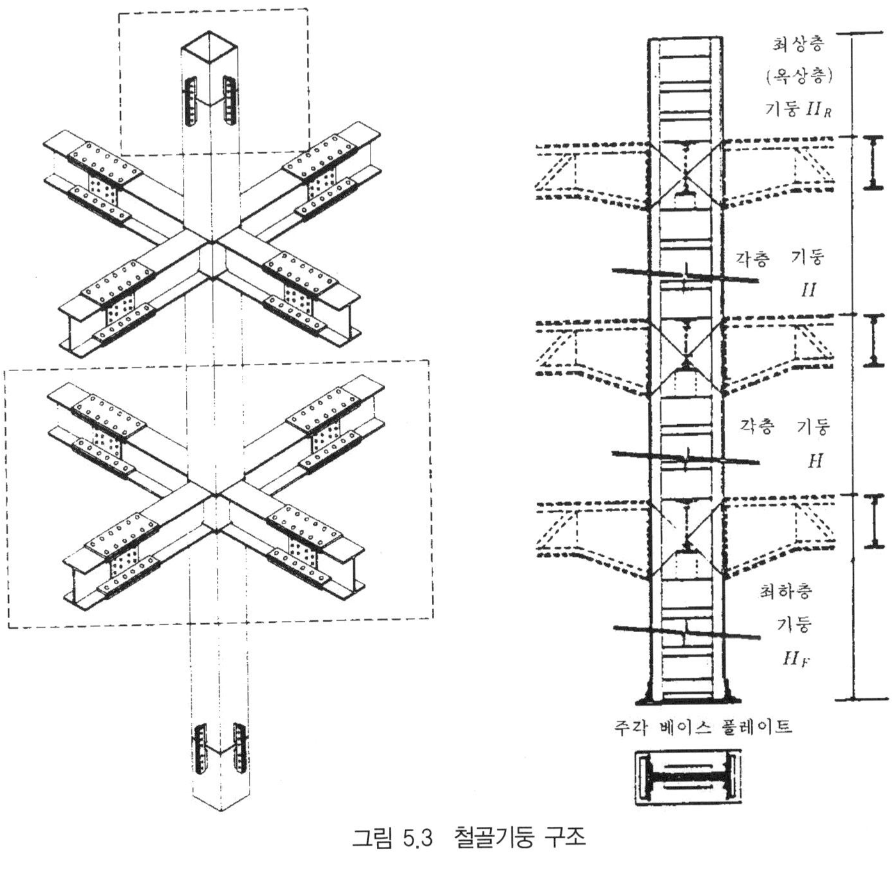

그림 5.3 철골기둥 구조

5.5.1 철골기둥 부재

(1) 철골기둥의 주재는 설계도에 표시된 각 절을 한 개의 기둥으로 구분하여 규격별 길이로 산출한다. 다만, 설계도에 각 절이 표시되지 않는 경우에 있어서 주재의 길이는 주각 베이스 플레이트(base plate) 하단에서 그 직상층의 철골보 상단까지의 부분을 최하층 기둥, 각층의 철골보 상단간의 부분을 각층 기둥, 최상층의 철골보 상단에서 위 부분을 최상층 기둥으로 보아 각 기둥으로 구분하여 규격별로 산출한다.

(2) 철골기둥의 접합부재는 접합형태에 따라 접합부재 규격별로 구분하여 산출하되 주재 산출시 일괄하여 산출한다.

(3) 철골기둥용 보조재는 설계도서에 따라 산출한다.

5.5.2 철골보 부재

(1) 철골보 부재의 수량은 형강보, 판보, 래티스보(lattice beam), 트러스보(trussed beam), 격자보(lattice girder) 등의 구조형식별로 구분하여 설계도면에 의거 산출한다.

(2) 형강보('H형강보'라고도 함)는 단일 형강보와 복합 형강보로 구분하고 길이는 설계도면에 표시된 중심간 거리에서 기둥 브래킷을 공제한 실 길이로 계산한다. 철골보 접합용 브래킷(bracket)은 이때 산출한다.

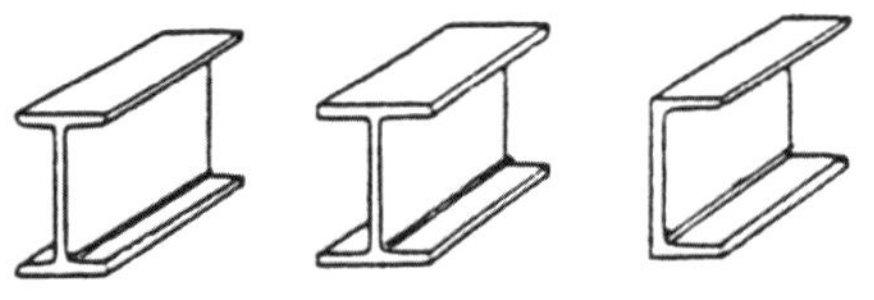

(a) 단일형강보

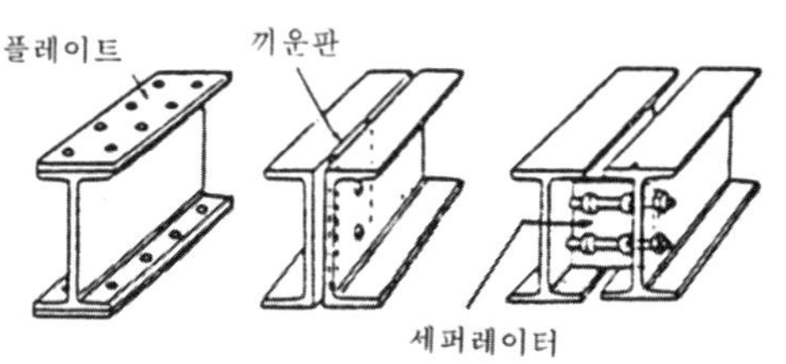

(b) 복합형강보

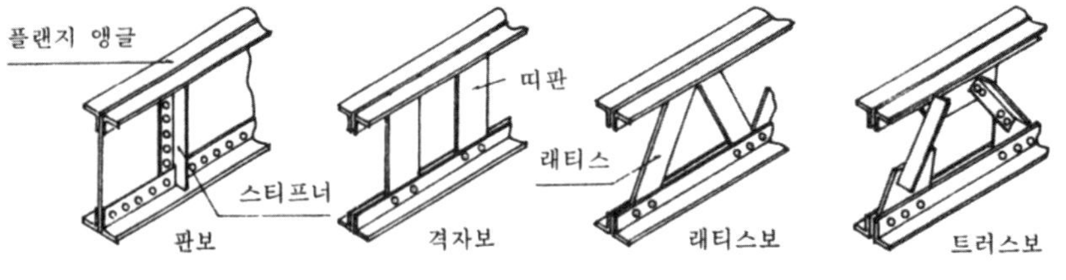

(c) 판보 · 격자보 · 래티스보 · 트러스보

그림 5.4 철골보 부재

(3) 철골보용 보조재는 설계도서에 따라 산출한다.

5.5.3 형강재

(1) 형강재(ㄱ형강, I형강, ㄷ형강, H형강, C형강 등)는 종류 · 규격 및 단면치수별로 구분하여 설계치수에 의한 연길이로 산출한 후 이 연길이에 단위중량을 곱하여 정미수량(설계중량)을 산출한다. 여기서, 연길이 산출이 완료되면 집계표를 작성하여 이 집계표에 의하여 중량을 산출하는 방식이 유리하다.

(2) 각종 형강재는 기성제품과 주문생산품으로 구분하여 수량산출하는 것이 단가 산정시 유리하다.

(3) 형강재의 소요량(구입량이 되기도 함)은 정미량에 할증률(표 5.1 참조)을 가산한 것으로 한다.

표 5.2 형강재의 표준 규격

등변ㄱ형강(등변 Angle형강) 표준 규격(KS D 3502)

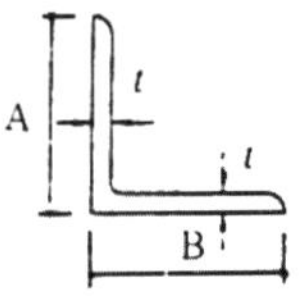

치수 mm A×B	t	단면적 cm^2	단위무게 kg/m	치수 mm A×B	t	단면적 cm^2	단위무게 kg/m
20×20	3	1.119	0.898	90×90	7	12.22	9.59
25×25	3	1.419	1.12	90×90	9	14.75	11.6
25×25	5	2.009	1.58	90×90	10	17.00	13.3
30×30	3	1.727	1.36	90×90	11	18.62	14.6
40×40	3	2.336	1.83	90×90	13	21.71	17.0
40×40	5	3.755	2.95	100×100	7	13.62	10.7
40×40	6	4.479	3.52	100×100	8	14.87	11.6
45×45	4	3.492	2.74	100×100	10	19.00	14.9
45×45	6	5.044	3.96	100×100	12	22.71	17.8
50×50	4	3.896	3.06	100×100	13	24.31	19.1
50×50	6	5.644	4.43	100×100	14	26.19	20.6
50×50	8	7.413	5.82	120×120	8	18.76	14.7
60×60	4	4.692	3.68	130×130	9	22.74	17.9
60×60	5	5.802	4.55	130×130	12	29.76	23.4
65×65	6	7.527	5.91	130×130	15	36.75	28.8
65×65	7	8.696	6.83	150×150	12	34.77	27.3
65×65	8	9.761	7.66	150×150	15	42.74	33.6
70×70	6	8.127	6.38	150×150	19	53.38	41.9
75×75	6	8.727	6.85	175×175	12	40.52	31.8
75×75	8	11.47	9.00	175×175	15	50.21	39.4
75×75	9	12.69	9.96	200×200	15	57.75	45.3
75×75	12	16.56	13.0	200×200	20	76.00	59.7
80×80	6	9.327	7.32	200×200	25	93.75	73.6
90×90	6	10.55	8.28	250×250	25	119.4	93.7
				250×250	35	162.6	128

표준길이 : 6.0, 6.5, 7.0, 8.0, 9.0, 10.0, 11.0, 12.0, 13.0, 14.0, 15.0m

부등변ㄱ형강(부등변 Angle형강) 표준 규격(KS D 3502)

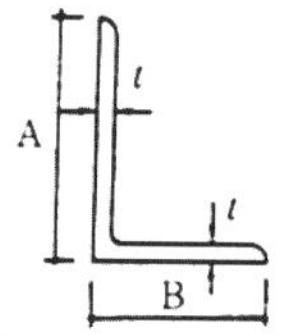

치수 mm		단면적	단위무게	치수 mm		단면적	단위무게
A×B	t	cm^2	kg/m	A×B	t	cm^2	kg/m
75×55	5	6.30	4.95	125×75	10	19.00	14.9
75×55	7	8.66	6.80	125×75	13	24.31	19.1
75×65	6	8.11	6.37	125×90	10	20.50	16.1
75×65	8	10.64	8.34	125×90	13	26.26	20.6
90×75	9	14.04	11.0	150×90	9	20.94	16.4
100×65	9	14.15	11.1	150×90	12	27.36	21.5
100×75	7	11.87	9.32	150×100	9	21.84	17.1
100×75	10	16.50	13.0	150×100	12	28.56	22.4
125×75	7	13.62	10.7	150×100	15	35.25	27.7

표준길이 : 6.0, 6.5, 7.0, 8.0, 9.0, 10.0, 11.0, 12.0, 13.0, 14.0, 15.0m

I형강 표준 규격(KS D 3502)

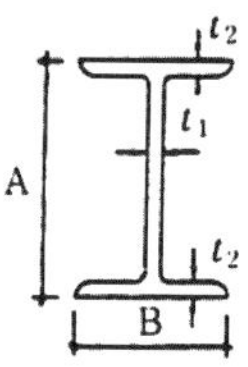

치수 mm			단면적	단위무게	치수 mm			단면적	단위무게
H×B	t1	t2	cm^2	kg/m	H×B	t1	t2	cm^2	kg/m
100×50	4.5	6.8	10.62	8.32	205×125	10	19	70.73	55.5
100×75	5	8	16.43	12.9	300×150	8	13	61.58	48.3
120×58	5.1	7.7	14.18	11.1	300×150	10	18.5	83.47	65.5
125×75	5.5	9.5	20.45	16.1	300×150	11.5	22	97.88	76.8
140×66	5.7	8.6	18.32	14.4	350×150	9	15	74.58	58.5
150×75	5.5	9.5	21.83	17.1	350×150	12	24	111.1	78.2
150×125	8.5	14	46.15	36.2	400×150	10	18	91.73	72.0
160×75	6.3	9.5	22.81	17.9	400×150	12.5	25	122.1	95.8
180×100	6	10	30.06	23.6	450×175	11	20	116.8	91.7
200×100	7	10	33.06	26.0	450×175	13	26	146.1	115
200×150	9	16	64.16	50.4	600×190	13	25	169.4	133
200×125	7.5	12.5	48.79	38.3	600×190	16	35	224.5	176

표준길이 : 6.0, 6.5, 7.0, 8.0, 9.0, 10.0, 11.0, 12.0, 13.0, 14.0, 15.0m

ㄷ형강(Channel 형강) 표준 규격(KS D 3502)

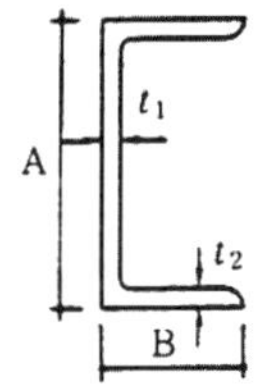

치수 mm			단면적	단위무게	치수 mm			단면적	단위무게
H×B	t1	t2	cm^2	kg/m	H×B	t1	t2	cm^2	kg/m
80×45	6	8	11.02	8.64	200×70	7	10	26.92	21.1
75×40	5	7	8.818	6.92	200×80	7.5	11	31.33	24.6
100×50	6	8.5	13.5	10.6	200×90	8	13.5	38.65	30.3
100×50	5	7.5	11.92	9.36	250×90	9	13	44.07	34.6
120×55	7	9	16.93	13.4	250×90	11	14.5	51.17	40.2
125×65	6	8	17.11	13.4	300×90	9	13	48.57	38.1
140×60	7	10	20.41	16.0	300×90	10	15.5	55.74	43.8
150×75	6.5	10	23.71	18.6	300×90	12	16	61.90	48.6
150×75	9	12.5	30.59	24.0	380×100	10.5	16	69.39	54.5
160×65	7.5	10.5	24.02	18.8	380×100	13	16.5	78.96	62.0
180×75	7	10.5	27.20	21.4	380×100	13	20	85.71	67.3

표준길이 : 6.0, 6.5, 7.0, 8.0, 9.0, 10.0, 11.0, 12.0, 13.0, 14.0, 15.0m

H형강 표준 규격(KS D 3502)

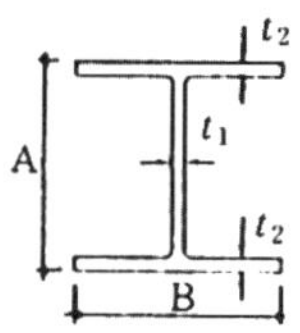

치수 mm			단면적	단위무게	치수 mm			단면적	단위무게
H×B	t1	t2	cm^2	kg/m	H×B	t1	t2	cm^2	kg/m
100×50	5	7	11.85	9.3	400×200	8	13	84.12	66
100×100	6	8	21.90	17.2	390×300	10	16	136.0	107
125×60	6	8	16.84	13.2	388×402	15	15	178.5	140
125×125	6.5	9	30.31	23.8	394×398	11	18	186.8	147
150×75	5	7	17.85	14.0	400×400	13	21	218.7	172
148×100	6	9	26.84	21.1	400×408	21	21	250.7	197
150×150	7	10	40.14	31.5	414×405	18	28	295.4	232
175×90	5	8	23.04	18.1	428×407	20	35	360.7	283
175×175	7.5	11	51.21	40.2	458×417	30	50	528.6	415
200×100	5.5	8	27.16	21.3	498×432	45	70	770.1	605
194×150	6	9	39.01	30.6	446×199	8	12	84.3	66.2

치수 mm			단면적 cm^2	단위무게 kg/m	치수 mm			단면적 cm^2	단위무게 kg/m
H×B	t1	t2			H×B	t1	t2		
200×200	8	12	63.53	49.9	450×200	9	14	96.76	76
198×99	4.5	7	23.18	18.2	440×300	11	18	157.4	124
250×125	6	9	37.66	29.6	496×199	9	14	101.3	79.5
244×175	7	11	56.24	44.1	500×200	10	16	114.2	89.6
248×124	5	8	32.68	25.7	506×201	11	19	131.3	103
200×204	12	12	71.53	56.2	482×300	11	15	145.5	114
250×250	9	14	92.18	72.4	488×300	11	18	163.5	128
250×255	14	14	104.7	82.2	596×199	10	15	120.5	94.6
300×150	6.5	9	46.78	36.7	600×200	11	17	134.4	106
294×200	8	12	72.38	56.8	606×201	12	20	152.5	120
294×302	12	12	107.7	84.5	582×300	12	17	174.5	137
300×300	10	15	119.8	94.0	588×300	12	20	192.5	151
300×305	15	15	134.8	106.0	594×302	14	23	222.4	175
298×149	5.5	8	40.8	32.0	692×300	13	20	211.5	166
346×174	6	9	52.68	41.4	700×300	13	24	235.5	185
350×175	7	11	63.14	49.6	792×300	14	22	243.4	191
340×250	9	14	101.5	79.7	800×300	14	26	267.4	210
344×348	10	16	146.0	115	890×299	15	23	270.9	213
350×350	12	19	173.0	137	900×300	16	28	309.8	243
396×199	7	11	72.16	56.6	912×302	18	34	364.0	286
표준길이 : 6.0, 6.5, 7.0, 8.0, 9.0, 10.0, 11.0, 12.0, 13.0, 14.0, 15.0m									

평강 표준 규격(KS D 3502)											
표준단면치수		단면적	단위 무게	표준단면치수		단면적	단위 무게	표준단면치수		단면적	단위 무게
두께 mm	폭 mm	cm^2	kg/m	두께 mm	폭 mm	cm^2	kg/m	두께 mm	폭 mm	cm^2	kg/m
0.3	2.5	0.750	0.377	9	100	9.000	7.06	16	200	32.00	25.1
4.5	25	1.125	0.88	9	125	11.25	8.83	16	230	36.80	28.9
4.5	32	1.440	1.13	9	150	13.50	10.6	16	250	40.00	31.4
4.5	38	1.710	1.34	9	180	16.20	12.7	16	280	44.80	35.2
4.5	44	1.980	1.55	9	200	18.00	14.1	16	300	48.00	37.7
4.5	50	2.250	1.77	9	230	20.70	16.2	19	38	7.220	5.67
6	25	1.500	1.18	9	250	22.50	17.7	19	44	8.360	6.56
6	32	1.920	1.51	12	25	3.000	2.36	19	50	9.500	7.46
6	38	2.280	1.79	12	32	3.840	3.01	19	65	12.35	9.69
6	44	2.640	2.07	12	38	4.560	3.58	19	75	14.25	11.2
6	50	3.000	2.36	12	44	5.280	4.14	19	90	17.10	13.4
6	65	3.900	3.06	12	50	6.000	4.71	19	100	19.00	14.9
6	75	4.500	3.53	12	65	7.800	6.12	19	125	23.75	18.6
6	90	5.400	4.24	12	75	9.000	7.06	19	150	28.50	22.4
6	100	6.000	4.71	12	90	10.80	8.48	19	180	34.20	26.8
6	125	7.500	5.89	12	100	12.00	9.42	19	200	38.00	29.8

평강 표준 규격(KS D 3502)											
표준단면치수		단면적	단위무게	표준단면치수		단면적	단위무게	표준단면치수		단면적	단위무게
두께 mm	폭 mm	cm^2	kg/m	두께 mm	폭 mm	cm^2	kg/m	두께 mm	폭 mm	cm^2	kg/m
8	25	2.000	1.57	12	125	15.00	11.8	19	230	43.70	34.3
8	32	2.560	2.01	12	150	18.00	14.1	19	250	47.50	37.3
8	38	3.040	2.39	12	180	21.60	17.0	19	280	53.20	41.8
8	44	3.520	2.76	12	200	24.00	18.8	19	300	57.00	44.7
8	50	4.000	3.14	12	230	27.60	21.7	22	50	11.00	8.64
8	65	5.200	4.08	12	250	30.00	23.6	22	65	14.30	11.2
8	75	6.000	4.71	12	280	33.60	26.4	22	75	16.50	13.0
8	90	7.200	5.65	12	300	36.00	28.3	22	90	19.80	15.5
8	100	8.000	6.28	16	32	5.120	4.02	22	100	22.00	17.3
8	125	10.00	7.85	16	38	6.080	4.77	22	125	27.50	21.6
9	25	2.250	1.77	16	44	7.040	5.53	22	150	33.00	25.9
9	32	2.880	2.26	16	50	8.000	6.28	22	180	39.60	31.1
9	38	3.420	2.68	16	65	10.40	8.16	22	200	44.00	34.5
9	44	3.960	3.11	16	75	12.00	9.42	22	230	50.60	39.7
9	50	4.500	3.53	16	90	14.40	11.3	22	250	55.00	43.2
9	65	5.850	4.59	16	100	16.00	12.6	22	280	61.60	48.4
9	75	6.750	5.30	16	125	20.00	15.7118	22	300	66.00	51.8
9	90	8.100	6.36	16	150	24.00	.8	25	50	12.50	9.81
25	65	16.25	12.8	16	180	28.80	22.6	32	230	73.60	57.8
25	75	18.75	14.7	28	125	35.00	27.5	32	250	80.00	62.8
25	90	22.50	17.7	28	150	42.00	33.0	32	280	89.60	70.3
25	100	25.00	19.6	28	180	50.40	39.6	32	300	96.00	75.4
25	125	31.25	24.5	28	200	56.00	44.0	36	100	36.00	28.3
25	150	37.50	29.4	28	230	64.40	50.6	36	125	45.00	35.3
25	180	45.00	35.3	28	250	70.00	55.0	36	150	54.00	42.4
25	200	50.00	39.2	28	280	78.40	61.5	36	180	64.80	50.9
25	230	57.50	45.1	28	300	84.00	65.9	36	200	72.00	56.5
25	250	62.50	49.1	32	100	32.00	25.1	36	230	82.80	65.0
25	280	70.00	55.0	32	125	40.00	31.4	36	250	90.00	70.6
25	300	75.00	58.9	32	150	48.00	37.7	36	280	100.8	79.1
28	100	28.00	22.0	32	180	57.60	45.2	36	300	108.0	84.8
				32	200	64.00	50.2				
표준길이 : 3.5, 4.0, 4.5, 5.0, 5.5, 6.0, 6.5, 7.0, 8.0, 9.0, 10.0, 11.0, 12.0, 13.0, 14.0, 15.0m											

강판 표준 규격(KS D 3518))					
폭×길이 mm / 1장의 무게 / 두께 mm	무게(kg/m²)	915×1,830	1,220×2,440	1,525×3,050	1,525×6,100
		kg	kg	kg	kg
3.2	25.12	42.1	74.8	117	233
3.5	27.48	56.0	81.8	128	246
4	31.40	52.6	93.5	146	278
4.5	35.33	59.1	105	164	329
5	39.25	65.7	117	183	365
5.5	43.18	72.3	129	201	402
6	47.10	78.8	140	219	438
6.5	51.03	85.4	152	237	475
7	54.95	92.0	164	256	511
8	62.80	105	187	292	584
9	70.65	118	210	329	657
10	78.50	131	234	365	730
11	86.35	145	257	402	803
12	94.20	158	280	438	876
13	102.1	171	304	474	949
14	109.6	184	327	511	1,022
15	117.8	197	351	548	1,096
16	125.6	210	374	584	1,168
19	149.2	250	443	694	1,388
22	172.7	289	513	803	1,606
25	196.3	328	583	913	1,825
28	219.8	369	653	1,021	2,045
32	251.2	420	747	1,167	2,337
36	282.6	473	840	1,313	2,629
38	298.3	499	887	1,367	2,771
40	314.0	525	933	1,549	2,921
45	353.3	591	1,050	1,641	3,285
50	392.5	656	1,167	1,823	3,651

원형강 표준 규격(KS D 3501)							
지름 mm	단면적 cm^2	단위무게 kg/m	주장 cm	지름 mm	단면적 cm^2	단위무게 kg/m	주장 cm
6	0.2827	0.222	1.88	(45)	15.90	12.5	14.1
7	0.3848	0.302	2.20	46	16.62	13.0	14.5
8	0.5027	0.395	2.51	48	18.10	14.2	15.1
9	0.6362	0.499	2.83	50	19.64	15.4	15.7
10	0.7854	0.617	3.14	(52)	21.24	16.7	16.3
11	0.9503	0.746	3.46	55	23.76	18.7	17.3
12	1.131	0.888	3.77	56	24.63	19.3	17.6
13	1.327	1.04	4.08	60	28.27	22.2	18.8
(14)	1.539	1.21	4.40	64	32.17	25.3	20.1
16	2.011	1.58	5.03	65	33.18	26.0	20.4
(18)	2.545	2.00	5.65	(68)	36.32	28.5	21.4
19	2.835	2.23	5.97	70	38.48	30.2	22.0
20	3.142	2.47	6.28	75	44.18	34.7	23.6
22	3.801	2.98	6.91	80	50.27	39.5	25.1
24	4.524	3.55	7.54	85	56.75	44.5	26.7
25	4.909	3.85	7.85	90	63.62	49.9	28.3
(27)	5.726	4.49	8.48	95	70.88	55.6	29.8
28	6.158	4.83	8.80	100	78.54	61.7	31.4
30	7.069	5.55	9.42	110	95.03	74.6	34.6
32	8.042	6.31	10.1	120	113.1	88.8	37.7
(33)	8.553	6.71	10.4	130	132.7	104	40.8
36	10.18	7.99	11.3	140	153.9	121	44.0
38	11.34	8.90	11.9	150	176.7	139	47.1
(39)	11.95	9.38	12.3	160	201.1	158	50.3
40	12.57	9.86	12.6	180	254.5	200	56.5
42	13.96	10.9	13.2	200	314.2	247	62.8
※ ( ) 이외의 표준 지름을 사용하는 것을 원칙으로 한다. 표준길이 : 3.5, 4.0, 4.5, 5.0, 5.5, 6.0, 6.5, 7.0, 8.0, 9.0, 10.0m							

5.5.4 강판재

(1) 강판재의 수량은 재질별, 두께별로 구분하여 실제 사용면적에 가장 가까운 사각형, 삼각형, 평행사변형, 사다리꼴로 근사치 면적을 산출하여 중량으로 환산한 것을 정미량으로 한다(그림 5.5 참조).

(2) 강판재의 정미량에 할증률(10%)을 가산한 수량을 소요량으로 한다.

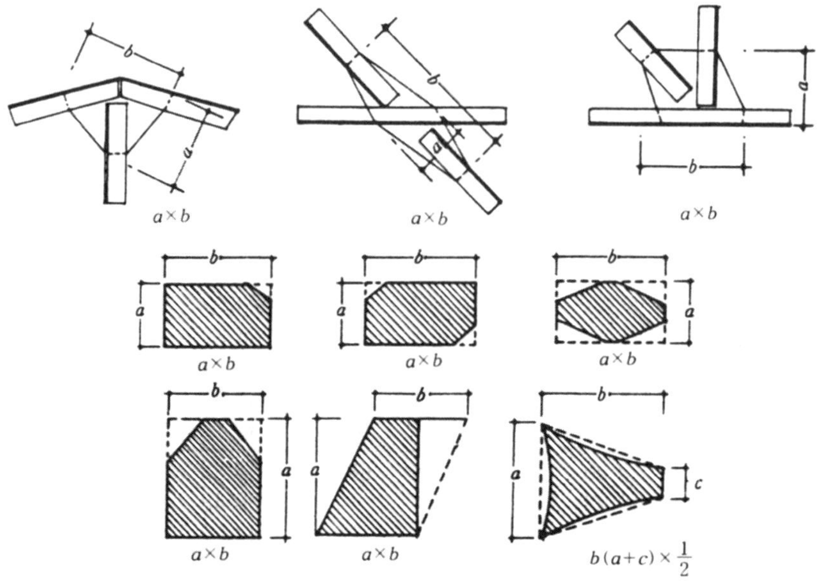

그림 5.5 강판재 실제 사용 형상

5.5.5 볼트류

(1) 일반볼트, 고장력볼트

일반볼트, 고장력볼트(H · T · B, 고력볼트라고도 함)의 수량은 규격(지름 · 길이)에 따른 볼트 크기별로 구분하여 개수로 산출하고 이 개수에 할증률(일반볼트는 5%, 고장력볼트는 3%)을 가산한 것을 소요개수로 한다.

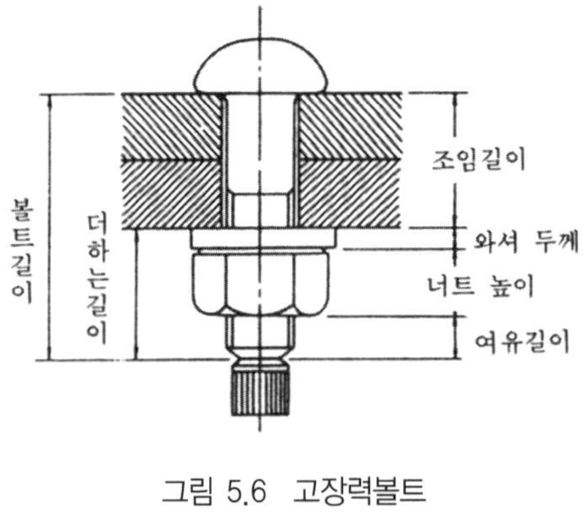

그림 5.6 고장력볼트

(2) 앵커볼트

앵커볼트(anchor bolt)는 구조도면에 표시된 종류에 따라 재질 및 길이별로 구분하여 개수로 산출한다.

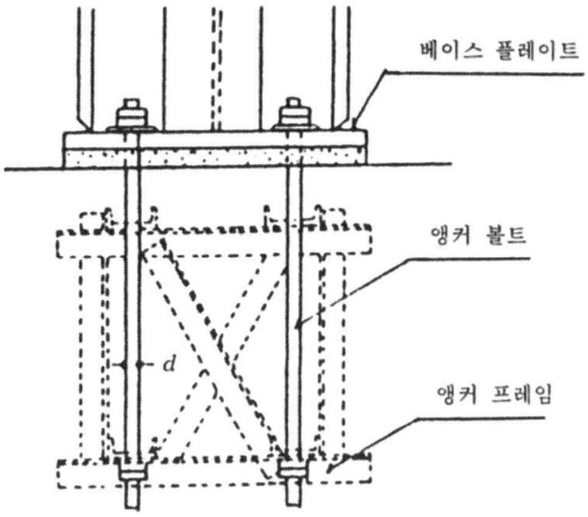

그림 5.7 앵커볼트 설치

5.5.6 데크플레이트

데크플레이트(deck plate)는 용도(거푸집용, 구조용) 및 형태(celular deck, non celular deck)를 확인한 후 규격별로 구분하여 개소로 산출하고 개소당 실면적으로 환산하여 총 면적으로 산출한다.

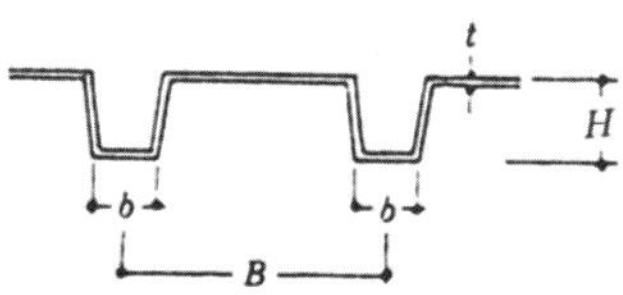

그림 5.8 데크플레이트

※ 표기방법 : $D- H\times B\times b\times t$

여기서, H : 춤

B : 홈의 피치

b : 홈의 밑 폭

t : 플레이트의 두께

5.5.7 리 벳

리벳(rivet)의 수량은 종류(둥근머리리벳, 민리벳, 평리벳), 규격, 접합방법(겹침이음, 덧판이음)별로 구분하여 개수로 산출하고, 산출된 개수에 할증률(5%)을 가산한 것을 소요개수로 한다.

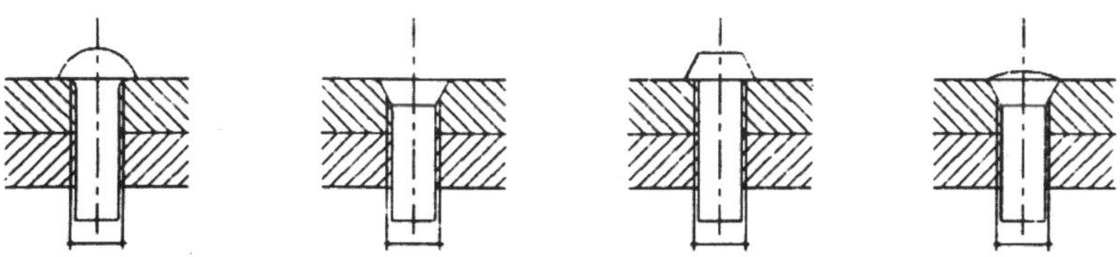

(a) 둥근머리 리벳　(b) 민리벳　(c) 평리벳　(d) 둥근접시 머리리벳

그림 5.9 리 벳

5.6 방청페인트 및 내화피복 수량산출

(1) 철골이 콘크리트 또는 다른 자재와 접하지 아니하는 부분으로서 노출되는 부분에 대해서는 방청페인트를 칠하게 되는데, 그 수량은 설계도면에 의한 방청페인트를 칠할 부분의 면적, 즉 도장 정미면적으로 산출한다.

(2) 방청페인트 등 철골에 칠할 소요면적을 개산적으로 산출하고자 할 경우에는 다음에 의한 도장면적 배수를 적용하여 산출할 수 있다.

철골(표면)	보통구조 : 33~50m^2/t 큰 부재가 많은 구조 : 23~26.4m^2/t 작은 부재가 많은 구조 : 55~66m^2/t	수치 중 큰 수치는 복잡한 구조일 때, 작은 수치는 간단한 구조일 때 적용한다.

(3) 내화피복의 수량은 철골표면에 설계도에 의한 내화피복을 하여야 할 부분의 정미면적으로 산출한다.

(4) 내화피복은 사용재료, 피복두께, 시공방법이 다양하므로 이에 구분하여 수량을 산출하여야 하며, 특히 내화피복에 대한 시방사항을 잘 파악하여 산출한다.

제5장 철골공사 적산실습

실습 1 철골조 건축물의 연면적이 10,000m^2이라고 하면 이에 필요한 철골의 수량을 산출하시오.(다만, 개산견적으로 개산량을 산출한다)

풀이 철골량(t) = 10,000m^2 × (0.1~0.15t/m^2) = 1,000~1,500t
→ 평균 1,250t

해설 철골구조물의 철골재량 및 품은 다음 표의 개산치에 따라 개산한다.

<table>
<tr><th colspan="2">종 별</th><th>구 조 별</th><th>단 위</th><th>개산치</th><th>비 고</th></tr>
<tr><td rowspan="5">강재량</td><td>철골조건축물</td><td>연면적에 대하여</td><td>건축물 m^2당</td><td>0.10~0.15t</td><td rowspan="5">개산치는 주재(구조의 주요재인 기둥·보·지붕틀·계단·도리·중도리 등)에 대한 수치이다.</td></tr>
<tr><td rowspan="2">철골조지붕틀</td><td>목재중도리</td><td>지붕 m^2당</td><td>0.04~0.06t</td></tr>
<tr><td>철골중도리</td><td>지붕 m^2당</td><td>0.06~0.08t</td></tr>
<tr><td rowspan="2">철골철근콘크리트조</td><td>철근을 구조계산에 가산할 경우</td><td>건축물 m^2당</td><td>0.08~0.10t</td></tr>
<tr><td>철근을 구조계산에 가산하지 않을 경우</td><td>건축물 m^2당</td><td>0.10~0.15t</td></tr>
<tr><td colspan="2">철 골 공</td><td></td><td>철근 ton당</td><td>7~9인·일</td><td>최소치는 강재량 900t 이상, 최대치는 강재량 80t 이상인 경우임</td></tr>
</table>

실습 2 철골철근콘크리트조 건축물의 연면적이 6,000m^2에 대한 철골량을 개산견적으로 개산하시오.(다만, 철근을 구조계산에 가산한 경우로 한다)

풀이 철골량(t) = 6,000m^2 × (0.08~0.1t/m^2) = 480~600t → 평균 540t

해설 철골철근콘크리트조 건축물의 단위면적당(m^2당) 철골량 개산치는 건축물의 규모 및 층수에 따라 다르나 층수가 8~10층 정도인 경우 "실습 1" 해설에서 표시된 바와 같이 다음 값으로 한다.

철골철근콘크리트조
- 철근을 구조계산에 가산할 경우 : 0.08~0.10t/m^2
- 철근을 구조계산에 가산하지 않을 경우 : 0.10~0.15t/m^2

실습 3 경량철골구조로 된 창고 연면적 600m²를 건축할 때 소요되는 강재량은 대략 얼마인가?

풀이 강재량(t) $=600m^2 \times (0.02 \sim 0.06t/m^2) = 12 \sim 36t$ → 평균 24t

해설 철골구조(순철골구조)의 연면적당(m^2당) 강재소요량 개산치는 다음 표와 같다.

구 조 별	강재소요량
경 량 철 골 구 조	20~ 60kg(0.02~0.06ton)
보 통 철 골 구 조	60~100kg(0.06~0.10ton)
중 철 골 구 조	150~240kg(0.15~0.24ton)
특 수 중 철 골 구 조(발전소 등)	250~600kg(0.25~0.60ton)

실습 4 단층철골조 공장의 연면적이 5,000m²일 때 철골량을 개산하시오.

풀이 철골량(t) $=5,000m^2 \times (0.06 \sim 0.08t/m^2) = 300 \sim 400t$ → 평균 350t

해설 공장건축물(단층)의 철골구조에 크레인(crane) 설치여부에 따른 철골량의 개산치는 다음과 같으며, 크레인 설치시 철골량을 개산할 때에는 0.06~0.08ton/연면적 m^2으로 보아 개산한다.

공장(단층)철골조
- 크레인이 있을 때 : 0.06~0.08ton/연면적 m^2
- 크레인이 없을 때 : 0.04~0.058ton/연면적 m^2

실습 5 단층철골조 창고의 연면적이 8,000m²일 때 철골량을 개산하시오.

풀이 철골량(t) $=8,000m^2 \times (0.04 \sim 0.06t/m^2) = 320 \sim 480t$ → 평균 400t

해설 창고건축물(단층)의 철골구조에 크레인 설치여부에 따른 철골량의 개산치는 다음과 같으며, 크레인 설치여부에 관계없이 철골량을 개산할 때에는 0.04 ~0.06ton/연면적 m^2으로 보아 개산한다.

창고(단층)철골조
- 크레인이 있을 때 : 0.05~0.07ton/연면적 m^2
- 크레인이 없을 때 : 0.04~0.06ton/연면적 m^2

실습 6 7층 철골조 일반사무소의 연면적이 6,000m^{2}일 때 철골량을 개산하시오.

풀이 강재량$(t)=6,000m^2 \times (0.075\sim0.09t/m^2)=450\sim540t$ → 평균 495t

해설 철골조 일반사무소의 연면적당(m^{2}당) 강재소요량 개산치는 다음 표와 같다.

건 물 별	강재소요량(개산치)	비 고
일반사무소(5~8층)	0.075~0.09t	
일 반 사 무 소	0.12~0.18t	철골철근콘크리트조(철골을 주로한 구조일 때)

실습 7 철골조 지붕틀의 주재가 300ton일 때 부속재(접합 강판, 리벳, 볼트 등)의 중량을 개산하시오.

풀이 부속재(ton)=300ton×10%=30ton

해설 주재의 중량에 대한 부속재의 개산비율은 다음 표와 같다.

주 재	리벳(%)	부속재(%)	비 고
작 은 보	1	15~20	① 본 표는 주재의 중량에 대한 부속재의 개산 비율이며, 부속재란 접합 강판(Gusset PL, Splice PL, Cover PL)과 리벳, 볼트 등을 말한다. ② 강재의 중량산출은 KS D 3502에 따른다.
지 붕 틀	3	10	
큰 보	5	10~15	
격자기둥	3	10~15	
강관기둥	4	10	
벽 보	3	10	

실습 8 철골조 건축물을 신축하는데 소요되는 철골량이 30ton이라 할 때 이에 소요되는 현장작업의 품(철골공, 인부, 비계공)과 총 리벳 개수를 개산견적 방법으로 산출하시오.

풀이 (1) 현장작업의 품 산출 : 철골공(인)=30t×12.57인/t=377.1인

인 부(인)=30t×0.3인/t=9인

비계공(인)=30t×3인/t=90인

(2) 총 리벳 개수 산출 : 래벳(개)=30t×300개/t=9,000개

해설 철골조 건축물의 철골 1ton당 가공 및 조립에 필요한 소요량 개산치는 다음과 같다.

(1) 리 벳 : 300개

(2) 비계공 : 3인

(3) 철골공 : 10.17인(공장작업), 12.57인(현장작업)

(4) 인 부 : 0.25인(공장작업), 0.30인(현장작업)

실습 9 단층 철골조 공장의 철골 100ton 세우기에 소요되는 가조임 보통볼트 수량을 개산하시오.

풀이 가조임 보통볼트 본수=100t×20본/t=2,000본

해설 철골조 건축물의 철골세우기에 소요되는 가조임용 보통볼트의 본수는 철골 1ton당 대략 20본으로 본다.

실습 10 철골조 건축물에서 철골량이 150ton일 때 보통 사용되는 공장치기 리벳수를 구하라.

풀이 공장치기 리벳수=150t×300개/t×65%=29,250개

해설 철골가공에서 철골 1ton당 리벳수는 대략 250~350개(평균 300개)이고, 이 중에서 공장치기 리벳수는 60~70%(평균 65%), 현장치기 리벳수는 30~40%(평균 35%)로 본다.

실습 11 철골조 보통구조인 건축물에서 철골량 1ton당 도장면적의 개산치는 얼마인가?

풀이 철골조 보통구조인 건축물이 간단한 구조인 경우에는 도장면적 33m^2, 복잡한 구조인 경우에는 50m^{2}이다.

해설 철골조 건축물에서 철골이 노출되는 부분은 방청페인트를 칠하게 되는데 이 방청페인트의 도장면적은 설계도면에 의한 도장 정미면적으로 산출하는 것이 원칙이다. 다만, 철골조 구조별 철골량 1ton당 도장면적의 개산치는 다음 표와 같다.

철골조 구조별	도장면적(개산치)	비 고
보 통 구 조 큰 부재가 많은 구조 작은 부재가 많은 구조	33~50m^2/ton 23~26.4m^2/ton 55~66m^2/ton	수치 중 큰 치수는 복잡한 구조일 때, 작은 수치는 간단한 구조일 때 적용한다.

실습 12 다음과 같은 조건하에서 철골재의 총 중량(ton)을 산출하라.

① L−90×90×10, 길이 12m, 30개

② 2Ls−125×90×10, 길이 15m, 10개

③ I−200×125×7.5, 길이 7m, 12개

④ H−394×398×11×18, 길이 9m, 20개

⑤ PL −12, 규격 1.25m×2.5m, 100장

풀이 각 철골재의 전길이 또는 면적에 단위중량을 곱하여 중량을 산출한다.

① L→12m×30개×13.3kg/m=4.788kg ≒ 4.79ton

② 2Ls→2×15m×10개×16.1kg/m=4.830kg ≒ 4.83ton

③ I→7m×12개×38.3kg/m=3.217kg ≒3.22ton

④ H→9m×20개×147kg/m=26.460kg ≒ 26.46ton

⑤ PL−12→1.25m×2.5m×100장×94.2kg/m=29.437kg ≒29.44ton

따라서 철골재의 총 중량 = 68,732kg ≒ 68.73ton

해설 각 철골재의 단위중량은 "표 5.2 형강재의 표준규격"에 의하여 구한다.

실습 13 강판을 그림과 같이 가공하여 30개의 수량을 사용하고자 한다. 강판의 소요량(kg)과 스크랩의 발생량(kg)을 산출하라.

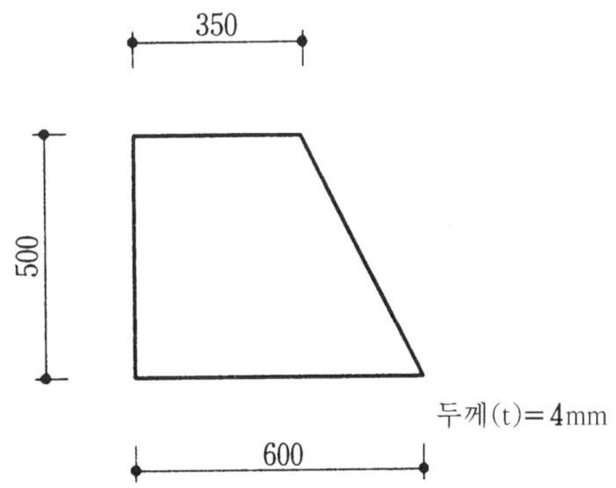

풀이 ① 강판의 소요량(kg)=[폭×길이](m^2)×7.85×두께(mm)×개수

=(0.6×0.5)×7.85×4×30=282.6kg

② 스크랩량(kg) $= (0.25 \times 0.5 \times \frac{1}{2} \times$

$7.85 \times 4) \times 30$

$= 58.875$kg

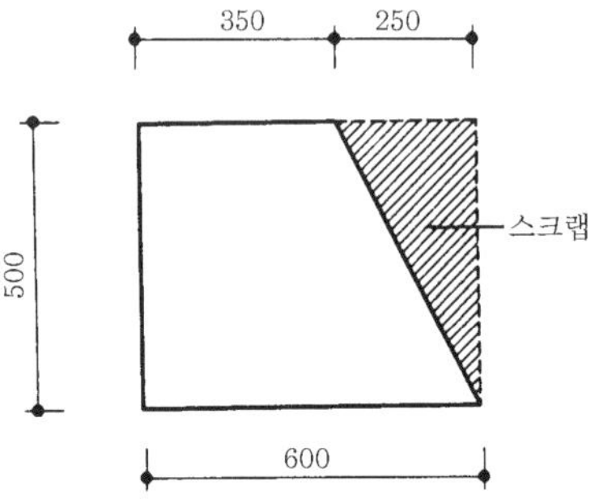

해설 강판의 소요량과 스크랩의 발생량(kg)은 다음과 같이 산출하기도 한다.

강판 $1m^2$의 중량(kg) = 판두께(mm) × 7.85

$= 4 \times 7.85 = 31.4$kg

따라서 강판의 소요량(kg) $= (0.6 \times 0.5) \times 31.4 \times 30$개 $= 282.6$kg

스크랩의 발생량(kg) = 강판의 소요량 − 정미량

$= 282.6 - (0.6 + 0.35) \div 2 \times 0.5 \times 7.85 \times 4$

$= 282.6 - 223.725 = 58.875$kg

실습 14 다음 그림과 같이 H−500×300×9×19, l =10m인 H형강의 중량을 산출하라.

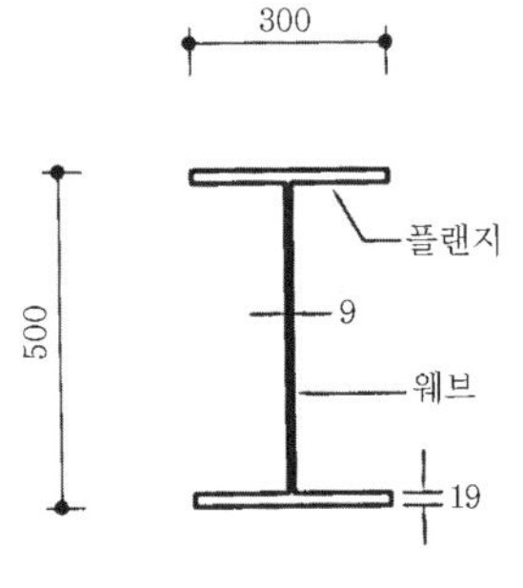

풀이 플랜지(flange) 중량 = 두께(mm) × 폭(m) × 길이(m) × 7.85 × 2면

$= 19 \times 0.3 \times 10 \times 7.85 \times 2$

$= 894.9$kg

웨브(web) 중량 = 두께(mm) × 폭(m) × 길이(m) × 7.85

$= 9 \times (0.5 - 0.019 \times 2) \times 10 \times 7.85$

$= 326.4$kg

따라서 H형강 중량 $= 894.9 + 326.4 = 1,221.3$kg

해설 H−500×300×9×19인 H형강은 한국산업규격(KS)에 규격이 명시되어 있지 않으므로 위와 같이 H형강의 중량을 산출한다.

실습 15

다음과 같은 강재의 중량을 산출하시오.

① 단면적이 $4.5mm^2$이고 길이가 6m인 형강

② 직경이 12mm이고 길이가 8m인 원형강

③ 한 변이 9mm이고 길이가 4m인 각강

④ 폭이 3m이고 길이가 6m이며 두께가 3mm인 강판

풀이 ① 형강의 중량(kg)=4.5×6×0.00785≒0.212kg

② 원형강의 중량(kg)=$(12)^2$×8×0.00617≒7.108kg

③ 각강의 중량(kg)=$(9)^2$×4×0.00785≒2.543kg

④ 강판의 중량(kg)=3×6×3×7.85≒423.9kg

실습 16

다음 그림과 같은 플레이트 보의 강재량을 산출하라.
(단, 보의 길이는 10m로 하고 리벳은 제외한다)

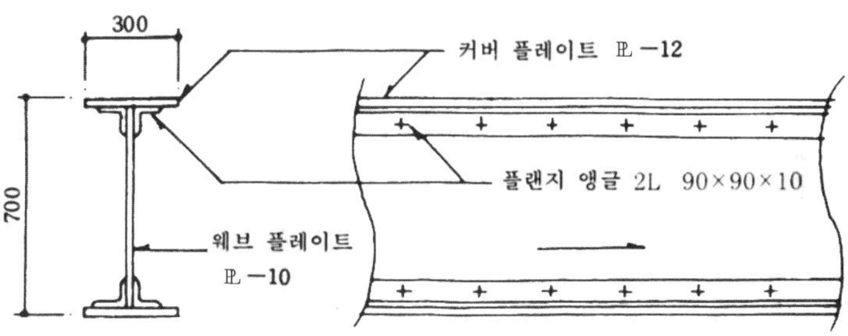

풀이 ① 플랜지 앵글 L−90×90×10→10m×4개×13.3kg/m^2=532kg

② 커버플레이트 PL−12→0.3m×10m×94.2kg/m^2×2개=565.2kg

③ 웨브플레이트 PL−10→(0.7m−0.012m×2)×10m×78.5kg/m^2
=530.66kg

따라서, 강재량=532+565.2+530.66=1,627.86kg≒1.628ton

해설 표 5.2 형강재의 표준 규격에 의한 강재재원표에 의하여 단위중량을 구하면 다음과 같다.

앵글 L−90×90×10→13.3kg/m^2

플레이트 PL−12→94.2kg/m^2, PL−10→78.5kg/m^2

실습 17 다음 그림과 같은 철골기둥 2개소에 대한 강재의 소요량을 산출하라.
(단, 리벳과 앵커볼트는 제외한다)

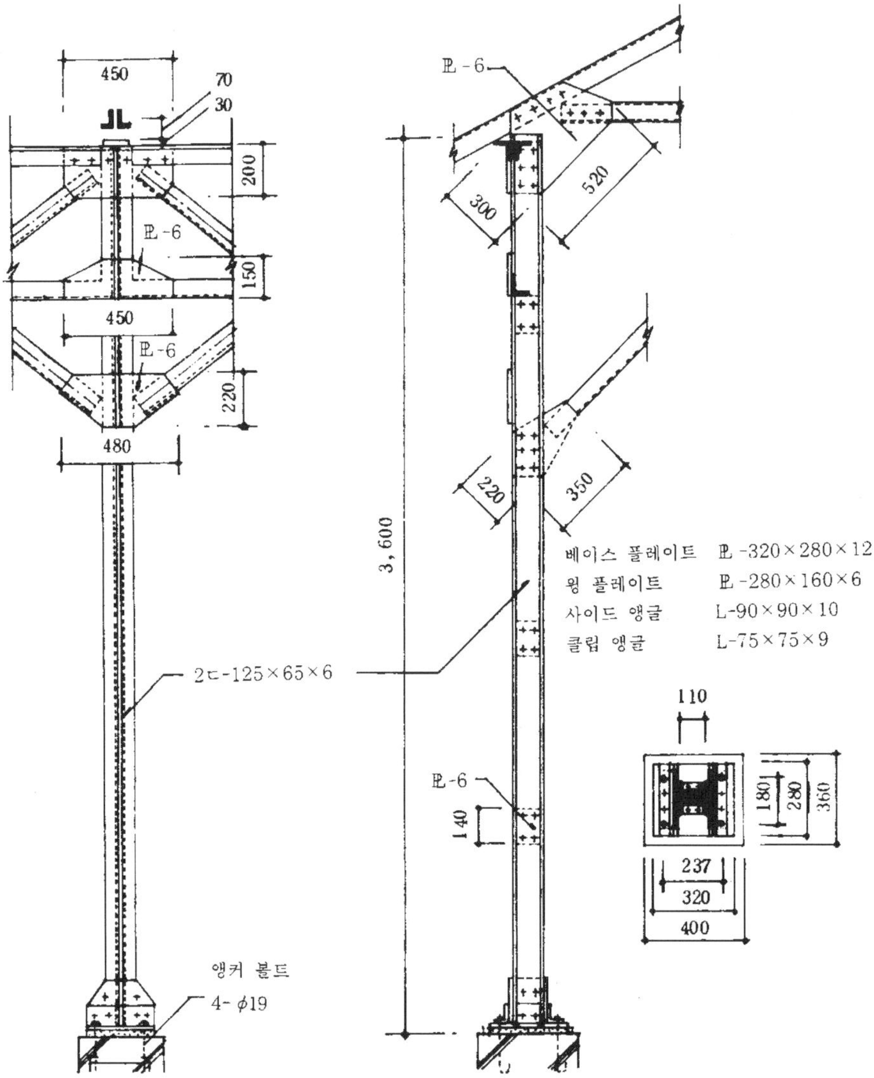

풀이 (1) 강재 수량 산출

① 주각의 강재 수량 산출

명 칭	형상·치수	개수	수량 산출	개소	수량 계	
					길이(m)	면적(m^2)
베이스플레이트	PL −12	1	0.32×0.28	2		0.179
윙플레이트	PL −6	2	0.28×0.16	2		0.179
사이드앵글	L −90×90×10	2	0.28	2	1.12	
클립 앵글	L −75×75×9	2	0.11	2	0.44	
필 러	PL −6	4	0.14×0.125	2		0.14

② 기둥의 강재 수량 산출

명 칭	형상·치수	개수	수량 산출	개소	수량 계	
					길이(m)	면적(m^2)
주 재	ㄷ−125×65×6	2	3.6	2	14.4	
가셋플레이트	PL−6	1	0.35×0.22	2		0.154
가셋플레이트	PL−6	1	0.52×0.30	2		0.312
가셋플레이트	PL−6	1	0.20×0.45	2		0.18
가셋플레이트	PL−6	1	0.15×0.45	2		0.135
가셋플레이트	PL−6	1	0.22×0.48	2		0.211

(2) 강재 소요량 산출

명 칭	형상·치수	수량 집계		단위중량	중 량 (kg)	할증률 (%)	소요량 (kg)
		길이 (m)	면적 (m^2)				
베이스플레이트	PL−12		0.179	94.2kg/m^2	16.862	10	18.658
윙플레이트, 필러, 가셋플레이트	PL−6		1.311	47.1kg/m^2	61.748	10	67.923
사이드앵글	L −90×90×10	1.12		13.3kg/m	14.896	5	15.641
클립앵글	L −75×75×9	0.44		9.96kg/m	4.382	5	4.601
주 재	ㄷ−125×65×6	14.4		13.4kg/m	192.96	5	202.608
합 계							309.431

해설 ① 강재의 단위중량은 "표 5.2 형강재의 표준규격"에 의하여 구한다.

② 가셋플레이트의 수량은 실제면적에 가장 가까운 사각형, 삼각형, 평행사변형의 근사치면적으로 산출한 것이다.

실습 18 철골건축물(20층 미만)의 철골세우기에 대한 철골 1ton당 일위대가표를 작성하라.

풀이

(1ton당)

품 명	규 격	단위	수량	단가	금액	비 고
보통볼트	(가조임)	본	20			손율 4% 적용
비 계 공		인	0.56			
철 골 공		인	0.22			
계	재 료 비					
	노 무 비					

해설 철골세우기의 일위대가표는 다음의 표준품셈에 의하여 작성한다.

(품셈 5.1) 철골 현장세우기

(ton당)

구 분	규격	단위	6층 미만	20층 미만	30층 미만	40층 미만	40층 이상	비 고
보통볼트	가조임	본	20.0	20.0	20.0	20.0	20.0	손율 4%
비 계 공		인	0.460	0.560	0.620	0.680	0.750	
철 골 공		인	0.058	0.220	0.240	0.260	0.290	

① 본 품에는 가조임 및 변형잡기에 소요되는 품이 포함되어 있다.

② 기계경비 및 가설 · 이동 · 해체에 소요되는 품은 별도 계상한다.

③ 현장세우기 보정

※ 현장조립비=표준단가×k_1(보정계수 k_1=a×b×c×d)

a : $1m^2$당 강재 사용량에 따른 보정치 ....〈표 a-1〉〈표 a-2〉

b : 강재 총사용량에 따른 보정치 ....〈표 b-1〉〈표 b-2〉

c : 건물 높이에 따른 보정치 ....〈표 c〉

d : 스팬 평균면적(割面積)에 따른 보정치 ....〈표 d〉

※ 다음 표의 철골세우기 1일 작업량은 15ton을 기준한 것이다.

※ 발전소, 공항터미널 등과 같은 특수구조물과 50층 이상(또는 150m 이상)의 초고층 건물 현장세우기는 별도 계상할 수 있다.

〈표 a-1〉 m^2당 강재 사용에 따른 보정치(6층 미만인 경우)

($1m^2$당)

강재 사용량 (kg)	50 미만	50 이상 55 미만	55 이상 60 미만	60 이상 65 미만	65 이상 70 미만	70 이상 80 미만
보정치 (a)	1.3	1.26	1.22	1.18	1.14	1.1

(1m²당)

강재 사용량 (kg)	80 이상 90 미만	90 이상 110 미만	110 이상 130 미만	130 이상 150 미만	150 이상 190 미만	190 이상 250 미만
보정치 (a)	1.05	1.0	0.95	0.89	0.84	0.77

〈표 a-2〉 m²당 강재 사용에 따른 보정치(6층 이상인 경우)

a=1+(60−N)×0.003, N : m²당 강재 사용량(kg/m²)

N(kg)	40	50	60	70	80	90	100	110	120	130
보정치(a)	1.06	1.03	1.00	0.97	0.94	0.91	0.88	0.85	0.82	0.79

〈표 b-1〉 강재 총사용량에 따른 보정치(6층 미만인 경우)

강재 총사용량 (ton)	10 미만	10 이상 15 미만	15 이상 20 미만	20 이상 30 미만	30 이상 50 미만	50 이상 80 미만	80 이상 150 미만	150 이상 250 미만	250 이상 500 미만	500 이상 1,000 미만	1,000 이상
보정치(b)	1.34	1.3	1.26	1.22	1.18	1.14	1.1	1.05	1.0	0.95	0.89

〈표 b-2〉 강재 총사용량에 따른 보정치(6층 이상인 경우)

100ton 이하 b=1.12+7/T, 100ton 이상 b=0.97+15/T

T : 가공 총톤수(ton)

T(ton)	40 이하	50	60	70	80	90	100	200	300	400
보정치(b)	1.3	1.26	1.24	1.22	1.21	1.20	1.19	1.045	1.02	1.008

T(ton)	500	600	700	800	900	1,000	1,100	1,200	1,300	1,400
보정치(b)	1.00	0.995	0.991	0.989	0.987	0.985	0.984	0.983	0.982	0.981

〈표 c-2〉 건물 높이에 따른 보정치(6층 이상인 경우)

c=1+(0.5H−10)×0.003, H : 건물높이(m)

건물높이(H)	50m	45	40	35	30	25	20	15	10	5
보정치(c)	1.045	1.038	1.030	1.023	1.015	1.008	1.000	0.993	0.985	0.978

〈표 d〉 스팬 평균면적에 따른 보정치(6층 이상인 경우)

d=33/S+0.33, S : 스팬 평균면적(m²)

스팬 평균면적 (S)	20m² (16~25)	30 (26~35)	40 (36~45)	50 (46~55)	60 (56~65)	70 (66~75)	80 (76~85)
보정치(d)	1.98	1.43	1.16	0.99	0.88	0.80	0.74

※ 본 표는 간사이(Span)가 10m 이하인 경우이다.

실습 19 철골조 건축물의 주기둥 세우기시 앵커볼트 설치에 대한 앵커볼트 1개당 일위대가표를 작성하라.

풀이

(볼트 1개당)

품 명	규 격	단 위	수 량	단 가	금 액	비 고
앵 커 볼 트	ϕ22~ϕ25mm	개	1			
철 골 공		인	0.24			
계	재 료 비					
	노 무 비					

해설 앵커볼트 설치에 대한 일위대가표는 다음의 표준품셈에 의하여 작성한다.

(품셈 5.2) 앵커볼트 설치

(개당)

구 분	규 격	철 골 공(인)
샛기둥 및 경미한 것	ϕ13~ϕ16mm	0.08
주요기둥용	ϕ16~ϕ19mm	0.12
	ϕ22~ϕ25mm	0.24
	ϕ28mm 이상	0.30 이상

① 본 품은 먹매김, 가조임 및 틀의 제작 설치품이 포함된 것이다.
② 철제틀이 필요한 경우에는 별도 철물 제작품을 적용할 수 있다.
③ 일반철골공사에 적용하고 기계설치에는 적용치 않으며 목구조 설치시는 철골공 대신 건축목공으로 한다.
④ 장비로 설치할 경우 공구손료는 별도 계상한다.
⑤ 콘크리트 독립주 위에서나 기타 비계가 양호하지 못한 장소에서는 본 품의 20%까지 가산할 수 있다.
⑥ 특수한 경우는 별도 계상한다.

실습 20 철골조 건축물 신축시 사용되는 데크플레이트 설치에 대한 일위대가표를 작성하시오.

풀이

(m^2당)

품 명	규 격	단 위	수 량	단 가	금 액	비 고
비 계 공		인	0.04			
용 접 공		인	0.02			
소모재료		식	1			설계에 따라 별도 계상
공구손료		식	1			품의 3%
계	재 료 비					
	노 무 비					

해설 데크플레이트의 일위대가표는 다음의 표준품셈에 의하여 작성한다.

(품셈 5.3) 데크플레이트 설치

(m^2당)

구 분	단 위	수 량	비 고
비 계 공	인	0.04	
용 접 공	인	0.02	

① 본 품은 주문 제작된 데크플레이트를 설치할 때의 기준이다.

② 본 품은 소운반품이 포함되어 있다.

③ 소모재료는 설계에 따라 별도 계상한다.

④ 공구손료는 인력품의 3%를 가산한다.

⑤ 사용재료의 양중은 타워크레인(10ton) 사용을 기준으로 하였으며, 현장여건에 따라 양중기계를 선정할 수 있으며 기계경비는 별도 계상한다.

⑥ 본 표는 10층까지 적용하며 높이별 인력품의 할증은 11층에서 15층까지는 4%, 16층 이상은 매 5개층마다 1%씩 추가 가산한다.

(품셈 5.4) 데크플레이트 절단

(절단길이 10m당)

구 분	규 격	산소(m^2)	아세틸렌(kg)	L.P.G(kg)	용접공(인)
데크플레이트절단	판두께 1.6mm	0.37	0.15	0.12	0.17
〃	판두께 2.3mm	0.42	0.16	0.14	0.23

① 본 품에는 공구손료가 포함되어 있다.

② 아세틸렌(산소 포함) 또는 L.P.G 중 한 가지만 선택하여 사용한다.

Chapter 06

벽돌공사

6.1 개 요

벽돌공사(brick masonry work)는 벽돌을 개체로 하고 결합재로서 모르타르를 사용하여 한 장씩 붙여나가는 조적공사의 일종이다. 벽돌공사는 벽돌벽을 만드는 것이 대부분이고, 이 벽돌벽은 순벽돌조 건축물의 내력벽(bearing wall)보다 공간을 구성하기 위한 장막벽(curtain wall), 즉 칸막이벽을 만드는데 주로 사용되고 있다.

6.2 벽돌의 종류 및 규격

[1] 벽돌의 종류

(1) 보통벽돌 : 시멘트벽돌, 점토벽돌(검정벽돌, 붉은벽돌, 오지벽돌 등), 광재벽돌, 황토벽돌

(2) 경량벽돌 : 다공질벽돌, 구멍벽돌

(3) 이형벽돌 : 홍예벽돌, 팔모벽돌, 둥근모벽돌, 원형벽돌

(4) 내화벽돌 : 내화점토질벽돌, 고알루미나질 내화벽돌, 규석벽돌, 내화단열벽돌

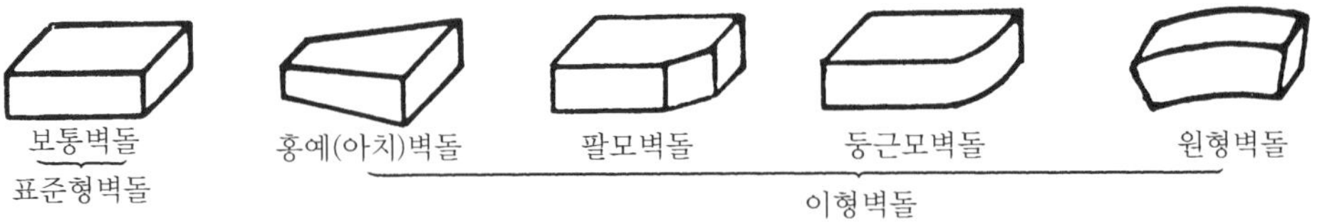

그림 6.1 벽돌 형태

[2] 벽돌의 규격

(1) 보통벽돌의 규격은 표 6.1과 같이 표준형벽돌, 기존형벽돌, 재래형벽돌로 구분되며, 표준형벽돌(기본벽돌)을 주로 많이 사용한다.

표 6.1 벽돌규격

(단위 : mm)

구 분	길이 (A)	너비 (B)	두께 (C)
표준형벽돌	190	90	57
기존형벽돌	210	100	60
재래형벽돌	227	109	60

비고 : 표준형벽돌(기본벽돌)을 건축공사표준시방서에는 표준형벽돌로 명기되어 있고 건축공사표준품셈에는 기본벽돌로 명기되어 있다.

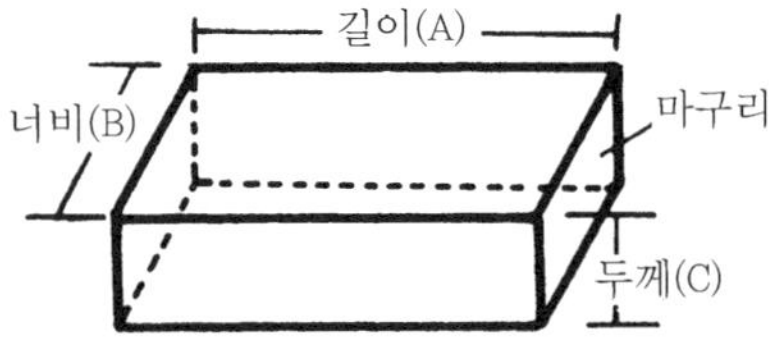

그림 6.2 벽돌치수 표시

(2) 내화벽돌의 규격은 표 6.2와 같이 보통형, 가로형, 세로형, 쐐기형으로 구분되며, 보통형이 주로 많이 사용된다.

표 6.2 내화벽돌 규격

(단위 : mm)

구 분	치 수					비 고
	길이(l)	너비(W)		두께(t)		
		W_1	W_2	t_1	t_2	
보통형	230	114		65		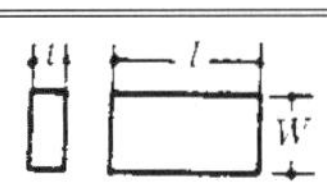
가로형	230 230 230	114 114 114		65 65 65	59 50 32	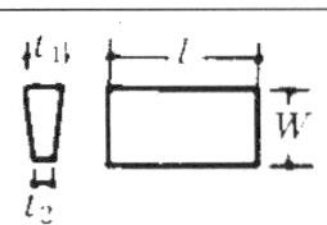
세로형	230 230 230	114 114 114		65 65 65	55 45 35	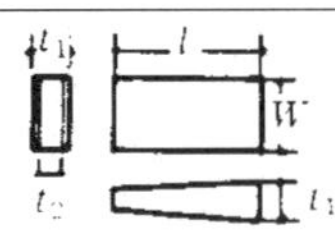
쐐기형	230 230 230	114 114 114	105 85 65	65 65 65		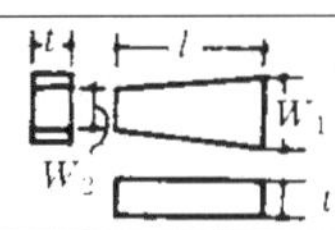

6.3 벽돌벽 구분 및 두께

[1] 벽돌벽 구분

벽돌벽은 구조상, 용도상 다음 같이 대별한다.

(1) 내력벽(bearing wall) : 상부의 무게를 기초에 전달하는 벽체로서 순벽돌조 건축물의 벽체가 주로 이에 해당한다.

(2) 장막벽(curtain wall) : 내부공간을 구성하는 칸막이벽(partition wall, internal wall)으로서 철근콘크리트 라멘구조 건축물의 내외벽체가 주로 이에 해당된다. 이 벽은 주로 비내력벽(nonbearing wall)이다.

(3) 중간공간벽(cavity wall) : 단열, 방수, 방습을 목적으로 벽체 사이에 공간을 두어 이중으로 벽체를 만든 벽을 말한다. 중간공간벽을 중공벽이라고도 하며, 중간공간벽에 대하여 속이 찬 것을 속찬벽(solid wall)이라 할 때도 있다.

[2] 벽돌벽 두께

벽돌벽의 두께는 치수로 나타내기도 하지만 벽돌 한 길이를 단위로 하여 1매두께 · 반매두께로 하며, 벽돌 1매 길이를 1.0B로 나타낸다. 매켜마다 길이쌓기로 하면 0.5B 두께의 벽이 되고, 벽돌벽으로서는 가장 얇게 쌓는 것이다. 경미한 구조 외에는 벽돌두께를 1.0B 이상으로 하고, 보통 1.5~2.0B로 한다.

형 태				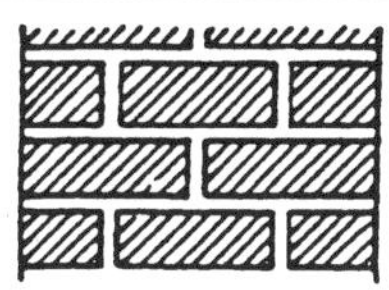
쌓기 종류	0.5B(반 장)	1.0B(한 장)	1.5B(한 장 반)	2.0B(두 장)
벽체두께	9cm	19cm	19+1+9=29cm	19+1+19=39cm

본 표는 벽돌의 크기가 표준형벽돌인 190×90×57(mm)을 기준한 것이며, 줄눈너비는 10mm인 경우이다.

그림 6.3 벽돌벽 두께

6.4 벽돌 수량산출 구분

벽돌은 다음과 같이 구분하여 수량을 산출한다.

(1) 종류별 : 시멘트벽돌, 점토벽돌, 내화벽돌, 경량벽돌, 기타 특수벽돌

(2) 규격별 : 표준형벽돌, 기존형벽돌, 재래형벽돌

(3) 마감별 : 막쌓기, 치장쌓기(한면 치장쌓기, 양면 치장쌓기), 아치쌓기
(4) 시공장소별 : 기초쌓기, 내쌓기, 일반벽쌓기, 독립기둥쌓기, 인방 · 창대쌓기, 바닥깔기
(5) 두께별 : 0.5B, 1.0B, 1.5B, 2.0B, 2.5B, 공간쌓기
(6) 층 높이별 : 3.6m 이하, 3.6m 초과
(7) 쌓기 총 수량별 : 10,000 이상, 5,000매 미만, 5,000매 이상 10,000매 미만

6.5 벽돌 수량산출

6.5.1 벽돌 수량산출 일반

(1) 벽돌수량은 종류, 규격, 마감, 두께, 층높이별로 구분하여 벽돌쌓기면적(m^2)을 산출하고, 여기에 단위면적당의 벽돌매수를 곱하여 정미수량을 산출한다.
(2) 벽돌은 정미수량에 붉은벽돌일 때 3% 이내, 시멘트벽돌일 때 5% 이내의 할증률을 가산하여 소요량으로 한다.
(3) 벽돌쌓기 두께별 정미량은 표 6.3에 의하여 계산한다.

표 6.3 벽돌쌓기 두께별 정미량 (벽돌쌓기면적 m^2당)

쌓기두께별 / 벽돌형	0.5B (매)	1.0B (매)	1.5B (매)	2.0B (매)	2.5B (매)	3.0B (매)
표 준 형 벽 돌	75	149	224	298	373	447
기 존 형 벽 돌	65	130	195	260	325	390

6.5.2 벽돌 수량산출 방법

벽돌쌓기 면적 $1m^2$당 벽돌수량은 다음 식으로 산출한다.

① 정미수량(매/m^2) $= \dfrac{1}{(l+n)(d+m)}$

여기서, l : 벽돌길이(m)
d : 벽돌두께(m)
m : 가로줄눈너비(m)
n : 세로줄눈너비(m)

② 소요수량(매/m^2) = (정미수량)×(할증률)

여기서, 할증률은 붉은벽돌인 경우 3%, 시멘트벽돌인 경우 5%이다.

[표준형벽돌, 기존형벽돌의 벽면적 $1m^2$당 벽돌수량 산출]

조건 : 벽두께 0.5B쌓기, 줄눈너비 1cm, 벽돌수량(매) A라고 하면

○ 표준형벽돌(19cm×9cm×5.7cm)

$$A = \frac{1}{(0.19+0.01)\times(0.057+0.01)} = \frac{1}{0.0134} = 74.626 \fallingdotseq 75\text{매}$$

○ 기존형벽돌(21cm×10cm×6cm)

$$A = \frac{1}{(0.21+0.01)\times(0.06+0.01)} = \frac{1}{0.0154} = 64.935 \fallingdotseq 65\text{매}$$

(참고) 벽돌쌓기 면적 $1m^2$당 벽돌정미량을 벽돌쌓기 두께별에 따라 위와 같은 방식으로 산출한 결과가 표 6.3이 된다.

6.6 벽돌쌓기 면적 산출

(1) 벽돌쌓기 면적은 벽돌의 종류, 규격, 마감, 두께별로 구분하여 산출하되, 각 층마다 두께 및 높이가 동일한 것은 연길이를 산출한 것에 높이를 곱하여 면적을 산출한다. 이때 출입문·창문, 기타 개구부의 면적을 따로 계산하여 벽돌 벽체면적에서 이를 공제하면 벽돌쌓기 면적, 즉 벽돌쌓는 실제면적이 산출된다.

(2) 창호(출입문·창호)로 된 개구부의 면적은 시공폭을 고려하여 창호의 폭(W)과 높이(H)에 철재창호는 30mm, 목재창호는 20mm를 각각 가산한 치수의 곱으로 하여 산출하는 것이 원칙이다.

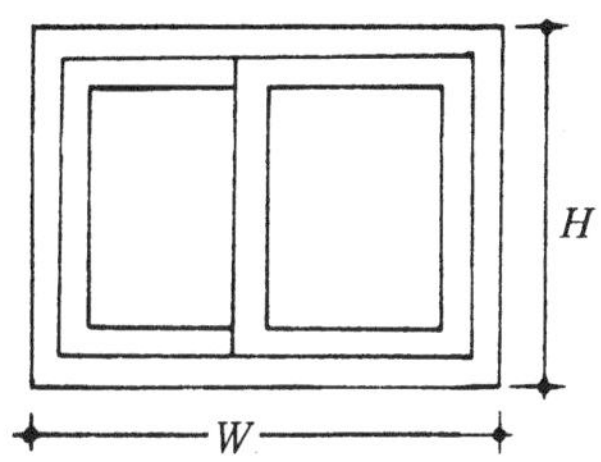

창호의 개구부 치수

그러나 창호틀 설치용 여유치수에 해당하는 면적이 전체 벽체면적을 차지하는 비율이 매우 적기 때문에 창호로 된 개구부 면적 산출시 이를 고려하지 않고 설계도에 표시된 창호치수($W \times H$)로 계산한다. 여기서 창호의 폭과 높이는 바깥치수로 한다.

(3) 조적벽체의 개구부 위에 인방보(lintel)를 설치하는 경우에 있어 벽돌쌓기 면적 산출시 조적 벽체면적에서 인방보의 면적을 공제하게 되는데, 이때 인방보의 면적은 인방보의 길이 치수가 설계도에 표시가 없는 경우에는 개구부 좌우로 20cm씩 더한 길이로 하여 산출한다.

$$\text{인방보의 면적}(m^2) = (W + 0.4) \times \text{인방보의 춤}$$

여기서, W : 개구부폭(m)

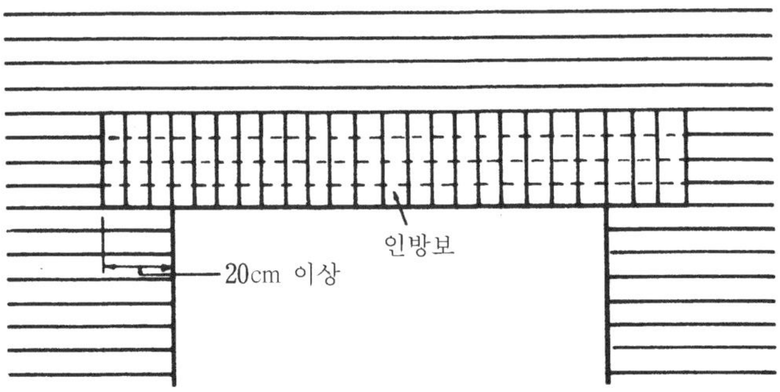

그림 6.4 인방보

6.7 벽돌 바닥깔기 수량산출

벽돌 바닥깔기 수량은 바닥깔기의 종류(모로세워깔기, 평깔기, 무늬깔기 등)별로 구분하여 바닥깔기 면적으로 산출한다. 여기에 단위면적당 벽돌매수를 곱하여 바닥깔기의 벽돌수량을 계산한다.

벽돌 바닥깔기 면적(m^2) $= A \times B$

벽돌 정미수량(매) $= (A \times B) \times$ 단위면적당(m^2당) 정미수량

여기서, 단위면적당(m^2당) 정미수량은 표 6.4에 의하여 계산한다.

표 6.4 벽돌 바닥깔기 정미수량

(벽돌 바닥깔기 면적 m^2당)

바닥깔기 종류	표준형벽돌	기존형벽돌
모로세워깔기	74.7(78.4)	65.2(68.5)
평 깔 기	50.0(52.5)	41.0(43.0)

비고 : ( )는 벽돌 할증률 5%를 가산한 것으로 소요수량이 되며, 무늬깔기는 모로세워깔기에 준한다.

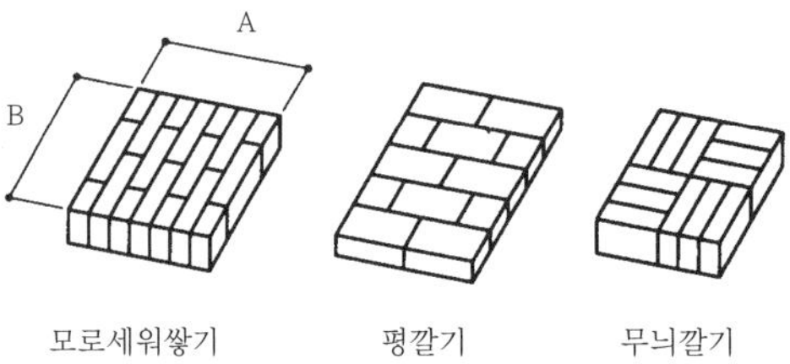

그림 6.5 벽돌 바닥깔기

6.8 내화벽돌쌓기 수량산출

(1) 내화벽돌쌓기 수량은 내화벽돌의 품질, 내화도, 치수 및 일반쌓기와 아치쌓기로 구분하여 쌓기면적(m^2)을 산출하고, 여기에 쌓는 두께별 단위면적당 내화벽돌 매수를 곱하여 정미량을 산출한다.

(2) 내화벽돌의 소요량은 정미량에 할증률 3%을 가산한 것으로 한다.

(3) 내화벽돌의 정미수량은 표 6.5에 의하여 계산한다.

표 6.5 내화벽돌 정미량

(내화벽돌 쌓기면적 m^2당)

규 격	0.5B (매)	1.0B (매)	1.5B (매)	2.0B (매)	2.5B (매)	3.0B (매)
230×14×65	59(61)	118(122)	177(183)	236(244)	295(305)	354(366)

비고 : ( )내는 할증률 3%가 포함된 것이며, 줄눈너비는 6mm를 표준으로 한 것이다.

6.9 벽돌쌓기용 모르타르 수량산출

(1) 벽돌쌓기용 모르타르 수량은 벽돌의 규격(표준형벽돌, 기존형벽돌), 두께별로 구분하여 줄눈너비 10mm를 기준한 벽돌쌓기 매수 1,000매당 단위로 표 6.6에 의하여 산출한다.

표 6.6 벽돌쌓기용 모르타르량

(벽돌 1,000매당 모르타르 m^3당)

구분	0.5B	1.0B	1.5B	2.0B	2.5B	3.0B	비 고
표준형벽돌	0.25	0.33	0.35	0.36	0.37	0.38	보통쌓기와 치장쌓기 동일
기존형벽돌	0.30	0.37	0.40	0.42	0.44	0.45	

본 표의 모르타르 배합비는 시멘트 : 모래=1 : 3인 경우이며, 모르타르의 할증률이 포함된 것이다. 또한 모르타르 $1m^3$에 소요되는 시멘트는 510kg, 모래는 $1.1m^3$가 되므로 모르타르량에 이를 각각 곱하여 시멘트와 모래량을 산출한다.

(2) 벽돌 치장줄눈용 모르타르 수량은 벽돌의 규격, 두께별로 구분하여 한면 치장할 때 줄눈너비 10mm를 기준한 벽돌쌓기 매수 1,000매당 단위로 표 6.7에 의하여 산출한다.

표 6.7 벽돌 치장줄눈용 모르타르량

(벽돌 1,000매당 모르타르 m^3당)

구분	0.5B	1.0B	1.5B	2.0B	2.5B	3.0B	비 고
표준형벽돌	0.035	0.019	0.013	0.009	0.008	0.007	양면 치장할 때는 2배로 한다.
기존형벽돌	0.040	0.020	0.014	0.010	0.008	0.007	

본 표의 모르타르 배합비는 시멘트 : 모래=1 : 1인 경우이며, 모르타르의 할증률이 포함된 것이다. 또한 모르타르 $1m^3$에 소요되는 시멘트는 1,093kg, 모래는 $0.78m^3$가 되므로 모르타르량에 이를 각각 곱하여 시멘트와 모래량을 산출한다.

(3) 내화벽돌쌓기용 모르타르인 내화모르타르 수량은 내화벽돌쌓기 1,000매당 줄눈너비 4mm일 때 300kg, 5mm일 때 400kg, 6mm일 때 540kg이 소요되는 것으로 보아 산출한다.

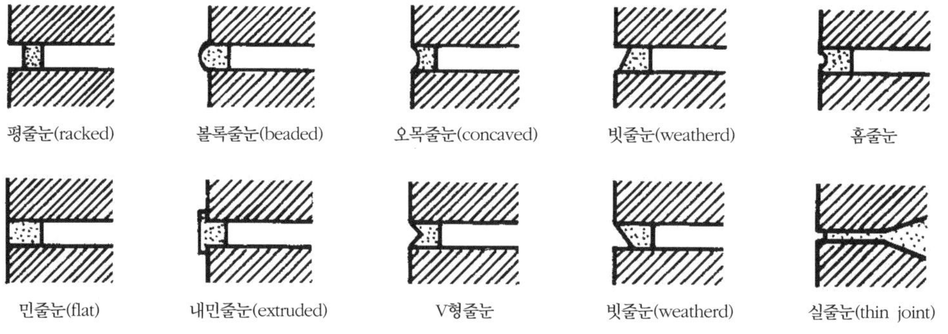

그림 6.6 벽돌 치장줄눈

제6장 벽돌공사 적산실습

실습 1 벽돌조 주택의 연면적이 600m^2인 건축물을 건축할 때 소요되는 벽돌량, 모르타르량, 쌓기품(조적공, 인부)을 개산견적 방법으로 개산하시오.

풀이 ① 벽면적(m^2)=600m^2×(3~4배)=1,800~2,400m^2 → 평균 2,100m^2

② 벽돌량(매)=2,100m^2×(150~300매/m^2)=315,000~630,000매
→ 평균 472,500매

③ 모르타르량(m^3)=(472,500매÷1,000매)×(0.3~0.4m^3)
≒142~189m^3 → 평균 166m^3

④ 조적공(인)=(472,500매÷1,000매)×(1.2~1.6인)
≒567~756인 → 평균 662인

⑤ 인부(인)=(472,500매÷1,000매)×(0.7~0.9인)≒331~425인
→ 평균 378인

해설 벽돌조 건축물의 벽체 전체를 벽돌쌓기로 할 경우 벽돌쌓기 벽면적, 벽돌량, 벽돌쌓기 모르타르량 및 쌓기품(조적공, 인부)은 다음 표의 값을 적용하여 개산한다.

구 분	개 산 치		비 고
벽 면 적	벽면 전체	건축면적의 3~4배	건축면적은 건축바닥면적, 즉 건축연면적을 말한 것임.
	외벽 면적	건축면적의 1배	
	칸막이벽 면적	건축면적의 2배	
벽돌 소요매수	벽면적 1m^2당 150~300매		벽돌조의 벽두께는 1.0B~2.0B인 경우임.
	2층 벽돌조 : 건축면적 1m^2당 300~400매		
모 르 타 르 량	벽돌 1,000매당 0.3~0.4m^3		
쌓 기 품	조적공	벽돌 1,000매당 1.2~1.6인	
	인 부	벽돌 1,000매당 0.7~0.9인	

실습 2 벽돌쌓기 면적이 150m^2인 벽체를 1.0B로 쌓을 때 시멘트벽돌의 정미량과 소요량을 산출하시오.(단, 시멘트벽돌은 표준형벽돌이다)

풀이 시멘트벽돌 정미량=150m^2×149매/m^2=22,350매

시멘트벽돌 소요량=22,350매×1.05=23,467.5≒23,468매

해설 ① 시멘트벽돌의 쌓기두께별 정미량은 표 6.3에 의하여 산출한다.
② 벽돌의 소요량은 정미량에 시멘트벽돌일 때 5% 이내, 붉은벽돌일 때 3% 이내의 할증률을 가산한 것으로 한다.
③ 보통 시멘트벽돌 또는 붉은벽돌이라 하면 표준형벽돌(기본벽돌)을 말한다.

실습 3 벽길이 250m이고 벽높이가 3.5m인 벽체를 벽두께 1.5B로 붉은벽돌로 쌓을 때 붉은벽돌의 수량을 산출하시오.

풀이 벽체 면적(벽돌쌓기 면적) $=250\text{m}\times 3.5\text{m}=875\text{m}^2$
붉은벽돌 수량 $=875\text{m}^2\times 224$매$/\text{m}^2\times 1.03=201,880$매

해설 붉은벽돌을 보통벽돌 또는 검정벽돌이라고도 하며, 벽돌의 수량을 정미수량(정미량)과 소요수량(소요량)으로 구분하여 산출하라는 제시가 없을 때에는 소요수량으로 산출한다.

실습 4 시멘트벽돌 2,500매로 일반 벽돌벽 1.0B로 쌓을 때 필요한 모르타르량을 산출하시오.

풀이 쌓기 모르타르량 $=(2,500$매$\div 1,000$매$)\times 0.33\text{m}^3=0.825\text{m}^3$

해설 벽돌쌓기용 모르타르의 수량은 벽돌 1,000매당 단위로 표 6.6에 의하여 산출한다.

실습 5 표준형 벽돌 3,000매로 벽을 0.5B로 쌓기할 때 쌓을 수 있는 벽면적을 산출하시오.

풀이 벽면적(벽돌쌓기 면적) $=3,000$매$\div 75$매$/\text{m}^2=40\text{m}^2$

실습 6 건축물의 외벽면적 100m^2를 표준형 붉은벽돌 1.0B로, 내벽면적 70m^2를 표준형 시멘트벽돌 0.5B로 시공할 때 구입하여야 할 벽돌량을 산출하시오.

풀이 ① 붉은벽돌(표준형벽돌) : 벽돌쌓기 면적 1m^2당 1.0B 쌓기정미량은 149매

$\therefore$ ($100m^2 \times 149$매$/m^2$)$\times 1.03 = 15,347$매

② 시멘트벽돌(표준형벽돌) : 벽돌쌓기 면적 $1m^2$당 0.5B 쌓기정미량은 75매

$\therefore$ ($70m^2 \times 75$매$/m^2$)$\times 1.05 = 5,512.5 \fallingdotseq 5,513$매

해설 벽돌쌓기 시공시 구입해야 할 벽돌량이라 함은 벽돌 소요량을 말한다.

실습 7 건축물의 벽 길이가 60m이고 벽 높이가 2.4m인 벽체를 벽 두께 1.0B로 시멘트벽돌로 쌓을 때 소요되는 시멘트벽돌과 쌓기모르타르량에 소요되는 시멘트 및 모래량을 산출하시오. (단, 벽체에 폭이 1.2m, 높이 0.8m인 개구부 1개소가 있는 것으로 본다. 또한 시멘트벽돌은 표준형벽돌이고 모르타르의 배합비는 1 : 3으로 한다.)

풀이 ① 벽돌쌓기 면적$=(60 \times 2.4)-(1.2 \times 0.8)=143.04m^2$

② 시멘트벽돌 수량(정미수량)$=143.04m^2 \times 149$매$/m^2 = 21,312.96$

$\fallingdotseq 21,313$매

③ 시멘트벽돌 수량(소요수량)$=21,313$매$\times 1.05 = 22,378.65$

$\fallingdotseq 22,379$매

④ 벽돌쌓기 모르타르량$=(21,313$매$\div 1,000$매$) \times 0.33m^3 \fallingdotseq 7.033m^3$

⑤ 시멘트량$=7.033 \times 510kg \fallingdotseq 3,587kg$

⑥ 모래량$=7.033 \times 1.1m^3 \fallingdotseq 7.74m^3$

해설 시멘트벽돌(표준형벽돌) 쌓기모르타르량 산출은 벽돌 정미량으로 산출한다. 시멘트벽돌 쌓기 모르타르의 배합비가 1 : 3이므로 모르타르 $1m^3$당 시멘트는 510kg, 모래는 $1.1m^3$이다.

실습 8 다음 그림과 같은 조적조 건축물을 붉은벽돌로 한면치장쌓기할 때 소요되는 벽돌량과 쌓기용 및 줄눈용 모르타르량을 산출하고 모르타르에 소요되는 시멘트량과 모래량을 산출하시오.(단, 벽두께는 1.5B이고, 벽높이는 3m이며, 쌓기용 모르타르의 배합비는 1 : 3, 줄눈용 모르타르의 배합비는 1 : 10이다)

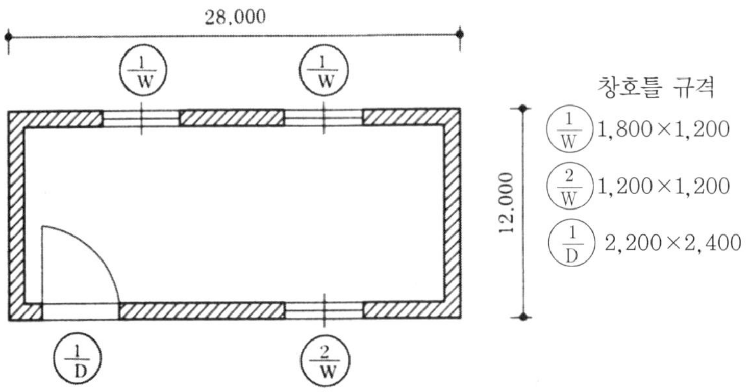

풀이 ① 벽돌쌓기 면적(m^2)=(벽길이×벽높이)−개구부면적

여기서, 개구부면적=(1.8×1.2)×2+(1.2×1.2)+(2.2×2.4)

=4.32+1.44+5.28=11.04m^2 ≒11m^2

벽길이=(28+12)×2=80m

벽높이=3m

따라서, 벽돌쌓기면적=(80×3)−11=229m^2

② 붉은벽돌 수량(매)=벽돌쌓기 면적(m^2)×1.5B쌓기 벽돌 정미량(매/m^2)×할증률(%)

=229×224×1.03=52,834.88 ≒ 52,835매

③ 쌓기용 모르타르량(m^3)=벽돌 정미량(매)×1.5B쌓기 1,000매당 쌓기모르타르량(m^3)

={(229×224)÷1,000}×0.35 ≒ 18m^3

시멘트량=18×510kg=9,180kg (9,180kg÷40kg=229.5≒230포대)

모래량=18×1.1m^3=19.8m^3

줄눈용 모르타르량(m^3)=벽돌 정미량(매)×1.5B 쌓기 한면치장 1,000매당 줄눈 모르타르량(m^3)

={(229×224)÷1,000}×0.013 ≒ 0.667m^3

시멘트량=0.667×1,093kg ≒ 729kg

모 래 량=0.667×0.78m^3 ≒ 0.52m^3

따라서, 쌓기용 및 줄눈용 모르타르에 소요되는 시멘트량과 모래량은

시멘트량=9,180+729=9,909kg (9,909÷40kg≒248포대)

모 래 량=19.8+0.52=20.32m^3

해설 붉은벽돌 쌓기 모르타르량은 벽돌 정미량으로 산출한다. 벽돌쌓기용 및 줄눈용 모르타르의 배합비에 의한 시멘트량과 모래량은 다음 표에 의하여 산출한다.

(모르타르 m^3 당)

배합용적비	시멘트(kg)	모래(m^3)
1 : 1	1,093	0.78
1 : 3	510	1.10

실습 9 시멘트벽돌(표준형벽돌 1.5B)쌓기 1,000매당 일위대가표를 작성하시오. (다만, 벽높이는 3.6m 이하로 한다)

풀이 시멘트벽돌 표준형벽돌 1.5B막쌓기(벽높이 3.6m 이하일 때) 일위대가표

(1,000매당)

품 명	규 격	단위	수 량	단가	금액	비 고
시멘트벽돌 시 멘 트 모 래 조 적 공 보통인부	190×190×57	매 kg m^3 인 인	1,050 178.5 0.385 1.33 0.47			• 할증률 5% 가산 • 쌓기모르타르량 0.35m^3 (배합비 1 : 3) • 벽돌운반품은 별도 계상한다. • 소운반, 모르타르 배합 및 비빔, 먹매김, 규준틀 설치, 정착철물 설치, 벽돌쌓기줄눈 누르기 및 마무리작업을 포함한다.
계	재 료 비					
	노 무 비					

해설 벽돌쌓기의 일위대가표는 다음의 표준품셈에 의하여 작성한다.

(품셈 6.1) 벽돌쌓기

(1,000매당)

구분 / 벽두께	모르타르 (m^2)	시멘트 (kg)	모래 (m^3)	3.6m 이하		3.6m 초과	
				조적공 (인)	보통인부 (인)	조적공 (인)	보통인부 (인)
0.5B	0.25	127.5	0.275	1.60	0.56	2.12	0.74
1.0B	0.33	168.3	0.363	1.46	0.52	1.94	0.69
1.5B	0.35	178.5	0.385	1.33	0.47	1.77	0.62
2.0B	0.36	183.6	0.396	1.19	0.42	1.58	0.56
2.5B	0.37	188.7	0.407	1.05	0.37	1.39	0.49
3.0B	0.38	193.8	0.418	0.91	0.32	1.21	0.42

① 본 품은 표준형벽돌(19×9×5.7cm)을 기준으로 한 것이다.

② 본 품은 소운반, 모르타르 배합 및 비빔, 먹매김, 규준틀 설치, 정착철물 설치, 벽돌쌓기 줄눈누르기 및 마무리작업을 포함한다.

③ 벽돌운반은 별도 계상한다.(실습 11. 해설 품셈 6.4 벽돌운반품 참조)

④ 다음의 벽돌쌓기는 다음 인력품을 가산한다.

구 분	단위	조적공	보통인부	비고
공간쌓기	인	0.2	–	
홈벽돌 포함 쌓기	인	0.2	0.2	홈벽돌 사용량 20% 기준

【해설】

① 모르타르 배합비는 1 : 3이다.

② 줄눈너비(가로, 세로)는 10mm를 기준으로 한 것이다.

③ 모르타르 재료 할증률이 포함되어 있다.

실습 10 점토벽돌(표준형벽돌) 1.0B 한면치장쌓기 1,000매당 일위대가표를 작성하시오. (다만, 벽높이는 3.6m 이하로 한다)

풀이 점토벽돌(표준형벽돌) 1.0B 치장쌓기(치장줄눈 포함) 일위대가표

(1,000매당)

품 명	규 격	단위	수 량	단가	금액	비 고
점토벽돌	190×190×57	매	1,050			• 할증률 5% 가산
시멘트		kg	189.1			• 치장쌓기 모르타르량
모 래		m^3	0.377			0.33m^3, 배합비 1:3
조적공		인	2.1			• 한면치장 줄눈 모르타르량
줄눈공		인	0.35			0.019m^3, 배합비 1:1
보통인부		인	0.85			
계	재 료 비					
	노 무 비					

해설 벽돌치장쌓기 및 치장줄눈의 일위대가표는 다음의 표준품셈에 의하여 작성한다.

(품셈 6.2) 벽돌치장쌓기

(1,000매당)

구분 / 벽두께	치장쌓기 모르타르(m^3)	3.6m 이하		3.6m 초과	
		조적공(인)	보통인부(인)	조적공(인)	보통인부(인)
0.5B	0.25	2.50	1.01	3.12	1.26
1.0B	0.33	2.10	0.85	2.62	1.06
1.5B	0.35	1.68	0.68	2.10	0.85
2.0B	0.36	1.43	0.58	1.79	0.72
2.5B	0.37	1.33	0.54	1.66	0.67
3.0B	0.38	1.18	0.48	1.47	0.60

① 본 품은 표준형벽돌(19×9×5.7cm)을 기준으로 한 것이다.

② 본 품은 소운반, 모르타르 배합 및 비빔, 먹매김, 규준틀 설치, 정착철물 설치, 치장벽돌 쌓기, 줄눈파기 및 마무리 작업을 포함한다.
③ 벽돌 운반은 "실습 11. 해설 품셈 6.4 벽돌운반품"에 따라 별도 계상한다.
④ 줄눈너비는 10mm를 기준으로 한 것이다.
⑤ 치장쌓기 모르타르 배합비는 1:3이다.
⑥ 치장쌓기 모르타르 재료 할증은 포함되어 있다.

(품셈 6.3) 벽돌치장줄눈

(1,000매당)

구분 / 벽두께	치장줄눈 모르타르(㎥)		줄 눈 공 (인)			
			3.6m 이하		3.6m 초과	
	한면치장	양면치장	한면치장	양면치장	한면치장	양면치장
0.5B	0.035	0.070	0.71	1.42	0.89	1.78
1.0B	0.019	0.038	0.35	0.70	0.44	0.88
1.5B	0.013	0.026	0.24	0.48	0.30	0.60
2.0B	0.009	0.018	0.18	0.36	0.22	0.44
2.5B	0.008	0.016	0.14	0.28	0.17	0.34
3.0B	0.007	0.014	0.12	0.24	0.15	0.30

① 본 품은 소운반, 모르타르 비빔, 치장줄눈 설치 및 마무리 작업을 포함한다.
② 줄눈너비는 10mm를 기준으로 한 것이다.
③ 치장줄눈에 특수시멘트를 사용하거나 색소 또는 혼화재를 사용하고자 할 경우에는 소요재료를 별도 가산한다.
④ 치장줄눈 모르타르 배합비는 1:1이다.
⑤ 치장줄눈 모르타르 재료 할증은 포함되어 있다.

Chapter 07

블록공사

7.1 개 요

블록공사(block work)는 건축물의 벽체 및 기타의 구조체를 블록으로 쌓는 작업을 말한다. 블록공사를 콘크리트블록공사(concrete block work) 또는 블록쌓기(block masonry)이라고도 한다.

블록(block)은 칸막이벽으로 많이 사용되고 있다. 블록을 속빈시멘트블록(hallow cement block), 콘크리트블록(concrete block), 시멘트블록(cement block)라고도 부른다.

7.2 블록의 종류 및 규격

[1] 블록의 종류

(1) 기본블록
- B-8(19cm블록 또는 8인치블록)
- B-6(15cm블록 또는 6인치블록)
- B-4(10cm블록 또는 4인치블록)

(2) 이형블록
- 반블록 : HB-8(19cm반블록), HB-6(15cm반블록)
  HB-4(10cm반블록)
- 인방블록 : LB-8(UB-8), LB-6(UB-6), LB-4(UB-4)
- 마구리평블록 : SB-8, SB-6, SB-4

(3) 경량블록(기건부피비중이 1.8 미만의 블록), 중량블록(기건부피비중 1.8 이상인 블록), 경량기포콘크리트블록(ALC블록)

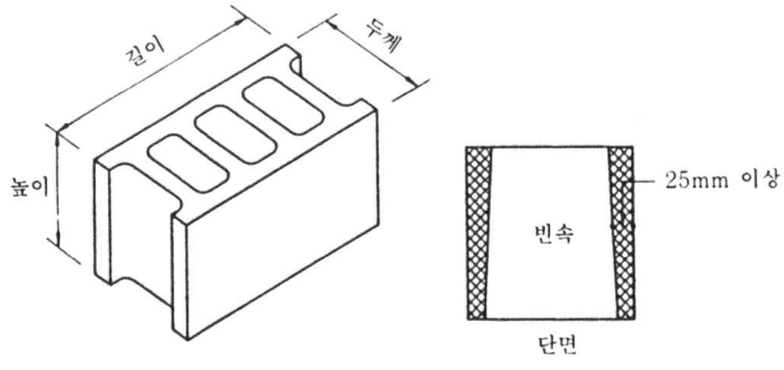

그림 7.1 기본블록 형상

[2] 블록규격

표 7.1 블록규격

구 분	치 수 (mm)		
	길이(L)	높이(H)	두께(T)
기본블록	390	190	210
	390	190	190
	390	190	150
	390	190	100

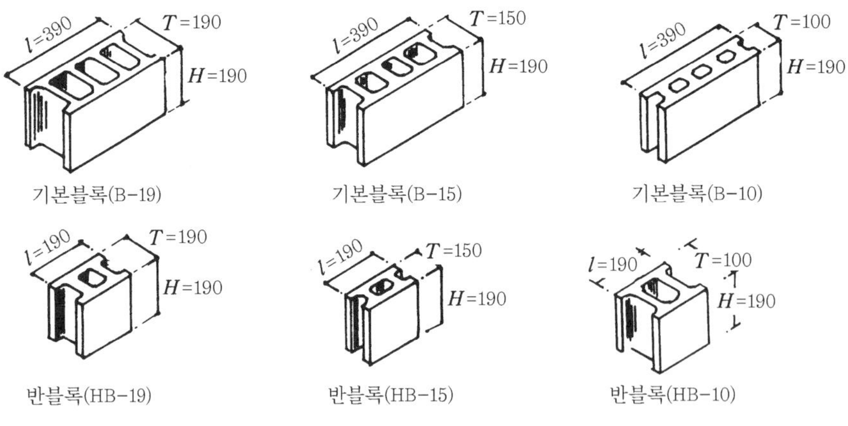

그림 7.2 블록의 종류 및 형상

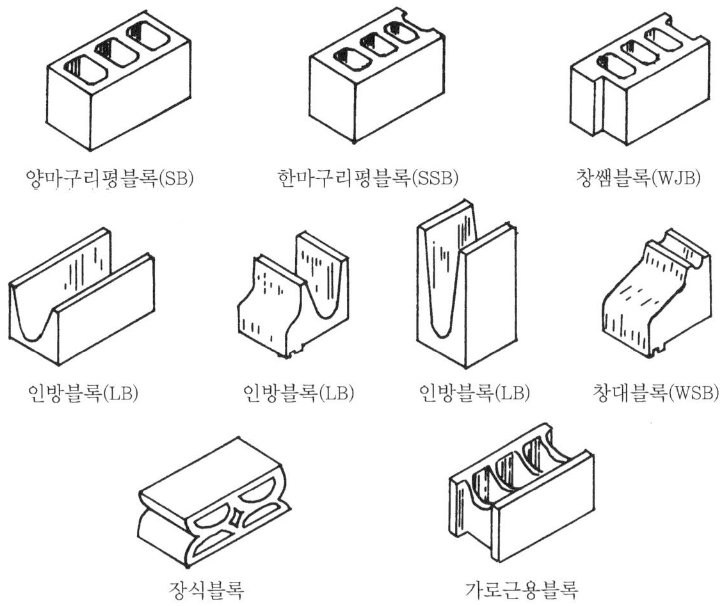

그림 7.2 블록의 종류 및 형상 (계속)

7.3 블록쌓기용 모르타르 및 콘크리트

(1) 블록쌓기용 모르타르 및 콘크리트 배합비는 공사시방서에 명시가 없으면 표 7.2에 따른다.

(2) 줄눈용 모르타르에는 석회를 조금 넣어 시멘트 : 석회 : 모래의 배합비가 1 : 1 : 3이 되도록 하여 사용하기도 한다.

(3) 블록쌓기에서 블록의 이음새 및 빈속에 모르타르나 콘크리트를 채워 넣는데, 이를 사춤(pointing)이라 한다. 사춤에 사용하는 모르타르를 사춤모르타르(pointing mortar, filling mortar)이라 하고, 사춤에 사용되는 콘크리트를 사춤콘크리트(filling concrete)라고 한다.

표 7.2 블록쌓기용 모르타르 및 콘크리트 배합비(용적배합비)

구 분	용 도	배 합 비			
		시멘트	석 회	모 래	자 갈
모르타르	줄눈용	1	1	3	–
	사춤용	1	–	3	–
	치장줄눈용	1	–	1	–
콘크리트	사춤용	1	–	2	4
	구조용	1	–	2.5	3.5
	밑창콘크리트	1	–	3	6

7.4 블록 수량산출 구분

블록은 다음과 같이 구분하여 수량을 산출한다.

(1) 종류별 : 기본블록, 이형블록(반블록, 인방블록, 마구리평블록 등), 경량기포콘크리트(ALC)블록

(2) 규격별 : 기본블록

(3) 쌓기별 : 막쌓기(막힌줄눈쌓기), 치장쌓기(한면치장쌓기, 양면치장쌓기), 보강블록쌓기, 특수블록쌓기(인방블록쌓기, 창대블록쌓기 등)

(4) 구조별 : 단순조적블록조, 보강블록조, 거푸집블록조

7.5 블록 수량산출

(1) 블록 수량은 종류, 규격, 쌓기, 구조별로 구분하여 각 층마다 블록쌓기면적(m^2)을 산출하고, 여기에 단위면적당 블록매수를 곱하여 정미수량을 산출한다.

(2) 블록은 정미수량에 할증률 4% 이내를 가산한 것을 소요수량으로 하며, 블록의 소요수량은 표 7.3를 표준으로 한다.

표 7.3 블록 치수별 소요수량

(블록쌓기면적 m^2당)

구 분	치 수 (mm)	블록 (매)	비 고
기 본 블 록	390×190×210	13	줄눈너비 10mm인 경우임
	390×190×190	13	
	390×190×150	13	
	390×190×100	13	

여기서, 기본블록을 쌓기면적 $1m^2$에 들어가는 정미수량으로 계산하면 다음과 같다.

$$\text{블록정미량(매)} = \frac{1\text{m} \times 1\text{m}}{(0.39+0.01)\times(0.19+0.01)} = 12.5\text{매}$$

7.6 블록쌓기 수량산출

(1) 개구부의 면적은 출입문 · 창문, 기타 개구부의 폭과 높이를 곱하여 산출하고 이를 블록벽체 면적에서 공제한 면적이 블록쌓기면적이 된다.

(2) 창호(출입문 · 창문)로 된 개구부의 면적은 시공폭을 고려하여 창호의 폭(W)과 높이(H)에 철재창호는 30mm, 목재창호는 20mm를 각각 가산한 치수의 곱으로 하여 산출하는 것이 원칙이다. 그러나 창호틀 설치용 여유치수에 해당하는 면적이 전체 벽체 면적을 차지하는 비율이 매우 적기 때문에 창호로 된 개구부 면적 산출시 이를 고려하지 않고 설계도에 표시된 창호치수($W \times H$)로 계산한다. 여기서 창호의 폭과 높이는 바깥치수로 한다.

(3) 블록벽체의 개구부 위에 인방보(인방콘크리트)를 설치하는 경우에는 인방보 면적을 블록벽체 면적에서 공제하게 되는데, 이때 인방보 면적은 인방보의 치수가 설계도에 표시가 없는 경우에는 개구부 좌우로 40cm씩 더한 길이로 하여 산출한다.

$$\text{인방보의 면적}(\mathrm{m}^2) = (W + 0.8) \times \text{인방보의 춤}$$

여기서, W : 개구부 폭(m)

(4) 블록쌓기면적(m^2)은 각 층마다 블록벽체 면적으로 산출한다. 다만, 헌치보(haunch beam)에 접한 부분의 면적은 공제하지 않으며, 블록벽체에 콘크리트보 등이 접하는 경우 접하는 콘크리트보 등의 단면적이 $0.5\mathrm{m}^2$ 이하일 때도 공제하지 않는다.

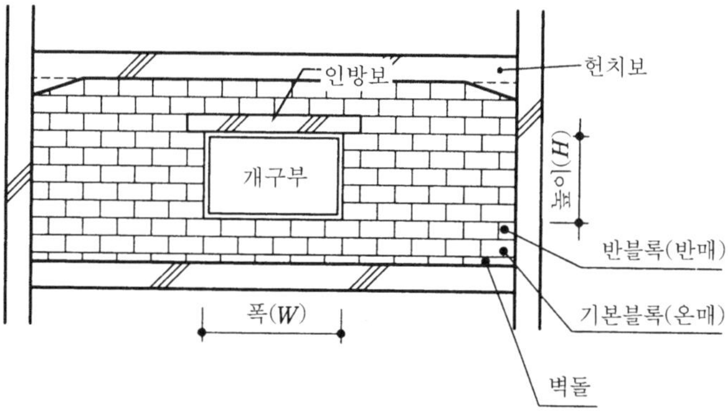

그림 7.3 블록벽체

(5) 블록쌓기용 모르타르의 수량은 벽돌쌓기면적(m^2)으로 산출하되, 단위면적당 소요량은 표 7.4를 표준으로 하여 산출한다.

표 7.4 블록쌓기용 모르타르량

(블록쌓기면적 m^2 당)

기 본 블 록		비 고
블록치수(mm)	쌓기 모르타르(m^3)	
210×190×390	0.0105	본 표의 쌓기 모르타르 배합비는 1:3이며, 줄눈너비는 10mm인 경우이다.
190×190×390	0.01	
150×190×390	0.009	
100×190×390	0.006	

(6) 보강블록쌓기의 블록쌓기면적과 블록수량 또는 블록쌓기 모르타르의 수량은 단순조적블록쌓기에서와 같은 방법으로 산출하며, 보강블록쌓기에 사용되는 철근의 수량은 설계도서에 의하여 철근 삽입부의 연길이로 산출한 후, 이 연길이(m)에 단위중량(kg/m)을 곱한 것을 철근 정미량으로 하고, 이에 할증률(이형철근은 3%, 원형철근은 5% 이내)을 가산하여 철근 소요수량으로 산출한다.

(7) 보강블록쌓기의 사춤콘크리트 수량은 사춤 제1종과 사춤 제2종으로 구분하여 표 7.5를 표준으로 하여 산출한다. 여기서 사춤 제1종은 블록 매장마다 세로 접합 부분의 빈속에 콘크리트를 채우는 것을 말하며, 사춤 제2종은 사춤 제1종마다 속빈 부분 1개를 더 채우는 것을 말한다.

표 7.5 보강블록쌓기 사춤콘크리트량

(보강블록쌓기 면적 m^2당)

블록치수(mm)		사춤 제1종 콘크리트(m^3)	사춤 제2종 콘크리트(m^3)
기본블록	210×190×390	0.031	0.062
	190×190×390	0.027	0.054
	150×190×390	0.019	0.038
	100×190×390	0.012	0.024

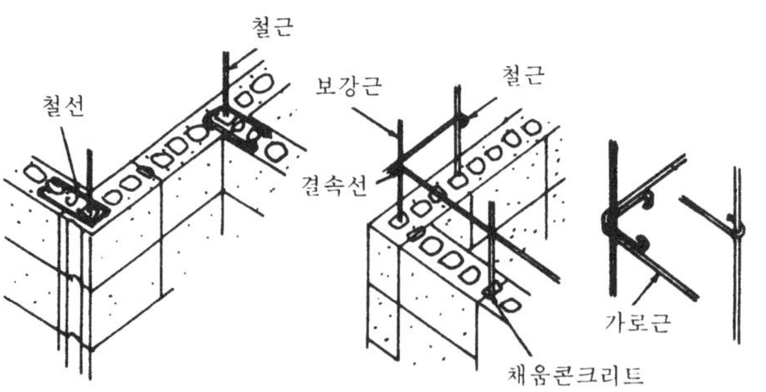

그림 7.4 보강블록쌓기

(8) 치장블록쌓기에 소요되는 치장줄눈용 모르타르 수량은 한면치장할 때와 양면치장할 때로 구분하여 표 7.6을 표준으로 하여 산출한다.

표 7.6 치장블록쌓기 치장줄눈용 모르타르량

(치장블록쌓기 면적 m^2당)

구 분	치 장 별	치장줄눈용 모르타르(m^3)	비 고
기 본 블 록	한면치장	0.00092	치장줄눈용 모르타르의 배합비는 1 : 1이며, 줄눈너비는 10mm인 경우이다.
	양면치장	0.00184	

(9) 블록벽의 횡력에 대한 보강을 위하여 블록 2켜 걸음으로 블록쌓기 줄눈에 와이어메시(wire mesh)를 설치하게 되는데, 이때 와이어메시의 수량은 규격별(#8~#10 철선으로 길이 1.8m, 너비 18cm, 16cm, 12cm, 8cm)로 구분하여 설치하는 길이로 산출하고 와이어메시 정척물 길이 1.8m 단위로 나누어 장수로 계산한다.

표 7.7 블록쌓기용 와이어메시 규격

호칭 / 치수	21cm 블록	19cm 블록	15cm 블록	10cm 블록	비 고
너비(mm)	180	160	120	80	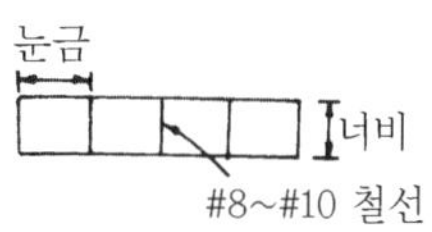
눈금(mm)	150	150	150	150	

(10) 경량콘크리트(ALC) 블록쌓기의 모르타르 수량은 블록쌓기면적(m^2)으로 산출하되, 단위 면적당 소요량은 표 7.8을 표준으로 하여 산출한다.

표 7.8 경량콘크리트(ALC) 블록쌓기용 모르타르량

(블록쌓기 면적 m^2당)

경량콘크리트 블록 크기(mm)	쌓기 모르타르(kg)	비 고
600×400×100	6.0	쌓기모르타르 재료할증은 포함되어 있으며, 줄눈너비는 1~3mm를 기준으로 한 것이다.
600×400×125	7.0	
600×300×150	9.5	
600×300×200	12.0	

비고 : 경량콘크리트 블록의 블록쌓기 면적(m^2)에 들어가는 정미수량은 다음 식으로 계산한다.

$$\text{블록정미량(매)} = \frac{1\text{m} \times 1\text{m}}{(\text{가로크기} + \text{줄눈너비})\text{m} \times (\text{세로크기} + \text{줄눈너비})\text{m}}$$

제7장 블록공사 적산실습

실습 1 연면적이 800m^{2}인 블록조 건축물을 건축할 때 소요되는 블록량, 모르타르량, 쌓기품(블록공, 인부)을 개산견적 방법으로 개산하시오.

풀이 ① 벽면적(m^2) = 800m^2 × (3~4배) = 2,400~3,200m^2 → 평균 2,800m^2

② 블록량(매) = 2,800m^2 × 13매/m^2 = 36,400매

③ 모르타르량(m^3) = 2,800m^2 × (0.006~0.01m^3/m^2) = 16.8~28m^3 → 평균 22.4m^3

④ 조적공(인) = 2,800m^2 × (0.15~0.2인/m^2) = 420~560인 → 평균 490인

⑤ 보통인부(인) = 2,800m^2 × (0.07~0.1인/m^2) = 196~280인 → 평균 238인

해설 블록조 건축물의 벽체 전체를 블록쌓기로 할 경우 블록쌓기 벽면적, 블록량, 블록쌓기 모르타르량 및 쌓기품(블록공, 인부)은 다음 표의 값을 적용하여 개산한다.

구 분	개 산 치		비 고
벽 면 적	벽면 전체	건축면적의 3~4배	건축면적은 건축바닥면적, 즉 건축연면적을 말한 것임
	외벽 면적	건축면적의 1배	
	칸막이벽 면적	건축면적의 2배	
벽돌 소요매수	벽면적 1m^{2}당 13매		
	단층블록조 : 건축면적 1m^{2}당 35~50매		
모르타르량	벽면적 1m^{2}당 0.006~0.01m^3		
쌓 기 품	조적공	벽면적 1m^{2}당 0.15~0.20인	
	보통인부	벽면적 1m^{2}당 0.07~0.10인	

보강블록조인 경우에는 다음 표에 의한 사춤콘크리트량, 철근량 및 인부를 더 가산하여 개산한다. 여기서, 보강블록조란 블록매당마다 세로 접합 부분의 빈속에 철근을 넣고 콘크리트로 채우는 것을 말한다.

구 분	개 산 치
사 춤 콘 크 리 트 량	블록벽면적 1m^{2}당 0.012~0.031m^3
철 근 량	건축면적 1m^{2}당 1~3kg
보 통 인 부	블록벽면적 1m^{2}당 0.012~0.047인

비고 : 사춤콘크리트량 및 인부는 블록치수에 따라 차이가 있다.

실습 2 벽길이 100m, 벽높이 3.6m인 블록벽체를 기본블록(150×190×390)으로 양면치장쌓기 할 때 소요되는 블록수량, 시멘트량 및 모래량을 산출하시오.
(단, 쌓기모르타르의 배합비는 1 : 3이고, 줄눈모르타르의 배합비는 1 : 1이며, 줄눈너비는 10mm이다)

풀이 ① 블록수량=(100×3.6)×13매/m^2=4,680매

② 쌓기모르타르량=(100×3.6)×0.009m^3=3.24m^3

시멘트량=3.24×510kg=1,652.4≒1,652kg

모 래 량=3.24×1.1m^3=3.564≒3.56m^3

줄눈모르타르량=(100×3.6)×0.00184m^3=0.6624≒0.66m^3

시멘트량=0.66×1.093kg=721.38≒721kg

모 래 량=0.66×0.78m^3=0.5148≒0.51m^3

③ 따라서, 블록 : 4,680매, 시멘트 : 2,373kg(59.3포대), 모래 : 4.07m^3

실습 3 다음 그림과 같은 건축물을 단순조적 블록조로 신축할 때 블록공사의 재료량을 산출하시오.(다만, 벽높이는 3,600로서 단층이며, 외벽은 190×190×390블록, 칸막이벽은 100×190×390 블록을 사용한 것으로 하며 블록매장 마다 세로접합부분의 빈속에 콘크리트를 채우는 것으로 한다. 그리고 창틀규격은 다음과 같다)

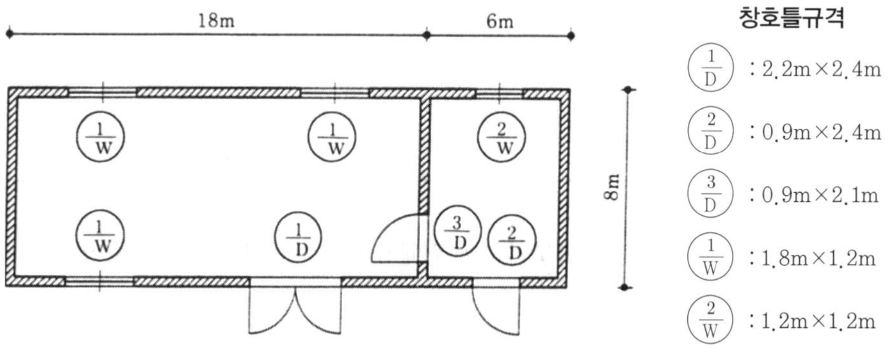

풀이 ① 블록수량산출

외벽면적=(외벽길이×벽높이)−(개구부 면적)

=(18+6+8)×2×3.6−(2.2×2.4+0.9×2.4+1.8×1.2×3

+1.2×1.2)=230.4−15.36=215.04m^2

따라서, 19cm블록 소요량=215.04m^2×13매/m^2=2,795.52≒2,796매

칸막이벽 면적=(칸막이 길이×벽높이)−(개구부 면적)

$=(8\times3.6)-(0.9\times2.1)=26.91m^2$

따라서, 10cm블록 소요량 $=26.91m^2\times13$매$/m^2=349.96\fallingdotseq350$매

② 블록쌓기 재료량 산출

쌓기모르타르량 $=(215.04\times0.01)+(26.91\times0.006)=2.3118\fallingdotseq2.31m^3$

시멘트량 $=2.31\times510kg=1,178.1kg\fallingdotseq1,178kg$ (28포대)

모 래 량 $=2.31\times1.1m^3=2.541m^3\fallingdotseq2.54m^3$

사춤콘크리트량 $=(215.04\times0.027)+(26.91\times0.012)\fallingdotseq6.13m^3$

실습 4 기본블록(150×190×390mm) 일반쌓기(단순조적블록조 쌓기) 1m²당 일위대가표를 작성하시오.

풀이 기본블록(150×190×390mm) 일반쌓기 일위대가표

(m^2당)

품 명	규 격	단위	수 량	단가	금액	비 고
블 록	150×190×390	매	13			• 쌓기모르타르량 $0.009m^3$ (배합비 1 : 3)
시 멘 트		kg	4.59			• 블록할증(4%) 및 쌓기모르타르 할증률이 포함
모 래		m^3	0.01			
조 적 공		인	0.13			
보통인부		인	0.07			
계	재 료 비					
	노 무 비					

해설 일반(단순조적) 블록쌓기의 일위대가표는 다음의 표준품셈에 의하여 작성한다.

(품셈 7.1) 일반(단순조적) 블록쌓기

(m^2당)

치수 \ 구분		블록 (매)	쌓기모르타르 (m^3)	시멘트 (kg)	모래 (m^3)	조적공 (인)	보통인부 (인)
기본블록	210×190×390	13	0.0105	5.36	0.012	0.20	0.10
	190×190×390	13	0.01	5.10	0.111	0.15	0.08
	150×190×390	13	0.009	4.59	0.01	0.13	0.07
	100×190×390	13	0.006	3.06	0.007	0.11	0.06

① 본 품의 시멘트와 모래는 쌓기모르타르에 소요되는 양이다.

② 본 표에서는 블록 할증률 4%, 쌓기모르타르 재료 할증률이 포함되어 있다.

③ 본 품에는 소운반, 모르타르 배합 및 비빔, 먹매김, 규준틀 설치, 블록쌓기, 와이어 메시 삽입, 줄눈나누기 및 마무리작업을 포함한다.

【해설】

모르타르 배합은 1 : 3이며, 줄눈너비는 10mm일 때이다.

실습 5 기본블록(150×190×390mm) 보강쌓기 1m^{3}당 일위대가표를 작성하시오.
(다만, 사춤 제1종으로 한다)

풀이 기본블록(150×190×390) 보강쌓기(사춤 제1종) 일위대가표

(m^{2}당)

품 명	규 격	단위	수 량	단가	금액	비 고
블 록	150×190×390	매	13			• 쌓기모르타르량 0.009m^3
시 멘 트	(쌓기 모르타르)	kg	4.59			(배합비 1 : 3)
모 래	(쌓기 모르타르)	m^3	0.01			
시 멘 트	(사춤용	kg	9.69			• 사춤모르타르 0.019m^3
모 래	모르타르)	m^3	0.021			(배합비 1 : 3)
조 적 공	(사춤용 모르타르)	인	0.14			• 쌓기 및 사춤모르타르 할증률 포함
보 통 인 부		인	0.08			• 블록 소운반이 포함
계	재 료 비					
	노 무 비					

해설 블록보강쌓기의 일위대가표는 다음의 표준품셈에 의하여 작성한다.

(품셈 7.2) 블록보강쌓기

(m^{2}당)

치수 \ 사춤콘크리트 및 품		사춤 제1종			사춤 제2종		
		사춤모르타르 (m^3)	조적공 (인)	보통인부 (인)	사춤모르타르 (m^3)	조적공 (인)	보통인부 (인)
기본블록	190×190×390	0.027	0.17	0.09	0.054	0.18	0.10
	150×190×390	0.019	0.14	0.08	0.038	0.15	0.09
	100×190×390	0.012	0.12	0.07	0.024	0.13	0.08

① 모르타르에는 재료의 할증률이 포함되어 있으며, 줄눈너비(가로, 세로)는 10mm를 기준으로 한 것이다.
② 보강용 철근은 설계수량으로 별도 가산한다.
③ 본 품은 소운반, 모르타르 배합 및 비빔, 먹매김, 규준틀 설치, 블록쌓기, 철근 설치, 와이어메시 삽입, 줄눈 누르기 및 마무리작업을 포함한다.
④ 모르타르 배합비는 1:3이다.

【해설】

사춤 제1종은 블록 매장마다 세로 접합 부분의 빈속에 콘크리트를 채우는 것이며, 사춤 제2종은 제1종마다 빈속 1개를 더 채우는 것이다.

실습 6 기본블록(150×190×390mm) 한면 치장쌓기 1m²당 일위대가표를 작성하시오.
(다만, 일반쌓기 경우이다)

풀이 기본블록(150×190×390mm) 한면 치장쌓기 일위대가표

(m^2당)

품 명	규 격	단위	수 량	단가	금액	비 고
블 록	150×190×390	매	13			
시 멘 트		kg	4.59			쌓기용
시 멘 트		kg	1.0056			치장줄눈용
모 래		m^3	0.01			쌓기용
모 래		m^3	0.00072			치장줄눈용
조 적 공		인	0.13			
줄 눈 공		인	0.026			
보통인부		인	0.07			쌓기용
보통인부		인	0.012			치장줄눈용
계	재 료 비					
	노 무 비					

해설 블록치장쌓기의 일위대가표는 "실습4 해설(품셈 7.1)"과 다음의 표준품셈에 의하여 작성한다.

(품셈 7.3) 블록치장줄눈용 모르타르

(m^2 당)

구분	치장별	모르타르 (m^3)	시멘트 (kg)	모래 (m^3)	줄눈공 (인)	보통인부 (인)
기본블록	한면 치장	0.00092	1.0056	0.00072	0.026	0.012
	양면 치장	0.00184	2.0112	0.00144	0.052	0.024

① 본 품의 시멘트와 모래는 치장줄눈용 모르타르에 소요되는 양이다.
② 재료할증률 및 소운반품이 포함된 것이다.

【해설】

모르타르 배합은 1 : 1이며, 줄눈너비는 10mm일 때이다.

Chapter 08

돌공사

8.1 개 요

돌공사(stone work)는 일반석재를 쌓아 자립(自立)하는 벽체 및 구조물을 구축하는 돌쌓기공사와 천연석 · 테라조 · 모조석 등의 공장 가공품을 다른 구조체에 설치 · 고정하는 돌붙임 및 돌깔기 공사를 말한다.

벽체를 석재만으로 쌓는 일은 거의 없고 대개는 석재를 벽돌조 및 철근콘크리트조 건축물의 내외벽에 붙여 석조건축물의 효과를 내거나, 창문갓둘레, 내외부 층계등 특수부분의 장식재로 많이 쓰이고 있다.

8.2 돌공사 적산 구분

돌공사는 일반적으로 다음과 같이 구분하여 적산하지만, 공사규모에 따라 적정한 방법으로 구분하여 돌공사를 적산한다.

(1) 석재붙임공사에 따른 구분

① 석재 종류별 : 성인별(화강암, 안산암, 점판암, 사암, 대리석 등), 경도별(경석, 준경석, 연석), 시장품별(판돌, 각석, 사고석, 인조석판, 테라조판 등)

② 석재 표면 마감별 : 혹두기, 정다듬, 도드락다듬, 물갈기 및 광내기, 버너다듬 등

③ 석재 형태별 : 원석, 정형물, 부정형물

④ 석재 붙임공법별 : 건식공법, 습식공법

⑤ 시공부위별 : 벽(평벽, 징두리벽), 기둥, 바닥, 계단 등

(2) 돌쌓기 및 설치에 따른 구분

① 석재 종류별 : 성인별, 경도별, 시장품별(호박돌, 깬돌, 견칫돌, 사고석, 간사, 장대석, 인조석 등)

② 돌 표면 상태별 : 거친돌쌓기, 다듬돌쌓기

③ 각부 돌쌓기 · 설치별 : 개구부 돌쌓기(인방돌, 문지방돌, 창대돌, 쌤돌), 두겁돌설치, 돌림띠(허리돌림띠, 처마돌림띠)설치, 난간벽설치, 계단돌 · 바닥돌깔기, 견칫돌쌓기, 아치돌쌓기

④ 돌쌓기 및 설치공법별 : 메쌓기, 찰쌓기

⑤ 돌쌓기 방법별 : 허튼층쌓기, 바른층쌓기

⑥ 시공부위별 : 벽, 담장, 축대 등

8.3 석재 수량산출

(1) 석재의 수량은 설계도면 및 공사시방서에 명기된 내용에 의거하여 석재의 종류, 형태, 시공부위 및 내용, 시공방법 등의 구분 등에 따라 다음과 같이 석재의 표면적, 개수, 길이, 체적으로 산출한다.

① 석재를 표면적으로 산출

벽붙임돌, 벽쌓기돌, 바닥깔기돌, 견칫돌(석축)은 줄눈너비를 포함한 시공의 표면적(m^2)으로 산출한다.

② 석재를 개수로 산출

코너석, 특수가공석(원형기둥 하부 기단돌 등), 장식돌, 기둥돌(통체로 된 것), 주춧돌, 디딤돌 등 낱개로 표현되는 돌은 개수(소)로 산출한다.

③ 석재를 길이로 산출

장대석, 걸레받이돌, 두겁돌(갓돌), 계단석(통체로 된 것), 창대석 등 표면의 마감이 2면 이상이면서 체적을 가지고 있는 치장재는 연길이(m)로 산출한다.

④ 석재를 체적으로 산출

옥외장식돌, 잡석, 벤치석(통체로 된 것) 등 특별한 마감이 필요치 않는 단순한 체적을 요구하는 것은 체적(m^3)으로 산출한다.

(2) 석재가 특대물(판석 및 각석의 최대 크기 이상의 석재로서 한 면 마무리 면적이 $1m^2$를 초과하는 것)인 경우는 돌 1개의 크기별로 구분하여 개수로 산출한다.

(3) 석재판 붙임용 및 마름돌용 원석은 표 8.1의 값 이내로 할증률을 가산하여 소요량으로 한다.

표 8.1 석재의 할증률

종 별	할 증 률(%)
원 석 (마름돌용)	30
정 형 물 (석재판 붙임용)	10
부 정 형 물 (석재판 붙임용)	30

8.4 석재붙임 및 돌쌓기공사 수량산출

(1) 석재붙임공사의 수량은 석재의 종류 · 표면마감 · 형태별로 구분하고, 석재붙임공법 또는 시공부위별로 구분하여 산출한다.

(2) 석재붙임공사용 석재의 수량은 석재붙임의 표면적(m^2)으로 산출하되 시공안치수(모르타르 줄눈너비 포함)의 정미수량으로 산출한다.
얇은 판돌(두께 2~5cm 미만)을 넓은 면적에 붙이는 경우에는 연면적으로 산출하고 판돌 한 장의 면적이 대형(단변의 길이가 60cm 이상)인 것을 붙이는 경우에는 값이 비싸므로 별도로 구분하여 산출한다. 이 경우도 시공안치수(모르타르 줄눈너비 포함)의 정미수량으로 산출한다.

(3) 석재를 건식공법으로 붙이기할 때의 앵커철물은 판돌 1매에 2개의 앵커철물이 소요되는 것으로 보아 산출하고, 코킹재는 설계도면에 표시된 판돌 크기별로 구분하여 코킹시공 연길이로 산출한다.

(4) 석재를 습식공법으로 붙이기할 때의 붙임용 모르타르에 대한 수량은 설계도서에 의해 산출하되, 설계도서에 명시가 없는 경우에는 석재붙이기 면적(m^2)당 붙임용 모르타르 수량은 표 8.2에 의하여 계산한다.

표 8.2 석재붙임용 모르타르량

(석재붙이기 면적 m^2당)

구 분	대리석			화강석			테라조판			점판암		
	바닥	평벽	징두리벽	바닥	평벽	징두리벽	바닥	평벽	징두리벽	바닥	평벽	징두리벽
붙임용 모르타르량(m^3)	0.032	0.035	0.035	0.045	0.045	0.045	0.032	0.035	0.035	0.021	0.023	0.023

비고 : 본 표는 석재가 공장가공제품일 때를 기준으로 한 것이며, 붙임용 모르타르의 두께가 설계도서에 명시되어 있는 경우에는 이에 의해 계산한 수량으로 한다.

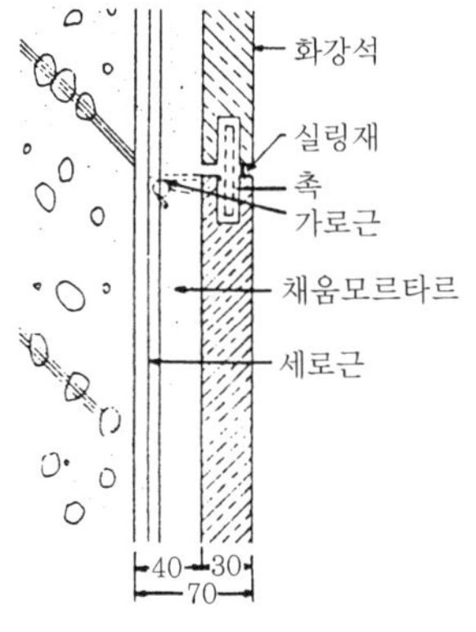

그림 8.1 습식공법

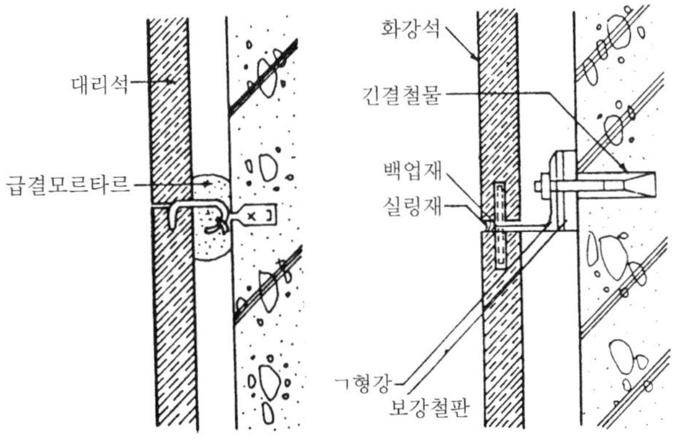

그림 8.2 건식공법

(5) 돌쌓기공사의 수량은 석재의 종류 · 표면상태(거친돌, 다듬돌) · 각부 돌쌓기(개구부 돌쌓기, 계단돌 · 바닥돌 깔기 등)별로 구분하고, 돌쌓기 공법별(메쌓기, 찰쌓기) 또는 돌쌓기 방법별(허튼층쌓기 · 바른층쌓기)로 구분하여 산출한다. 또한 견칫돌을 사용한 석축쌓기에 있어서는 메쌓기와 찰쌓기로 구분하여 산출한다.

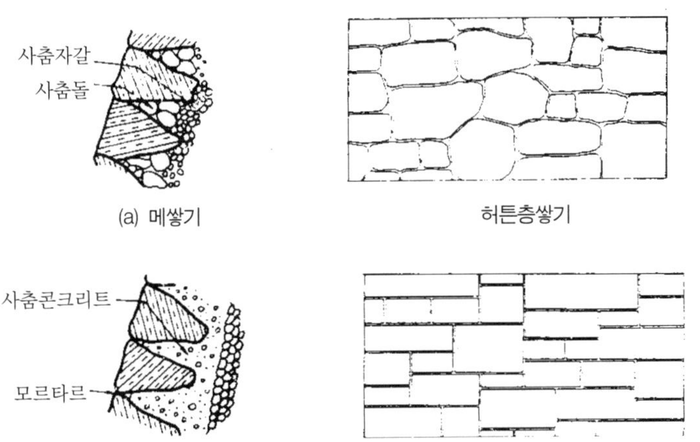

그림 8.3 돌쌓기

(6) 돌쌓기용 석재의 수량은 돌쌓기의 표면적(m^2)으로 산출한다. 다만, 돌크기의 대소를 혼합하여 쓸 경우에는 돌 크기별 개소로 산출하기도 하고 돌쌓기의 높이와 너비가 일정한 경우에는 연길이로 산출하기도 한다.

(7) 돌쌓기용 모르타르 또는 줄눈 메꿈용 모르타르에 대한 수량은 설계도서에 의해 산출하되, 설계도서에 명시가 없는 경우에는 돌쌓기 표면적(m^2)당 돌쌓기용 모르타르량은 0.2~0.45m^3, 줄눈 메꿈용 모르타르량은 0.009m^3으로 보아 산출한다.

제8장 돌공사 적산실습

실습 1 사무실 출입구의 바닥 일부를 화강석(1,200×60×12mm)으로 50m² 붙이기 하였을 경우 이에 소요되는 화강석량과 습식으로 붙이기에 필요한 모르타르량을 산출하시오.

풀이 ① 화강석 소요량=50×1.1=55m²

② 모르타르량=50×0.045=2.25m³

해설 화강석의 할증률은 10%(정형물인 경우)이며, 붙임용 모르타르량은 표 8.2에 의한 것이고, 붙임용 모르타르의 배합비를 1 : 3으로 하였을 경우 시멘트량과 모래량은 다음과 같이 계산하면 된다.

시멘트량=0.045×510kg=22.95kg

모 래 량=0.045×1.1m³=0.0495m³

실습 2 바닥면적이 300m²인 철근콘크리트조 1층 슬래브 바닥 위에 대리석판을 습식으로 붙일 때 소요되는 재료량과 품을 산출하시오.(다만, 대리석판의 두께는 12mm이며, 정형물이다)

풀이 ① 대리석판(두께 12mm) : 300×1.1=330m²

② 모르타르량 : 300×0.032m³=9.6m³(배합비 1 : 3)

시멘트량 : 9.6×510kg=4,896kg

모 래 량 : 9.6×1.1m³=10.56m³

③ 석공 : 300×0.29인=87인

④ 보통인부(붙임공) : 300×0.14=42인

해설 습식공법으로 대리석판 붙이기 모르타르량 및 품은 "실습 6 해설(품셈 8.1)"에 의한 것이다. 그리고 바닥이 수평면 및 완만한 경사일 경우에는 철물을 계상하지 아니하므로 바닥이 수평면으로 보아 철물을 계상하지 않는 것이다.

실습 3 다음 그림과 같은 한식건축물의 평면에 있어 기단에 화강석을 습식공법으로 붙였을 때의 소요 재료량과 품을 산출하시오.(다만, 화강석은 정형물로서 두께는 40mm이다)

풀이 ① 화강석을 붙일 기단의 면적을 구한다.

기단 면적=(25×16)−(21×10)

=190m^2

② 따라서 기단 190m^2를 화강석으로 붙이는데 소요되는 재료량과 품은 다음과 같다.

화강석 정미량 : 190m^2

화강석 소요량 : 190×1.1=209m^2

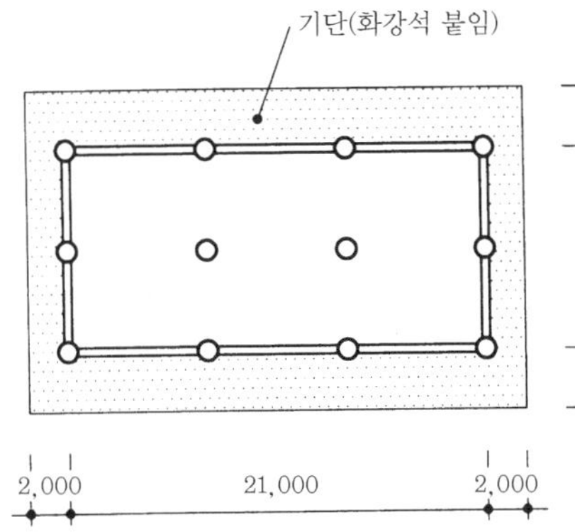

모르타르량 : 190×0.045m^3=8.55m^3 (배합비 1 : 3)

시멘트량 : 8.55×510kg≒4,360kg

모 래 량 : 8.55×1.1m^3≒9.4m^3

석공 : 190×0.4인=76

보통인부(붙임공) : 190×0.2=38

해설 화강석을 습식공법으로 바닥에 붙이기할 때의 단위면적당(1m^2당) 재료량과 품은 "실습 5(품셈 8.1)"에 의한 것이다.

실습 4 30cm×30cm×40cm인 화강석 100개를 5ton 트럭으로 운반하려면 몇 대의 차가 필요한가?(다만, 화강석의 비중은 2.6~2.7이다)

풀이 화강석의 전체 부피를 계산하면 0.3m×0.3m×0.4m×100개=3.6m^3

화강석의 비중은 2.65(2.6~2.7)이므로 3.6m^3×2.65t/m^3=9.54t

따라서, 9.54t÷5t=1.908대≒2대

즉 30cm×30cm×4cm인 화강석 100개를 5ton 트럭으로 운반하는 트럭대수는 2대가 필요하다.

실습 5 평벽 또는 바닥을 화강석으로 습식공법 붙이기하는 경우의 단위면적당($1m^2$당) 일위대가표를 작성하시오.

풀이 ① 화강석붙이기(평벽) 일위대가표

(m^2당)

품 명	규 격	단위	수 량	단가	금액	비 고
화 강 석	(정형물)	m^3	1.1			할증률 10%
시 멘 트		kg	22.95			모르타르 0.045×510kg
모 래		m^3	0.0495			모르타르 0.045×1.1m^3
철 물		kg	2.25			1.0~3.5kg의 평균치
석 공		인	0.46			
보 통 인 부	(붙임공)	인	0.36			
계	재 료 비					
	노 무 비					

② 화강석붙이기(바닥) 일위대가표

(m^2당)

품 명	규 격	단위	수 량	단가	금액	비 고
화 강 석	(정형물)	m^3	1.1			
시 멘 트		kg	22.95			모르타르 0.045×510kg
모 래		m^3	0.0495			모르타르 0.045×1.1m^3
(철 물)		(kg)	(2.25)			
석 공		인	0.4			
보 통 인 부	(붙임공)	인	0.2			
계	재 료 비					
	노 무 비					

철물은 바닥이 수평면 및 완만한 경사일 경우에는 계상하지 아니한다.

해설 습식공법으로 화강석, 대리석, 테라조판, 점판암 붙이기의 일위대가표는 다음의 표준품셈에 의하여 작성한다.

(품셈 8.1) 석재판붙임(습식공법)

(m^2당)

종 류	구 분	모르타르 (m^3)	바름두께 (mm)	철 물 (kg)	석 공 (인)	인 부 (인)
화 강 석	바닥	0.045	40	(1.0~3.5)	0.4	0.2
	평벽	0.045		1.0~3.5	0.46	0.36
대 리 석	바닥	0.032	30	(1.0~3.5)	0.29	0.14
	평벽	0.035		1.0~3.5	0.37	0.28
테라조판	바닥	0.032	30	(1.0~3.5)	0.29	0.14
	평벽	0.035		1.0~3.5	0.37	0.28

① 본 품은 공장가공제품일 때를 기준한 것이며, 현장재단 및 가공품이 포함되어 있다.

② 석재의 할증률은 정형물일 때 10%, 부정형물일 때 30%로 한다.
③ 바닥이 수평면 및 완만한 경사인 경우에는 철물을 계상하지 아니하며, 설계도서에 명시되어 있는 경우에는 이에 의해 계상한다.
④ 특수한 모양이거나 소규모공사로서 공장가공제품의 사용이 불가능한 경우에는 가공에 대한 품은 별도 계상할 수 있다.
⑤ 본 표의 모르타르량은 바름두께에 대한 할증이 포함된 것이며, 설계도서에 모르타르 및 바름두께가 명시되어 있는 경우에는 이에 의해 계상한다.
⑥ 모르타르 비빔품은 포함된 것이다.

실습 6 대리석을 평면 벽체에 건식공법인 앵커지지공법으로 붙이기하는 경우의 단위면적당($1m^2$당) 일위대가표를 작성하시오.

풀이 대리석 붙이기(평벽 벽체, 앵커지지공법) 일위대가표

(m^2당)

품 명	규 격	단위	수 량	단가	금액	비 고
대 리 석	(정형물)	m^3	1.1			할증률 10%
철 물	(앵커볼트 포함)	조	(설계수량)			접착제는 필요시 계상한다.
석 공		인	0.4			
보통인부		인	0.21			
계	재 료 비					
	노 무 비					

해설 건식공법인 앵커지지공법으로 공장가공제품인 석재판(화강석, 대리석, 테라조판, 점판암) 붙이기의 일위대가표는 다음의 표준품셈에 의하여 작성한다.

(품셈 8.2) 석재판 붙임 (건식공법 : 앵커지지공법)

(m^2당)

구 분	규 격	단위	수량	비 고
석 재 판		m^2	1.1	
철 물	앵커볼트 포함	조	(설계수량)	철물 및 접착제 등은 설계수량에 의거하여 계상한다.
접 착 제		kg	(설계수량)	접착제는 필요시 계상
석 공		인	0.4	
보통인부		인	0.21	

① 본 품은 석재판 1개당 $0.5m^2$를 기준으로 제시한 것이다.
② $0.3m^2$ 이하의 석재판 적용시 인력품을 10% 할증할 수 있다.
③ 본 품에는 현장 재단 및 가공품이 포함되어 있다.

④ 본 품에는 소운반품이 포함되어 있다.
⑤ 줄눈시공시 재료는 별도 계상한다. 본 품에는 줄눈시공품이 포함되어 있다.
⑥ 외벽시공의 높이별 품의 할증률은 제17장 도장공사 실습4(품셈 17.2) ⑤항에 따라 가산할 수 있다.
⑦ 석재 설치 후 보양에 따라 소요되는 품은 제2장 가설공사 실습13(품셈 2.5) 건축물 보양재료 및 품에 따라 별도 계상한다.
⑧ 공구손료는 품의 3%를 가산한다.

【해설】

본 표는 앵커지지공법을 기준으로 한 것이다. 경장비손료(휴대용 전기드릴, 윈치 등)는 별도 계상한다.

Chapter 09

타일 및 테라코타공사

9.1 개 요

타일공사(tiling, tile works)는 건축물의 내외벽면, 바닥 등의 표면에 타일을 붙이는 공사를 말하고 테라코타공사(terracotta work)는 주로 난간벽, 기둥머리, 돌림띠, 창대 등에 테라코타를 붙이는 공사를 말한다.

타일 및 테라코타 공사는 대개가 공사시방서에 상세히 명기되어 있는 경우가 많으므로 타일 및 테라코타 적산시는 공사시방서 내용도 잘 파악하여 수량산출 및 공사비 산출에 착오가 없도록 유의하여야 한다.

9.2 타일의 치수 및 취급 단위

(1) 타일의 치수

타일의 치수는 타일 형상별로 치수가 각각 다르다. 타일의 치수는 한국산업규격(KS L 1001)에 규정되어 있으며, 모듈 호칭치수와 제작치수로 구분하여 규정하고 있다.

타일의 형상에 따른 치수를 예시하면 표 9.1과 같으며, 근래에는 치수가 큰 대형(300mm×300mm, 400mm×400mm, 450mm×250mm, 600mm×300mm, 600mm×600mm 등)의 타일을 선호하여 많이 사용되고 있는 추세이다.

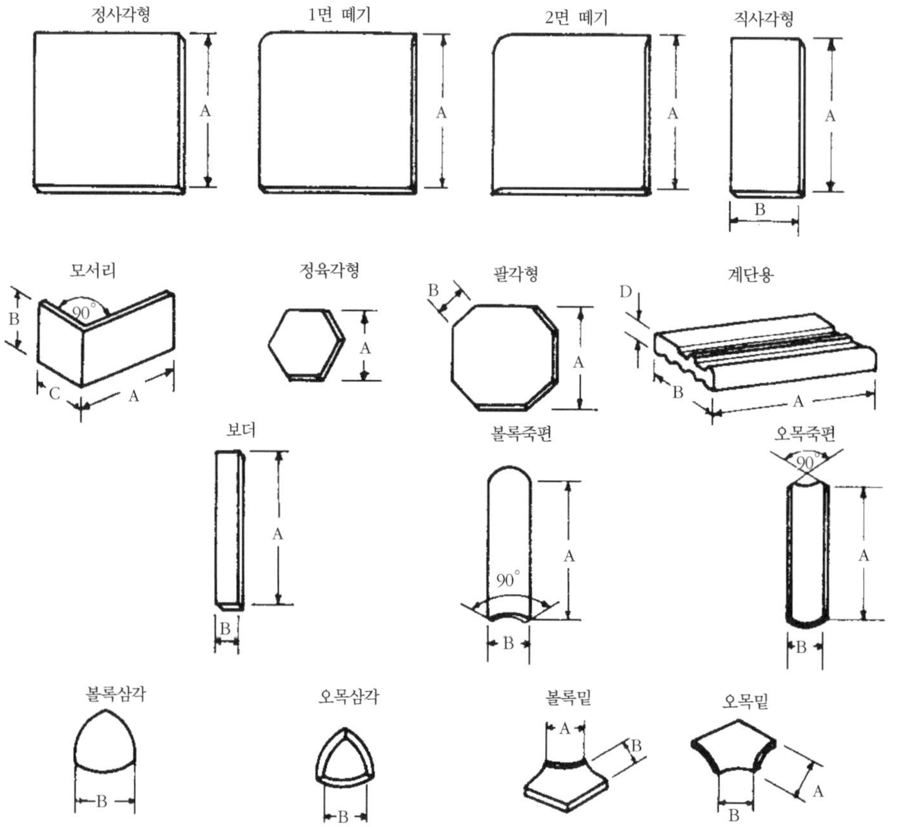

그림 9.1 타일의 형상

표 9.1 타일의 치수

(단위 : mm)

종류	형 상	치수측정 하는 곳	치 수															
외장타일	정사각형	A	60	76	90	100	108	150	152									
	직사각형	A B	57 40	87 57	100 50	100 60	108 60	150 75	180 57	180 87	200 50	200 60	200 100	227 60				
	모서리	A B C	87 57 40	108 60 50	108 60 55	160 60 50	168 60 50	200 50 100	200 60 100	200 100 100								
내장타일	정사각형 일면떼기 이면떼기	A	52	55	60	75	76	90	97	100	102	108	150	200				
	직사각형	A B	52 25	100 50	100 60	108 60	150 75	152 76	200 50	200 60	200 100							
	보더	A B	108 12	108 25	150 12	150 25	152 12	152 25	200 12	200 25								
	볼록죽편	A	76	76	97	97	108	108	108	108	108	150	152	152				

종류	형 상	치수측정 하는 곳	치 수															
		B	23	25	25	38	23	25	30	33	38	25	25	38				
내장타일	오목죽편	A B	76 13	76 15	97 15	97 25	108 13	108 15	108 20	108 23	108 25	150 12	150 25	152 15	152 25			
	볼록삼각	B	23	25	30	33	38											
	오목삼각	B	13	15	20	23	25											
	볼록밑	A B	23 13	25 15	30 20	33 23	38 25											
	오목밑	A B	23 13	25 15	30 20	33 23	38 25											
바닥타일	정사각형	A	75	76	102	108	150	152	182									
	직사각형	A B	108 60	150 75	152 76	200 100	194 92											
	정육각형	A	75	76	100	102	108	150	152									
	팔각형	A B	75 25	76 26	108 40	150 55	152 55											
	계단용	A B D	90 45	100 50	150 75	152 76	180 90	200 100										
모자이크타일	정사각형	A	19	25	35	40	45	47	50	52	55	59						
	직사각형	A B	40 19	50 25	52 25	89 43												
	정육각형	A	25	50	51													

(주) 다만, 기타 수출품 및 이형은 당사자 사이의 협정에 따른다.

(2) 타일의 취급 단위

① 타일은 1장(매) 단위 또는 1상자 6.6m^2(2평) 들이로 판매한다. 따라서 타일을 구입 요구할 때의 수량 단위는 소량의 타일인 경우는 몇 장으로, 대량의 타일인 경우는 몇 상자로 취급하는 것이 일반적이다.

② 타일 중 모자이크타일은 0.09m^2(1평방척)의 하드롱지 또는 나일론망(크기 30cm×30cm)에 붙여 1장(매) 단위로 판매되고 있다. 그러므로 모자이크타일의 소요수량을 산출한다거나 구입을 요구할 때의 수량 단위는 모자이크(종이 또는 망) 몇 장(몇 매)식으로 취급하게 된다.

③ 기타 특수형 타일은 1장(매) 단위로 취급한다.

9.3 타일붙임 공법 및 바름두께

(1) 타일을 외벽 및 내벽에 붙이는 시공방법은 손붙임 공법과 먼저붙임 공법으로 대별한다. 손붙임 공법은 결합재로서 모르타르나 접착제를 사용하지만 먼저붙임 공법은 콘크리트의 타설로 타일을 붙이는 방법이다.

(2) 손붙임 공법의 종류별 개요와 적용 가능한 타일 크기 및 붙임 모르타르의 바름 두께는 표 9.2를 표준으로 한다.

표 9.2 손붙임 공법별 타일 크기 및 바름 두께

공법 구분			타일크기(mm)	붙임모르타르의 바름두께(mm)
외장	떠붙이기	타일 뒷면에 붙임모르타르를 얹어 바탕모르타르에 누르듯이 하여 1매씩 붙이는 공법	108×60 이상	12~24
	압착붙이기	평평히 만든 바탕 위에 붙임모르타르를 바르고 그 위에 타일을 비벼 넣거나 두드려 눌러 붙이는 공법	108×60 이상 108×60 이하	5~7 3~5
	개량압착붙이기	떠붙임공법과 압착공법을 개량하기 위하여 바탕과 타일 뒷면에 붙임모르타르를 각각 바르고 타일을 붙이는 공법	108×60 이상	바탕쪽 3~6 타일쪽 3~4
	동시줄눈붙이기	압착붙이기와 거의 같으나 타일면에 수직하여 충격공구(vibrator)로 충격을 가해 붙임모르타르가 줄눈 사이로 밀려나올 때까지 충격을 주면서 붙이는 공법. 이 공법을 밀착공법이라고 함	108×60 이상	5~8
내장	떠붙이기	외장의 떠붙이기와 같음	108×60 이상	12~24
	낱장붙이기	압착붙이기의 일종으로서 타일을 한 장씩 눌러 비벼붙이는 공법	108×60 이상 108×60 이상	3~5 3
	접착붙이기	타일 붙임재료를 유기질 접착제 또는 수지모르타르를 바탕면에 바르고 그 위에 타일을 붙여대는 공법	100×100이하	–

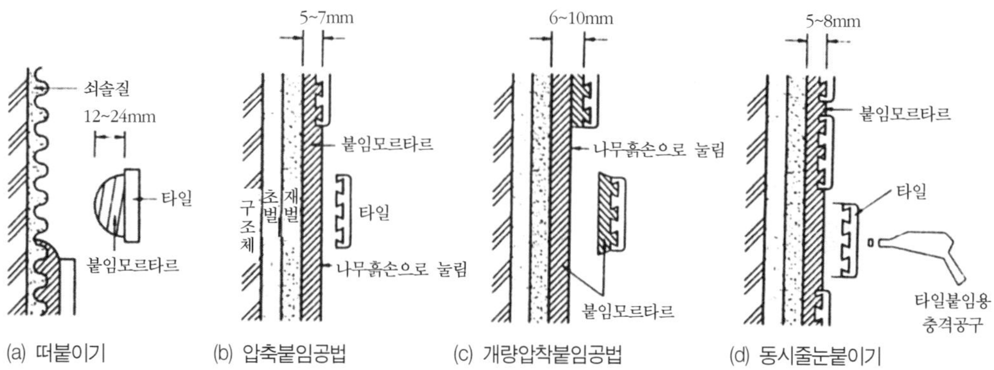

(a) 떠붙이기 (b) 압축붙임공법 (c) 개량압착붙임공법 (d) 동시줄눈붙이기

그림 9.2 타일 손붙임 공법

9.4 타일공사 적산 구분

(1) 타일의 종류에 의한 구분

① 재질에 의한 구분 : 도기질 · 석기질 · 자기질타일

② 표면 마무리에 의한 구분 : 시유 · 무유 · 활면 · 조면타일

③ 용도에 의한 구분 : 내장 · 외장 · 바닥 · 특수타일

④ 형상에 의한 구분 : 정사각형 · 직사각형 · 정육각형타일 · 모자이크타일 · 크링키타일

(2) 시공방법별 구분

① 손붙임 공법별 구분 : 떠붙이기, 압착붙이기, 개량압착붙이기, 동시줄눈붙이기, 접착붙이기

② 먼저붙임 공법별 구분 : 거푸집 먼저붙임 공법, PC판 먼저붙임 공법

(3) 시공부위별 구분

① 바닥　　② 벽

③ 천장　　④ 기타

9.5 타일공사 수량산출

(1) 타일수량은 설계도와 공사시방서 내용을 기준하여 타일의 종류별, 시공방법별, 시공부위별에 따라 구분하여 타일붙임면적(m^2)으로 산출한다.

(2) 타일붙임면적은 설계도에 의하여 시공안목치수로 계산된 정미면적, 즉 타일 시공할 실면적으로 산출한다. 여기서 실면적은 줄눈너비(줄눈폭)를 포함한 면적으로 한다.

(3) 벽 타일붙임면적은 설계도에 의한 창호 등 개구부면적을 따로 계산하여 이를 공제한 면적으로 산출하고 창호등 개구부 주변을 타일로 마감하는 경우에는 이를 별도로 산출하여 가산한 면적으로 한다.

(4) 부속타일(코너타일 등)의 수량은 종류별, 길이별로 설계도에 의하여 시공할 실면적으로 산출한 후 매수로 환산한다(부속타일 구입량은 매수로, 시공은 면적으로 적용하기 때문임).

(5) 타일을 매수(장수)로 계산할 경우에는 타일붙이기 실면적의 단위면적당(m^2당) 타일크기별 정미량으로 산출한 후 이 정미량에 표 9.3과 같은 할증률을 가산한 소요량으로 계산한다.

표 9.3 타일의 할증률

타 일 종 류	할 증 률 (%)
도 기 질 타 일	3
자 기 질 타 일	3
모 자 이 크 타 일	3

(6) 타일 매수는 다음과 같은 계산식에 의하여 계산할 수 있다.

$$타일매수 = \frac{A}{(a+m)\times(b+n)}$$

여기서, A : 타일붙임면적(m^2)

a : 타일 세로길이

b : 타일 가로길이

m : 타일붙임 세로줄눈너비

n : 타일붙임 가로줄눈너비

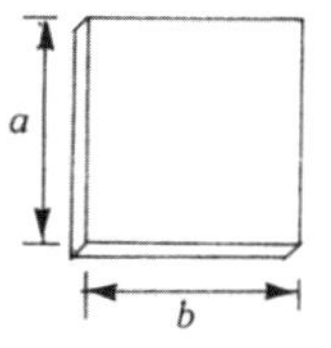

(7) 타일붙임용 모르타르와 바탕고르기용 모르타르 수량은 모르타르 바름두께별, 용적배합비별로 구분하여 모르타르 바름할 실면적으로 산출한 후 이 실면적에 바름두께를 곱한 체적으로 산출한다. 또한 모르타르에 혼화재를 사용하였을 경우의 혼화재량, 줄눈에 코킹재 또는 줄눈대를 사용하였을 경우의 코킹재 및 줄눈대의 수량은 공사시방서 내용에 의거 산출한다. 코킹재 및 줄눈대의 수량은 규격별 길이로 산출한다.

(8) 모자이크타일(mosaic tile)은 4cm각 이하의 소형으로 된 타일로서 모자이크타일의 정미량은 모자이크타일 붙이기 실면적(m^2)에 단위면적당(m^2당) 정미매수인 11.11매(장)을 곱하여 산출한다. 그리고 모자이크 타일의 소요량은 정미량에 할증률 3%를 가산한 것이 되므로 단위면적당(m^2당) 소요매(장)수는 11.4매(장)로 보아 소요수량을 산출한다.

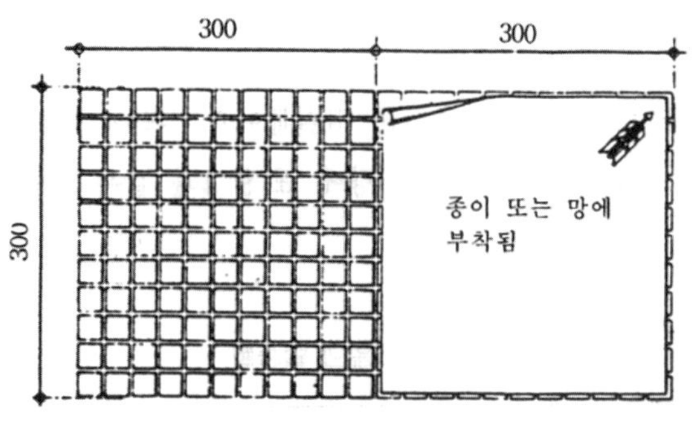

그림 9.3 모자이크타일

(9) 클링커타일(clinker tile)은 비교적 다른 타일에 비해 두께가 두껍고 홈줄을 넣은 외부 바닥용의 특수타일로서, 클링커타일 수량은 클링커타일 붙이기 실면적(정미면적)으로 산출한 후 실면적에 단위면적당(m^2당) 소요되는 클링커타일 매수를 곱한 것을 정미량(정미매수)으로 하고 이 정미량에 할증률 3% 이내를 가산한 것을 소요량(소요매수)으로 한다. 클링커타일의 규격별 정미량(정미매수)는 표 9.4와 같다.

표 9.4 클링커타일 규격별 매수

(매/m^2)

정 사 각 형 (mm)				직 사 각 형 (mm)	
108각	120각	152각	180각	최소 40× 57 최대 90×108	최소 57×110 최대 110×227
86~72	69~59	43~38	31~28	439~299 103~ 85	160~124 40~ 35

비고 : ① 클링커타일 매수 중 최대치는 맞댐일 때이고 최소치는 줄눈너비 10mm로 한 것이다.
② 클링커타일 매수는 정미량이며 할증률은 3%이다.

9.6 테라코타공사 수량산출

(1) 테라코타공사는 테라코타의 붙이기 등에 관한 공사를 말하며, 테라코타(Terracotta)는 속이 빈 대형의 점토제품으로서 주로 외장용으로 쓰인다. 속빈 대형벽돌 또는 특대형 타일도 테라코타의 일종이라 할 수 있다. 테라코타는 구조용과 장식용의 2가지 종류로 대별한다. 테라코타의 종류를 들면 표 9.5와 같다.

그림 9.4 테라코타

표 9.5 테라코타의 종류

종 별		용 도	비 고
구조용	블 록 형 물	바닥, 칸막이벽	블록형으로 되어 크기는 각종이 있다.
장식용	대 형 판 상 물	내외벽면	후면에 리브(rib) 또는 속이 비어 있다.
	연 속 선 상 물	몰딩(moulding) 기타	후면에 리브 또는 속이 비어 있고 최대 길이는 7.5cm 내외이다.
	입체적 조각물	조각형태	주문자의 창조품으로 제작된다.

(2) 블록형물 및 대형판상물인 테라코타는 설계도에 의한 정미면적(m^2)으로, 연속선상물인 테라코타는 연장(m)으로 계산한 정미량으로, 조각물인 테라코타는 개수 · 연속길이 · 면

적 · 체적 등으로 수량을 산출한다.

(3) 테라코타의 붙임용 모르타르량과 바탕고르기용 모르타르 수량은 모르타르 바름두께별, 용적배합비별로 구분하여 모르타르 바름할 실면적(정미면적)으로 산출한 후 이 실면적에 바름두께를 곱한 체적(m^3)으로 산출한다.

(4) 바닥 및 내외벽체용 테라코타의 크기별 정미량은 표 9.6과 같으며 소요량은 할증률 3%를 가산하여 계산한다.

표 9.6 테라코타의 정미량

($매/m^2$)

규 격(cm)	붙임매수(매)	규 격(cm)	붙임매수(매)
30.7×15.8×12	19	30.7 ×14×12	21
14.3×15.8×12	39	28.9×18×11	18
17.5×15.8×12	32	31.0 ×11×15	26
30.7×15×12	20	38.8 ×20×19	12

비고 : 줄눈너비 10mm인 경우이다.

제9장 타일 및 테라코타공사 적산실습

실습 1 타일의 크기가 10.8cm각 타일을 가로 · 세로줄눈 6mm로 붙일 때 $1m^2$당 필요한 타일의 정미수량은 몇 매인가?

풀이 타일 정미수량(매) $= \dfrac{100cm \times 100cm}{11.4cm \times 11.4cm} = \dfrac{10,000cm^2}{129.96cm^2} = 76.95 \fallingdotseq 77$매

해설 타일의 소요량(매)을 산출하려면 타일의 정미량에 할증률 3%를 가산한 것으로 산출한다.

즉, 타일 소요량(매)=77매×1.03=79.31≒79.3매가 된다.

실습 2 타일의 크기가 150mm각이며, 가로 및 세로줄눈은 6mm일 때 욕실벽 붙임면적 $15m^2$에 필요한 타일의 소요량은 몇 매인가?

풀이 타일붙임면적 $1m^2$당 소요량(매) $= \left(\dfrac{100cm \times 100cm}{15.6cm \times 15.6cm}\right) \times 1.03 \fallingdotseq 42$매

따라서, 타일붙임면적 $15m^2$에 필요한 타일 소요량은 다음과 같다.

타일 소요량(매) $= 42$매 $\times 15m^2 = 630$매

해설 타일의 크기와 줄눈크기를 m로 환산하여 타일붙임면적 $1m^2$당 소요량을 산출하면 다음과 같다.

타일붙임면적 $1m^2$당 소요량(매) $= \left(\dfrac{1m^2}{0.156m \times 0.156m}\right) \times 1.03 \fallingdotseq 42$매

실습 3 $12m^2$의 바닥에 모자이크타일을 붙일 경우 소요되는 모자이크 종이의 장수는 얼마인가?

풀이 모자이크 종이의 장수(매) $= 11.4$매 $\times 12m^2 = 136.8 \fallingdotseq 137$매

해설 모자이크 종이 1장의 크기는 30cm×30cm이며, 바닥면적 $1m^2$당 11.4매가 소요된다. 그리고 모자이크타일 $1m^2$ 붙이는 정미매수는 11.11매이다.

실습 4 150m^{2}되는 벽에 100×100크기의 도기질타일을 일반공법으로 붙이기할 때 소요되는 재료(타일, 시멘트, 모래)량을 산출하시오. 다만, 도기질타일 붙임면적은 120m^{2}이고, 바탕모르타르의 바름두께는 15mm, 붙임모르타르의 바름두께는 12mm이며, 바탕 및 붙임모르타르의 배합비는 1 : 3, 줄눈모르타르의 배합비는 1 : 1이다.

풀이

① 타일소요량=120m^2×1.03=123.6m^2

② 바탕모르타르량=0.018m^3×120=2.16m^3

붙임모르타르량=0.014m^3×120=1.68m^3

바탕 및 붙임모르타르량=2.16+1.68=3.84m^3

- 시멘트량=3.84×510kg=1,958.4≒1,958kg
- 모 래 량=3.84×1.1m^3=4.224≒4.22m^3

③ 줄눈모르타르량=0.005m^3×120=0.6m^3

- 시멘트량=0.6×1,093kg=655.8≒656kg
- 모 래 량=0.6×0.78m^3=0.468m^3

④ 따라서, 타일소요량, 시멘트량 및 모래량은 다음과 같다.

타일 소요량	시멘트량	모 래 량
123.6m^2	2,614kg	4.69m^3

해설

① 타일의 수량은 붙이는 실면적, 즉 정미면적으로 산출하고 할증률 3% 이내로 가산하여 소요량으로 한다.

② 바탕모르타르(바탕고르기 모르타르), 붙임모르타르 및 줄눈모르타르의 소요량은 "실습 7(품셈 9.2) (3)항 및 실습 6(품셈 9.1)"에 의하여 산출한다.

③ 모르타르 배합비에 따른 모르타르 1m^{3}당 소요되는 시멘트 및 모래량은 다음과 같다.

배합용적비	시멘트(kg)	모래(m^3)	비 고
1 : 3	510	1.1	재료의 할증률이 가산되어
1 : 1	1,093	0.78	있다.

실습 5 100m^{2}되는 바닥에 90×90의 석기질타일을 일반공법붙이기로 할 때 소요되는 타일량과 바탕·붙임 및 줄눈 모르타르용 재료량을 산출하시오.
(단, 바탕 또는 붙임모르타르의 바름두께는 각각 18mm로 하고 바탕 또는 붙임모르타르의 배합비는 1 : 3, 줄눈모르타르 배합비는 1 : 10이다)

풀이 ① 타일소요량=100m^2×1.03=103m^2

② 바탕모르타르 : 시멘트량=9.69kg×100=969kg
모 래 량=0.0209m^3×100=2.9m^3

③ 붙임모르타르 : 시멘트량=9.18kg×100=918kg
모 래 량=0.0198m^3×100=1.98m^3

④ 줄눈모르타르 : 시멘트량=5.465kg×100=546.5kg
모 래 량=0.0039m^3×100=0.39m^3

⑤ 따라서 시멘트량 : 2,433.5kg
모 래 량 : 5.27m^3

해설 바탕모르타르(바탕고르기 모르타르), 붙임모르타르 및 줄눈모르타르용 재료(시멘트, 모래)량은 "실습 7(품셈 9.2) (3)항 및 실습 6(품셈 9.1)"에 의하여 산출한다.

실습 6 타일(60×60mm)을 외벽에 떠붙이기할 때의 1m^{2}당 일위대가표를 작성하시오.(다만, 바탕고르기 및 붙임모르타르의 배합비는 1 : 3이고 바름두께는 각각 18mm로 한다)

풀이 바닥타일 떠붙이기 일위대가표

(m^{2}당)

품 명	규 격	단위	수 량	단가	금액	비 고
타 일	60×60mm	m^3	1.03			할증률 3% 가산됨
시 멘 트	(바탕용+붙임용)	kg	20.91			10.71+10.2
시 멘 트	(줄눈용, 백 또는 흑)	kg	5.465			
모 래	(바탕용+붙임용+줄눈용)	m^3	0.049			0.0231+0.022+0.0039
타 일 공		인	0.155			
미 장 공	(바탕용)	인	0.35			
보 통 인 부	(붙임용)	인	0.081			
보 통 인 부	(바탕용)	인	0.18			
줄 눈 공		인	0.02			
계	재 료 비					
	노 무 비					

해설 타일 떠붙이기의 일위대가표는 다음의 표준품셈에 의하여 작성한다.

(품셈 9.1) 타일 떠붙이기

(1) 붙임재료

(m²당)

구분	바름두께 / 재료	12mm 모르타르(m³)	12mm 시멘트(kg)	12mm 모래(m³)	15mm 모르타르(m³)	15mm 시멘트(kg)	15mm 모래(m³)	18mm 모르타르(m³)	18mm 시멘트(kg)	18mm 모래(m³)	24mm 모르타르(m³)	24mm 시멘트(kg)	24mm 모래(m³)
붙임 모르타르	바닥면	0.012	6.12	0.0132	0.015	7.65	0.0165	0.018	9.18	0.0198	0.024	12.24	0.0264
	내외벽면	0.014	7.14	0.0154	0.017	8.67	0.0187	0.020	10.20	0.0220	0.026	13.26	0.0286
줄눈모르타르		0.005	5.465	0.0039	0.005	5.465	0.0039	0.005	5.465	0.0039	0.005	5.465	0.0039

① 재료의 할증률은 포함되어 있다.
② 바탕고르기의 재료 및 품은 "실습 9(품셈 9.2) (4)항"에 따른다.

【해설】

① 붙임 모르타르의 배합비는 1 : 3이고 줄눈모르타르의 배합비는 1 : 1이다.
② 본 표의 모르타르용 시멘트는 백시멘트 또는 보통시멘트를 기준한 것이며, 기성제품으로 사용할 때는 별도 계상한다.
③ 붙임 및 줄눈모르타르의 혼화재(줄눈용 색소 포함)는 별도 계상한다.

(2) 타일붙임품

(m²당)

타일규격(m²) \ 구분		타일공(인)	보통인부(인)
벽면	0.04~0.10 이하	0.155	0.081
	0.11~0.20 이하	0.138	0.074
	모자이크(유닛형)	0.200	0.098

① 특수타일(유도타일, 축광타일, 문양을 내기 위해 비규칙적으로 절단하여 시공되는 이형타일 등) 붙임은 품의 35~50%를 가산한다.
② 본 품은 타일을 벽붙임을 기준한 품이며, 소운반, 모르타르 배합 및 비빔 ; 먹매김, 규준틀 설치, 타일붙임, 줄눈파기 및 마무리작업을 포함한다.
③ 타일규격은 타일 1장당 면적을 의미한다.
④ 공구손료 및 경장비의 기계경비는 인력품의 3%로 별도 계상한다.
⑤ 특정모양으로 형성화된 타일(부조타일)을 붙이는 경우 별도 계상한다.

(3) 타일줄눈

(m²당)

타일규격(m²) \ 구분		줄눈공(인)
벽면	0.04~0.10 이하	0.020
	0.11~0.20 이하	0.017
	모자이크(유닛형)	0.020

① 본 품은 떠붙이기로 시공된 타일의 줄눈을 장치하는 품이다.
② 본 품에는 소운반, 모르타르 배합 및 비빔, 줄눈설치 및 마무리작업을 포함한다.
③ 타일규격은 타일의 1장당 면적을 의미한다.

실습 7 타일(108×108mm)을 벽에 압착붙이기로 시공할 때의 1m²당 일위대가표를 작성하시오. (다만, 바탕고르기 모르타르의 바름두께는 15mm로 하고 붙임모르타르의 바름두께는 6mm로 한다)

풀이 벽타일 밀착공법붙이기 일위대가표

(m²당)

품 명	규 격	단위	수 량	단가	금액	비 고
타 일	108×108mm	m²	1.03			할증률 3% 가산됨
시 멘 트	(바탕용+붙임용)	kg	13.87			9.18+4.69
시 멘 트	(줄눈용, 백 또는 흑)	kg	1.48			
모 래	(바탕용+붙임용+줄눈용)	m³	0.0277			0.0198+0.0068+0.0011
타 일 공		인	0.135			
보통인부	(붙임용)	인	0.051			
보통인부	(바탕용)	인	0.23			
미 장 공	(바탕용)	인	0.47			
줄 눈 공		인	0.017			
공구손료	(인력품의 6%)	식	1			
계	재 료 비					
	노 무 비					

해설 타일 압착의 일위대가표는 다음의 표준품셈에 의하여 작성한 것이며, 본 일위대가표는 외벽인 경우 높이가 3층 이하로서 그 이상인 경우에는 다음의 표준품셈 (2) ⑦항에 따라 품(타일붙임용)을 가산하여야 한다.

(품셈 9.2) 타일 압착 붙이기

(1) 붙임재료

(m²당)

구분 \ 바름두께 / 재료		5mm			6mm			7mm			8mm		
		모르타르 (m³)	시멘트 (kg)	모래 (m³)	모르타르 (m³)	시멘트 (kg)	모래 (m³)	모르타르 (m³)	시멘트 (kg)	모래 (m³)	모르타르 (m³)	시멘트 (kg)	모래 (m³)
붙임 모르타르	바닥면	0.005	3.57	0.0051	0.006	4.28	0.0062	0.007	5.00	0.007	0.008	5.71	0.0083
	내외벽면	0.006	3.91	0.0056	0.007	4.69	0.0068	0.008	5.47	0.0079	0.009	6.26	0.009
줄눈모르타르		0.001	1.48	0.0011	0.001	1.48	0.0011	0.001	1.48	0.0011	0.001	1.48	0.0011

① 재료의 할증률은 포함되어 있다.
② 바탕고르기의 재료 및 품은 "(4)항"에 따라 별도 가산한다.

【해설】

① 붙임 모르타르의 배합비는 1 : 2이고 줄눈모르타르의 배합비는 1 : 1이다.
② 본 표의 모르타르용 시멘트는 백시멘트 또는 보통시멘트를 기준한 것이며, 기성제품을 사용하거나 붙임 및 줄눈용 모르타르에 혼화재를 첨가할 때는 제조업체의 시방 및 자료에 따라 적용한다.

③ 붙임 및 줄눈모르타르의 혼화재(줄눈용 색소 포함)는 별도 계상한다.

(2) 타일붙임품

(m^2당)

타일규격(m^2) \ 구분		타일공(인)	보통인부(인)
바닥면	0.04~0.10 이하	0.122	0.044
	0.11~0.20 이하	0.108	0.040
	모자이크(유닛형)	0.156	0.053
벽면	0.04~0.10 이하	0.152	0.055
	0.11~0.20 이하	0.135	0.051
	모자이크(유닛형)	0.195	0.066

① 특수타일(문양을 내기 위해 비규칙적으로 절단하여 시공되는 이형타일 등) 붙임은 품의 35~50%를 가산한다.
② 본 품은 타일의 압착붙이기를 기준한 것이다.
③ 본 품에는 소운반, 모르타르 배합 및 비빔, 먹매김, 규준틀 설치, 타일붙임, 줄눈파기 및 마무리작업을 포함한다.
④ 타일규격은 타일의 1장당 면적을 의미한다.
⑤ 공구손료 및 경장비 기계경비는 인력품의 3%로 계상한다.
⑥ 바탕고르기가 필요한 경우 별도 "(4)항"에 따라 계상한다.
⑦ 특정모양으로 형성화된 타일(부조타일 등)을 붙이는 경우 별도 계상한다.

(3) 타일줄눈

(m^2당)

타일규격(m^2) \ 구분		줄눈공
바닥면	0.04~0.10 이하	0.016
	0.11~0.20 이하	0.013
	모자이크(유닛형)	0.016
벽면	0.04~0.10 이하	0.020
	0.11~0.20 이하	0.017
	모자이크(유닛형)	0.020

① 본 품은 압착붙이기에 의해 시공된 타일의 줄눈을 장치하는 품이다.
② 본 품에는 소운반, 모르타르 배합 및 비빔, 줄눈설치 및 마무리작업을 포함한다.
③ 타일규격은 타일의 1장당 면적을 의미한다.

(4) 바탕고르기 재료 및 품

(m^2당)

구분 \ 바름두께	재료	12mm			15mm			18mm			24mm		
		모르타르 (m^3)	시멘트 (kg)	모래 (m^3)	모르타르 (m^3)	시멘트 (kg)	모래 (m^3)	모르타르 (m^3)	시멘트 (kg)	모래 (m^3)	모르타르 (m^3)	시멘트 (kg)	모래 (m^3)
바 탕 고르기 모르타르	바닥면	0.013	6.63	0.0143	0.016	8.16	0.0176	0.019	9.69	0.0209	0.025	12.75	0.0275
	내외벽면	0.014	7.14	0.0154	0.018	9.18	0.0198	0.021	10.71	0.0231	0.027	13.77	0.0297

① 재료의 할증률은 포함되어 있다.
② 모르타르의 배합비는 1 : 3을 기준한다.
③ 바탕고르기 품은 다음에 따라 계상한다.

구 분	미 장 공(인)	보 통 인 부(인)
벽	0.47	0.23
바 닥	0.35	0.18

④ 본 품은 타일공사 전 벽 및 바닥면 바탕을 고르기 위한 모르타르 바름품이며, 소운반, 비빔, 모르타르 바름 및 마무리 작업을 포함한다.
⑤ 바탕고르기 두께는 24mm 이하를 기준한 것이다.

실습 8 테라코타(대형판) 붙이기의 일위대가표를 작성하시오.

풀이 테라코타(대형판) 붙이기 일위대가표

(m^2당)

품 명	규 격	단위	수량	단가	금액	비 고
테 라 코 타	대형판	m^2	1.03			
타 일 공		인	0.3			
줄 눈 공		인	0.045			
보 통 인 부		인	0.3			
계	재 료 비					
	노 무 비					

해설 테라코타 붙이기의 일위대가표는 다음의 표준품셈에 의하여 작성한다.

(품셈 9.3) 테라코타 붙이기 재료 및 품

구분 \ 공종별	단위	대형판붙임 (m^2당)	블록형붙임 (m^2당)	연속선상붙임 (m당)
테 라 코 타	m^2	1.03	1.03	–
테 라 코 타	m	–	–	1.03
타 일 공	인	0.30	0.25	0.17
줄 눈 공	인	0.045	0.045	0.01
보 통 인 부	인	0.30	0.25	0.17

① 본 품에는 재료의 할증률과 청소 및 소운반이 포함되어 있다.
② 연결 및 고정철물, 바탕모르타르 및 붙임모르타르는 설계수량으로 별도 가산한다.
③ 외벽은 "실습 9 (품셈 9.2) (2) ⑦항"에 준하여 품의 할증을 할 수 있다.

Chapter 10

목공사

10.1 개 요

목공사(carpentry works)는 건축물의 주요구조부인 벽체 · 기둥 · 바닥 · 들보 · 지붕 등에 목재를 사용하여 가구식으로 구조체를 만드는 공사 또는 건축물의 내외장을 목재를 사용하여 마무리하는 공사를 말한다. 따라서 목공사를 구조목공사와 수장목공사로 크게 나눌 수 있다.

목공사비는 재료비로서의 각종 목재류의 비용과 부착철물비 및 노무비로 구성되고 목공사비의 대부분이 재료비가 차지하므로 목공사의 적산은 재료비를 어떻게 정확하게 적산하느냐가 가장 중요하다.

10.2 목재의 치수표시 및 규격

(1) 목공사에 사용되는 목재로서 일반적으로 구조재 · 일반재는 제재치수, 특수수장재 · 가구재는 제재정치수, 창호재 · 정밀가구재는 마무리치수로 하고 있다. 통나무는 끝마구리 지름으로 표시한다.

① 제재치수 : 제재된 목재의 실제치수로서 톱날의 중심간 거리를 목재의 치수로 호칭하는 것을 말한다.

② 제재정치수 : 제재하여 나온 목재 자체의 정미치수로 호칭한 것을 말한다.

③ 마무리치수 : 제재하여 건조, 대패질 등 마무리한 결과의 목재치수로 호칭한 것을 말한다.

(2) 목재의 길이가 규격에 맞게 일정하게 된 것을 목재의 정척길이라 하고 정척길이에 따라 정척물, 난척물, 장척물, 단척물로 구분한다.

① 정척물 : 일정한 길이로 된 것으로서 1.8m(6자), 2.7m(9자), 3.6m(12자)의 3종이 있다.

② 난척물 : 정척물이 아닌 것으로서 2.1m(7자), 3.0m(10자) 등이 있다.

③ 장척물 : 정척물보다 긴 것, 즉 3.6m보다 긴 것으로서 보통 0.9m씩 길어진 것을 표준으로 하여 4.5m(15자), 5.4m(18자), 6.3m(21자) 등이 있다.

④ 단척물 : 정척물보다 짧은 것, 즉 1.8m 미만의 길이로 된 것을 말한다.

장척물은 값이 비싸고 단척물은 값이 싸다. 또 난척물은 구득하기가 어렵다.

(3) 목재는 원목과 제재목으로 구분되고 원목은 통나무, 제재목은 판재 · 각재로 분류된다.

10.3 목재의 취급단위 및 계산방법

10.3.1 목재의 취급단위

목재는 체적을 단위로 하여 취급된다. 재래에는 단위체적을 1재(才)로 써 왔지만 근래에는 m^3를 단위체적으로 하고 있다.

(1) 미터(m)제

$1m^3$=1m(두께)×1m(너비)×1m(길이)=100cm×100cm×100cm=1,000,000cm^3

$1m^3$=299,475재, $1m^3$=423.8b · f

(2) 척(尺)제

1재(才)=1치×1치×12자=0.00324m^3=1.4151b · f

1석(石)=1자×1자×10자=10입방척=83.3재

1b · f(board feet)=1inch×1feet×1feet 또는 1inch×1inch×12feet

=1″×1′×1′ 또는 1″×1″×12′

=0.0833c · f=0.7066재

10.3.2 목재의 재적 계산방법

(1) 각재(제재목) 계산방법

① 미터(m)제의 경우 $V = T \times W \times L \times \frac{1}{10,000} (m^3)$

② 척(尺)제의 경우 $V = T \times W \times L \times \frac{1}{12}$ (재)

다만,

	(미터제의 경우)	(척제의 경우)
T : 제재목의 두께	(cm)	(寸)
W : 제재목의 너비	(cm)	(寸)
L : 제재목의 길이	(m)	(尺)

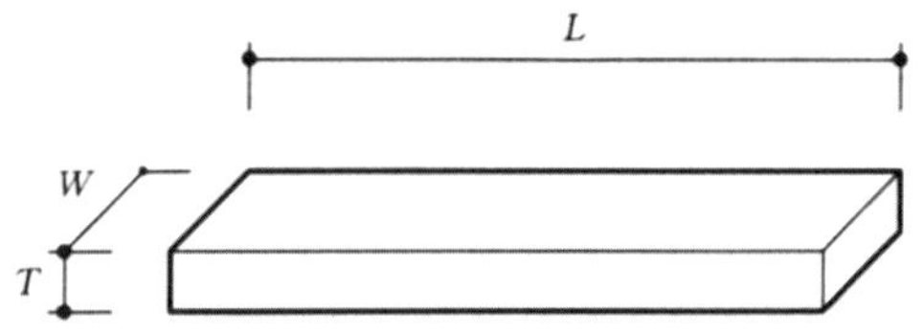

그림 10.1 제재목의 체적

(2) 통나무 계산방법

통나무는 끝마구리 지름을 1변으로 하는 각재의 체적 또는 재수로 계산한다. 필요에 따라 통나무 중간 평균지름으로 실체적을 계산하는 방법도 쓰인다.

① 미터(m)제의 경우

길이가 6m 미만일 때 $V = D^2 \times L \times \frac{1}{10,000}$ (m^3)

길이가 6m 이상일 때 $V = \left(D + \frac{L'-4}{2}\right)^2 \times L \times \frac{1}{10,000}$ (m^3)

② 척(尺)제의 경우

길이가 18자 미만일 때 $V = D^2 \times L \times \frac{1}{12}$ (재)

길이가 18자 이상일 때 $V = \left(D + \frac{L'-4}{2}\right)^2 \times L \times \frac{1}{12}$ (재)

다만,

	(미터제의 경우)	(척제의 경우)
D : 통나무의 말구지름	(cm)	(寸)
L : 통나무의 길이	(m)	(尺)
L : 통나무의 길이로서 끝수를 끊어버린 길이	(1m 미만)	(3尺 미만)

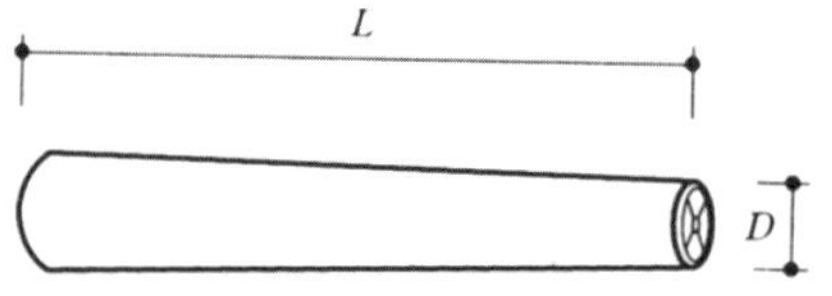

그림 10.2 통나무의 체적

(3) 판재 계산방법

판재의 널쪽을 펴 놓아 6자×6자 넓이가 되는 단위묶음을 1평이라 하고, 1평은 3.3058m^{2}이다. 판재는 두께를 표시하고 연면적으로 산출하거나 재수로 계산한다.

1평=6자×6자=36평방척=3.3058m^2, 1m^2=0.3025평

$$1평재수 = \frac{0.6치 \times 60치 \times 6자}{1치 \times 1치 \times 12자} = \frac{0.6 \times 60 \times 6}{12} = 18재(才)$$

또한 평단위일 때는 두께 분에 소수 없이 3을 곱하면 재수가 된다.

판재 1평=3분 판재(두께 9mm)일 때 …… 3×3=9재
4분 판재(두께 12mm)일 때 …… 4×3=12재
5분 판재(두께 15mm)일 때 …… 5×3=15재
6분 판재(두께 18mm)일 때 …… 6×3=18재
7분 판재(두께 21mm)일 때 …… 7×3=21재
8분 판재(두께 24mm)일 때 …… 8×3=24재

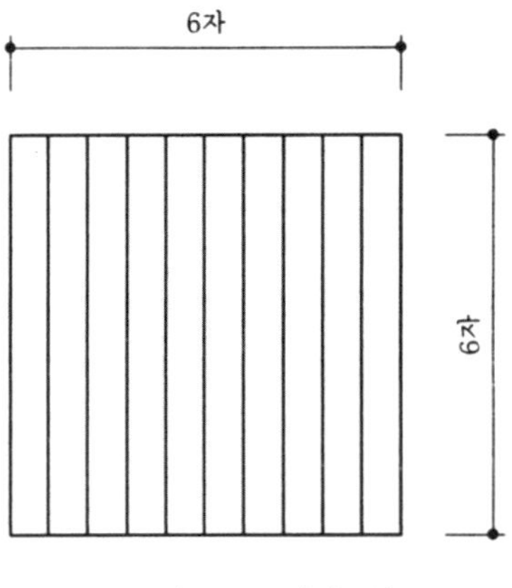

그림 10.3 판재 1평

(4) 기타 목재 계산

① 기타 단위로서는 개(대) 또는 다발(묶음)으로 계산한다.

② 졸대는 7.5mm×3.6mm×1.8mm, 50개 묶음 $3.3m^2$(1평), 또는 100개 묶음 $6.6m^2$(2평)으로 취급하여 계산한다.

10.4 목공사용 철물 및 접착제 기타

(1) 목공사용 철물

① 못 : 보통못, 둥근머리못, 플래트못, 광두정, 이중머리못, 콘크리트용 철못 등

② 볼트 : 보통볼트, 앵커볼트, 주걱볼트 등

③ 나사못 : 평머리 나사못, 둥근머리 나사못, +자홈붙이 나사못 등

④ 꺽쇠 : 보통꺽쇠, 엇꺽쇠, 주걱꺽쇠 등

⑤ 띠쇠, 잠갑이쇠, 안장쇠, ㄱ자쇠, 기타

(2) 접착제 기타

① 접착제 : 아교풀, 합성수지제 접착제, 부레풀, 쌀풀 등

② 목재방부제 : 콜타르, 크레오소트 등

10.5 목공사 적산

(1) 목공사의 수량은 가공·조립하는 순서대로 산출하되 외부에서 내부로, 구조체로부터 수장부의 순으로 산출하며, 목공사의 설계내용이 다양하므로 사용재료와 부위, 내용별로 상세히 구분하고 수량산출용지에 표시하면서 설계도에 의한 정미수량으로 산출한다.

(2) 목재는 종류, 재질, 치수, 용도별로 산출하고 설계도서상 특기가 없는 구조재·수장재·바탕틀재는 도면치수를 제재치수로 보아 재적을 산출하고, 창호재·가구재는 설계도면치수에 대패질 두께를 더한 마무리치수로 하여 재적을 산출한다. 여기서 재적은 목재의 부피, 즉 체적(m^3, 재)를 말한다. 따라서 목재의 재적을 산출한다는 것은 목재의 체적을 산출한다는 것이 된다.

(3) 목재 재적 산출시 대패질 두께를 더한 마무리치수로 적용할 경우의 대패질 두께의 표준은 표 10.1과 같다.

표 10.1 대패질 두께 표준

마무리 종별	구 분	치수 (mm)
한 쪽	각 재 판 재	2.0~3.0 1.5
양 쪽	각 재 판 재	3.0~5.0 3.0

(4) 목재는 설계도에 의하여 산출한 재적(정미량)에 할증률을 가산하여 소요량(m^3)으로 한다. 공사시방서에 할증률 명시가 없을 때는 표 10.2의 값 이내의 할증률을 적용한다.

표 10.2 목재의 할증률

종 류		할 증 률(%)	종 류	할 증 률(%)
각 재		5	판 재	10
합 판	일반용	3	졸 대	20
	수장용	5		

(5) 목공사의 품은 정미수량(정미면적 · 길이)에 단위당 품을 곱하여 산출한다.

(6) 목공사의 공사비는 일반적으로 재료비(목재비), 철물비, 노무비(건축목공 · 인부)로 구성된다.

제10장 목공사 적산실습

실습 1 다음 목재의 재적을 계산하시오.

① 9cm각, 길이 2.7m자리 각재 100개

② 18cm각, 길이 3.6m자리 각재 30개

③ 두께 24mm, 너비 12cm, 길이 3.6m인 판재 60매

④ 통나무 말구지름 9cm에 길이 12.4m짜리 통나무 10개

풀이 ① m^3수 : $(0.09m \times 0.09m \times 2.7m) \times 100(개) = 2.187m^3$

또는 $\dfrac{9cm \times 9cm \times 2.7m}{10,000} \times 100(개) = 2.187m^3$

재수 : $\dfrac{3치 \times 3치 \times 9자}{12} \times 100(개) = 675재$

② m^3수 : $(0.18m \times 0.18m \times 3.6m) \times 30(개) = 3.4992m^3 ≒ 3.499m^3$

또는 $\dfrac{18cm \times 18cm \times 3.6m}{10,000} \times 30(개) = 3.4992m^3 ≒ 3.499m^3$

재수 : $\dfrac{6치 \times 6치 \times 12자}{12} \times 30(개) = 1,080재$

③ m^3수 : $(0.024m \times 0.12m \times 3.6m) \times 60(매) = 0.62208m^3 ≒ 0.622m^3$

또는 $\dfrac{2.4cm \times 12cm \times 3.6m}{10,000} \times 60(매) = 0.62208m^3 ≒ 0.622m^3$

재수 : $\dfrac{0.8치 \times 4치 \times 12자}{12} \times 60(매) = 192재$

④ m^3수 : $\left(9 + \dfrac{12-4}{2}\right)^2 \times 12.4 \times \dfrac{1}{10,000} \times 10(개) = 2.0956m^3 ≒ 2.096m^3$

재수 : $\left(3 + \dfrac{40-4}{2}\right)^2 \times 40.92 \times \dfrac{1}{12} \times 10(개) = 1,746.33재$

$≒ 1,746재$

실습 2 벽돌조 건축물의 내부칸막이벽 3.6m를 목조칸막이틀로 시공할 경우 간사이의 기둥 12cm 각, 길이 2.4m짜리를 40cm 간격으로 설치하였을 때 이 기둥의 재수(m^3, 재)를 산출하시오.

풀이 ① 기둥의 개수(개)=(360cm÷40cm)−1=8개

② m^3수 : 0.12m×0.12m×2.4m×8(개)=0.27648m^3 ≒0.276m^3

③ 재수 : $\dfrac{4치 \times 4치 \times 8자}{12} \times 8(개) = 85.333재$

해설 간사이의 기둥개수는 내부칸막이벽 길이를 기둥설치 간격으로 나눈 값에 1을 뺀 숫자로 하며, 기둥은 정사각형의 각재이므로 각재 계산방법에 의하여 재수를 계산한다.

실습 3 다음 그림과 같은 통나무재를 제재할 때 최대 몇 cm각으로 제재할 수 있으며, 이 통나무 길이가 3.2m일 때 제재한 각재의 재적을 산출하시오.

풀이 ① $x^2 + x^2 = 30^2$에서

$2x^2 = 900$

따라서, $x^2 = 450$

$x = \sqrt{450} = 21.21\text{cm}$

즉, 지름 30cm인 원목은

21.21cm 정각으로 제재할 수 있다.

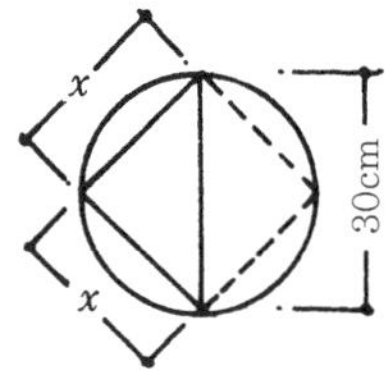

② m^3수 : 0.2121m×0.2121m×3.2m=0.1439565m^3 ≒0.144m^3

또는 21.21cm×21.21cm×3.2m×$\dfrac{1}{10,000}$ ≒0.144m^3

재수 : $\dfrac{7.07치 \times 7.07치 \times 10.7자}{12} = 44.569869재 ≒ 44.57재$

해설 통나무가 원구지름과 끝마구리지름으로 되어 있는 통나무인 경우에는 끝마구리 지름을 1변으로 하는 각재로 제재치수를 정하여 재적을 계산한다.

실습 4 다음 그림과 같은 목조물에 소요되는 목재의 재적(m^3, 재)을 산출하시오.

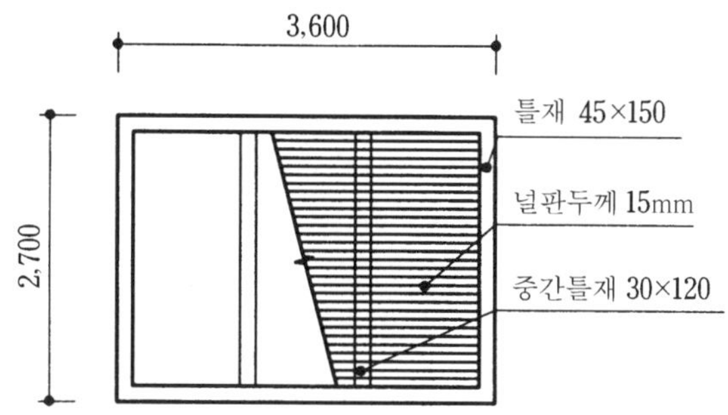

풀이 (1) m^3수로 산출할 경우

① 틀 재 : $0.045m \times 0.15m \times (3.6m \times 2 + 2.7m \times 2) \times 1.05 = 0.0893m^3$

② 중간틀재 : $0.03m \times 0.12m \times (2.7m \times 2) \times 1.05 = 0.0204m^3$

③ 널 판 : $0.015m \times 3.6m \times 2.7m \times 1.1 = 0.1604m^3$

(2) 재수로 산출할 경우

① 틀 재 : 1.5치×5치×(12자×2+9자×2)× $\frac{1}{12}$ ×1.05=27.56재

② 중간틀재 : 1치×4치×(9자×2)× $\frac{1}{12}$ ×1.05=6.3재

③ 널 판 : (12자×9자)÷(6자×6자)=3평

3평×15재×1.1=49.5재

해설 각재의 할증률은 5%이고 판재의 할증률은 10%이며, 널판 1평의 재수는 널판두께가 5분(15mm)이므로 5×3=15재이다.

실습 5 다음 그림과 같은 목재창호의 목재재적(m^3)을 정미량으로 산출하라.

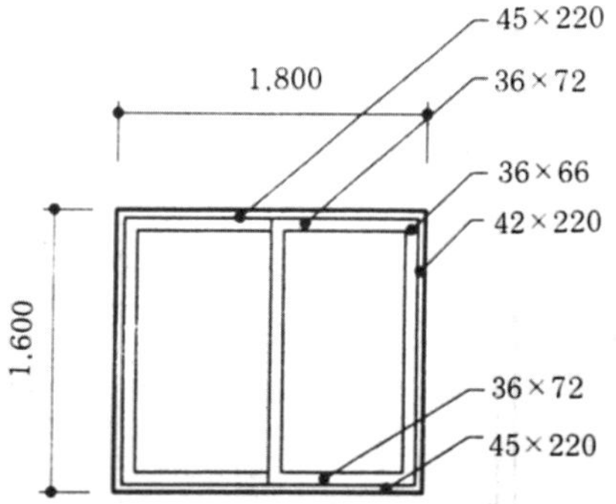

풀이 창틀 및 창짝의 재적을 산출할 때에는 그림에 표시된 치수에 대패질 두께를 더한 마무리치수로 하여 계산한다. 여기서 각재로서 한쪽 대패질 두께는 3mm, 양쪽 대패질 두께는 5mm로 한다.

(1) 창틀재 재적 산출

① 위틀 및 밑틀(나왕상품 : 45×220)

$(0.045+0.005)\times(0.22+0.003)\times(1.8\times2)=0.0324\text{m}^3$

② 선틀(나왕상품 : 42×220)

$(0.042+0.005)\times(0.22+0.003)\times(1.6\times2)\fallingdotseq0.0335\text{m}^3$

(2) 창짝의 재적 산출

① 윗막이대 및 밑막이대(나왕상품 : 36×72)

$(0.036+0.005)\times(0.072+0.005)\times(0.891\times4)=0.01125\fallingdotseq0.011\text{m}^3$

※ 윗막이대 및 밑막이대 길이$=\dfrac{1.8-(0.042\times2)}{2}+\dfrac{0.066}{2}=0.891\text{m}$

② 선대(나왕상품 : 36×66)

$(0.036+0.005)\times(0.066+0.005)\times(1.6-0.045\times2)\times4=0.01758\text{m}^3$

$\fallingdotseq0.018\text{m}^3$

실습 6 합판텍스 천장의 반자틀 설치에 대한 일위대가표를 작성하시오.

풀이

(m^2당)

품 명	규 격	단위	수량	단가	금액	비 고
못 건축목공 보통인부		kg 인 인	0.065 0.22 0.021			못을 제외한 목재 및 기타 재료는 별도계상
계	재 료 비					
	노 무 비					

(품셈 10.1) 반자틀 설치

(m^2당)

구분 \ 공종별	단위	널천장	우물천장	합판텍스 천 장	회 반 죽 바름천장
졸 대	m^3	–	–	–	0.008
못	kg	0.065	0.075	0.065	0.05
건축목공	인	0.22	0.66	0.22	0.26
보통인부	인	0.021	0.063	0.021	0.028

① 각재는 별도 계상하며 각재의 할증률은 10%, 졸대, 널재의 할증률은 20%까지 가산한다.

② 본품에는 달대, 달대받이, 반자틀의 재료 및 품이 포함되어 있다.

실습 7 콘크리트 바탕위 마루틀을 설치하고 마룻널깔기의 일위대가표를 작성하시오.

풀이

(m²당)

구분	품 명	규 격	단위	수량	단가	금액	비 고
마루틀 설 치	못 건축목공 보통인부		kg 인 인	0.03 0.075 0.007			못을 제외한 목재 및 기타재료는 별도계상
마룻널 깔 기	못 철 물 건축목공 보통인부		kg kg 인 인	0.12 0.12 0.11 0.025			목재는 별도계상, 마룻널 깔기는 마루밑창 및 마룻널 설치를 말함
	계	재 료 비					
		노 무 비					

해설 콘크리트 바탕위 마루틀설치 및 마룻널깔기의 일위대가표는 다음의 표준품셈에 의하여 작성한다.

(품셈 10.2) 마루틀설치 및 마룻널깔기

(1) 콘크리트 바탕위 마루틀설치

(m²당)

못 (kg)	건축목공 (인)	보통인부 (인)
0.03	0.075	0.007

못을 제외한 목재 및 기타 재료는 별도 계상한다.

(2) 마룻널깔기

(m²당)

종별 \ 구분	못 (kg)	철물 (kg)	건축목공 (인)	보통인부 (인)
마 루 밑 창	0.06		0.02	0.005
마 루 널	0.06	0.12	0.09	0.02

① 목재는 별도 계상한다.
② 마루바탕 널을 빗댈 때에는 품과 재료의 할증률을 각각 20%까지 가산한다.
③ 마룻널 사이에 단열재를 깔 경우에는 재료 및 품을 별도 가산한다.

【해설】
① 마루바탕널 및 널깔기에 소요되는 목재의 수량은 설계 수량으로 별도 계상한다.
② 마룻널 위에 다다미를 깔고자 할 때는 마루 밑창널의 재료 및 품을 적용한다.
③ 일반으로 마루바탕 널은 1.8cm널을 쓰되 마루바탕 널은 대패질하지 않고 맞댄 이음으로 하고 마룻널은 반턱 혹은 제혀 쪽매로 잇는다.

실습 8 콘크리트조 벽체에 합판붙임과 기타 부위의 수장합판 붙임에 대한 일위대가표를 작성하시오.

풀이

(m^2당)

구분	품 명	규 격	단위	수량	단가	금액	비 고
벽체 합판 붙임	합 판		m^2	(설계수량)			합판의 할증률 3% 가산
	못		kg	0.04			
	건축목공		인	0.06			
	보통인부		인	0.006			
	기계경비		식	1			
	계	재 료 비					
		노 무 비					
수장 합판 붙임	합 판		m^2	(설계수량)			수장합판의 할증률은 5% 가산
	접 착 제		kg	0.27			
	건축목공		인	0.065			
	보통인부		인	0.007			
	기계경비		식	1			인력품의 2%
	계	재 료 비					
		노 무 비					

해설 합판붙임의 일위대가표는 다음의 표준품셈에 의하여 작성한다.

(품셈 10.3) 합판붙임

(1) 벽체 합판붙임

(m^2당)

못 (kg)	건축목공 (인)	보통인부 (인)
0.04	0.060	0.006

① 본 품은 벽체틀 바탕에 목재합판을 설치하는 기준이다.
② 본 품은 합판절단 및 설치작업이 포함된 것이다.
③ 공구손료 및 경장비(절단기 · 에어컴프레서 등) 기계경비는 인력품의 2%를 계상한다.

(2) 수장 합판붙임

(m^2당)

접착제 (kg)	건축목공 (인)	인부 (인)
0.27	0.09	0.01

① 본 품은 바탕 합판 위에 수장합판을 설치하는 기준이다.
② 본 품은 합판 절단 및 설치작업이 포함된 것이다.
③ 공구손료 및 경장비(절단기 · 에어컴프레서 등)의 기계경비는 인력품의 2%를 계상한다.

실습 9 출입문틀 설치의 일위대가표를 작성하시오.

풀이

(m^2당)

구분	품 명	규 격	단위	수량	단가	금액	비 고
출입문틀 (m^2당)	목 재 건축목공 보통인부		m^3 인 인	(설계수량) 0.24~0.4 0.20			1m×2m기준 (고창없음)
	계	재 료 비					
		노 무 비					

해설 출입문틀 설치의 일위대가표는 다음의 표준품셈에 의하여 작성한다.

(품셈 10.4) 창문틀설치

창문별 \ 구분	단위	건축목공(인)	보통인부(인)	비 고
출입문틀	m^2	0.24~0.4	0.20	1m×2m(고창없음)
오르내리창틀	m^2	0.455	0.30	1.8×0.9m
미서기창틀	m^2	0.24	0.15	1.5×3.6m
창문틀선	m^2	0.15	0.10	0.9×1.8m 한쪽면만
밑홈대	m	0.05	0.01	

① 창문틀 재료는 설계수량으로 별도 계상한다.

② 특수한 창문틀 제작시에는 정도에 따라 품을 20%까지 가산할 수 있다.

③ 본품은 가공 및 조립 설치품이 포함된 것이다.

④ 창문틀 설치에 필요한 버팀목은 별도 손료로서 계상하고 손료는 세로 규준틀에 준한다.

실습 10 건축물 내부 칸막이벽 설치의 일위대가표를 작성하시오.

풀이

(m^2당)

품 명	규 격	단위	수량	단가	금액	비 고
목 재		m^3	(설계수량)			• 목재 및 기타 재료는 설계수량으로 별도 계상한다.
건축목공		인	0.11			
보통인부		인	0.33			
공구손료 및 기계경비		식	1			• 인력품의 3%
잡재료 및 소모재료		식	1			• 주재료비의 5%
계	재료비					
	노무비					

해설 건축물 내부 칸막이벽 설치의 일위대가표는 다음의 표준품셈에 의하여 작성한다.

(품셈 10.5) 칸막이벽 설치

(m^2당)

건축목공(인)	보통인부(인)
0.110	0.030

① 본 품은 내부칸막이 벽틀(틀간격 450~600mm) 설치작업을 기준한 것이다.

② 본 품은 틀 절단 및 설치작업이 포함되어 있다.

③ 공구손료 및 경장비(절단기, 타정기 등)의 기계경비는 인력품의 3%로 계상한다.

④ 잡재료 및 소모재료(못 등)는 주재료비의 5%로 계상한다.

Chapter 11

방수공사

11.1 개 요

방수공사(water proof work, water proofing work)는 방수재료를 사용하여 건축물의 지하실, 지붕 및 바닥에 방수층을 구성하여 외부로부터 지하수나 빗물의 침입을 방지하고 방습하여 건축물을 보호하고 이용가치를 저하시키지 않도록 하기 위해서 한다.

방수공사의 재료 및 공법 등에 대한 내용은 대개 공사시방서에 명기하는 경우가 많으므로 공사시방서를 충분히 확인하고 적산업무에 착수하여야 한다.

11.2 방수공사 적산구분

방수공사에 대한 적산을 함에 있어 방수재료, 공법, 시공 장소에 따라 다음과 같이 구분하여 적산한다.

(1) 재료에 의한 구분

① 아스팔트 방수
② 액체방수
③ 시트방수
④ 도막방수
⑤ 침투방수
⑥ 수밀콘크리트방수(구체방수)
⑦ 금속판방수
⑧ 모르타르방수
⑨ 코킹 및 신축줄눈
⑩ 벤토나이트방수

(2) 시공부위별 구분

① 지하실방수(바닥, 벽, 천장)
② 실내방수(바닥, 벽, 천장)

③ 외벽방수 ④ 옥상방수

(3) 시공방법상 구분
① 국부방수 ② 전면방수

11.3 방수공사 적산

(1) 방수공사는 재료별, 시공부위별 및 공법별로 구분하여 적산한다.
(2) 방수공사의 적산은 방수재료의 수량산출 업무가 대부분이다. 방수재료는 종류가 많고 공법이 다양하기 때문에 공사시방서에 명기된 내용을 잘 확인하고 또한 필요한 내용을 상세히 주의 깊게 조사하여야 하며, 특수한 방수재료에 대해서는 전문업체의 견적내용을 검토 · 확인한 후 적산한다.
(3) 방수공사와 연관되는 공정은 함께 산출한다(고름모르타르, 단열재, 누름콘크리트, 와이어메시, 드레인 보호모르타르, 방수층 보호재, 신축줄눈 등)
(4) 아스팔트 방수면적은 설계도에 의한 구조체 안목치수로 정미면적(m^2)으로 산출한다. 방수공정 및 방수층수에 관한 것은 설계도서에 명시된 내용을 기준한다. 방수시공부위별에 따라 방수공정 및 방수층수가 다른 경우가 많으므로 이에 대한 구분을 명확히 하여 수량 산출을 하여야 한다.

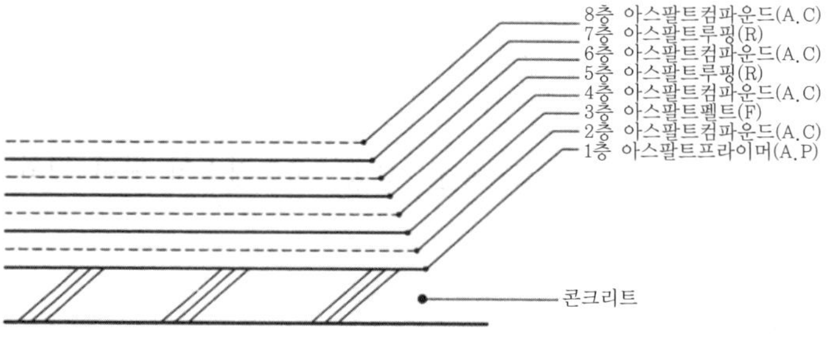

그림 11.1 아스팔트 방수층(8층 방수)

(5) 액체방수면적은 설계도에 의한 구조체 안목치수로 정미면적(m^2)으로 산출한다. 또한, 설계도서의 내용을 기준하여 시공종별(1종 ; 제1공정, 2종 ; 제2공정 등)로 구분 산출한다.

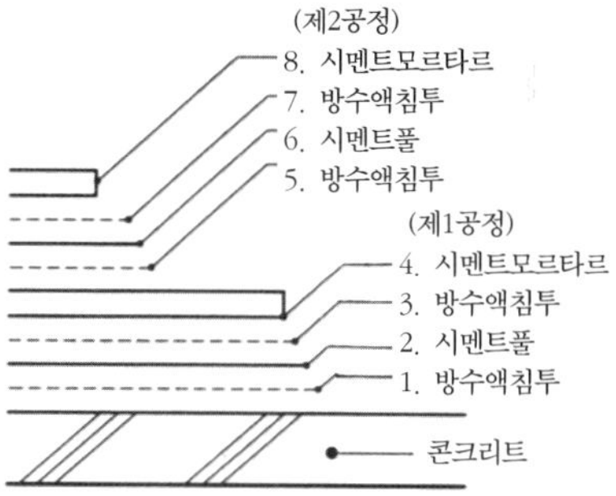

그림 11.2 시멘트 액체방수층

(6) 시트방수 및 도막방수 면적은 설계도에 의한 구조체 안목치수로 정미면적(m^2)으로 산출한다. 또한, 사용재료 및 시공방법 등은 설계도서를 기준하고 방수보호층을 하는 경우에 방수보호층의 수량은 설계도에 의한 정미면적으로 산출한다.

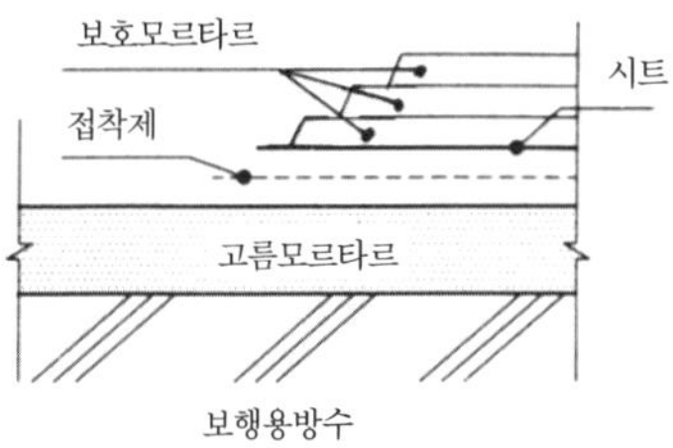

그림 11.3 시트방수

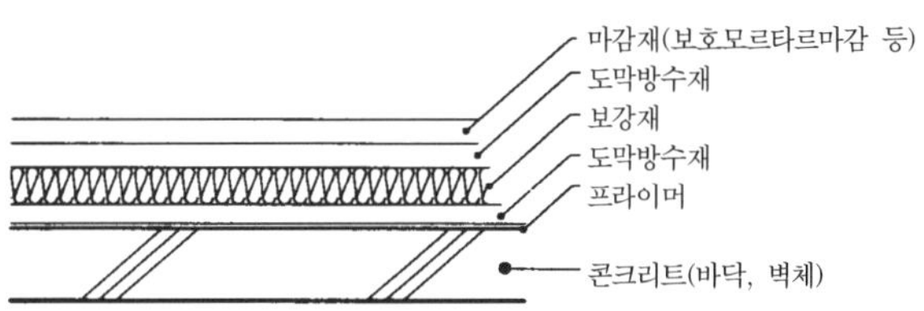

그림 11.4 도막방수

11.4 방수모르타르, 코킹 및 신축줄눈

(1) 방수모르타르 바름 면적은 바름바탕(벽돌, 콘크리트, 라스바탕 등) 및 바름두께 별로 구분하여 설계도에 의한 정미면적(m^2)으로 산출하고, 방수모르타르용 방수제는 공사시방서의 내용을 기준하여 수량을 산출한다.

(2) 코킹의 수량은 설계도서에 명시된 내용을 기준하여 재료별 및 크기별로 구분하여 연길이(m)로 산출한다. 코킹은 코킹하는 부위의 두 면의 상이한 재료에 따라 사용재료가 다른 경우가 있으므로 설계도서 내용을 숙지한 후 코킹재료 수량을 산출한다.

(3) 신축줄눈의 수량은 설계도서에 명시된 내용을 기준하여 재료별 및 시공장소별로 구분하여 연길이(m)로 산출한다. 또한 신출줄눈 간격이 설계도서에 명시되어 있지 않았을 경우에는 일반적으로 3m로 보고 연길이(m)를 산출한다.

제11장 방수공사 적산실습

실습 1 다음 그림과 같은 옥상 슬래브에 8층(3겹) 아스팔트 방수할 때 방수면적을 산출하시오. (다만, 평면상의 치수는 안목치수이고 패러핏(parapet)의 치켜올림의 높이는 30cm이다)

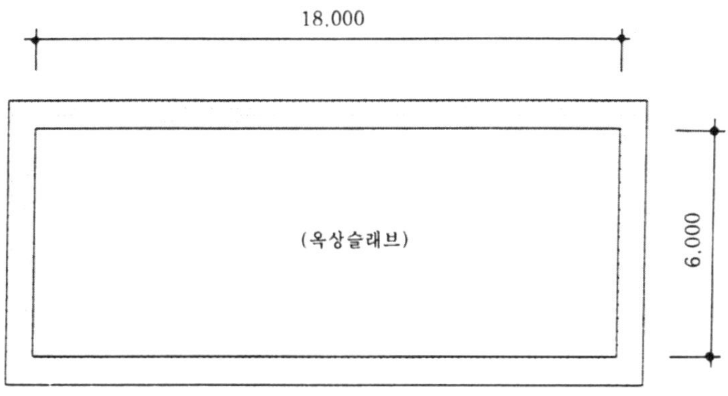

풀이 옥상 아스팔트 방수면적은 옥상 바닥면적에 패러핏의 치켜올림 면적을 가산한 면적으로 산출한다.

옥상아스팔트 방수면적 : $(18m \times 6m) + (18+6) \times 2 \times 0.3 = 122.4m^2$

실습 2 "실습 1"에서 소요되는 8층(3겹) 아스팔트방수(열공법)의 재료량과 품을 산출하시오.

풀이 8층(3겹) 아스팔트방수의 재료량과 품은 "실습 1"에서 산출된 방수면적에 방수 단위면적당(m^2당) 재료량과 품을 곱하여 산출하며, 그 산출방법은 다음 표와 같다.

재 료 량 산 출	품 (노무량) 산 출
아스팔트프라이머 : $122.4 \times 0.4l = 48.96l$ 아스팔트컴파운드 : $122.4 \times 1.5kg = 183.6kg$ 브라운아스팔트(1급) : $122.4 \times 5.6kg = 685.44kg$ 아스팔트 펠트 : $122.4 \times 1.2m^2 = 146.88m^2$ 아스팔트 루핑 : $122.4 \times 2.4m^2 = 293.76m^2$	방수공 : 23인 • 바닥부 : $18 \times 6 \times 0.18$인$=19.44$인 • 패러핏부 : $(18+6) \times 2 \times 0.3 \times 0.22$인$=3.168$인 계 22.608인

재 료 량 산 출	품 (노무량) 산 출
연료(중유) : 122.4×0.8l =92.92l	보통인부 : 10인 • 바닥부 : 18×6×0.08인=8.64인 • 패러핏부 : (18+6)×2×0.3×0.1인 =1.44인 계 10.08인

해설 8층(3겹) 아스팔트방수의 단위당(m^2당) 재료량과 품은 "실습 4 (품셈 11.1)(4)"에 의해 산출한 것으로 바탕처리, 프라이머바름, 방수층 보호재 깔기에 사용되는 재료 및 품은 고려하지 않는 것으로 산출한 것이다.

실습 3 지붕방수공사에 있어 아스팔트방수의 10층(4겹)방수(냉공법, 바닥인 경우)에 대한 일위대가표를 작성하시오.(단, 아스팔트방수에 사용되는 재료는 별도 계상한 것으로 한다.)

풀이

(m^2당)

품 명	규 격	단위	수량	단가	금액	비 고
방 수 공 보 통 인 부 공 구 손 료	 (인력품의 3%)	인 인 식	0.05 0.02 1			바탕처리품
방 수 공 보 통 인 부		인 인	0.01 0.01			프라이머 바름
방 수 공 보 통 인 부		인 인	0.01 0.01			방수층 보호재 깔기
방 수 공 보 통 인 부 공 구 손 료	 (인력품의 3%)	인 인 식	0.17 0.08 1			아스팔트방수

해설 아스팔트방수의 일위대가표는 다음의 표준품셈에 의하여 작성한다.

(품셈 11.1) 아스팔트방수(지붕방수)

(1) 바탕처리

(m^2당)

구 분	단 위	수 량
방 수 공 보통인부	인 인	0.05 0.02

① 바탕처리에 사용되는 재료는 별도 계상한다.

② 바탕처리는 면정리, 퍼티, 커팅, 모서리 각처리 및 청소 품을 포함한다.

③ 공구손료는 인력품의 3%로 계상한다.

(2) 프라이머 바름

(m^2당)

구 분	단 위	수 량
방 수 공	인	0.01
보통인부	인	0.01

① 프라이머 바름에 사용되는 재료는 별도 계상한다.
② 본 품은 프라이머의 1회 도포를 기준으로 한 것이다.
③ 본 품은 공구손료 및 소운반 품이 포함되어 있다.

(3) 방수층 보호재 깔기

(m^2당)

구 분	단 위	수 량
방 수 공	인	0.01
보통인부	인	0.01

① 본 품은 공구손료 및 소운반 품이 포함되어 있다.
② 보호재는 PE필름, 발포 PE시트, EVA시트를 기준으로 한 것이다.
③ 보호재는 별도 계상한디.

(4) 아스팔트 방수

(m^2당)

구 분	단위	10층(4겹) 방수				8층(3겹) 방수				6층(2겹) 방수			
		냉공법		열공법		냉공법		열공법		냉공법		열공법	
		바닥	수직부 및 특수한 경우	바닥	수직부 및 특수한 경우	바닥	수직부 및 특수한 경우	바닥	수직부 및 특수한 경우	바닥	수직부 및 특수한 경우	바닥	수직부 및 특수한 경우
방 수 공	인	0.17	0.22	0.22	0.27	0.14	0.18	0.18	0.22	0.11	0.14	0.14	0.18
보통인부	인	0.08	0.10	0.10	0.13	0.06	0.08	0.08	0.10	0.05	0.07	0.07	0.08

① 아스팔트 방수에 사용되는 재료는 별도 계상한다.
② 본 품은 바탕처리, 프라이머 바름 및 방수층 보호재 깔기가 제외되어 있다.
③ 본 품은 아스팔트 방수재와 루핑류(펠트, 루핑, 메시 등)를 적층하는 품에 적용한다.
④ 공구손료는 인력품의 3%로 계상한다.
⑤ 본 품은 방수층의 보호를 위한 누름 모르타르 및 콘크리트공사는 제외되어 있다.

【해설】

아스팔트방수에 사용되는 재료는 시방서 등에 명시되어 있지 않으면 다음 표를 참고하여 계상한다.

(m²당)

구 분	단위	10층(4겹)방수	8층(3겹)방수	6층(2겹)방수
아스팔트프라이머	ℓ	0.4	0.4	0.4
아스팔트컴파운드	kg	9.1	1.5	3.6
아스팔트펠트	m^2	1.2	1.2	1.2
아스팔트루핑	m^2	3.6	2.4	1.2
블로운아스팔트(1급)	kg	–	5.6	–
블로운아스팔트(2급)	kg	–	–	1.5
연료(중유)	ℓ	1.0	0.8	0.6

비고 : 이 표 중의 수량은 사용량의 최소한도를 나타낸 것이며, 재료 및 수량을 변경할 때에는 시공개소와 특기시방에 따른다. 열공법인 경우 연료(중유)를 계상한다.

실습 4 콘크리트바탕에 바름두께 18mm로 방수모르타르 바름을 할 경우 바닥·벽 및 천장으로 구분하여 일위대가표를 작성하시오.(단, 방수모르타르의 배합비는 1 : 2이다)

풀이

(m²당)

구 분	품 명	규 격	단위	수 량	단가	금액	비 고
바닥	시 멘 트		kg	12.852			방수모르타르량 :
	모 래		m^3	0.0185			0.018×1.05=0.0189
	방 수 제		l	(지정량)			액체 또는 분말
	미 장 공		인	0.068			
	보통인부		인	0.043			
	보통인부		인	0.022			방수모르타르 비빔공
	계	재 료 비					
		노 무 비					
벽 및 천장	시 멘 트		kg	14.076			방수모르타르량 :
	모 래		m^3	0.0203			0.018×1.15=0.0207m³
	방 수 제		l	(지정량)			액체 또는 분말
	미 장 공		인	0.068			
	보통인부		인	0.043			
	보통인부		인	0.022			방수모르타르 비빔공
	계	재 료 비					
		노 무 비					

해설 방수모르타르의 일위대가표는 다음의 표준품셈에 의하여 작성한다.

(품셈 11.2) 방수모르타르 바름

(1) 방수모르타르 비빔

(m³당)

배합비 \ 구 분	시멘트(kg)	모 래(m^3)	보통인부(인)
1 : 1	1,093	0.78	1.2
1 : 2	680	0.98	1.2
1 : 3	510	1.1	1.2

방수제(액체, 분말)는 별도 계상하고 본 표는 재료 할증률, 기구손료 및 소운반이 포함되어 있다.

(2) 방수모르타르 바름

(m²당)

구 분			단위 \ 바름두께	12mm	15mm	18mm	21mm	24mm	27mm	30mm
모르타르량	벽돌, 콘크리트		m^3	0.012	0.015	0.018	0.021	0.024	0.027	0.030
	라스		m^3	0.023	0.025	0.030	0.036	0.041	0.046	0.050
품	미장공	벽돌, 콘크리트	인	0.051	0.060	0.068	0.077	0.085	0.094	0.102
		라스	인	0.077	0.085	0.094	0.102	0.111	0.119	0.128
	보통인부	벽돌, 콘크리트	인	0.038	0.041	0.043	0.045	0.047	0.049	0.051
		라스	인	0.051	0.054	0.055	0.058	0.060	0.062	0.064

① 방수모르타르의 할증률은 바닥인 경우에는 5%, 벽 및 천장인 경우에는 15%를 가산한 것이다.

② 외벽은 높이에 따라 다음 할증률에 의한 품을 가산할 수 있으며, 19층 이상은 매3층 증가마다 4%씩 가산할 수 있다.

지하층 및 1~3층	4~6층	7~9층	10~12층	13~15층	16~18층
0	5%	8%	12%	16%	20%

③ 층의 구분을 할 수 없는 건축물인 경우 1개 층의 층고를 3.6m로 기준하여 층수를 환산한다.

Chapter 12

지붕 및 홈통공사

12.1 개 요

지붕공사(roof work)는 목조 및 철골조 등에서 지붕틀구조의 지붕면에 기와잇기, 루핑류 잇기, 금속판 잇기 등의 지붕잇기공사를 말한다.

지붕공사에 사용되는 재료의 종류 및 규격이 다양하고 그 시공방법 및 부속재료도 복잡하므로 이에 대한 설계도서의 내용을 잘 파악 또는 검토하여 미비점이 있는 경우에는 이를 보완하면서 적산하도록 한다.

지붕공사와 밀접히 관련된 홈통공사의 적산에서는 부속재의 수량이 누락되지 않도록 유의하여야 한다.

12.2 지붕재료의 종류

지붕재료는 종류가 다양하지만 보통 사용되고 있는 것을 들면 다음과 같다.

(1) 기와 : 시멘트기와, 토기와

(2) 슬레이트 : 천연슬레이트

(3) 금속판 : 함석(평함석, 골함석), 동판, 특수피복철판(철판, 골판), 금속기와, 동기와

(4) 싱글 : 아스팔트 싱글, 동 싱글

(5) 플라스틱 : P.V.C골판, F.R.P골판

(6) 기타 : 적삼목 싱글, 나무껍질, 널빤지

12.3 지붕물매

(1) 지붕의 물매는 지붕의 크기, 지붕재료의 성질 · 크기 및 모양, 풍우량(風雨量)에 의하여 결정되지만, 일반적으로 지붕이 클수록 물매는 되게 하고 재료 한 개 한 개가 클수록 비샘이 적으므로 물매는 뜨게 한다.

(2) 지붕물매의 호칭은 수평거리 10cm에 대한 직각삼각형의 수직높이로 나타내고 5cm물매, 4cm물매, 3cm물매 등으로 부른다. 10cm물매, 즉 45° 경사를 되물매라 하며, 그 이상을 된물매라 한다. 5cm물매를 5/10경사 또는 5 : 10물매라고도 하며, 서양에서는 간사이의 용마루 높이의 비로 나타내고 피치(pitch)라고 한다. 즉 5/20 또는 5 : 20 경사를 물매(slope, pitch, gradient)로 하고 있다.

(3) 지붕물매의 최소한도는 표 12.1과 같다.

표 12.1 지붕물매의 최소한도

재 료	경 사			
	물 매 (cm)	경 사 비	피 치	용 도
평기와	4.0	4 : 10	4/20	21°48
본기와	3.5	3.5 : 10	3.5/20	19°17
금속판 평이음	3.0	3 : 10	3/20	16°42
금속판 · 기와가락 · 골판 이음	2.5	2.5 : 10	2.5/20	14°02
아스팔트루핑	3.0	3 : 10	3/20	16°42
널 · 이영	5.0	5 : 10	5/20	26°34

12.4 지붕 및 홈통공사 적산구분

12.4.1 지붕공사 적산구분

(1) 지붕형상별 구분

① 박공지붕 ② 외쪽지붕 ③ 방형지붕 ④ 모임지붕 ⑤ 꺾은지붕
⑥ 평지붕 ⑦ 맨사이드 지붕 ⑧ 기타

(2) 지붕 재료별 구분

① 기와(한식기와, 평기와, 양식기와) ② 천연슬레이트 ③ 금속판 ④ 싱글
⑤ 플라스틱 ⑥ 특수피복철판 ⑦ 기타

표 12.2 지붕형상과 종류

종 류	형 상	종 류	형 상	종 류	형 상
박공지붕	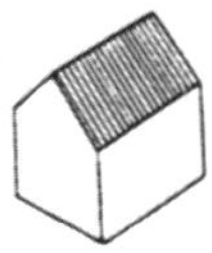	외쪽지붕	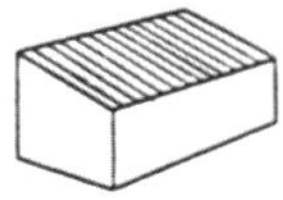	부섭지붕	
방형지붕	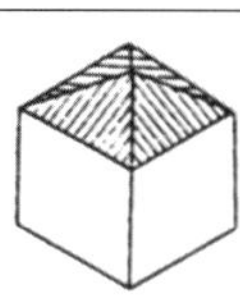	모임지붕	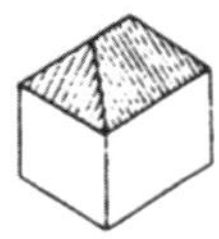	합각지붕	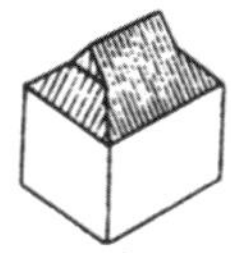
맨사드지붕	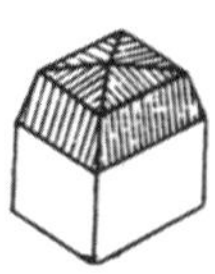	꺾은지붕	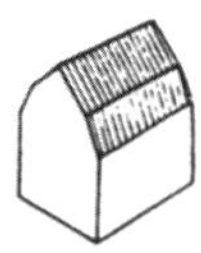	평지붕	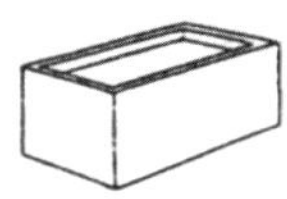
솟을지붕	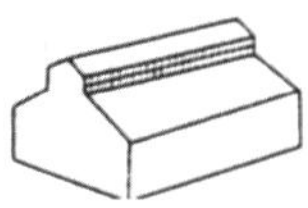	톱날지붕	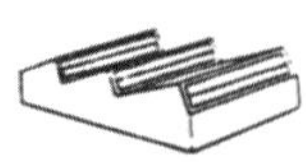	뾰족지붕	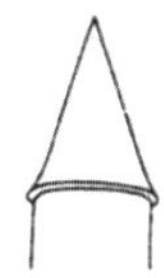

비고 : 박공지붕을 맞배지붕이라고도 하며, 맞배지붕은 박공지붕의 속어로서 배 위에 간단히 꾸민 지붕에서 온 말로서 고어집(古語集)에 나온 말이다. 맞배지붕을 뱃집지붕이라고도 한다.

그림 12.1 한식기와

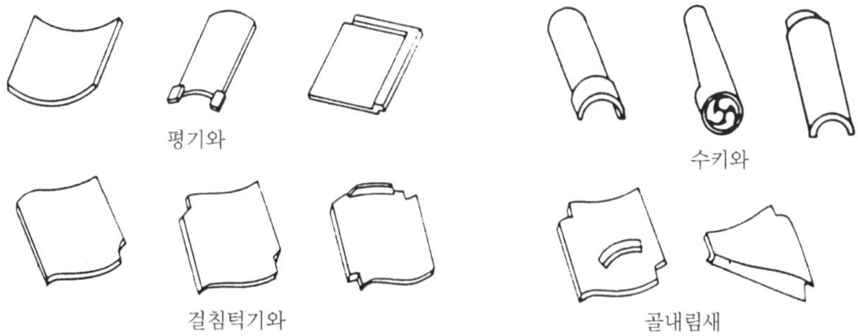

그림 12.2 평기와

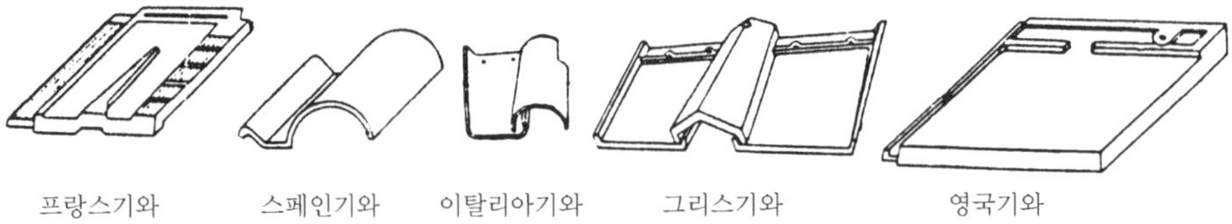

그림 12.3 양식기와

12.4.2 홈통공사 적산구분

(1) 홈통의 종류별 구분

① 처마홈통　② 선홈통　③ 깔대기홈통

④ 장식홈통　⑤ 지붕골홈통　⑥ 기타 각부처리

(2) 홈통의 재료별 구분

① 아연도금철판(함석)　② 철판　③ 동관　④ 스테인리스관

⑤ 염화비닐관　⑥ 철파이프　⑦ 기타

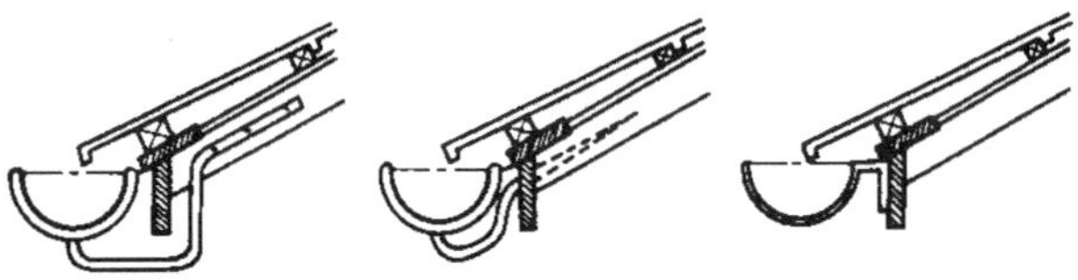

그림 12.4 처마홈통

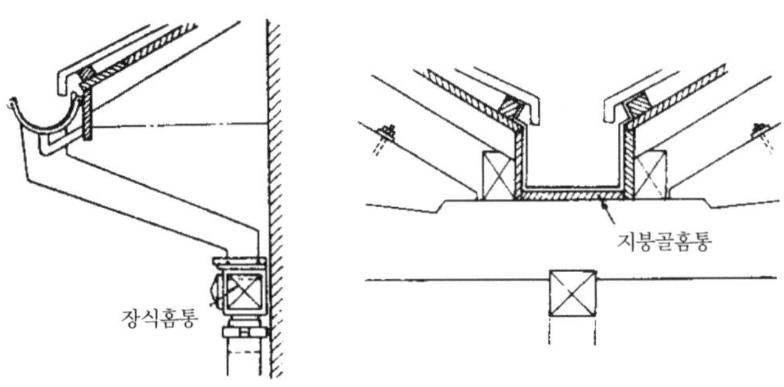

그림 12.5 장식홈통 · 지붕골홈통

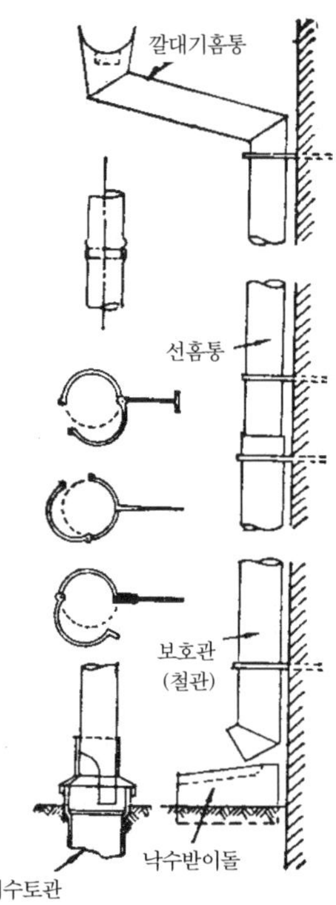

그림 12.6 선홈통 · 깔대기홈통

12.5 지붕 및 홈통공사 적산

(1) 지붕공사의 수량은 지붕형태·지붕재료·시공방법별로 구분하여 산출하고, 지붕면적(지붕의 표면적)을 정미면적(m^2)으로 산출하여 재료량과 품을 계산한다.
(2) 지붕면적은 경사지붕인 경우에는 경사면 길이에 지붕의 길이를 곱하여 산출한다. 여기서 경사면의 길이는 지붕의 물매에 따라 다르다.
(3) 지붕의 처마끝·박공처마·지붕마루·지붕골 등의 수량은 연길이(m)로 산출한다.
(4) 지붕공사를 적산함에 있어 지붕공사의 시공방법 및 재료 등에 따라서 공사내용이 다양하므로 설계도서를 잘 숙지한 후 수량산출에 누락됨이 없도록 한다.
(5) 홈통공사의 수량은 홈통의 종류별·재료별 및 규격별로 구분하여 연길이(m)로 산출한 후 재료량과 품을 계산한다.
(6) 홈통공사에 관련되는 부속재료(루프드레인, 비막이 등)는 별도로 산출하되 홈통수량 산출시 동시에 산출한다.
(7) 홈통공사비는 지붕공사비와 구분하여 별도로 산출하는 것이 원칙이다. 그러나 홈통공사를 포함한 지붕공사 전체에 대한 지붕공사로 보아 지붕공사비로 산출하기도 한다.

12.6 지붕면적 산출

(1) 지붕면적은 지붕의 종류별(박공지붕, 모임지붕, 외쪽지붕 등)로 구분하여 설계도에 의한 정미면적(m^2)으로 산출한다.
(2) 지붕면적은 지붕의 물매에 따른 경사면 길이에 지붕의 길이를 곱하여 산출한다. 지붕의 물매는 설계도서에 명시가 없으면 "표 12.1"을 참조하여 결정한다.
(3) 지붕면적의 산출방법은 다음과 같으며 여기서 제시하지 않는 지붕종류에 대해서는 이 산출방법을 응용하여 산출한다.

① 박공지붕인 경우

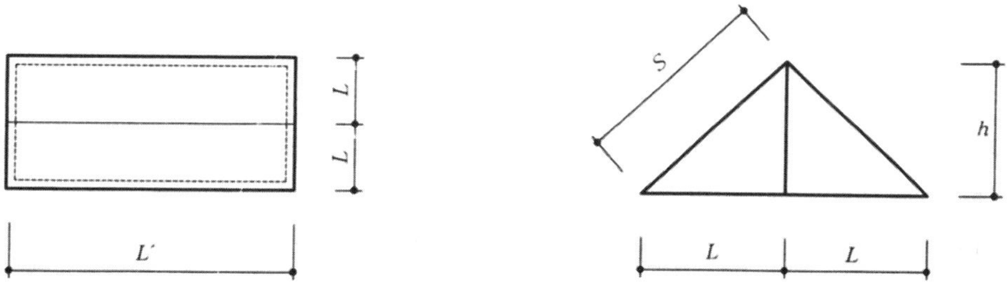

그림 12.7 박공지붕 평면도

박공지붕의 물매를 4cm(10 : 4)로 하고, 박공지붕 한쪽 경사면의 수평길이를 L, 대공부분의 높이를 h, 경사면의 길이(빗면의 길이)를 S, 지붕의 길이를 L'라고 하면 박공지붕면적(A)은 다음과 같이 산출한다.

$$10 : 4 = L : h \rightarrow \therefore\ h = \frac{4 \times L}{10},\ S = \sqrt{L^2 + h^2}$$

따라서, 박공지붕면적$(A) = S \times L' \times 2$

② 모임지붕인 경우

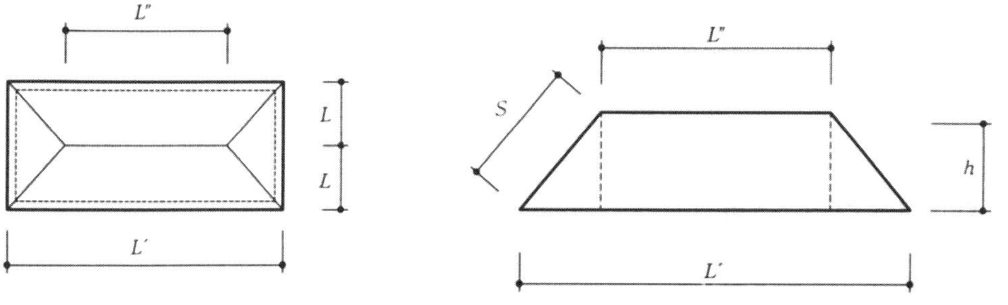

그림 12.8 모임지붕 평면도

모임지붕의 물매를 5cm (10 : 5)로 하고, 모임지붕 한쪽 경사면의 수평길이를 L, 대공부분의 높이를 h, 경사면의 길이(빗면의 길이)를 S, 지붕의 길이를 L'라고 하면 박공지붕면적(A)은 다음과 같이 산출한다.

$$10 : 5 = L : h \rightarrow h = \frac{5 \times L}{10},\ S = \sqrt{L^2 + h^2}$$

따라서, 모임지붕면적$(A) = S \times L' \times 2$

위의 산출방법은 박공지붕면적 산출과 동일한 방법으로서 모임지붕면적을 개략치로 계산한 것이고, 정확하게 계산하면 다음과 같다

모임지붕의 용마루 길이를 L''라고 하면

$$\text{모임지붕면적}(A) = \left\{\left(\frac{L' + L''}{2}\right) \times S \times 2\right\} + \left\{\left(\frac{2 \times L \times S}{2}\right) \times 2\right\}$$

여기서, $S = \sqrt{L^2 + h^2}$, $h = \dfrac{5 \times L}{10}$ (물매 5cm인 경우)

제12장 지붕 및 홈통공사 적산실습

실습 1 다음 그림과 같은 벽돌조 2층 건축물의 모임지붕에 시멘트기와를 이을 때 소요되는 재료량과 품을 산출하시오. 다만, 지붕물매는 10 : 5로 한다.

풀이 그림과 같은 지붕평면도를 ⓡR_1, ⓡR_2로 나누어 각각 그 면적을 산출한다.

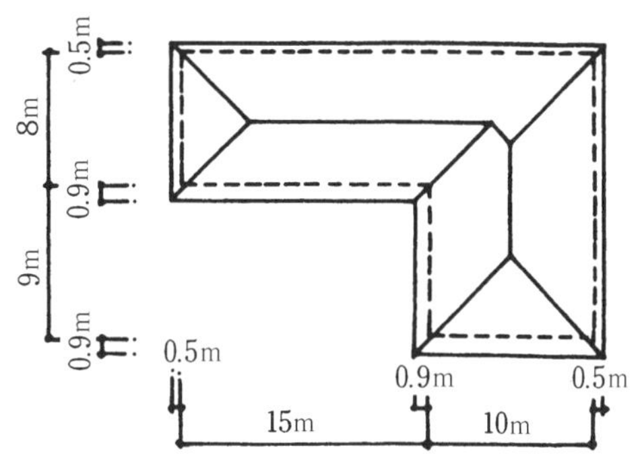

(1) 지붕면적 산출

① R_1 지붕에서 대공부분의 높이를 h 라 하면,

$$L = 11.4 \div 2 = 5.7\text{m},\ 10 : 5 = 5.7 : h \quad \therefore\ h = 2.85\text{m}$$

빗변의 길이를 S라 하면,

$$S = \sqrt{L^2 + h^2} = \sqrt{5.7^2 + 2.85^2} \fallingdotseq 6.373\text{m}$$

따라서, R_1 지붕의 지붕면적$(A_1) = 6.373 \times 18.4 \times 2 = 234.5\text{m}^2$

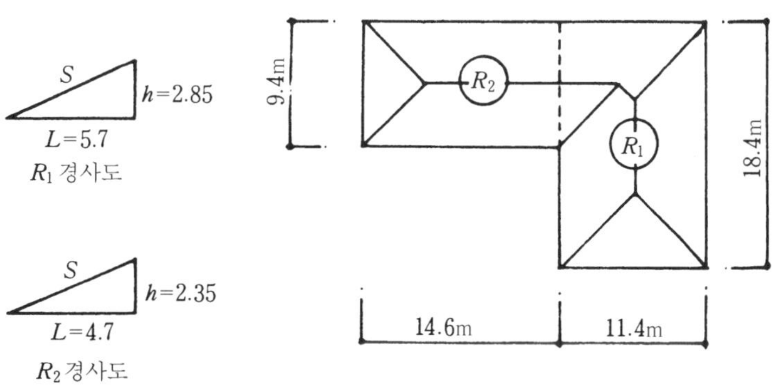

② R_2 지붕에서 대공부분의 높이를 h라 하면,

$$L = 9.4 \div 2 = 4.7\text{m},\ 10 : 5 = 4.7 : h \quad \therefore\ h = 2.35\text{m}$$

빗변의 길이를 S라 하면,

$$S = \sqrt{L^2 + h^2} = \sqrt{4.7^2 + 2.35^2} \fallingdotseq 5.226\text{m}$$

따라서, $\textcircled{R_2}$ 지붕의 지붕면적$(A_2) = 5.226 \times 14.6 \times 2 = 152.6\text{m}^2$

③ 전체 지붕면적$(A) = A_1 + A_2 = 234.5 + 152.6 = 387.1\text{m}^2$

(2) 재료량 및 품 산출

구 분		산 출	수량	비 고
재료량	시멘트기와	14.7매/m^2×387.1m^2	5,690매	지붕면적 1m^2당 14.7매 (할증률 5% 가산된 것임)
	내림새기와	6.56매×(5,690매÷100매)	373매	시멘트기와 100매당 5.25~7.87매 (평균 6.56매, 할증률 5% 가산된 것임)
	용마루기와	3.15매×(5,690매÷100매)	179매	시멘트기와 100매당 2.1~4.2매 (평균 3.15매, 할증률 5% 가산된 것임)
	용마루새기와	14.7매×(5,690매÷100매)	836매	시멘트기와 100매당 8.4~21매 (평균 14.7매, 할증률 5% 가산된 것임)
	철선(#20)	0.09kg/m^2×387.1m^2	34.84kg	지붕면적 1m^2당 0.03~0.15kg (평균 0.09kg)
	펠 트	1.1m^2/m^2×387.1m^2	425.81m^2	지붕면적 1m^2당 1.1m^2
	못	0.04kg/m^2×387.1m^2	15.48kg	지붕면적 1m^2당 0.04kg
품	지붕잇기공	0.045인/m^2×387.1m^2	17.42인	지붕면적 1m^2당 0.03~0.06인 (평균 0.045인)
	보통인부	0.11인/m^2×387.1m^2	42.58인	지붕면적 1m^2당 0.07~0.15인 (평균 0.11인)
	보통인부(펠트깔기)	0.013인/m^2×387.1m^2	5.03인	지붕면적 1m^2당 0.013인

해설 모임지붕에 시멘트기와(양식)를 이을 때의 소요 재료량과 품은 "실습 4 (품셈 12.1)"에 의하여 산출한다.

실습 2 다음 그림과 같은 박공지붕에 천연슬레이트(36.3×18.2cm) 일자무늬로 잇기할 때 소요되는 재료량과 품을 산출하시오. 다만, 지붕물매는 10 : 5로 한다.

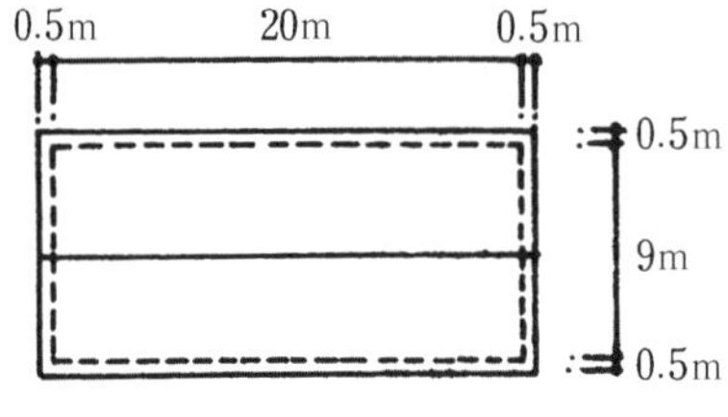

풀이 (1) 지붕면적 산출

대공부분의 높이를 h 라 하면

$10 : 5 = 5 : h$

$$\therefore h = \frac{5 \times 5}{10} = 2.5$$

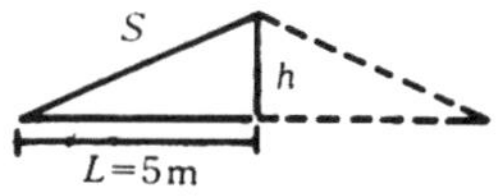

빗변의 길이를 S라 하면

$$S = \sqrt{L^2 + h^2} = \sqrt{5^2 + 2.5^2} \fallingdotseq 5.59\text{m}$$

따라서, 지붕면적$(A) = 5.59 \times 21 \times 2 = 234.78\text{m}^2$

(2) 재료량 및 품 산출

구 분		산 출	수량	비 고
재료량	천연슬레이트 (36.3×19.2cm)	46.86매/m^2×234.78m^2	11,002매	지붕면적 1m^{2}당 46.86매
	아스팔트펠트	1.1m^2/m^2×234.78m^2	258.26m^2	지붕면적 1m^{2}당 1.1m^2
	못	0.79kg/m^2×234.78m^2	185.47kg	지붕면적 1m^{2}당 0.79kg
품	지붕잇기공	0.43인/m^2×234.78m^2	100.95인	지붕면적 1m^{2}당 0.43인
	보통인부	0.17인/m^2×234.78m^2	39.91인	지붕면적 1m^{2}당 0.17인

해설 지붕에 천연슬레이트잇기 소요 재료량과 품은 "실습 5 (품셈 12.2)에 의하여 산출한다.

실습 3 "실습 1"에서의 그림과 같은 모임지붕에 아스팔트 싱글잇기를 하였을 때 소요재료량과 품을 산출하시오.

풀이 (1) 지붕면적 산출

모임지붕의 지붕면적(A)는 "실습 1"에서 산출된 바와 같이 $A = 387.1\text{m}^2$이다.

(2) 재료 및 품 산출

구 분		산 출	수량	비 고
재료량	아스팔트싱글 (336×1,000×3mm)	7.30매/m^2×387.1m^2	2,825.8매	지붕면적 1m^{2}당 7.30매 (할증률 3% 가산된 것임)
	싱글시멘트	0.54l/m^2×387.1m^2	209.03l	지붕면적 1m^{2}당 0.54l
	아스팔트프라이머	0.5l/m^2×387.1m	193.55l	지붕면적 1m^{2}당 0.5l (2회칠기준)
	콘크리트못	0.07kg/m^2×387.1m^2	27.09kg	지붕면적 1m^{2}당 0.07kg
품	지붕잇기공	0.1인/m^2×387.1m^2	38.71인	지붕면적 1m^{2}당 0.1인
	보통인부	0.034인/m^2×387.1m	13.16인	지붕면적 1m^{2}당 0.034인
	공구손료	품(기와공 및 보통인부)의 3%	1식	품의 3%로 계상

비고 : 바탕처리에 대한 재료량 및 품은 별도 계상하고 용마루 및 골에 사용하는 싱글의 재료량을 별도 계상한다.

해설 지붕에 아스팔트 싱글잇기 소요재료량과 품은 "실습 6 (품셈 12.3)"에 의하여 산출한다.

실습 4 박공지붕에 시멘트기와 잇기를 하였을 때의 일위대가표를 작성하시오.

풀이

(지붕면적 m^2당)

품 명	규 격	단위	수량	단가	금액	비 고
시멘트기와	300×340×15mm	매	14.7			할증률 5%가산 된 것임
철 선	#20	kg	0.09			0.03~0.15kg(평균 0.09kg)
펠 트		m^2	1.1			
못		kg	0.04			
지붕잇기공		인	0.045			0.03~0.06인(평균 0.045인)
보통인부		인	0.11			0.07~0.15인(평균 0.11인)
보통인부		인	0.013			펠트깔기 품임
계	재 료 비					
	노 무 비					

해설 평기와(양기와, 시멘트기와, 군기와)잇기에 대한 일위대가표는 다음의 표준품셈에 의하여 작성한다.

(품셈 12.1) 평기와 잇기

(m^2당)

기와종류 \ 형식 (구분)		평기와 (매)	기타 재료	지붕잇기공 (인)	보통인부 (인)
양 기 와	프랑스식	15.75(15)	펠트 1.1m^2	0.03~0.04	0.09~0.25
	스페인식	15.75(15)		0.03~0.04	0.08~0.20
시멘트기와	양 식	14.7(14)	철선(#20) 0.03~0.15kg 펠트 1.1m^2	0.03~0.06	0.07~0.15
군 기 와	걸 침	17.85~23.1 (17~22)	철선 0.04kg 펠트 1.1m^2	0.03~0.06	0.09~0.25

① 2층 이상일 때는 보통인부 품을 50%까지 가산할 수 있다.

② 기와의 할증률은 5% 가산되어 있는 것이며 괄호안은 정미수량이다.

③ 펠트 및 루핑은 품을 0.013인/m^2, 모래 뿌린 루핑은 0.023인/m^2로 한다.

④ 평기와에 대한 부속기와는 다음 표에 의하여 가산한다.

(평기와 100매당)

종 류	내림새기와(매)	용마루기와(매)	용마루새기와(매)
박공지붕	5.25~7.87 (5.0~7.5)	1.89~3.99 (1.8~8.8)	6.82~18.9 (6.5~18.0)
모임지붕	5.25~7.87 (5.0~7.5)	2.1~4.2 (2.0~4.0)	8.4~21.0 (8.0~20.0)

재료의 할증률은 5% 가산되어 있는 것이며 괄호안은 정미수량이다.

【해설】

① 알매흙은 60점/m^3, 한짐은 50kg을 기준으로 한다.

② 알매흙 소요량은 1.2점/m^3를 기준으로 한다.

③ 깔기에 필요한 못은 0.04kg/m^2(지붕면적)를 기준으로 한다.

④ 군기와의 치수별 소요매수는 다음과 같다.

(지붕면적 m^2당)

치 수 (mm)			매 수 (매)
두 께	길 이	나 비	
16~21	295	295	17
	290	285	18
	280	275	19
	290	290	22

실습 5 지붕에 천연슬레이트(36.3cm×18.2cm) 일자무늬잇기를 하였을 때의 일위대가표를 작성하시오.(단, 아스팔트펠트를 지붕에 깔기로 한다)

풀이

(지붕면적 m^2당)

품 명	규 격	단위	수량	단가	금액	비 고
천연슬레이트	36.3×18.2cm	매	46.86			부속재료는 별도 계상한다.
못		kg	0.79			
지붕잇기공		인	0.43			
보통인부		인	0.017			
계	재 료 비					
	노 무 비					

해설 천연슬레이트의 일위대가표는 다음의 표준품셈에 의하여 작성한다.

(품셈 12.2) 천연슬레이트

(지붕면적 m^2당)

구 분	잇 기	치수 (cm)	슬레이트매수 (매)	못 (kg)	지붕잇기공 (인)	보통인부 (인)
천연 슬레이트	일자무늬	30.3×18.2 36.3×18.2	56.65(55) 46.86(45.5)	1.10 0.79	0.45 0.43	0.18 0.17
천연 슬레이트	귀갑무늬	30.3×18.2 36.3×18.2	56.65(55) 46.86(45.5)	0.96 0.76	0.45 0.43	0.18 0.17

① 아스팔트펠트 또는 루핑은 $1.1m^2/m^2$이다.

② 슬레이트 할증률은 3% 가산되어 있는 것이며, 괄호 안은 정미수량이다.

③ 부속재료는 별도 계상한다.

실습 6 아스팔트싱글 깔기에 대한 일위대가표를 작성하시오.
(다만, 지붕경사는 3/4 이하인 경우로 하고, 금속제 비막이를 설치하는 것으로 한다)

풀이

(m^2당)

품 명	규 격	단위	수량	단가	금액	비 고
아스팔트싱글	336×1,000×3mm	매	7.3			
금속제 비막이	두께 0.4mm,폭 100~240mm	m	1.1			
지붕잇기공	(금속제 비막이설치)	인	0.02			
지붕잇기공	(아스팔트싱글깔기 등)	인	0.07			
보통인부		인	0.01			
잡재료 및 소모재료		식	1			· 주재료비의 3%
공구손료		식	1			· 인력품의 3%
계	재 료 비					
	노 무 비					

해설 아스팔트 싱글 깔기의 일위대가표는 다음의 표준품셈에 의하여 작성한다.

(품셈 12.3) 아스팔트싱글 깔기

(m^2당)

품 명	규 격	단위	수량	비 고
아스팔트싱글	336×1,000×3mm	매	7.3	
지붕잇기공		인	0.07	
보통인부		인	0.01	

① 재료량은 할증이 포함되어 있다.

② 본 품에는 아스팔트싱글의 할증률(3%) 및 소운반품이 포함되어 있다.

③ 급경사(3/4 이상)일 경우 본 품의 20%를 가산한다.

④ 잡재료 및 소모재료(콘크리트못 등)은 주재료비의 3%로 한다.

⑤ 바탕처리(방수재깔기 및 아스팔트 프라이머 2회칠 기준으로 한 바름)에 대한 재료량 및 품은 별도 계상한다.
⑥ 용마루 및 골에 사용하는 아스팔트싱글의 재료량은 별도 계상한다.
⑦ 공구손료는 인력품의 3%로 계상한다.
⑧ 작업여건에 따라 가시설물(비계, 난간 등)이 필요한 경우 별도 계상한다.
⑨ 금속제 비막이(Flashing) 설치에 대한 재료량 및 품은 다음을 기준으로 별도 계상한다.

(m당)

구 분	금속제 비막이 (m)	지붕잇기공 (인)
수 량	1.1	0.02

※ ① 금속제 비막이 규격은 두께 0.4mm, 폭 100~240mm 기준임
② 본 품은 비막이 현장 절단 및 설치, 실리콘 마감 작업이 포함되어 있다.
③ 급경사(3/4 이상)인 경우 본 품의 20%를 가산한다.
④ 잡재료 및 소모재료(못, 실리콘 등)는 주재료비의 3%로 한다.

실습 7 함석 처마홈통(반원형)의 일위대가표를 작성하시오.
(다만, 처마홈통의 지름은 15cm이다)

풀이

(m당)

품 명	규 격	단위	수량	단가	금액	비 고
함 석	#20, 18×90cm	매	0.17			이음겹치기는 3cm를 기준으로 한 것이다.
철 선	#10 아연도금	m	2.1			
지지철물		개	1.1			
긴결철물	#18~20 아연도금	m	0.55			
납		kg	0.007			
염 산		l	0.00097			
숯		kg	0.0042			
함 석 공		인	0.12			
보통인부		인	0.04			
계	재 료 비					
	노 무 비					

해설 처마홈통의 일위대가표는 다음의 표준품셈에 의하여 작성한다.

(품셈 12.4) 함석 처마홈통(반원형)

(m당)

구 분	규 격	단위	지름						
			6cm	7.5cm	9cm	10.5cm	12cm	13.5cm	15cm
함 석	#28, 180×90cm	매	0.08	0.09	0.11	0.13	0.15	0.17	0.17
철 선	#10 아연도금	m	2.1	2.1	2.1	2.1	2.1	2.1	2.1
지지철물		개	1.1	1.1	1.1	1.1	1.1	1.1	1.1
긴결철물	#18~20 아연도금	m	0.22	0.28	0.33	0.39	0.44	0.50	0.55
납		kg	0.0035	0.004	0.0045	0.005	0.006	0.0065	0.007
염 산		l	0.00045	0.00054	0.0006	0.00068	0.0008	0.0009	0.00097
숯		kg	0.0021	0.0024	0.0027	0.003	0.0036	0.0039	0.0042
함 석 공		인	0.06	0.07	0.08	0.09	0.10	0.11	0.12
보통인부		인	0.02	0.023	0.027	0.03	0.033	0.037	0.04

【해설】

① 이음 겹치기는 3cm를 기준으로 한다.

② 지붕면적에 대한 홈통지름은 다음을 표준으로 한다.

종류 \ 단위 \ 지붕면적	단위	$30m^2$ 내외	$60m^2$ 내외	$100m^2$ 내외	$200m^2$ 내외
처마홈통지름	cm	9.0	12.0	15.0	18.0
선홈통지름	cm	6.0	9.0	12.0	15.0

Chapter 13

금속공사

13.1 개 요

금속공사(metal works)는 철 · 비철금속 및 이들의 2차 제품을 주재료로 하여 제조한 기성금속물 또는 가공 제작하여 사용하는 금속물 등으로서, 주로 장식, 손상방지, 도난방지 기타의 목적을 위해서 다른 부분에 부착하여 고정하는 공사이다.

건축공사 중 철재 · 철물 및 각종 금속제품 등 금속물의 사용이 주된 철근공사, 철골공사, 지붕의 금속판 잇기공사, 홈통공사 등은 금속공사에서 제외하되 이 공사비목에 포함시키기 번잡한 것 또는 포함되지 아니한 것은 금속공사에서 계상한다.

13.2 금속 제작품 및 기성제품

13.2.1 금속 제작품

(1) 제작철물

제작철물의 대표적인 것을 들면 다음과 같다.

① 계단난간 ② 철책(鐵柵) ③ 스크린 ④ 철창살
⑤ 철사다리 ⑥ 까치발 ⑦ 철재연도 · 굴뚝 ⑧ 문패
⑨ 깃발꽂이 ⑩ 소변 격리판 고정철물

(2) 장식철물

장식철물은 다음과 같은 재질이 주로 쓰인다.

① 놋쇠 ② 동 ③ 포금(包金) ④ 브론즈
⑤ 스테인리스 ⑥ 알루미늄 ⑦ 강철 ⑧ 주철
⑨ 기타

13.2.2 기성 금속제품

기성 금속제품으로서 보통 많이 사용되고 있는 것을 들면 다음과 같다.

(1) 일반용 기성품

① 금속판(metal sheet) ② 계단논슬립(non－slip)
③ 루버(louver) ④ 레지스터(register, 환기용)
⑤ 맨홀(manhole)뚜껑, 더스트슈트(dust chute)뚜껑
⑥ 천장점검구

(2) 미장공사용 기성품

① 철망(마름모형망, 직조망, 클림프망)
② 메탈라스(matal lath)·와이어라스(wire lath)·와이어메시(wire mesh)
③ 줄눈대(metallic joiner)·조이너(joiner)
④ 펀칭메탈(punching metal)·그릴(grille)
⑤ 코너비드(corner bead)

(3) 수장용 기성품

① 난간(railing, balustrade, hand rail)
② 커튼레일(curtain rails)·커튼박스(curtain box)
③ 인서트(insert)
④ 경량철골 천장틀·경량철골 칸막이
⑤ 금속제 커튼월(metal curtain wall)

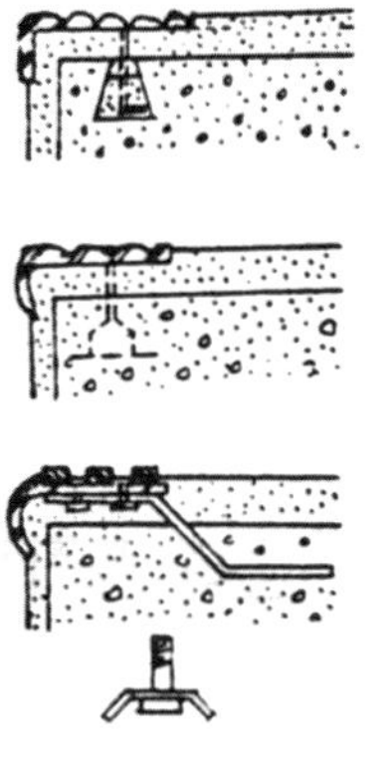

계단논슬립

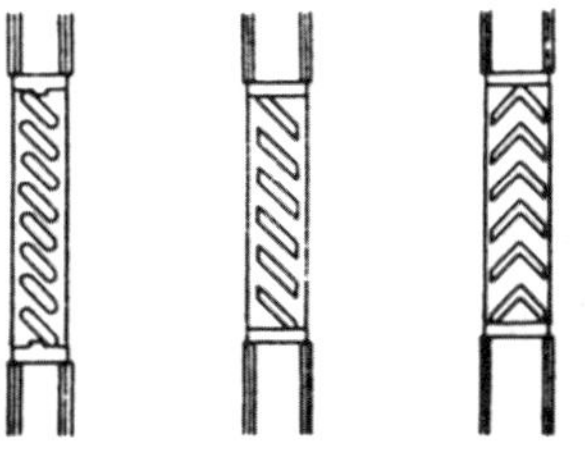

루버

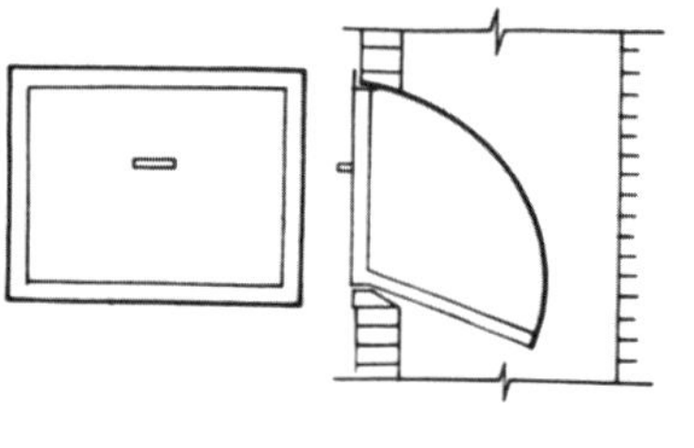

더스트 슈트뚜껑

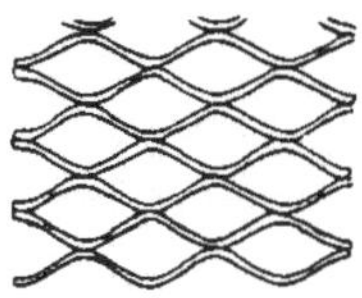
편평라스

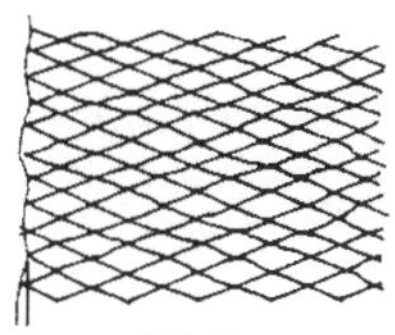
파형라스

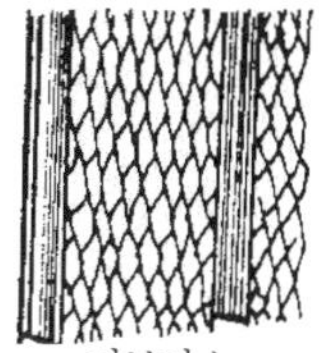
리브라스

메탈라스

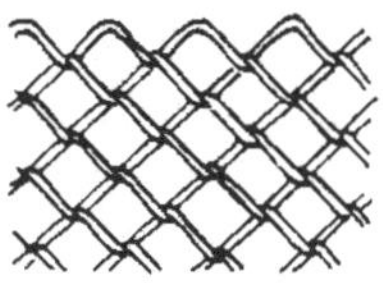
원형철망

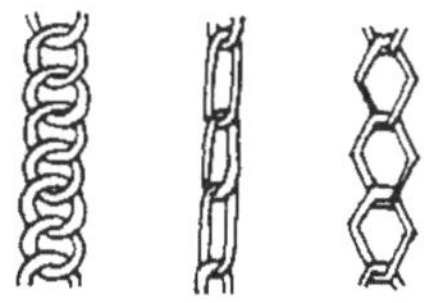
단면

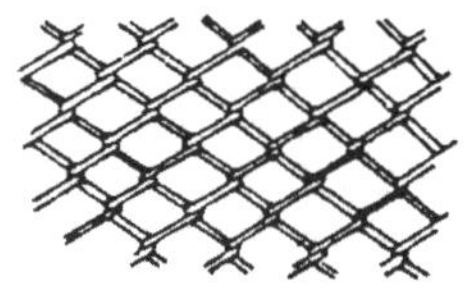
마름모형

와이어라스

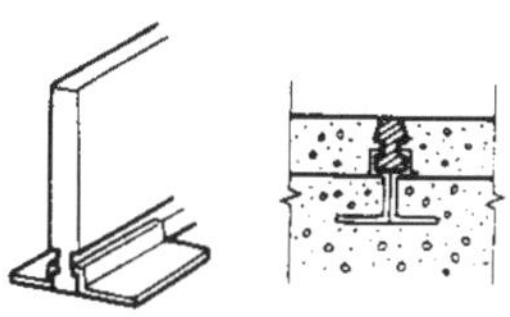
줄눈대

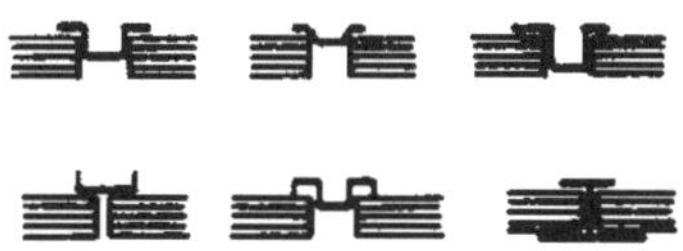
조이너

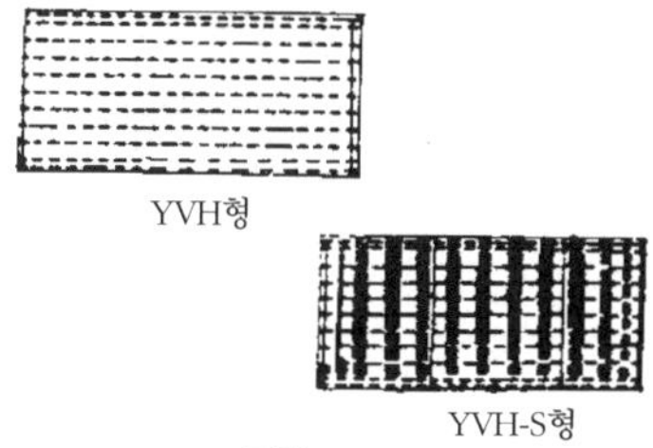

그릴

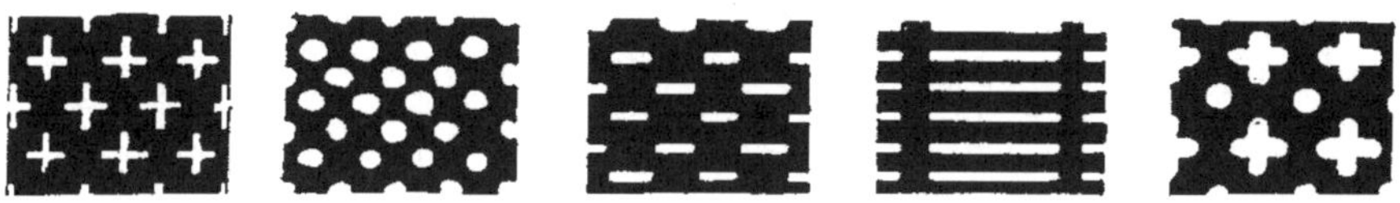
펀칭메탈

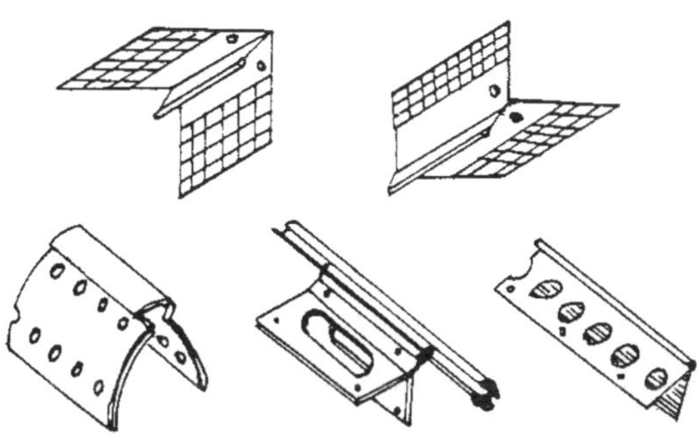
코너비드

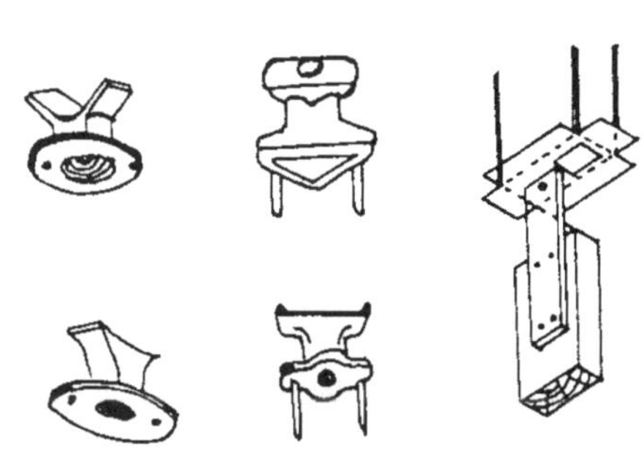
인서트

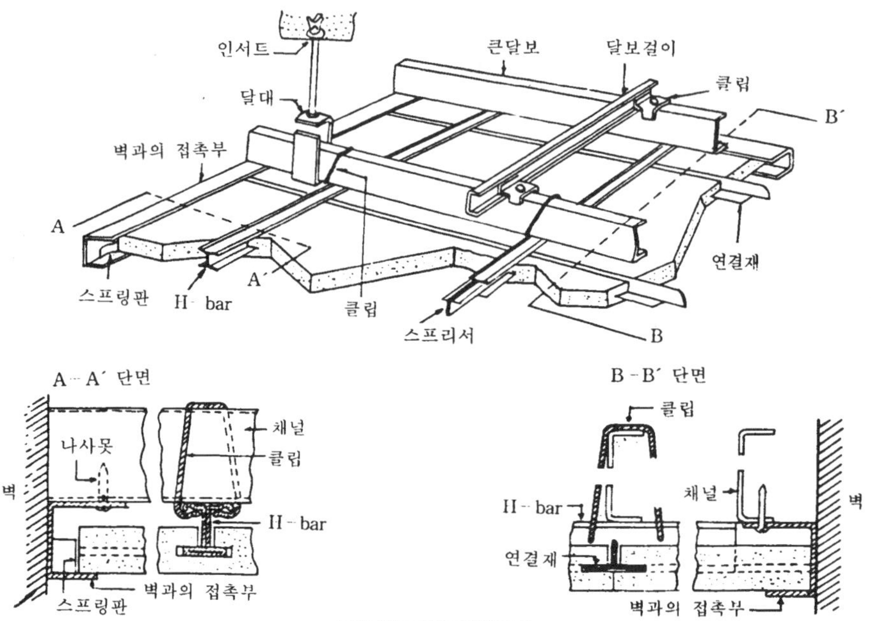

경량철골천장틀(H-BAR)

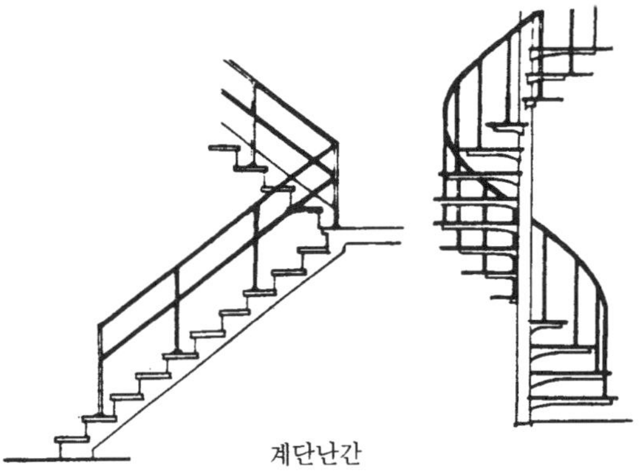

계단난간

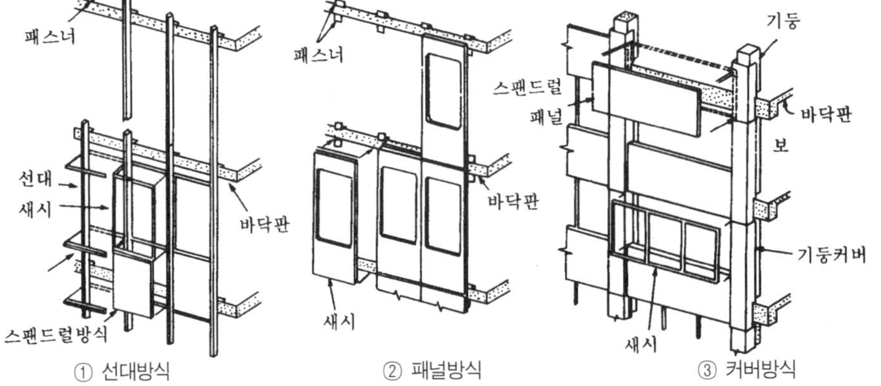

① 선대방식　② 패널방식　③ 커버방식

금속제 커튼월

그림 13.2 각종 기성 금속제품

13.2.3 설치용 준비재

금속제품을 설치할 때는 설치준비재와 연결재를 구조체에 설치 고정한다.

금속공사에 일반적으로 사용되는 설치준비재와 연결재를 들면 다음과 같다.

(1) 나무벽돌 · 나무쐐기 · 끼움목 · 굄목

(2) 인서트(insert), 앵커볼트(anchor bolt), 익스팬션 앵커(expansion anchor), 드라이브핀(drive pin), 슬리브(sleeve), 롤플러그(roll plug), 듀벨(dűubel, dowel), 소형다리철물

(3) 일반용철못(round wire nails), 나사못(wood screw), 볼트(bolt)

(4) 꺾쇠(clamp), 띠쇠(strap), 감잡이쇠(strap, stirrup), ㄱ자쇠(L-strap), 안장쇠(strap, beam hanger, bridle iron)

(5) 까치발, 지주, 지지틀

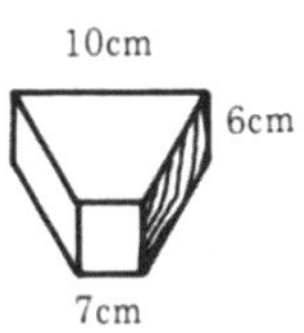

나무벽돌

앵커볼트

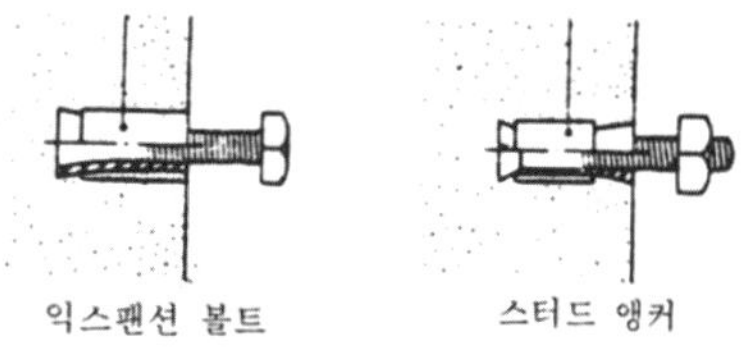

익스팬션 앵커

인서트

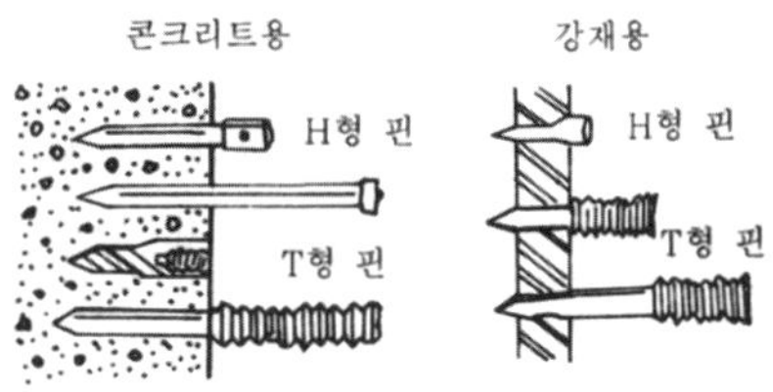

드라이브 핀

듀 벨

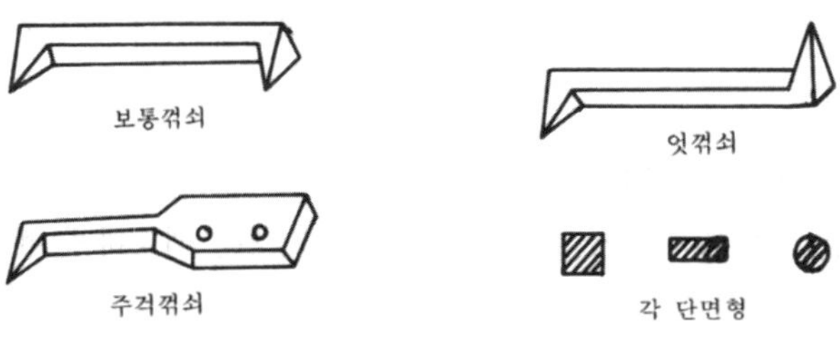

꺾 쇠

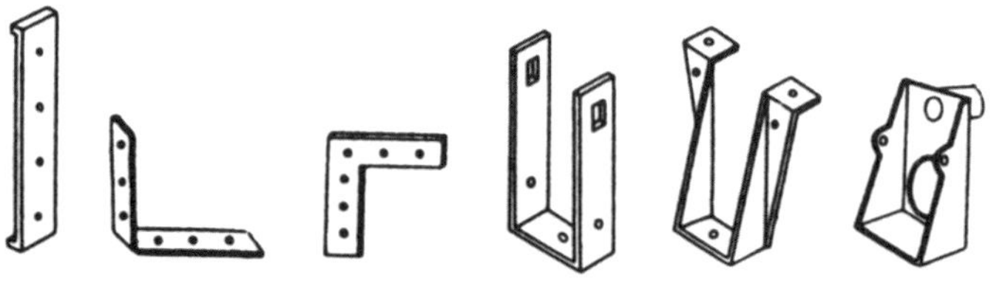

그림 13.2 각종 금속제품 설치용 준비재

13.3 금속공사 적산

(1) 금속공사의 수량은 설계도서(주로 상세도 및 전개도)에 의하여 그 공사의 내용, 사용목적 및 재질 등에 따라 각 공정별로 면적, 길이, 개소수 및 무게로 산출한다.

(2) 금속공사의 수량은 일반적으로 다음과 같이 구분하여 산출한다.

① 면적으로 산출

금속판, 각종 금속망(메탈라스, 와이어라스, 와이어메시 등), 경량철골 천장틀 및 경량철골 칸막이, 펀칭메탈 및 그릴, 금속제 커튼월 등

② 길이로 산출

계단논슬립, 줄눈대, 조이너, 코너비드, 커튼레일 및 커튼박스, 난간 등

③ 개소수로 산출

인서트, 루버, 레지스터, 맨홀뚜껑 및 더스트슈트뚜껑, 천장 점검구 등

④ 무게로 산출

난간, 각종 잡철물 제작 설치 등

⑤ 면적 · 길이 · 개소 및 무게로 산출하기 곤란한 것은 1식으로 산출한다.

(3) 금속제품의 수량은 기성 금속제품과 금속제작품으로 대별하여 산출하되 각 제품별 수량은 종류 · 재질 및 규격별로 구분하여 제품의 내용에 따라 면적 · 길이 · 개소 및 무게로 산출한다.

(4) 금속공사의 공사비를 전문업체의 견적에 의하여 결정하는 경우가 많은데 이 경우 견적내용을 비교 검토하여 재료량 및 단가가 과다 또는 과소하게 계상 되었는지를 확인한다.

제13장 금속공사 적산실습

실습 1 건축물의 벽을 회반죽 바름하고자 메탈라스 붙임할 때 회반죽 바름 면적이 250m²인 경우 메탈라스 붙임의 소요재료량과 품을 산출하시오.

풀이

소요재료량 산출		품 산 출	
구 분	산 출	구 분	
메탈라스 펠 트 U 형 못	$1.1m^2/m^2 \times 250m^2 = 275m^2$ $1.1m^2/m^2 \times 250m^2 = 275m^2$ $0.04kg/m^2 \times 250m^2 = 10kg$	미장공	0.02인$/m^2 \times 250m^2 = 5$인

해설 "실습 5 (품셈 13.1)"에 의한 메탈라스 붙임 단위면적당(m^2당) 소요재료량과 품을 메탈라스 붙임 면적(회반죽 바름 면적과 같음)에 곱하여 산출한다.

실습 2 1개 층의 계단단수가 18개, 계단너비는 30cm, 계단논슬립 길이는 150cm일 때 논슬립 설치에 소요되는 재료량과 품을 산출하시오.(다만, 건축물의 층수는 6층이고, 콘크리트 계단이다)

풀이 (1) 계단논슬립 길이(m) = 1.5m × 18개 × 6층 = 162m

(2) 미장공(인) = 0.05인/m × 162m = 8.1인

해설 계단논슬립 설치의 재료량과 품은 "실습 6 (품셈 13.2)"에 의하여 산출한다. 논슬립 시중품의 길이는 90cm, 120cm, 150cm, 180cm 등이 있고, 주문하면 임의의 길이로 할 수 있다.

실습 3 인조석 현장갈기 바닥면적이 15m×45m일 때 황동제 바닥줄눈대의 전체길이와 설치품을 산출하시오.(다만, 줄눈나누기의 간격은 90cm로 한다)

풀이 (1) 바닥줄눈대의 전체길이 산출

$$\text{바닥줄눈대 전체길이(m)} = \left\{15m \times \left(\frac{4,500}{90} - 1\right)\right\} + \left\{45m \times \left(\frac{1,500}{90} - 1\right)\right\}$$

$$= 735m + 705m = 1,440m$$

(2) 바닥줄눈대 설치품 산출

미장공(인) = 0.05인/m × 1,440m = 72인

해설 (1) 바닥줄눈대의 줄눈나누기에 의한 개수는 바닥 한변의 길이를 줄눈나누기 간격으로 나눈 수치에 1를 뺀 수치가 바닥 한변의 바닥줄눈대 소요 개수가 된다.

(2) 바닥줄눈대의 줄눈나누기 간격을 벽의 4변에서 테두리(150mm)를 남기는 것으로 하여 바닥줄눈대의 전체길이를 산출하면 다음과 같다.

① 바닥줄눈대 바닥 15m측 한줄의 길이 = 15m − (0.15m × 2) = 14.7m

바닥줄눈대 바닥 45m측 한줄의 길이 = 45m − (0.15m × 2) = 44.7m

② 바닥줄눈대 바닥 15m측 줄눈나누기 개수 = (44.7m ÷ 0.9m) + 1 ≒ 51개

바닥줄눈대 바닥 45m측 줄눈나누기 개수 = (14.7m ÷ 0.9m) + 1 ≒ 17개

③ 따라서, 바닥줄눈대 전체길이(m)

= (14.7m × 51개) + (44.7m × 17개) = 1,509.6m ≒ 1,510m

(3) 바닥줄눈대의 설치품은 "실습 7 (품셈 13.3)"에 의하여 산출한다.

실습 4 사무소 건축물의 천장에 천장틀 설치를 위한 인서트(거푸집용)를 설치하고자 할 때 천장면 12m×36m에 소요되는 인서트 설치의 소요재료량과 품을 산출하시오.(다만, 인서트의 설치 간격은 1.2m로 한다)

풀이 인서트 설치의 소요재료량과 품을 산출하면 다음과 같다.

(1) 인서트 정미량 $= \left(\frac{12}{1.2} - 1\right) + \left(\frac{36}{1.2} - 1\right) = 9 + 29 = 38$개

인서트 소요량 = 38개 × 1.03 = 39.14개 ≒ 39개

(2) 내장공 = 0.004인/개 × 38개 = 0.152인

해설 (1) 인서트의 수량은 개수로 산출하며 천장면 양면의 길이를 인서트 설치 간격으로 각각 나눈값에 1을 뺀 수치를 합한 것이 인서트 정미량(정미개수)이 되고 정미량에 할증률 3% 가산한 것이 소요량(소요개수)이 된다.

(2) 인서트소요량에는 인서트 고정용 못이 포함된 것이다.

(3) 인서트 설치에 소요되는 품(내장공)은 "실습 8 (품셈 13.4)"에 의하여 산출한다.

실습 5 벽에 회반죽 바름할 때 필요한 메탈라스붙임의 일위대가표를 작성하시오.

풀이

(m^2당)

품 명	규 격	단위	수량	단가	금액	비 고
메탈라스		m^2	1.1			
펠 트		m^2	1.1			
U 형 못		kg	0.04			
미 장 공		인	0.02			
계	재 료 비					
	노 무 비					

해설 라스붙임의 일위대가표는 다음의 표준품셈에 의하여 작성한다.

(품셈 13.1) 라스붙임

(m^2당)

구분 \ 공종	단위	아스팔트 펠 트	메탈라스	다이아몬드 라 스	원형라스	리브라스
라 스	m^2	1.1	1.1	1.1	1.1	1.1
펠 트	m^2	1.1	1.1	1.1	1.1	1.1
U 형 못	kg	0.04	0.04	0.04	0.04	–
힘 살 철 선 (#10길이 1.8m)	개	–	–	1.8	1.8	0.1
미장공(벽)	인	0.013	0.02	0.025	0.25	0.025
미장공(천 장)	인	0.017	0.025	0.03	0.033	0.033
미장공(돌 림 띠)	인	0.025	0.05	0.10	0.067	0.067
미장공(기 둥)	인	0.025	0.04	0.045	0.05	0.05
미장공(추녀천장)	인	0.022	0.035	0.070	0.054	0.047

재료의 할증률은 포함되어 있다.

실습 6 콘크리트 계단에 설치하는 계단논슬립의 일위대가표를 작성하시오.

풀이

(m^2당)

품 명	규 격	단위	수량	단가	금액	비 고
논 슬 립		m	1.0			
미 장 공		인	0.05			
계	재 료 비					
	노 무 비					

해설 계단논슬립 설치의 일위대가표는 다음의 표준품셈에 의하여 작성한다.

(품셈 13.2) 계단논슬립 설치

(m당)

구 분	논슬립(m)	미장공(인)
목 조 계 단	1.0	0.02
콘 크 리 트 계 단	1.0	0.05

본 품에는 논슬립 고정용 긴결철물은 포함되어 있지 않다.

실습 7 인조석 및 테라조 바름 때 필요한 바닥줄눈대 설치의 일위대가표를 작성하시오.

풀이

(m당)

품 명	규 격	단위	수량	단가	금액	비 고
줄 눈 대		m	1.0			
미 장 공		인	0.05			
계	재 료 비					
	노 무 비					

해설 바닥줄눈대 설치의 일위대가표는 다음의 표준품셈에 의하여 작성한다.

(품셈 13.3) 바닥줄눈대 설치

(m당)

줄 눈 대(m)	미 장 공(인) (설치)
1.0	0.05

【해설】

본 품은 인조석 깔기 및 테라조 깔기에 필요한 바닥줄눈대에 대한 품이다.

실습 8 천장틀 설치에 필요한 인서트(콘크리트용)의 일위대가표를 작성하시오.

풀이

(개당)

품 명	규 격	단위	수량	단가	금액	비 고
인 서 트		개	1.03			고정용 못 포함
내장공		인	0.009			
기계경비		식	1			인력품의 4%
계	재 료 비					
	노 무 비					

해설 인서트 설치의 일위대가표는 다음의 표준품셈에 의하여 작성한다.

(품셈 13.4) 인서트(insert) 설치

(개당)

구　분	단　위	설 치 대 상		
		거푸집	데크플레이트	콘크리트
내 장 공	인	0.004	0.007	0.009

① 본 품의 거푸집은 거푸집에 못으로 고정하며, 데크플레이트와 콘크리트는 구멍을 뚫어 설치하는 기준이다.

② 본 품은 위치측정, 구멍뚫기, 인서트설치 작업이 포함되어 있다.

③ 공구손료 및 경장비(전동드릴 등)의 기계경비는 다음과 같다.

구　분	데크플레이트	콘크리트
인력품의 (%)	4%	4%

④ 재료량은 다음을 참고한다.

(개당)

구　분	단　위	수　량	비　고
인 서 트	개	1.03	인서트 고정용 못 포함

※ 위 재료량은 할증이 포함되어 있다.

실습 9 코너비드 설치, 조이너 및 몰딩 붙임의 일위대가표를 작성하시오.

풀이

(m당)

구 분	품 명	규 격	단위	수량	단가	금액	비 고
코너비드 설　치	코너비드		m	1.0			
	미 장 공		인	0.024			10m당 0.24인
	계	재 료 비					
		노 무 비					
조이너 붙　임	조 이 너		m	1.1			
	내 장 공		인	0.02			
	잡재료 및 소모재료	(고정용)	식	1			주재료비의 5%
	공구손료 및 경장비		식	1			인력품의 4%
	계	재 료 비					
		노 무 비					
몰딩붙임	몰　딩		m	1.1			
	내 장 공		인	0.035			
	잡재료 및 소모재료	(고정용)	식	1			주재료비의 5%
	공구손료 및 경장비		식	1			인력품의 4%
	계	재 료 비					
		노 무 비					

해설 코너비드 설치, 조이너 및 몰딩 붙임의 일위대가표는 다음의 표준품셈에 의하여

작성한다.

(품셈 13.5) 코너비드 설치

(10m당)

코 너 비 드(m)	미 장 공(인)
1.0	0.24

【해설】

코너비드(corner bead)는 기둥 · 벽 등의 모서리에 대어 미장바름을 보호하는 철물이다.

(품셈 13.6) 조이너 및 몰딩 붙임

(m당)

구 분	단 위	수 량	내장공(인)	비 고
조 이 너	m	1.1	0.02	
몰 딩	m	1.1	0.035	몰딩은 천장갓둘레 설치를 기준한 것이다

① 고정용 잡재료 및 소모재료는 주재료비의 5%를 가산한다.

② 본 품은 자재절단 및 설치작업이 포함되어 있다.

③ 공구손료 및 경장비(전동드릴 등)의 기계경비는 인력품의 4%로 계상한다.

④ 재료량에는 할증이 포함되어 있다.

Chapter 14

미장공사

14.1 개 요

미장공사(plaster work)란 흙, 회반죽, 모르타르, 인조석 등을 벽, 천장, 바닥 등에 바르는 공사를 말하는 것으로서 각종 마무리공사 중 건축물의 우열을 결정하는 규준이 될 만큼 중요한 공사의 하나가 된다.

미장공사의 시공장소가 산재해 있기 때문에 수량산출에 있어 누락 또는 중복 계산하기 쉽고 또한 미장공사비가 차지하는 비중도 크므로 설계도서 내용을 정확히 파악하고 세밀히 적산하여야 한다.

14.2 미장재료

(1) 시멘트 : 보통포틀랜드시멘트, 백시멘트
(2) 석회 : 생석회, 소석회
(3) 석고 : 순석고, 경석고
(4) 흙 · 모래 : 진흙, 모래
(5) 종석 · 돌가루 : 화강석 · 석회석 등의 부순돌 · 돌가루
(6) 기타 : 돌로마이트(마그네시아석회), 활석면, 안료(황토, 주토, 산화철 등), 여물 및 수염 등 결합재, 방수제 · 착색제 · 촉진제 등 혼화재료

14.3 미장공사 적산 구분

(1) 바름바탕별 : 콘크리트 · 콘크리트블록 · 벽돌 · 프리캐스트 콘크리트 · ALC패널 · 메탈라스 · 와이어라스 · 목모시멘트판 · 목편시멘트판 · 흙벽 · 졸대의 바탕 등
(2) 바름장소별 : 바닥, 벽(내벽 · 외벽), 걸레받이, 반자, 차양, 기타
(3) 바름층별 : 초벌, 재벌, 정벌, 바닥고르기(고름질, 덧먹임)
(4) 재료배합비별 : 1 : 1, 1 : 2, 1 : 3, 1 : 4 등
(5) 바름두께별 : 6mm, 9mm, 10mm, 12mm, 15mm, 18mm, 24mm, 30mm 등

14.4 미장공사 적산

(1) 미장공사의 수량은 설계도와 공사시방서 내용을 기준하여 미장공사의 각 공법에 따른 바탕별, 바름장소별, 바름두께별에 따라 구분하여 미장바름면적(미장면적)으로 산출한다.
(2) 미장바름면적은 설계도에 의하여 안목치수(시공치수)로 계산된 정미면적 즉 미장바름의 실면적으로 산출한다.
(3) 미장바름면적 산출에 있어 바닥 · 벽 및 천장 등에 개구부가 있는 경우에는 설계도에 의한 개구부 면적을 따로 계산하여 이를 공제한 면적으로 산출한다. 다만, 1개소의 개구부 면적이 0.5m^2 이하인 경우에는 미장바름면적 산출시 이를 공제하지 않는다.
(4) 미장공사의 재료량은 미장바름면적에 단위면적당(m^2당) 재료량을 곱하여 산출한다. 그리고 미장바름 바탕별로 할증률(바닥 : 5%, 벽 · 천장 : 15%, 나무졸대 바탕 20%)을 가산하도록 명시되어 있는 경우에는 이를 가산한 재료량으로 산출한 것이 소요재료량이 된다.
미장바름 단위면적당(m^2) 재료량은 미장바름의 공정이 설계도에 바름층별로 구분되어 재료 배합비 및 바름두께가 명시되어 있는 경우에는 이에 따라 바름층별로 각각 산출한 단위면적당 재료량을 합한 것이 된다.
(5) 바닥의 미장바름면적은 바닥의 안목치수에 의한 정미면적으로 산출한다.
여기서, 안목치수 계측(計測)은 설계도에 표시된 벽의 중심선 치수에서 벽 양측의 절반두께 치수를 감한 치수로 계산하는 것이 일반적이다. 그러나 아파트인 경우에는 안목치수로 설계가 되기 때문에 이 안목치수를 그대로 적용하면 된다.
(6) 벽의 미장바름면적은 벽의 높이에 벽길이를 곱한 정미면적으로 산출한다. 여기서, 벽의 높이 및 길이는 내벽 · 외벽을 구분하여 다음과 같이 계측한다.
① 내벽인 경우
내벽의 벽높이는 돌림띠를 무시하고 천장높이로 하며 벽길이는 벽체의 안목치수로 한다. 다만, 천장에 반자틀(천장틀)을 설치하는 경우에 있어서의 벽높이는 반자틀 깊

이 10cm 정도까지 미장바름하는 것을 감안하여 10cm를 더한 것으로 한다.

② 외벽인 경우

외벽의 벽높이는 지반선(G.L)에서 깊이 15cm 되는 연장선을 외벽 하부선으로 보고 이 하부선에서 미장바름 시공의 상부선까지의 높이로 하며 벽 길이는 벽체의 안목치수로 한다. 다만, 외벽의 지반에 포장 등의 시공을 시행한 후 미장바름을 하는 경우에는 포장 등의 윗면선에서 미장바름 시공의 상부선까지의 높이를 외벽의 벽 높이로 한다.

(7) 천장의 미장바름면적은 천장의 안목치수에 의한 정미면적으로 산출한다. 여기서 안목치수 계측은 바닥의 안목치수 계측과 같다.

(8) 기둥의 미장바름면적은 미장바름에 해당되는 기둥의 둘레길이에 기둥의 높이를 곱한 정미면적으로 산출한다. 여기서 기둥의 높이는 벽의 높이 계측과 동일한 방법으로 계측한다. 기둥에 접한 보의 면적은 미장바름 면적에서 공제함을 원칙으로 한다.

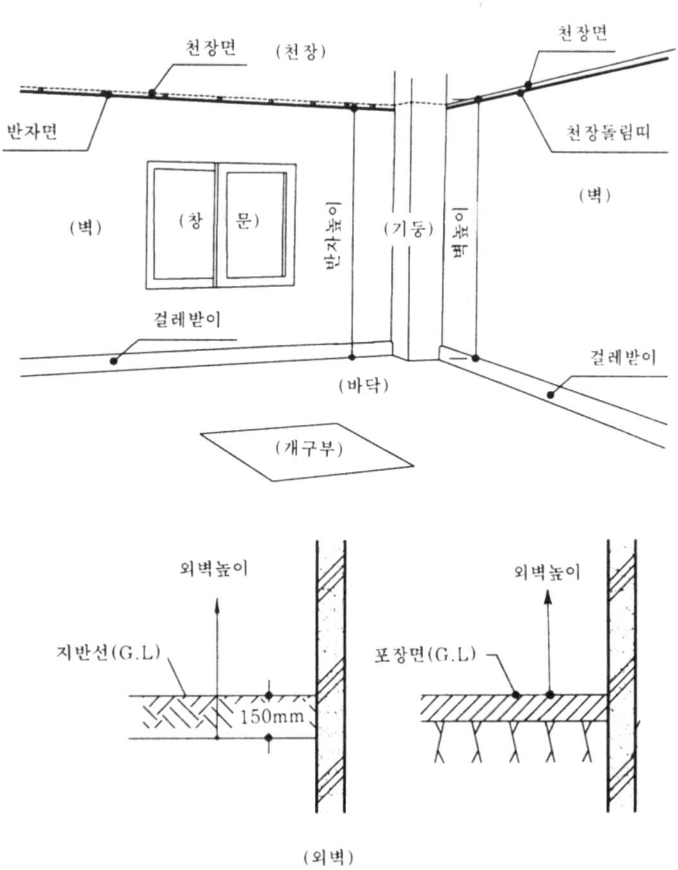

그림 14.1 미장바름 치수 계측 개념도

제14장 미장공사 적산실습

실습 1 배합용적비가 1 : 3인 시멘트 모르타르 $30m^3$을 배합할 때 소요되는 재료량과 배합품(보통인부)을 산출하시오.

풀이 ① 시멘트량 : $30m^3 \times 510kg/m^3 = 15,300kg$

② 모래량 : $30m^3 \times 1.1m3/m^3 = 33m^3$

③ 보통인부(모르타르배합) : $30m^3 \times 0.66$인$/m^3 = 19.8$인

해설 시멘트 모르타르 용적배합비가 1 : 3인 경우 시멘트 모르타르 $1m^3$을 배합할 때 소요되는 시멘트량은 510kg, 모래량은 $1.10m^3$, 모르타르배합 보통인부는 0.66인이다.("실습 7 품셈 14.1" 참조)

실습 2 배합용적비가 1 : 1인 시멘트 모르타르 $10m^3$을 배합할 때 소요되는 재료량과 배합품(보통인부)을 산출하시오.

풀이 ① 시멘트량 : $10m^3 \times 1,093kg/m^3 = 10,930kg$

② 모래량 : $10m^3 \times 0.78m^3/m^3 = 7.8m^3$

③ 보통인부(모르타르배합) : $10m^3 \times 0.66$인$/m^3 = 6.6$인

해설 시멘트 모르타르 용적배합비가 1 : 1인 경우 시멘트 모르타르 $1m^3$을 배합할 때 소요되는 시멘트량은 1,093kg, 모래량은 $0.78m^3$, 모르타르배합 보통인부는 0.66인이다.("실습 7 품셈 14.1" 참조)

실습 3 콘크리트 바닥면적 $180m^2$을 시멘트 모르타르 바름두께 24mm로 마감하고자 할 경우 이에 소요되는 재료량을 산출하시오.(단, 시멘트 모르타르의 배합비는 1 : 3이다)

풀이 ① 시멘트 모르타르량 : $180m^2 \times 0.024m = 4.32m^3$

② 시멘트 소요량 : $4.32 \times 510kg \times 1.05 = 2,313.36 \fallingdotseq 2,313kg$

③ 모래 소요량 : $4.32 \times 1.1m^3 \times 1.05 = 4.9896 \fallingdotseq 5m^3$

해설 시멘트 모르타르를 바를 때 소요되는 재료의 할증률은 바닥인 경우 5%, 벽 및 천장인 경우 15%이다.

실습 4 철근콘크리트조 건물의 칸막이벽 260m²되는 시멘트벽돌조 벽면의 양면을 바름두께 18mm로 시멘트 모르타르 마감을 하려고 한다. 여기에 소요되는 재료량을 산출하시오. (단, 시멘트모르타르의 배합비는 1 : 3이다)

풀이 (1) 시멘트 모르타르량 : $260m^2 \times 0.018m \times 2 = 9.36m^3$

(2) 시멘트량 : $9.36 \times 510kg \times 1.15 = 5,489.64 ≒ 5,490kg$

(3) 모래량 : $9.36 \times 1.1m^3 \times 1.15 = 11.8404 ≒ 11.84m^3$

해설 벽체를 시멘트 모르타르로 마감할 경우의 재료의 할증률은 15%이다.

실습 5 다음 그림과 같은 시멘트 벽돌조에서 바닥, 내벽, 외벽, 천장을 시멘트 모르타르 바름으로 마감할 때 미장면적과 재료량을 산출하시오.(다만, 내벽의 높이는 2.6m, 외벽의 높이는 2.9m, 창문의 크기는 1.2m×1.4m, 문의 크기는 0.9m×2.1m이다. 또한 그림의 치수는 안목치수이며 벽두께는 20cm이며, 시멘트 모르타르 바름두께 및 용적배합비는 다음과 같다)

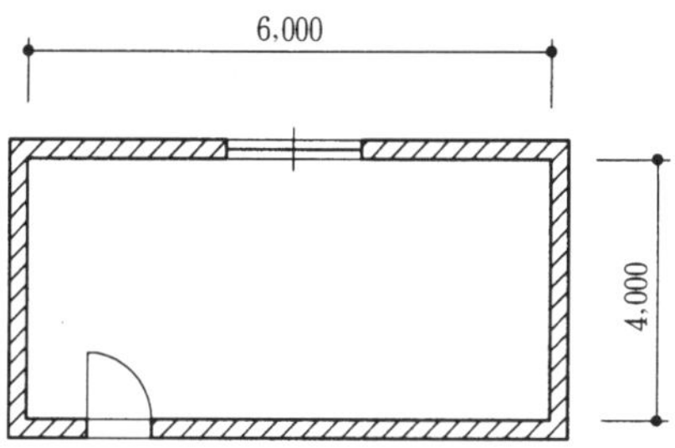

(시멘트 모르타르 바름두께)
바닥 : 30mm
내벽 : 18mm
외벽 : 24mm(초벌 9mm 포함)
천장 : 15mm
(시멘트 모르타르 용적배합비)
외벽 초벌 바름두께 9mm만 1 : 2이고 나머지는 1 : 3이다.

풀이 (1) 미장면적 산출

① 바닥 : $6 \times 4 = 24m^2$

② 내벽 : $\{(6+4) \times 2 \times 2.6\} - \{(1.2 \times 1.4) + (0.9 \times 2.1)\} = 22.42m^2$

③ 외벽 : $\{(6+0.2 \times 2) + (4+0.2 \times 2)\} \times 2 \times 2.9 - \{(1.2 \times 1.4) + (0.9 \times 2.1)\}$
$= 59.07m^2$

④ 천장 : $6 \times 4 = 24m^2$

(2) 재료량 산출

① 시멘트 모르타르량 산출

바닥 시멘트 모르타르(1 : 3) : $24 \times 0.03 = 0.72m^3$

내벽 시멘트 모르타르(1 : 3) : $22.42 \times 0.018 ≒ 0.403m^3$

외벽 시멘트 모르타르(1 : 2) : $59.07 \times 0.009 ≒ 0.532m^3$

외벽 시멘트 모르타르(1 : 3) : $59.07 \times 0.015 ≒ 0.886m^3$

천장 시멘트 모르타르(1 : 3) : $24 \times 0.015 = 0.36m^3$

따라서, 시멘트 모르타르(1 : 3) $= 2.369m^3$

시멘트 모르타르(1 : 2) $= 0.532m^3$

② 시멘트, 모래량 산출

시멘트량 : $2.369 \times 510kg = 1,208.19kg$

$0.532 \times 680kg = 361.76kg$

모 래 량 : $2.369 \times 1.1m^3 = 2.6059m^3$

$0.532 \times 0.98m^3 = 0.52136m^3$

따라서, 시멘트량 : $1,208.19 + 361.76 = 1,565.95 \fallingdotseq 1,570kg$

모래량 : $2.6059 + 0.52136 = 3.12726 \fallingdotseq 3.127m^3$

해설 ① 외벽 시멘트 모르타르 바름면적은 그림의 치수가 안목치수이므로 안목치수에 양측 벽두께를 가산한 벽 길이에 벽 높이를 곱하여 산출한다.

② 재료량은 할증률을 가산하지 않는 정미량으로 산출한 것이며, 만일 할증률을 가산한 소요량으로 산출할 경우에는 정미량에 바닥바름일 때 5%, 벽 및 천장일 때 15%를 가산한다.

실습 6 공장 건축물의 내벽 면적이 $280m^2$ 되는 콘크리트 바탕에 시멘트 모르타르로 인력바름 마감하려고 한다. 여기에 소요되는 재료량과 품을 산출하시오.(다만, 시멘트 모르타르의 바름두께는 18mm(초벌, 재벌 및 정벌 바름두께)이고 바름높이는 3.6m 이하인 경우이며, 시멘트 모르타르의 용적배합비는 1 : 3이다. 또한 벽 모르타르바름의 모르타르할증은 15%로 한다.)

풀이 (1) 시멘트 모르타르량 : $280m^2 \times 0.018m = 5.04m^3$

(2) 시멘트량 : $5.04m^3 \times 510kg/m^3 \times 1.15 = 2,955.96kg$

(3) 모래량 : $5.04m^3 \times 1.1m^3/m^3 \times 1.15 = 6.3756m^3$

(4) 미장공 : $280m^2 \times 1.31$인$/10m^2 = 36.68$인

(5) 보통인부 : $280m^2 \times 0.53$인$/10m^2 = 14.84$인

(6) 보통인부(모르타르배합) : $5.04m^3 \times 0.66$인$/m^3 = 3.33$인

따라서 재료량과 품은 다음과 같다.

재 료 량	품 (노무량)
시멘트량 : 2,955.96≒2,956kg 모 래 량 : 6.3756≒$6.38m^3$	미장공 : 36.68인 보통인부 : 18.17인

해설 콘크리트 바탕에 시멘트 모르타르 바름품은 "실습 7 (품셈 14.1) (3)항"에 의한다.

실습 7 창고 건축물의 바닥면적이 1,200m^{2}되는 콘크리트 바탕에 시멘트 모르타르 타설(모르타르 펌프이용) 하고 인력마감(구배가 없는 바닥을 쇠흙손 이용) 처리하려고 한다. 여기에 소요되는 재료량과 품을 산출하시오. (다만, 시멘트 모르타르의 바름두께는 24mm이고 용적 배합비는 1:3이다. 또한 시멘트 모르타르의 할증은 5%로 한다)

풀이 (1) 시멘트 모르타르량 : 1,200m^2×0.024m=28.8m^3

(2) 시멘트량 : 28.8m^3×510kg/m^3×1.05=15,422.4kg

(3) 모래량 : 28.8m^3×1.1m^3/m^3×1.05=33.264m^3

(4) 일반기계운전사 : 28.8m^3/10m^3×0.2인=0.576인

(5) 미장공 : 28.8m^3/10m^3×0.39인=1.123인

(6) 미장공(인력마감) : 1,200m^2/100m^2×0.24인=2.88인

(7) 보통인부 : 28.8m^3/10m^3×0.47인=1.354인

(8) 보통인부(모르타르배합) : 28.8m^3×0.66인/m^3=19인

(9) 모르타르펌프(37kW) : 1.17hr, 운전경비 1식

따라서 모르타르펌프 운전경비를 제외한 재료량과 품은 다음과 같다.

재료량	품(노무량)
시멘트량 : 15,422kg 모래량 : 33.3m^3	미장공 : 4인 보통인부 : 20.4인

해설 모르타르배합, 콘크리트바탕에 시멘트모르타르타설 및 인력마감(쇠흙손 이용)품은 (품셈 14.1) "(1) 및 (3)항"에 의한다.

(품셈 14.1) 모르타르(시멘트 모르타르) 바름

(1) 모르타르 배합

(m^{3}당)

배합용적비	시멘트(kg)	모래(m^3)	보통인부(인)
1:1	1,093	0.78	0.66
1:2	680	0.98	0.66
1:3	510	1.10	0.66
1:4	385	1.10	0.66
1:5	320	1.15	0.66

① 재료의 할증률은 포함되어 있다.

② 본 품은 소운반, 모래 체가름, 배합이 포함되어 있다.

③ 모래 체가름을 수행하지 않는 경우에는 본 품의 35%를 감한다.

(2) 모르타르

(m^2당)

구분 바탕별		바름두께(용접비)				시멘트(kg)		모래(m^2)		소석회(kg)
		초벌(mm)	바닥고르기(mm)	재벌(mm)	정벌(mm)	초벌+정벌(바닥은 바름두께 15mm때)	초벌+바닥고르기+재벌+정벌(바닥은 바름두께 24mm때)	초벌+정벌(바닥은 바름두께 15mm때)	초벌+바닥고르기+재벌+정벌(바닥은 바름두께 24mm때)	
콘크리트 및 블록바탕	바닥	–	–	–	15~24 (1 : 3)	7.65	12.24	0.0165	0.0264	
	내벽	7 (1 : 3)	–	7 (1 : 3)	4 (1 : 3)	5.61	9.18	0.0121	0.0198	0.010
	천장	6 (1 : 3)	–	6 (1 : 3)	3 (1 : 3)	4.59	7.65	0.0099	0.0165	0.015
	외벽	9 (1 : 2)	–	9 (1 : 3)	6 (1 : 3)	9.18	13.77	0.0154	0.0253	
벽돌바탕	바닥	–	–	–	15~24 (1 : 3)	7.65	12.24	0.0165	0.0264	
	내벽	7 (1 : 3)	0~6 (1 : 3)	7 (1 : 3)	4 (1 : 3)	5.61	12.24	0.0121	0.0264	0.010
	천장	6 (1 : 3)	–	6 (1 : 3)	3 (1 : 3)	4.59	7.65	0.0099	0.0165	0.015
	외벽	9 (1 : 2)	0~9 (1 : 3)	0~9 (1 : 3)	6 (1 : 3)	9.18	18.36	0.0154	0.0352	

본 표는 모르타르바름에 대한 재료(시멘트, 모래)량을 산출하는데 참고자료로 제시한 것이며, 본 자료를 적용함에 있어 재료의 할증률은 바닥 5%, 벽 · 천장 15%를 별도 가산할 수 있다.

【해설】

본 표의 바름두께 중 최소치(초벌+정벌)를 택할 때에는 물량의 최소치를 택하고 바름두께의 최대치를 택할 때에는 물량의 최대치를 택하도록 한다.

(3) 모르타르 바름

[1] 인력바름

($10m^2$당)

구분	단위	수량					
		3.6m 이하			3.6m 이상		
		초벌바르기	재벌바르기	정벌바르기	초벌바르기	재벌바르기	정벌바르기
미 장 공	인	0.31	0.48	0.52	0.41	0.59	0.63
보통인부	인	0.13	0.20	0.20	0.22	0.30	0.30
비 고	– 바탕의 폭 30cm 이하이거나 원주 바름면일 때에는 본 품을 20% 가산한다.						

① 본 품은 구조물 내벽에 쇠흙손을 이용한 모르타르 바름 작업을 기준한 품이다.

② 본 품은 소운반, 비빔, 코너비드 설치, 모르타르 바름 및 마무리작업을 포함한다.
③ 초벌바르기는 물뿌리기, 시멘트페이스트 바르기, 쇠갈퀴 긁기 작업을 포함한다.
④ 정벌바르기는 쇠흙손 마감을 포함한다.
⑤ 바름두께는 초벌(7mm), 재벌(7mm), 정벌(4mm) 기준이다.

[2] 기계바름

1) 모르타르 타설

($10m^3$당)

구 분	규 격	단 위	수 량
일반기계운전사		인	0.20
미장공		인	0.39
보통인부		인	0.47
모르타르 펌프	37kW	hr	1.17

① 본 품은 모르타르 펌프를 이용하여 바닥을 타설하는 품이다.
② 본 품은 압송관의 조립 · 철거 · 이동 및 비빔, 모르타르 타설에 대한 품을 포함한다.
③ 모르타르 타설 기계조합은 다음을 기준으로 한다.

구 분	기계명	규 격	비 고
모르타르 타설장비	모르타르 펌프	37kW	
	믹 서	$0.3m^3$	
	양수기	1.49kW	
	배관파이프	ϕ50-2.6m	

2) 인력마감

($100m^2$당)

구 분	단 위	수 량	
		구배가 있는 경우	구배가 없는 경우
미장공	인	0.36	0.24

본 품은 바닥 모르타르 타설 후 쇠흙손을 이용하여 마감하는 품이다.

3) 기계마감

($100m^2$당)

구 분	규 격	단 위	수 량
미장공		인	0.18
미장기계	3.73kW	hr	1.25

① 본 품은 미장기계(Power Trowel)를 이용하여 바닥을 마감하는 품이다.
② 본 품은 콘크리트 바닥 타설 마감에도 동일하게 적용한다.

※ 기계손료 및 운전경비

분류번호	기계명	규 격	시간당손료 (10^{-7})	주연료	잡재료 (주연료의 %)	조종원 (인/일)
7991-0050 0100 0500	모르타르 펌 프	3.73kW 7.46kW 37kW	4,677 4,677 4,677	3.73kW 7.46kW 37kW	- - -	- - -
7992-0001	모르타르 믹 서	$0.3m^3$	3,708	1.87kW 휘발유1.3	2	-
7993-0020	양수기	1.49kW	3,375	1.49kW	-	-
7994-0050	Power Trowel	3.73kW	5,313	휘발유1	10	-
7995-0050	배관파이프	ϕ50-2.6m	5,000	-	-	-

실습 8 콘크리트구조물의 콘크리트면 중 $200m^2$되는 콘크리트면을 정리하고 마감 미장을 하고자 할 경우 이에 소요되는 재료량과 품을 산출하시오.

풀이 (1) 콘크리트면 정리

견출공 : $200m^2/100m^2 \times 0.13$인=2.6인

(2) 마감미장

미장공 : $200m^2/10m^2 \times 0.2$인=4인

보통인부 : $200m^2/10m^2 \times 0.08 = 1.6$인

(3) 마감미장 소모재료

시멘트 : $200m^2/10m^2 \times 14.3kg = 286kg$

혼화재 : $200m^2/10m^2 \times 22.7g = 454g$

(혼화재는 필요에 따라 사용)

해설 콘크리트구조물의 콘크리트면을 정리하고 마감 미장의 품은 (품셈 14.2 콘크리트면 마무리)에 의하여 산출한다.

(품셈 14.2) 콘크리트면 마무리

(1) 콘크리트면 정리

($10m^2$당)

구 분	단 위	수 량
견 출 공	인	0.13

① 본 품은 소운반, 견출, 마무리 작업을 포함한다.

② 공구손료 및 경장비(그라인더 등)의 기계경비는 인력품의 2.5%를 계상한다.

(2) 마감 미장

(10m²당)

구 분	단 위	수 량
미 장 공	인	0.20
보통인부	인	0.08

① 본 품은 콘크리트면을 최종 마감면으로 할 때 마감 미장작업을 기준한 품이다.
② 본 품은 홈메우기, 시멘트페이스트 바름, 붓칠 및 마무리 작업을 포함한다.
③ 마감미장 소모재료는 다음을 참고한다.

구 분	단 위	수 량
시멘트	kg	14.3
혼화재	g	22.7

※ 혼화재는 필요에 따라 사용한다.

실습 9 콘크리트 바닥을 인조석 · 테라조 현장바름 및 갈기 할 때 손갈기와 기계갈기로 구분하여 일위대가표를 작성하시오. 다만, 초벌바탕 모르타르의 두께는 18mm, 인조석 · 테라조 현장바름 두께는 15mm, 3회갈기, 시멘트와 종석의 배합비는 1 : 3이다.

풀이 (1) 인조석 · 테라조 현장바름 및 갈기(손갈기) 일위대가표

(m^2당)

품 명	규 격	단위	수량	단가	금액	비 고
시멘트	(초벌 바탕바름용)	kg	9.639			0.018×510kg×1.05
모 래	(초벌 바탕바름용)	m^3	0.0208			0.018×1.1m^3×1.05
시멘트	(보통 또는 백시멘트)	kg	14			
종 석	12m 이하	kg	32			
색 소		kg	0.15			
수 산		kg	0.1			
왁 스		kg	0.2			
금강석	7.5cm 각	개	0.36			3회×0.12
미장공		인	0.2			
연마공		인	0.36			3회×0.12
보통인부		인	0.33			
보통인부	(초벌 바탕용 모르타르비빔)	인	0.018			0.018×1.0인
계	재 료 비					
	노 무 비					

(2) 인조석 · 테라조 현장바름 및 갈기 (기계갈기) 일위대가표

(m^2당)

품 명	규 격	단위	수량	단가	금액	비 고
시멘트	(초벌 바탕바름용)	kg	9.639			0.018×510kg×1.05
모 래	(초벌 바탕바름용)	m^3	0.0208			0.018×1.1m^3×1.05
시멘트	(보통 또는 백시멘트)	kg	14			
종 석	12m 이하	kg	32			
색 소		kg	0.15			
수 산		kg	0.1			
왁 스		kg	0.2			
금강석	7.5cm 각	개	0.36			3회×0.12
미장공		인	0.2			
연마공		인	0.099			3회×0.033
보통인부		인	0.25			
보통인부	(초벌 바탕용 모르타르비빔)	인	0.018			0.018×1.0인
기계손료 및 동력비		식	1			노무비의 10%
계	재 료 비					
	노 무 비					

해설 인조석 · 테라조 현장바름 및 갈기의 일위대가표는 다음의 표준품셈에 의하여 작성한다.

(품셈 14.3) 인조석 · 테라조 현장바름 및 갈기

(m^2당)

구분		마무리 두께	배합비	공종별 단위	손 갈 기 바 닥	손 갈 기 벽	기계갈기 바 닥
마무리재료	시멘트	9㎜	1:1.5	kg	12	12	12
			1:2	kg	11	11	11
		15㎜	1:2.5	kg	15	15	15
			1:3	kg	14	14	14
	종석	9㎜	1:1.5	kg	15	15	15
			1:2	kg	18	18	18
		15㎜	1:2.5	kg	29	29	29
			1:3	kg	32	32	32
	색 소			kg	0.10~0.15	0.10~0.15	0.10~0.15
	수 산			kg	0.10~0.15	0.10~0.15	0.10~0.15
	왁 스			kg	0.2~0.5	0.2~0.5	0.2~0.5
	금강석(7.5cm각)			개	갈기횟수×0.12	갈기횟수×0.12	갈기횟수×0.12
바탕 및 마무리품	미 장 공			인	0.2	0.3	0.2
	연마공(손 갈 기)			인	갈기횟수×0.12	갈기횟수×0.15	−
	연마공(기계갈기)			인	−	−	갈기횟수×0.033
	보 통 인 부			인	0.33~0.4	0.48~0.55	0.25

① 재료의 할증률과 바탕고르기 및 정리품은 포함되어 있다.

② 기계 갈기에 필요한 기계 손료와 동력비는 인건비의 10% 이내로 한다.

③ 초벌 모르타르의 재료 및 비비품은 별도로 가산한다.

④ 바닥줄눈대 재료 및 품은 "제13장 실습 7(품셈 13 · 3)"에 의하여 별도로 가산한다.
⑤ 바름폭이 30cm 이하(계단, 걸레받이 등)이거나 원주바름면일 때는 미장공 및 연마공의 품을 30% 가산한다.

【해설】

① 본 품에서의 종석은 크기 12mm이하, 바름두께는 9~15mm이다.
② 본 표의 수치 중 최소치는 3회 갈기, 최대치는 6회 갈기 때이며 색소는 바름두께 9mm 때 최소치이며 15mm대 상한치이다.
③ 품은 특수한 갈기를 제외하고는 고급마감일 때 6회 갈기까지, 보통 갈기는 3회로 한다.
④ 종석의 돌알의 표준

인조석용 종석	테라조용 종석
6mm체 통과분 100% 3mm체 통과분 50% 1.5mm체 통과분 0	12mm체 통과분 100% 6mm체 통과분 50% 3mm체 통과분 0

Chapter 15

창호공사

15.1 개 요

창호(doors and windows)란 건축물의 벽면 등에 부착시킨 문꼴에 다는 창(windows)과 문(door)을 말하며 보통 창문(window & door)이라고도 한다. 그리고 창호공사는 창호의 제작 및 창호틀에 달기에 관한 공사이다. 창호에 사용되는 재료 또는 창호의 형태도 다양하기 때문에 창호공사를 적산함에 있어 창호 상세도 · 공사시방서 및 창호 일람표 등 설계도서 내용을 사전에 충분히 검토한 후 적산하여야 한다.

15.2 창호의 종류

(1) 기능에 의한 구분

① 출입구용 창호 : 주로 사람의 출입을 위해 쓰이는 개구부의 창호

② 창용 창호 : 채광, 통풍 등을 위하여 설치되며, 보통은 사람의 출입에는 쓰이지 않는 개구부의 창호

③ 구획용 창호 : 성능이나 기능상 구획을 구성할 수 있는 창호

④ 기타 창호 : ①~③ 이외의 창호

(2) 재질에 의한 구분

① 목재 창호 : 주요부재가 목재인 창호

② 강재 창호 : 주요부재가 강재인 창호

③ 알루미늄 합금제 창호 : 주요부재가 알루미늄 합금제인 창호, 알루미늄 창호라고도 한다.

④ 합성수지 창호 : 주요부재가 합성수지인 창호, 플라스틱 창호라고도 한다.

⑤ 스테인리스 창호 : 주요부재가 스테인리스인 창호

⑥ 기타 창호 : 유리문, 브론즈 문(bronze door) 등

(3) 개폐방식에 의한 구분

명　　칭	명　　칭
① 여닫이(창 · 문) (casement window, hinged door) ├외여닫이, 쌍여닫이 ├안여닫이, 바깥여닫이 └자재여닫이	② 미서기(창 · 문)(horizontal sliding window, sliding door) ├두짝미서기 └외짝미서기
③ 미닫이문(sliding door) ├외짝미닫이 └쌍미닫이	④ 회전문(창)(revolving door, pivot window) ├세로회전 └가로회전
⑤ 미들창(slide out window, projecting window)	⑥ 붙박이창(fixed sash window)
⑦ 오르내리창(double hung window)	⑧ 들창(over-hang sash window, push-up window)
⑨ 접이창(folding window)	⑩ 젖힘창(bottom-hinged inswinging window)
⑪ 차양식창(awning window)	⑫ 플러시문(flush door)
⑬ 양판문(panel door, framed door)	⑭ 유리문(glass door)
⑮ 비늘살문(louver door)	⑯ 엿보기창이 있는 문(vision-light door)
⑰ 옆채광창이 있는 플러시문(Side light and flush door)	⑱ 강화유리문(tempered glass door)
⑲ 접문(folding door)	⑳ 아코디어 도어(accordion door)
㉑ 셔터(shutter, rolling door)	㉒ 기타

표 15.1 창호의 형상

명칭 및 형상	명칭 및 형상
① 여닫이(창 · 문) ┌외여닫이, 쌍여닫이 ├안여닫이, 바깥여닫이 └자재여닫이 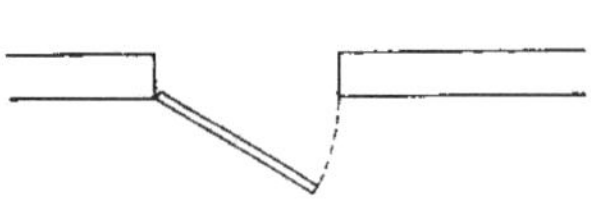 (외여닫이문) 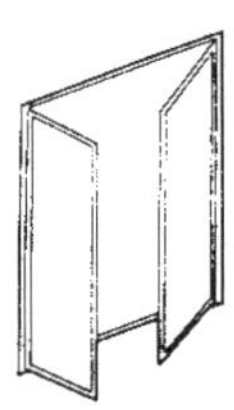 (바깥쌍여닫이창) 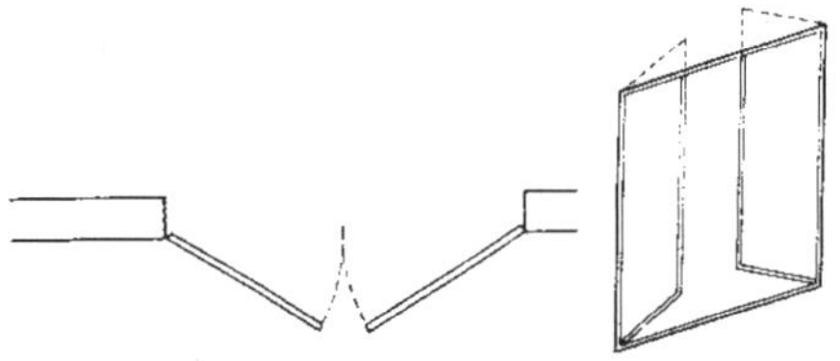	② 미서기(창 · 문) ┌두짝미서기 └외짝미서기 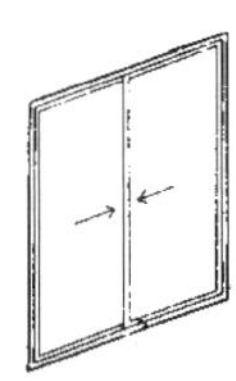 (미서기창) ④ 회전문(창) ┌세로회전 └가로회전 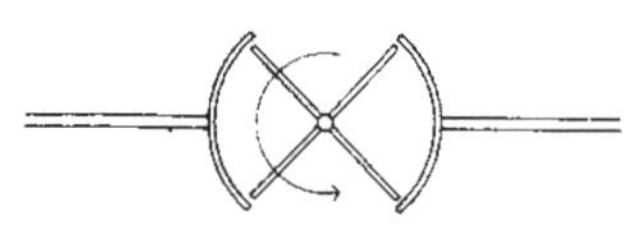 (회전문)

명칭 및 형상	명칭 및 형상
③ 미닫이문 ┌ 외짝미닫이 └ 쌍미닫이  (외짝미닫이문) 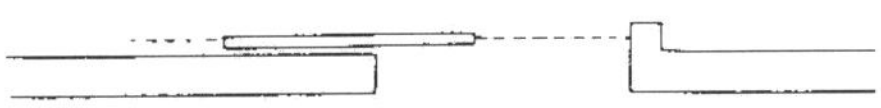 (외짝미닫이문)  (쌍미닫이문)  (쌍미닫이문)	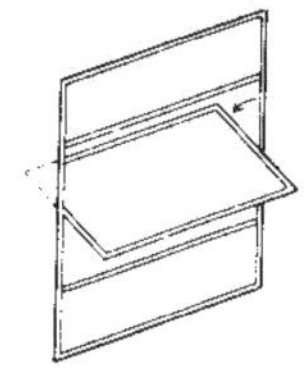 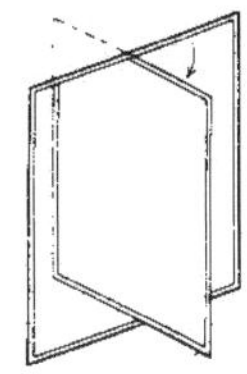 (가로회전창) (세로회전창) ⑤ 미들창 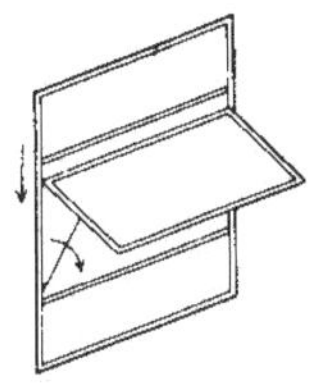 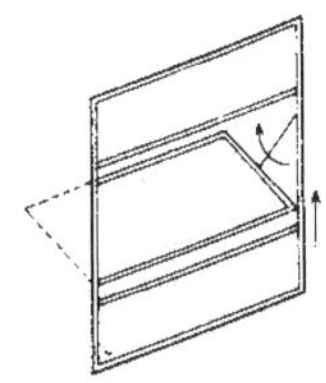 (바깥미들창) (안미들창)
⑥ 붙박이창 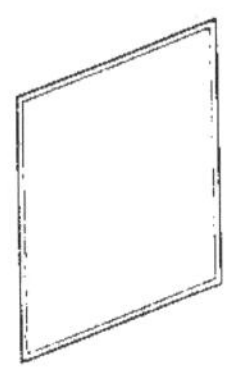	⑦ 오르내리창 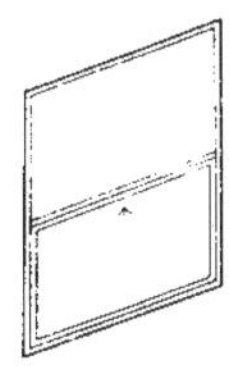 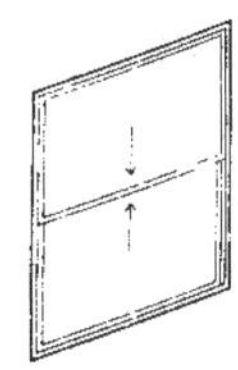 (한짝오르내리기창) (양짝오르내리기창)
⑧ 들창 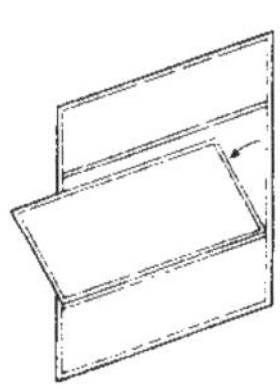 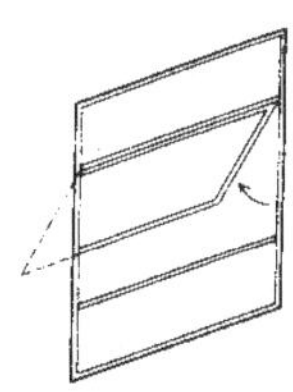 (들 창) (안들창)	⑨ 접이창 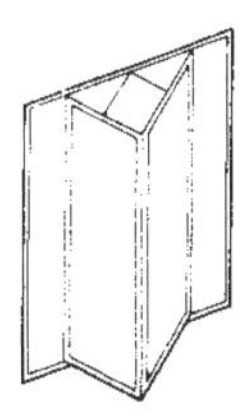
⑩ 젖힘창 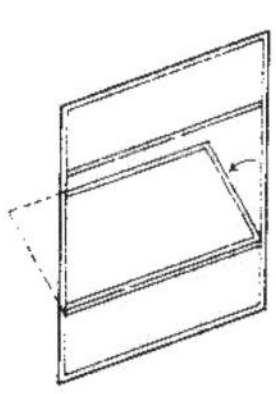 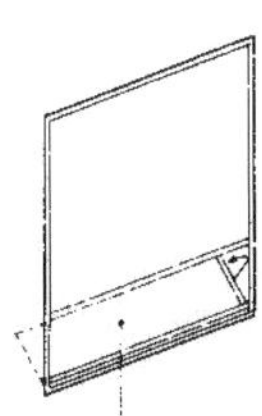 (안젖힘창) (안젖힘환기창)	⑪ 차양식창 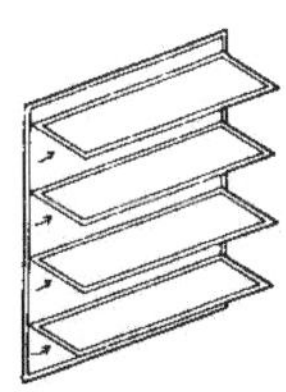

명칭 및 형상	명칭 및 형상
⑫ 플러시문 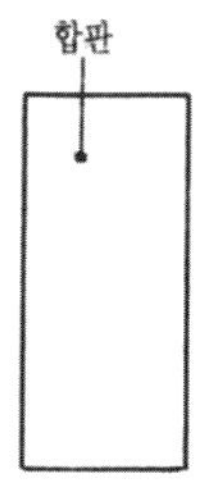 	⑬ 양판문 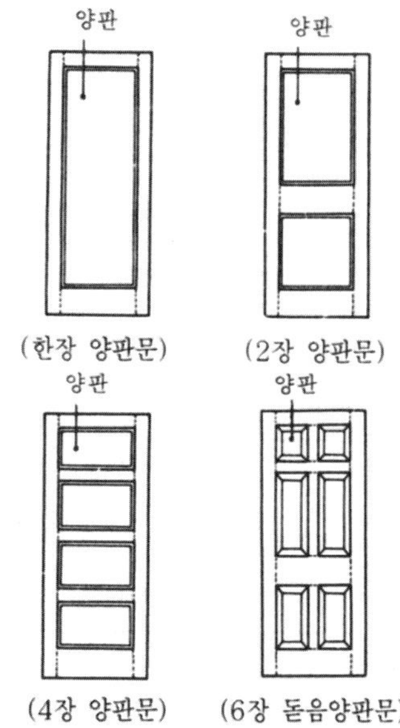 (한장 양판문) (2장 양판문) (4장 양판문) (6장 돋음양판문)
⑭ 유리문 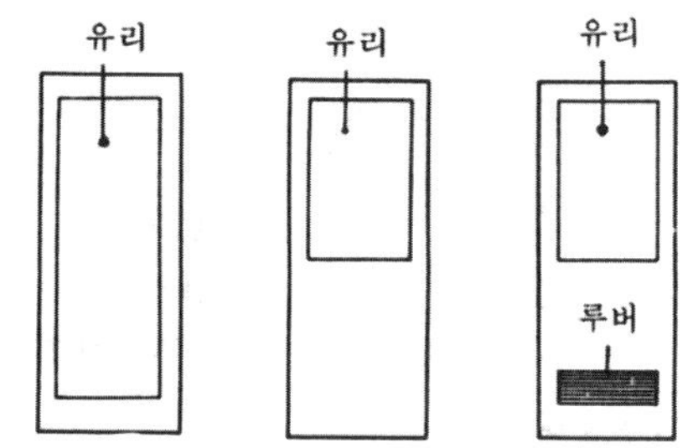 (전면유리문) (반유리문) (루버유리문)	
⑮ 비늘살 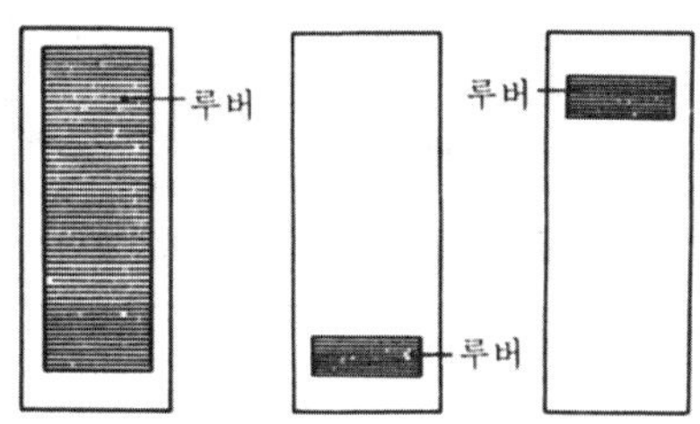 (전면비늘살문) (밑비늘살문) (윗비늘살문)	⑯ 엿보기창이 있는 문 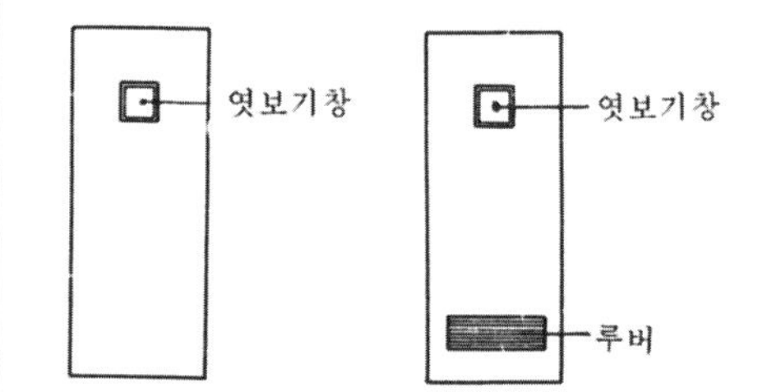 (엿보기창이 있는 문) (엿보기창 및 루버가 있는 문)
⑰ 옆 채광창이 있는 플러시문 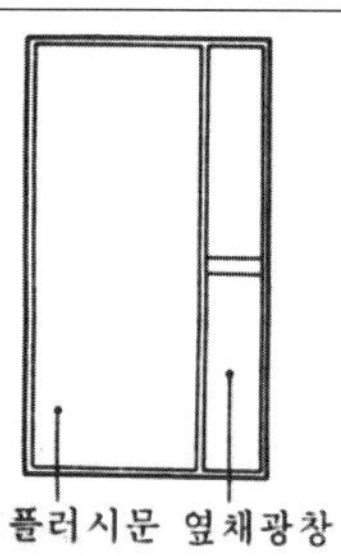 	⑱ 강화유리문 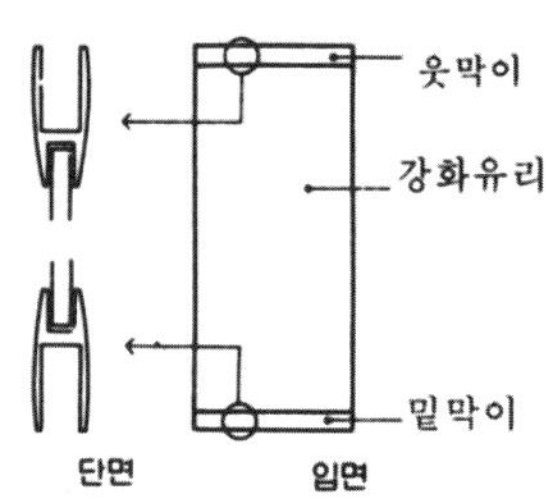
⑲ 접문 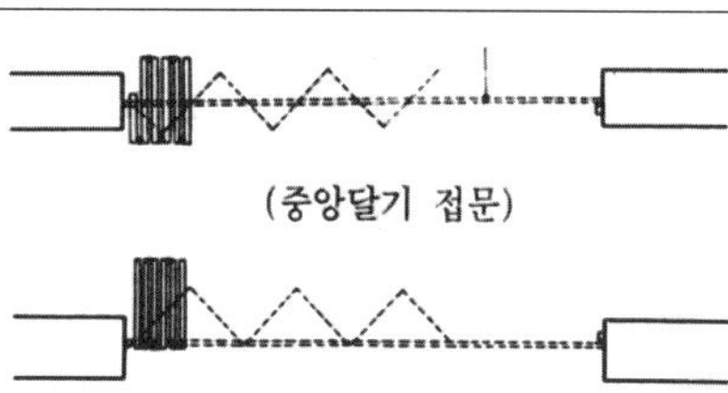 (중앙달기 접문) (편심달기 접문)	⑳ 아코디언 도어 

명칭 및 형상	명칭 및 형상
㉑ 셔터, 기타	

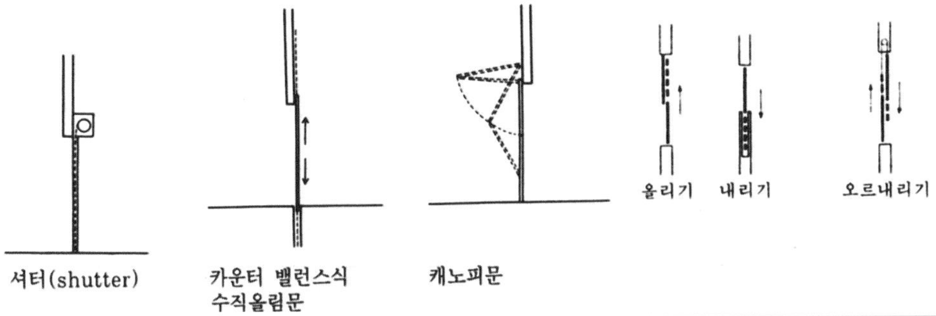

(4) 성능에 의한 구분

① 보통창호 : 채광 및 환기를 중요시하는 창과 통행을 중요시하는 개구부로서의 문

② 방음창호 : 방음성을 중요시하는 창과 문

③ 단열창호 : 단열성을 중요시하는 창과 문

④ 방화창호 : 건축법에 규정된 방화구획을 구성할 수 있는 창과 문

⑤ 기타창호 : 방탄문, 방수문, 냉동창고문, X선 차폐문, 방진 및 방균문, 금고문

15.3 창호철물

(1) 창호철물(hardware)은 창문짝을 틀에 달고 잠그며 여닫는데 쓰이고 또한 창문의 보호 · 보강용으로 쓰이는 일체의 것을 말하며, 창호철물은 용도 · 구조 · 모양 · 재료 및 품질에 따라서 그 종류는 헤라릴 수 없을 정도로 많다.

(2) 창호철물의 재질은 보통 강철 · 주철 · 단철 · 구리 · 황동 · 청동 · 알루미늄 · 포금 또는 플라스틱 제품 등이 있고, 표면처리도 여러 방법으로 도금하여 쓰이 기도 한다.

(3) 창호철물은 일반적으로 지지철물, 잠금철물, 개폐조정철물, 손잡이철물, 부속철물로 분류한다. 보통 사용되고 있는 창호철물의 종류를 들면 다음과 같다.

① 지지철물 : 정첩(hinge, butt), 바퀴(문바퀴, 창바퀴), 레일(rail)

② 잠금철물 : 자물쇠(lock), 열쇠(key), 걸쇠(latch), 꽂이쇠(lock bolt), 크레센트(cresent), 플래시볼트(flash bolt)

③ 개폐조정철물 : 도어체크(door check, door closer), 도어스톱(door stop, door catch), 플로어힌지(floor hinge), 피보트힌지(pivot hinge), 지도리(pivot), 돌저귀(pivot), 창개폐조정기(sash adjuster), 문버팀쇠(door stay)

④ 손잡이 철물 : 손잡이(door handle, handle), 손걸이(sash lift, window lift)

⑤ 부속철물 : 밑판(push plate, hand plate), 챌판(kick plate)

(4) 보통창문(주로 목재 창문)에 쓰이는 창호철물의 한 보기를 들면 표 15.2와 같다.

표 15.2 창호철물

창 호 종 류		창호철물 종류 및 수량	비 고
미닫이	외짝미닫이	레일:1, 바퀴:2, 오목손걸이:1 또는 2, 걸쇠:1	밑에 바퀴를 달 때이고 레일은 길이 1.8m, 2.7m, 3.6m 3종이 있다. 손걸이는 한면만 대는 것이 보통이다.
	쌍미닫이	레일:2, 바퀴:4, 오목손걸이:2 또는 4, 걸쇠:1	
미서기	쌍미서기	레일:2, 바퀴:4, 오목손걸이:4 또는 8, 꽂이쇠:1	
	4짝미서기	레일:2, 바퀴:8, 오목손걸이:4 또는 8, 꽂이쇠:2	
여닫이	외여닫이	함자물쇠(손잡이달림):1, 정첩:2 또는 3	출입문에는 도어체크를 쓸 때가 있다.
	쌍여닫이	함자물쇠(손삽이 날림):1, 오르내리꽂이쇠(상하):2, 정첩:4 또는 6, 문버팀쇠:2	
자 재 여닫이	한쪽자재 외여닫이	손잡이(밑판달림):1, 밑판:1, 한쪽자유정첩:2 또는 3, 본자물쇠:1, 문버팀쇠:1	
	한쪽자재 쌍여닫이	손잡이(밑판달림):2, 밑판:2, 한쪽자유정첩:2 또는 3, 오르내리꽂이쇠(상하):2, 본자물쇠:1, 문버팀쇠:2	
	양쪽자재 외여닫이	밑판:2, 자유정첩:2 또는 3, 본자물쇠:1, 문버팀쇠:1	
	양쪽자재 쌍여닫이	밑판:2, 자유정첩:4 또는 6, 본자물쇠:1, 오르내리꽂이쇠(상하):1, 문버팀쇠:2	
	플로어힌지 쌍여닫이	밑판:2, 플로어힌지:2, 지도리:2, 본자물쇠:1, 문버팀쇠:2	
접 문	8짝을 4짝씩 좌우열기	웃레일:1, 행거:8, 지도리:8, 밑홈레일:1, 정첩:16~24, 손잡이:4, 걸쇠:1	행거달기
회전창		지도리:2, 용수철 고무꽂이쇠:1	
		지도리:2, 끈고리:2, 끈:1, 끈걸이:1	
오르내리창		추:4, 끈:4, 도르래:4, 크레센트:1, 손걸이:1	

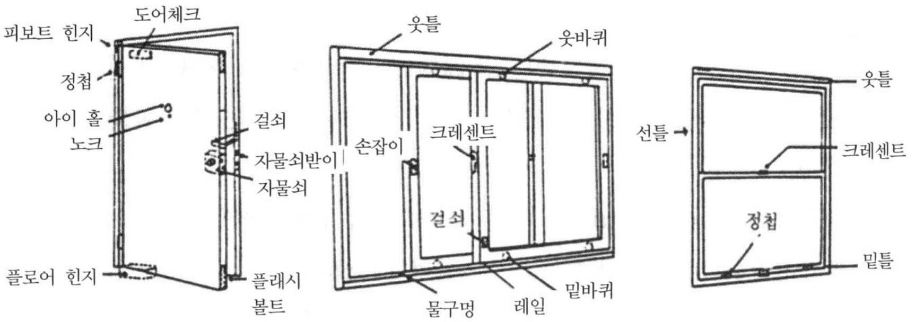

그림 15.1 창호철물

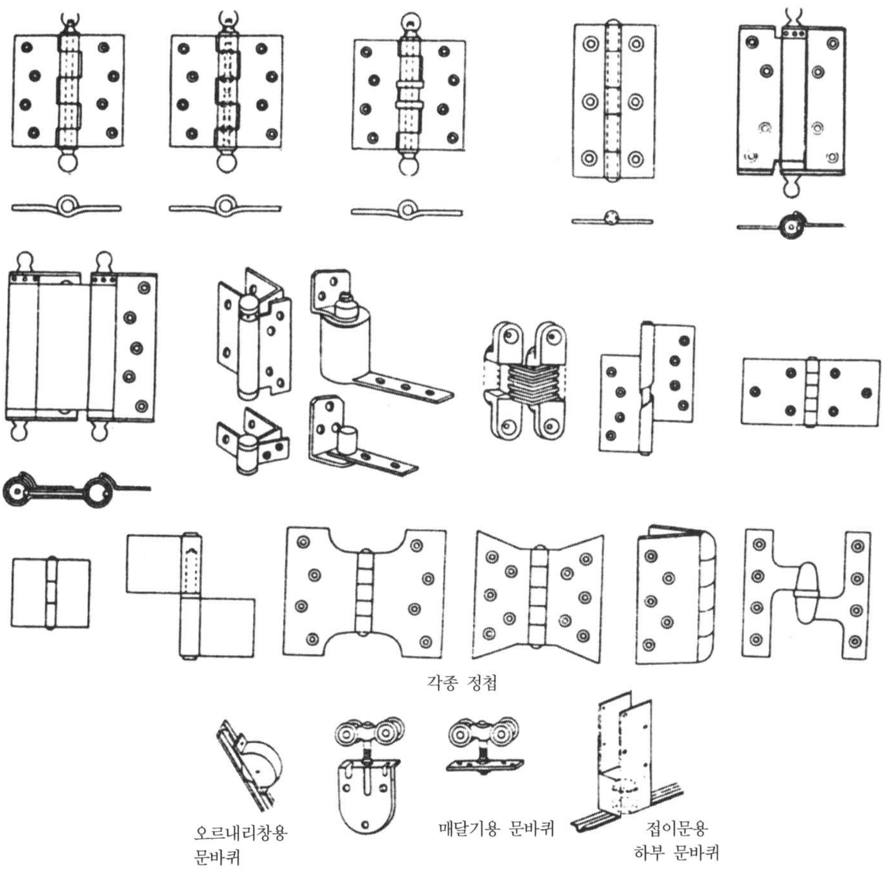

그림 15.2 창호의 지지철물

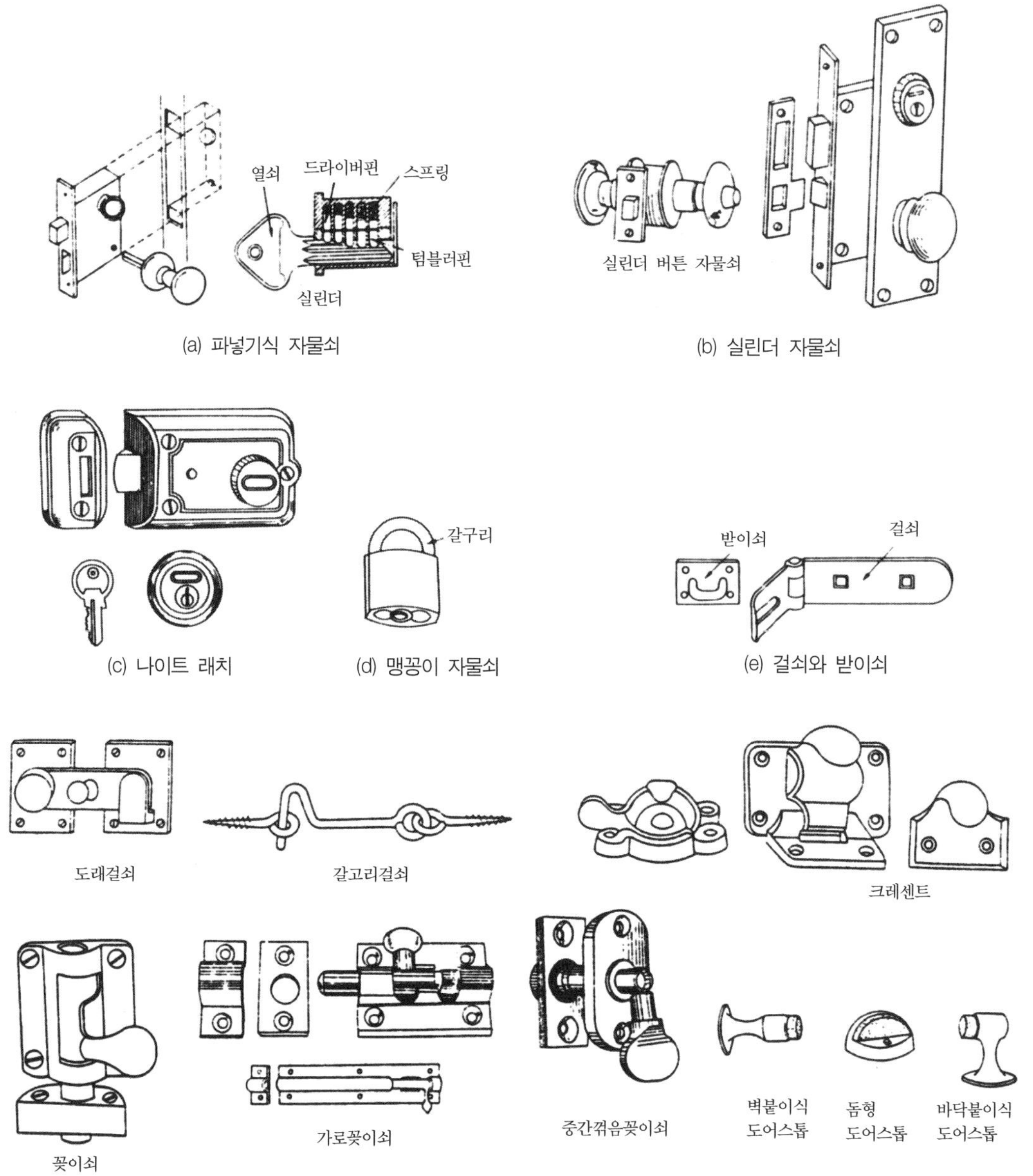

그림 15.3 창호의 잠금철물

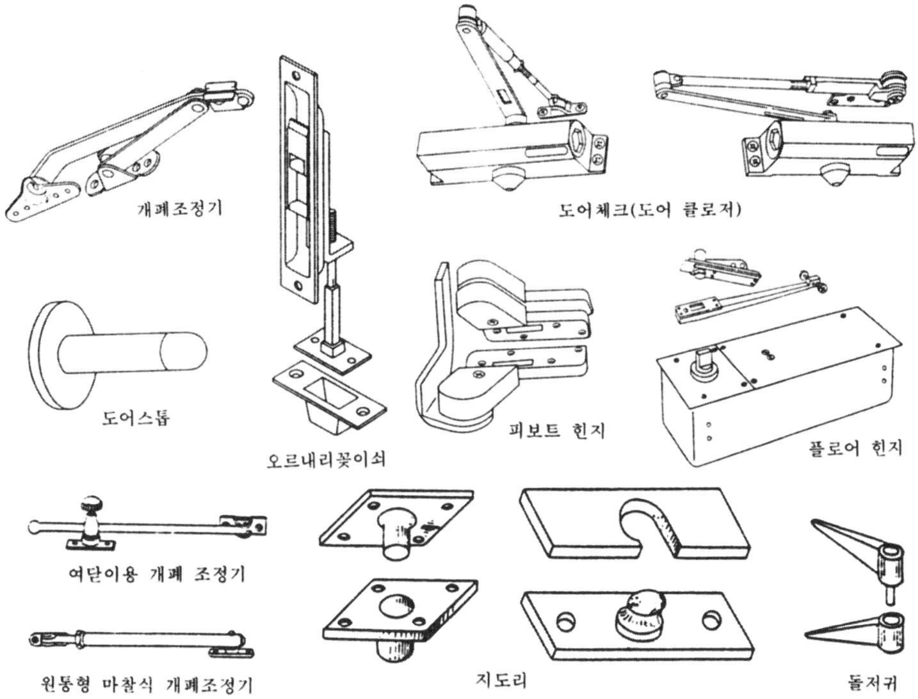

그림 15.4 창호의 개폐조정철물

그림 15.5 손잡이 철물

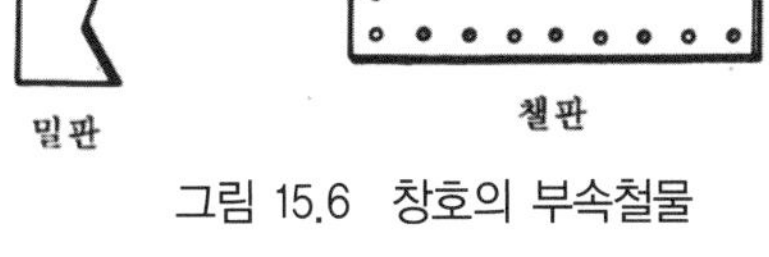

그림 15.6 창호의 부속철물

15.4 창호공사 적산

(1) 창호공사의 수량은 창호 설계도서(창호도, 창호일람표 및 창호시방서 등)에 의하여 창호의 종류 및 규격에 따른 창호 개소수로 산출한다. 창호 개소수 산출에 있어 창 과 문으로 구분하고 이를 다시 창틀과 창짝 또는 문틀과 문짝으로 각각 구분하기도 한다.

(2) 창호를 현장에서 제작하여 설치하는 경우에는 창호 종류별 창호상세도(제작도)에 의 하여 창호 개소당 소요 재료량과 제작 및 설치품을 산출한다. 창호 개소당 산출된 소요재료량에 재료단가를 곱한 것이 재료비가 되고 제작 및 설치품에 노무단가를 곱한 것이 노무비가 되므로 이를 합산한 것이 창호 개소당 공사비가 된다. 따라서 이 개소당 공사비로 창호공사비를 산출한다.

(3) 창호를 기성제품으로 구입하여 설치하거나 전문업체의 주문 제작된 것을 설치하는 경우에 있어서의 수량은 개소수로 산출하고 설치비를 포함한 개소당(짝당)단가에 개 소수를 곱한 것이 창호공사비가 된다.

(4) 창호철물의 수량은 종류 및 재질별로 구분하여 창호 개소당(짝당) 소요되는 개수로 산출한다. 창호철물은 종류 및 재질이 다양하고 복잡하므로 설계도와 공사시방서 내용을 정확히 파악하고 소요개수를 산출하여야 한다.

창호철물 재료비는 창호철물 개당 단가에 개수를 곱하여 산출하고 개당 단가는 시 중의 기성제품단가 또는 특수창호철물인 경우 전문제작업체의 견적단가를 적용한다. 창호철물 설치비(노무비)는 개당설치비에 개수를 곱하여 산출한다.

(5) 목제창호의 수량은 문과 창으로 대별하여 창호 종류 및 규격별로 구분하여 개소수(짝당)로 산출한다. 목제 문틀과 창틀은 현장 제작으로 보아 제작에 소요되는 목재량으로 산출하는 것이 원칙이다. 목재량(m^3, 재)은 문틀 또는 창틀의 구성재(웃틀, 선틀, 밑틀 등)별 목재 치수에 따라 제10장 목공사의 각재 계산방법 및 목공사 적산방법에 의하여 산출하고 또한 설치품도 목공사 적산방법에 의하여 산출한 다음 목공사비 세목에 포함시킨다.

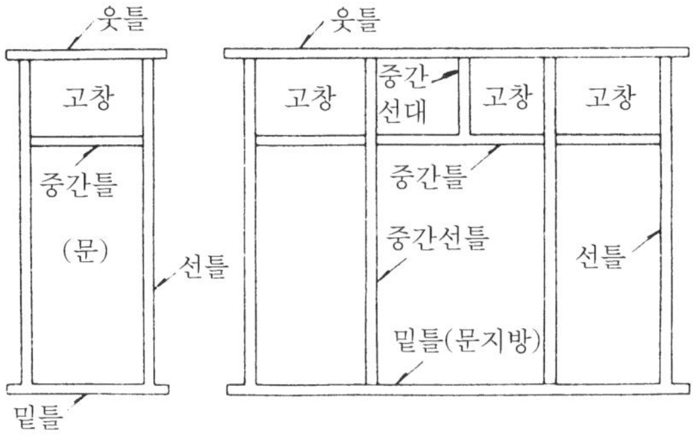

그림 15.7 목제문틀

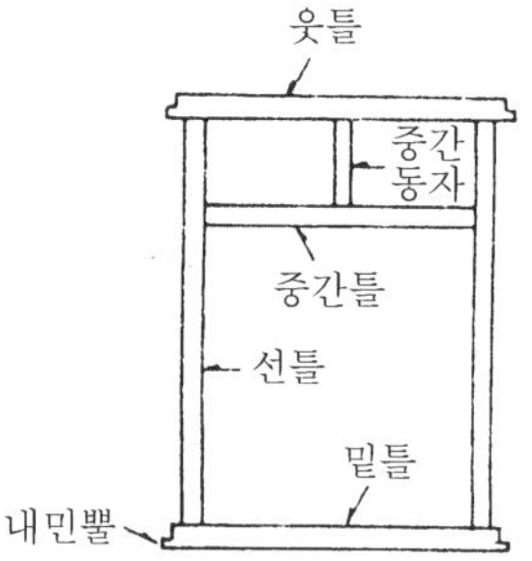

그림 15.8 목제창틀

(6) 강제창호의 수량은 문과 창으로 대별하여 창호 종류 및 규격별로 구분하여 개소수를 산출한다.

강제창호는 현장 제작으로 보아 제작에 소요되는 스틸 새시바의 중량(kg)으로 산출한다. 그러나 대개 기성제품 또는 주문제작품의 짝당으로 산출한다.

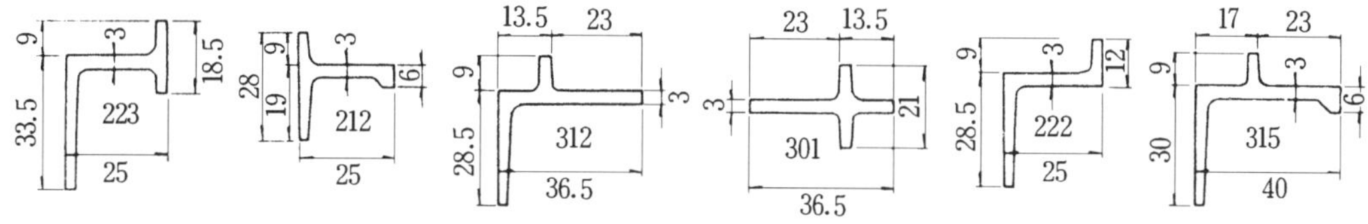

그림 15.9 스틸새시바의 단면형상

(7) 알루미늄 창호의 수량은 문과 창으로 대별하여 창호 종류·규격 및 색상(백색·밤색 등)별로 구분하여 개소수로 산출한다.

알루미늄 창호의 개소당 소요되는 알루미늄 재료량은 설계도에 의한 창호의 종류별, 알루미늄 새시바의 규격별로 구분하여 중량(kg)으로 산출한다. 그러나 대개 기성제품 또는 주문제작품의 짝당으로 산출한다.

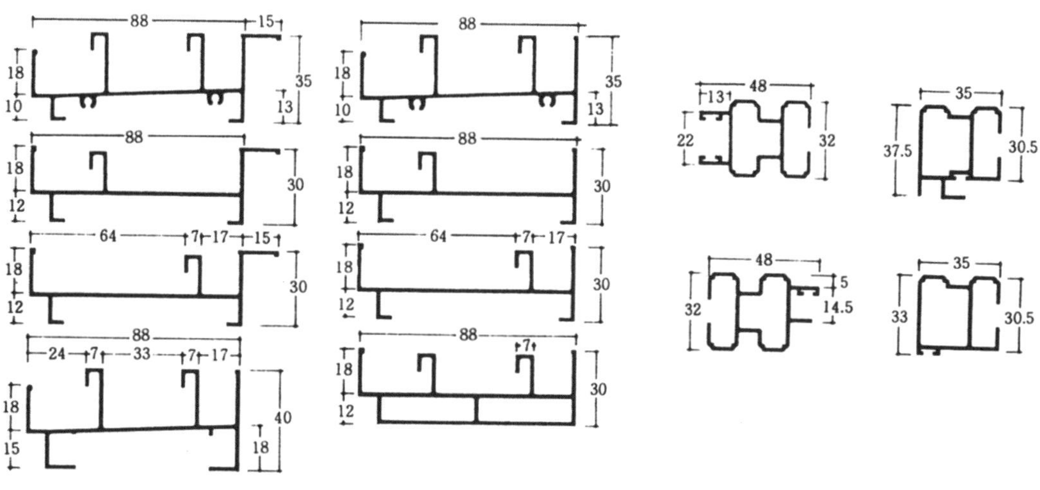

그림 15.10 알루미늄새시바의 단면형상

제15장 창호공사 적산실습

실습 1 다음 그림과 같은 출입문에 대한 목재(각재 · 합판)의 소요량을 산출하시오. (다만, 문틀만 마무리치수로 한다)

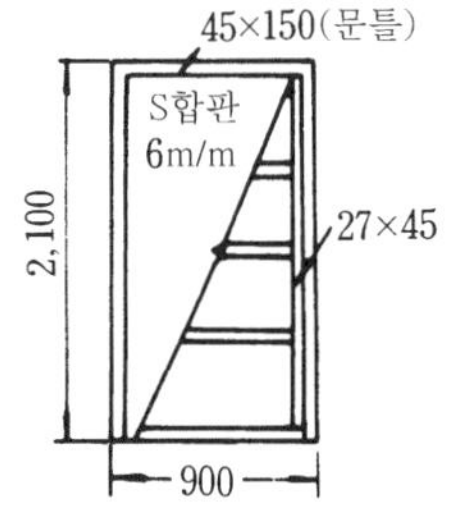

풀이 (1) 각재 소요량 산출

문틀 세로 : $(0.045+0.005)\times(0.15+0.003)\times2.1\times2$개 $\fallingdotseq 0.0321\text{m}^3$

문틀 가로 : $(0.045+0.005)\times(0.15+0.003)\times0.9\times1$개 $\fallingdotseq 0.0069\text{m}^3$

문짝(살) 세로 : $(0.027\times0.045)\times2.1\times2$개$=0.0051\text{m}^3$

문짝(살) 가로 : $(0.027\times0.045)\times0.9\times5$개$=0.0055\text{m}^3$

따라서 전체 각재 소요량

$=(0.0321+0.0069+0.0051+0.0055)\times1.05=0.052\text{m}^3$

(2) 합판 소요량 산출

합판(두께 6mm) : $(0.9-0.045\times2)\times(2.1-0.045\times2)\times1.05 \fallingdotseq 1.628\text{m}^2$

해설 ① 문틀의 대패질 치수는 한쪽 대패질인 경우 3mm, 양쪽 대패질인 경우 5mm로 한 것이다(제10장 목공사 표 10.1 참조).

② 각재의 할증률은 5%, 합판(수장용)의 할증률은 5%로 한 것이다.

실습 2 알루미늄 새시바의 두께가 1.35mm인 경우 m당 중량이 32.69kg이다. 알루미늄 새시바의 두께가 1.8mm일 때 m당 중량은 얼마인가?

풀이 두께 1.8mm 알루미늄 새시바의 중량=기준중량×1.8/1.35

=32.69kg×1.8/1.35=43.59kg

해설 알루미늄 새시바의 두께는 1.35mm 이상이 되어야 하므로 알루미늄 새시바의 표준두께를 1.35mm로 보고 이 표준두께에 해당되는 m당 중량 32.69kg을 기준 중량으로 하여 알루미늄 새시바 두께 1.35mm 이상에 대한 m당 중량을 위의 풀이에서와 같이 비례 증가하는 방식으로 산출한다.

실습 3 목재외여닫이 출입문(플러시문) 및 미세기창호의 문틀 설치 및 기성제품 달기에 대한 1개소당 일위대가표를 창호철물 달기까지 포함하여 작성하시오.
(단, 출입문 및 미세기창호의 크기는 각각 2,100mm×900mm이다.)

풀이 (1) 외여닫이 출입문(플러시문) 문틀 설치 및 기성제품 달기

(1개소당)

품 명	규 격	단위	수량	단가	금액	비 고
문짝 및 문틀		식	1			• 기성제품으로서 시중가격으로 한다.
함 자 물 쇠	(손잡이달림)	개	1			
정 첩		개	3			• 출입문면적: $2.1 \times 0.9 = 1.89\text{m}^2$
도 어 체 크		개	1			
창 호 공		인	0.367			• 문달기 0.305인에 도어체크달기 0.062인(10개소당 0.62인)을 합한 것이다.
보 통 인 부		인	0.109			• 문달기 0.078인에 도어체크달기 0.031인(10개소당 0.31인)을 합한 것이다.
공구손료 및 기계경비(전동대패, 전동드라이버 등)		식	1			• 공구손료 및 기계장비는 품(창호공 및 보통인부)의 2%로 계산한다.
계	재 료 비					
	노 무 비					

(2) 미세창호(창 · 문, 2짝 기준) 기성제품 달기

(1개소당)

품 명	규 격	단위	수량	단가	금액	비 고
창짝 및 문틀 (문짝 및 문틀)		식	1			• 기성제품으로서 시중가격으로 한다.
레 일	(L=1.8m)	개	2			• 미세기 창호면적 : $2.1 \times 0.9 = 1.89\text{m}^2$
바 퀴		개	4			
꽂 이 쇠		개	1			
창 호 공		인	0.305			
보통인부		인	0.078			
공구손료 및 기계경비 (전동대패, 전동드라이버 등)		식	1			• 품(창호공 및 보통인부)의 2%로 계산한다.
계	재 료 비					
	노 무 비					

해설 본 품 중 창호철물 수량은 "표 15.2 창호철물"을 참고로 하여 계상된 것이며, 목재창호의 문틀 설치 및 기성제품 달기품과 창호철물 달기품은 다음의 표준품셈에 의한 것이다.

(품셈 15.1) 목재창호 기성제품 달기품

(개소당)

구 분	단위	수 량	
		창호공	보통인부
$1.5m^2$ 미만	인	0.265	0.072
$1.5\sim2.5m^2$ 미만	인	0.305	0.078
$2.5\sim3.5m^2$ 미만	인	0.358	0.085
$3.5\sim4.5m^2$ 미만	인	0.411	0.093
$4.5\sim5.5m^2$ 미만	인	0.464	0.100
$5.5\sim6.5m^2$ 미만	인	0.517	0.107
$6.5\sim7.5m^2$ 미만	인	0.570	0.115

① 본 품은 목재창호의 문틀 설치 및 기성제품 창호 달기품이다.
② 본 품은 소운반 · 문틀 현장재단 · 창호설치 · 부속철물(문바퀴, 경첩)달기 및 마무리 작업을 포함한다.
③ 공구손료 및 경장비(전동대패, 전동드라이버 등)의 기계경비는 인력품의 2%를 계상한다.

(품셈 15.2) 알루미늄창호 설치

(개소당)

구 분	단 위	수 량	
		창 호 공	보 통 인 부
$1.5m^2$ 미만	인	0.208	0.047
$1.5\sim3.5m^2$ 〃	〃	0.283	0.064
$3.5\sim5.5m^2$ 〃	〃	0.375	0.089
$5.5\sim7.5m^2$ 〃	〃	0.459	0.103
$7.5\sim9.5m^2$ 〃	〃	0.489	0.110
$9.5\sim11.5m^2$ 〃	〃	0.512	0.116

① 본 품은 알루미늄창호틀 설치 및 기성제품 창호달기 품이다.
② 본 품은 소운반, 연결철물 설치, 창호설치 및 마무리 작업을 포함한다.
③ 공구손료 및 경장비(전동드라이버 등)의 기계경비는 인력품의 2%를 계상한다.

(품셈 15.3) 창호철물 달기품

(10개소당)

구 분	창 호 공(인)	보통인부(인)	비 고
도어체크	0.62	0.31	
플로어힌지	0.96	0.48	
도어록	목재 : 0.19, 강재 : 0.11	-	원통형 기준

【해설】

① 본 품은 기성제품 창호의 철물달기를 기준한 품이며, 소운반 · 철물달기 및 마무리 작업을 포함한다.
② 목재창호의 도어록 설치는 현장에서의 구멍뚫기작업을 포함한다.
③ 특수 도어록(디지털 도어록 등)은 별도 계상한다.
④ 공구손료 및 경장비(용접기, 전동드라이버 등)의 기계경비는 인력품의 2%를 계상한다.

Chapter 16

유리공사

16.1 개 요

유리공사(glass work)는 건축물의 채광, 방수 및 방습, 미관 및 장식을 목적으로 창호나 개구부 등에 유리를 끼워넣는 공사를 말한다.

유리공사비는 어떤 종류의 유리를 사용하느냐에 따라 차이가 많으며 유리의 두께 및 크기에 따라서도 차이가 많기 때문에 유리선택을 잘 해야 한다.

유리공사의 적산은 유리 끼우기 면적을 산출하고, 이에 소요되는 재료비와 노무비, 기타 경비 등을 계산하는 것이 일반적이다.

16.2 유리의 종류

- 유리종류
  - 판유리 (면적유리)
    - 일반유리
      - 보통판유리 (플로트유리)
        - 맑은판유리
        - 서리판유리
      - 무늬유리
      - 마판유리
      - 망입유리
      - 색유리
      - 에칭유리
      - 거울유리
    - 특수유리 (코팅유리)
      - 반사유리
      - 로이유리
      - 스팬드럴유리
    - 열처리유리
      - 강화유리
      - 곡면유리
    - 복합유리
      - 복층유리
      - 접합유리
  - 성형유리 (체적유리)
    - 유리블럭
    - 프리즘유리
    - 스테인드유리

16.3 유리의 두께 및 취급단위

16.3.1 유리의 두께

건축물에 쓰이는 유리의 두께는 2mm~19mm까지 있는데, 일반적으로 목재창호와 강재창호에 따라 다음과 같은 두께로 구분할 수 있다.

- 유리끼우기
  - 목재창호－2mm 이하, 3mm 이하
  - 강재창호－3mm 이하, 5mm 이하, 10mm 미만, 10mm 이상

판유리의 두께는 2mm(재래 1푼으로 호칭), 3mm(재래 정일푼으로 호칭) 및 5mm가 주로 쓰인다.

16.3.2 보통판유리 두께·크기별에 따른 명칭 및 취급단위

(1) 보통판유리 두께 및 크기별에 따른 명칭

① 두께별
- 얇은판유리 : 두께 3mm 이하의 판유리
- 두꺼운판유리 : 두께 5mm 이상의 판유리

② 크기별
- 보통판유리 : 크기 60cm×90cm까지의 판유리
- 대판유리 : 보통판유리 크기 이상으로서 크기 90cm×180cm까지의 판유리
- 특대판유리 : 대판유리 이상 크기의 판유리

(2) 보통판유리 취급단위

① 1평=30.3cm×30.3cm=1자×1자=0.09183m^2

② 1상자=9.29m^2=100평방자, 1m^2=10.89평방자, 1평방자=0.09183m^2

③ 1상자매수=1상자의 총면적을 9.29m^2로 보고, 1매의 판유리의 면적으로 나누어 소수점 이하 첫째자리를 반올림하여 정수로 환산한 매수

16.4 유리공사 시공재료

유리공사에 소요되는 재료로서 유리외에 다음과 같은 부속재료가 있다.

(1) 목제창호용 삼각못, 강제창호용 클립(와이어클립, 앵글클립), 퍼티(나무퍼티, 금속제 퍼티, 고무퍼티, 합성수지제퍼티, 반죽퍼티), 누름대, 유리블록쌓기용 모르타르 및 철근

(2) 실링재(sealing materials), 백업재(back up materials), 세팅블록(setting block), 개스킷(gasket), 코킹재(caulking materials) 등

16.5 유리공사 적산

(1) 건축물에는 각종의 유리가 사용되므로 설계도서(창호도, 공사시방서 등)에 의한 유리종류별 두께, 형태, 크기, 시공방법 등에 대한 창호일람표를 작성한 후, 이에 의하여 유리공사를 적산하는 것이 유리하다.

(2) 유리공사비는 사용될 유리의 종류와 두께 및 크기에 따라서 차이가 많이 나므로 유리종류, 두께 및 크기에 대한 구분을 명확히 하여 유리의 수량과 단가를 산출하여야 한다.

(3) 유리의 수량은 매수 또는 면적 (m^2)으로 산출한다.

유리는 생산품치수 중 정미면적에 가장 가까운 것 또는 그 배수가 되는 것으로

하여 매수로 계산한 양을 소요량으로 한다. 다만, 사용량이 다량인 경우에는 주문생산품과 경제성을 비교하여 결정한다.

일반적으로 유리의 수량은 창호도에 의하여 유리끼우기 홈의 깊이(6~9mm, 평균 7.5mm)를 고려한 면적을 정미면적으로 산출하고, 유리의 생산품치수(유리규격표)에 의한 유리끼우기 치수별로 유리규격을 구분하여 생산품치수로 환산한 매수로 계산한 양이 유리의 소요량이 된다.

위에서 유리끼우기 홈의 깊이를 고려한 면적을 정미면적으로 산출한다는 것은 그림 16.1에서의 유리선(유리끼우기 홈의 깊이를 고려한 유리 끼우기선)을 기준으로 하여 다음과 같이 산출한다는 것을 말한다.

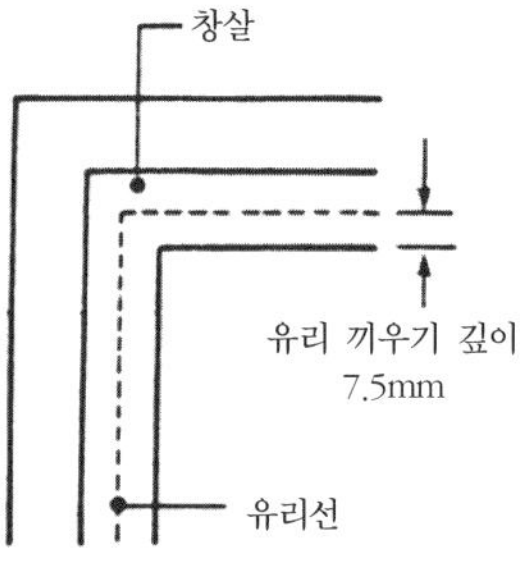

그림 16.1 유리끼우기 홈의 깊이

$$\text{유리의 정미면적}(m^2) = A(m) \times B(cm)$$

여기서, A : 유리선을 기준으로한 가로방향의 유리치수

B : 유리선을 기준으로한 세로방향의 유리치수

(4) 유리의 수량산출시 유리끼우는 부분의 유리 표면적(창호 개소당 각부분의 유리의 표면적)의 합계 면적을 정미면적으로 보고, 이 정미면적에 절단토막 및 파손 등의 손실률(손실 면적률)을 대략 15~20%를 가산한 것을 소요면적으로 보아 산출하는 경우가 있다. 이 면적 산출방법은 위 (3)항에서의 매수 계산방법보다 경제적인 산출방법이라 볼 수 없으나, 유리끼우는 창호의 종류 및 규격이 다양하고 또한 유리끼움의 장소면적이 각기 다른 다양한 경우에는 면적 산출방법을 적용하여 유리량을 개산하기도 한다.

(5) 유리의 주문품(일반적으로 생산되는 시중품이 아닌 것 또는 특수유리 등)은 정미면적을 소요면적으로 하고, 유리의 구입량은 보통 판유리는 소요량에 1%의 할증을 가산하고, 가공유리(강화유리, 복층유리, 에칭유리, 곡면유리 등)는 정미면적 즉 실면적으로 한다.

16.6 유리끼우기 면적 및 재료 산출

(1) 유리끼우기 면적은 유리 정미면적을 소요면적으로 하여 산출한다.

(2) 유리끼울 때 사용되는 퍼티, 누름대, 실링재, 가스켓, 코킹재 등의 부속재료는 설계도에 의한 창호의 규격별 길이로 산출하고(창호의 한면 또는 양면에 사용하느냐에 따른 구분), 삼각못, 클립 등 개수로 설치하는 부속재료는 설계도에 의한 창호의 규격별 개수로 산출한다.

(3) 유리블록쌓기에 틀(철틀, 콘크리트틀, 힘살 등)이 필요한 경우 또는 보강철근, 줄눈 및 쌓기용 모르타르, 방수제 등의 재료는 설계도에 의하여 정미수량으로 산출한다.

16.7 유리닦기 면적 및 재료 산출

(1) 유리닦기 면적은 유리 정미면적을 소요면적으로 하여 산출한다. 양면 유리닦기인 경우에는 한면 유리닦기 면적의 2배로 한다.
(2) 유리닦기에 필요한 넝마, 가루분 등의 소모재료량은 유리 단위면적당 소요량에 유리닦기 면적을 곱하여 산출한다.

16.8 유리공사비 구성

유리공사비 구성요소는 유리공사 내용에 따라 원가계산에 의하여 결정되지만 일반적인 유리공사비 구성은 다음과 같다.

- 유리공사비
  - 재료비 = 주재료비(유리값)+부속재료비+유리닦기 소모재료비
  - 노무비 = 유리끼우기 노임+유리닦기 노임+소운반비

부속재료비(퍼티, 누름대, 개스킷, 코킹재 등), 유리닦기 소모재료비(넝마, 가루분 등), 소운반비는 필요에 따라 계산하고, 유리끼우기 노임에는 유리가공, 유리절단 및 유리끼우기 품을 포함한 것이 일반적이나 유리끼우기 품 외에 유리가공 및 유리절단 품을 포함할 경우에는 별도로 계산한다.

부속재료비를 별도로 계산하지 않고 유리공사 노무비에 포함시켜 계산하는 경우도 있으며, 유리를 현장까지 운반하는 운반비를 별도로 계산하는 경우도 있다.

제16장 유리공사 적산실습

실습 1 다음 그림과 같은 목재 미서기창이 12개가 있을 때 유리소요량(매수) 및 유리 끼우기품을 산출하시오.(다만, 유리는 보통판유리로서 두께 3mm, 크기 610mm×1,219mm의 것을 사용하고, 유리끼우기 홈의 깊이는 7.5mm로 한다)

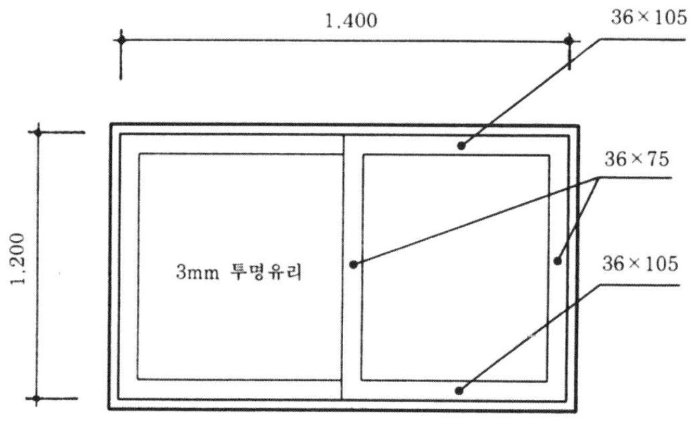

풀이 (1) 유리정미면적(m^2)$=(A\times B)\times 2\times 12$

단, A(m) : 세로변의 유리소요 전체길이

B(m) : 가로변의 유리소요 전체길이

$A(m)=2\times 0.0075+(1.2-0.105\times 2)=0.015+1.2-0.21=1.005m$

$B(m)=4\times 0.0075+(1.4-0.075\times 3)=0.03+1.4-0.225=1.205m$

따라서, 유리 정미면적$=1.005\times 1.205\times 12\fallingdotseq 14.532m^2$

(2) 유리소요량(매수)=(유리 정미면적)÷(유리 한 장의 면적)

유리 한 장의 면적$=0.61\times 1.219\fallingdotseq 0.7436m^2$

유리소요량$=(14.532\div 0.7436)=19.543\fallingdotseq 20$(매)

(3) 유리끼우기 품

유리끼우기 품은 목제창호인 경우 유리두께 3mm 이하로서 단위면적당(m^2당) 유리공 0.08인이므로

유리공(인)$=14.532\times 0.08$(인)$=1.162$(인)$\fallingdotseq 1.16$(인)

(4) 유리소요량과 유리끼우기 품

유리소요량	유리끼우기 품	비 고
보통판유리(두께 3mm, 610mm×1,219mm) 20매	유리공 1.16인	유리끼우기 품에는 삼각나무 퍼티의 설치품이 포함된 것이다.

해설 유리끼우기의 단위면적당(m^2당) 품(유리공)은 "실습 3 (품셈 16.1)"에 의한 것이다.

실습 2 다음 그림과 같은 창호도에서 면적 산출 방법으로 유리 소요량을 개산(槪算)하시오.

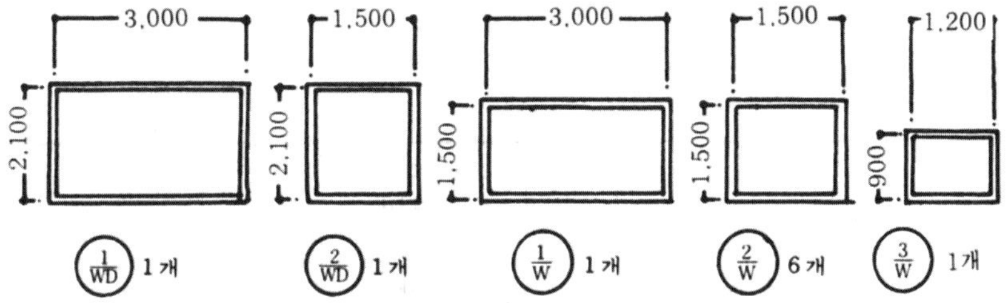

창호도에 표시된 치수는 창의 안목치수이다.

풀이 (1) 유리표면 면적 산출

$\frac{1}{WD}$: $3\times2.1=6.3m^2$

$\frac{2}{WD}$: $1.5\times2.1=3.15m^2$

$\frac{1}{W}$: $3\times1.5=4.5m^2$

$\frac{2}{W}$: $1.5\times1.5\times6=13.6m^2$

$\frac{3}{W}$: $1.2\times0.9=1.08m^2$

유리표면 면적$=6.3+3.15+4.5+13.6+1.08=28.63m^2$

(2) 유리소요량 산출

유리소요량은 유리표면 면적에 절단토막 및 파손 등의 손실률(손실면적률)을 가산한 면적으로 개산한 것이 된다.

유리소요량$=28.63\times1.15=32.92\fallingdotseq33m^2$

해설 유리의 절단 및 파손 등의 손실률을 대략 15~20%로 본다. 위의 풀이에서는 15%로 보아 계산한 것이다.

실습 3 목제창호에 두께 3mm 보통판유리의 유리끼우기 및 유리닦기 일위대가표를 작성하시오.

풀이

(m^2당)

품 명	규 격	단위	수량	단가	금액	비 고
유리공		인	0.08			① 소운반, 유리끼우기, 코킹재 설치, 실링재 도포 및 마무리작업을 포함한 것이다.
넝 마		kg	0.04			② 유리닦기는 유리양면닦기인 때이다.
가루분		g	15			
보통인부		인	0.055			
계	재 료 비					
	노 무 비					

해설 유리끼우기와 유리닦기의 일위대가표는 다음의 표준품셈에 의하여 작성한다.

(품셈 16.1) 유리끼우기(판유리)

(m^2당)

구분	단위	유 리 두 께			
		3mm 이하	5mm 이하	10mm 미만	10mm 이상
유 리 공	인	0.080	0.092	0.106	0.136

① 본 품은 창호틀 및 창짝이 설치된 곳에 유리를 끼우는 품이다.
② 본 품은 소운반, 유리 끼우기, 코킹재 설치, 실링재 도포 및 마무리 작업을 포함한다.
③ 특수창호 및 특수 유리인 경우에는 별도 계상한다.

(품셈 16.2) 유리닦기

(m^2당)

넝 마 (kg)	가루분 (g)	보 통 인 부 (인)	비 고
0.04	15.0	0.055	유리양면

실습 4 일반창호에 유리두께 16mm 복층유리의 유리끼우기 일위대가표를 작성하시오.

풀이

(m^2당)

품 명	규 격	단위	수량	단가	금액	비 고
유리공		인	0.126			소운반, 유리닦기, 유리끼우기, 코킹재 시공, 실링재 도포 및 마무리작업을 포함한다.
계	재 료 비					
	노 무 비					

해설 복층유리끼우기의 일위대가표는 다음의 표준품셈에 의하여 작성한다.

(품셈 16.3) 복층유리 끼우기

(m^2당)

유리두께		단위	유리공	
			일반창호	커튼월
12mm	3+6A+3	인	0.114	0.133
16mm 22mm	5+6A+5 5+12A+5	인	0.126 0.133	0.146 0.154
18mm 24mm	6+6A+6 6+12A+6	인	0.131 0.138	0.152 0.161
28mm	8+12A+8	인	0.148	0.172

① 본 품은 창호틀 및 창짝이 설치된 곳에 유리를 끼우는 품이다.
② 일반창호 유리끼우기는 소운반, 유리닦기, 유리끼우기, 코킹재 시공, 실링재 도포 및 마무리작업을 포함한다.
③ 커튼월 유리끼우기는 양면테이프 시공과 구조용 실런트 도포작업을 포함한다.
④ 특수창호 및 특수유리인 경우에는 별도 계상한다.

실습 5 유리블록(240×240×95mm) 쌓기에 대한 일위대가표를 작성하시오.

풀이

(개당)

품 명	규 격	단위	수량	단가	금액	비 고
유리블록 유 리 공	240×240×95mm	개 인	1 0.05			
계	재 료 비					
	노 무 비					

해설 유리블록쌓기의 일위대가표는 다음의 표준품셈에 의하여 작성한다.

(품셈 16.4) 유리블록 쌓기품

(개당)

규격(mm) \ 품	유 리 공 (인)
240×240×95	0.05
145×300×95	0.04
115×115×95	0.025

① 틀(철틀, 콘크리트틀, 힘살 등)이 필요할 경우에는 재료 및 품을 별도 가산한다.
② 보강철근, 줄눈 및 쌓기, 모르타르, 방수제 등의 재료는 설계수량으로 별도 계상하되 품은 본 품에 포함되어 있다.
③ 본 품에는 소운반품이 포함되어 있다.

Chapter 17

도장공사

17.1 개 요

도장공사(painter's work)는 건축물내부와 외부의 최종 마감공사로서 도장바탕을 만들고 도료(paint and varnish)로 도장하는 공사이다.

도장공사의 적산은 도장면적을 산출하고 이에 소요되는 재료 및 품을 계산하게 되는데, 도장공사의 시공장소가 산재해 있기 때문에 도장면적 산출에 있어 누락 또는 중복 계산하기 쉬우므로 설계도서 내용을 정확히 파악하고 적산하지 않으면 안 된다.

17.2 도료의 종류

- 도료
  - 유성도료
    - 유성페인트(보일유+안료)
    - 유성바니스(수지+건성유)
    - 유성에나멜페인트(유성바니시+안료)
  - 주정도료 ― 휘발성바니스(수지+휘발성용제)
  - 수성도료 ― 수성페인트(수용성전색제)
  - 섬유소도료 ― 소화면래커
    - 클리어래커
    - 래커에나멜
  - 합성수지도료
    - 용제형
    - 에멀션형
  - 기타

17.3 도료의 할증률 및 취급단위

(1) 도료의 할증률은 2% 이내로 한다.

(2) 도료는 리터(l) 단위로 표시하며, 일반적으로 석유초롱(18 l, 5gallon들이 네모통 또는 둥근통)으로 취급된다. 작은 단위로서는 1.8 l (≒0.5gallon)들이 네모통 또는 둥근 통으로 하고, 또한 그 1/8의 배수 단위통으로 한다.

$1\,l = 0.264$gallon, 1gallon$=3.7854\,l$

1말$=18.039\,l=4.766$(미국)gallon

석유초롱(spare can)$=$5gallon$=18.927\,l$

(3) 도료는 조합재료에 따라 비중이 달라지므로 보통 용량으로 표시하는 것이 일반적이지만, 고체 또는 반고체 등은 무게로, 비중이 일정한 액체 등은 주로 용적으로 표시한다. 그러나 엄밀한 조합비를 따질 때는 중량으로 한다.

17.4 도장공사 적산구분

(1) 도료종류별 구분

① 페인트칠 : 유성페인트, 에나멜페인트, 알루미늄페인트

② 면니스칠 : 기름바니스, 휘발성바니스, 래크, 래커

③ 수성도료칠 : 합성수지에멀션페인트, 광택합성수지에멀션페인트, 카세인

④ 방부·녹말이칠 : 콜타르, 크레오소트, 징크로메이트, 크롬산 아연, 프탈산수지

⑤ 특수 도료칠 : 옻칠, 캐슈칠, 다채무늬도료, 방화도료, 방균도료, 방전도료

(2) 도장공법별 구분

① 붓칠　② 롤러칠　③ 문지름칠　④ 뿜칠　⑤ 정전도장공법

(3) 시공부위별 구분

① 내부　② 외부　③ 바닥　④ 벽　⑤ 천장　⑥ 지붕 등

(4) 바탕면별 구분

① 목재면　② 콘크리트면　③ 철재면　④ 아연도금면

⑤ 경금속면　⑥ 모르타르면　⑦ 플라스터면　⑧ 텍스면　⑨ 짚섬보드면 등

(5) 도장횟수별 구분

① 1회　② 2회　③ 3회　④ 7회 등

17.5 도장공사 적산

(1) 도장공사의 수량은 설계도와 공사시방서 내용을 기준하여 도료종류 · 도장공법 · 시공부위 · 바탕면 · 칠횟수별로 구분하여 도장면적으로 산출한다.

(2) 도장면적은 설계도에 의하여 산출된 정미면적을 소요면적으로 한다.

(3) 도장면적은 정미면적 산출을 원칙으로 하나 고급, 고가인 도료를 제외하고는 표 17.1 도장면적 배수표에 의하여 소요면적을 산출하기도 한다.

(4) 도장공사하기 전에 바탕만들기를 할 경우에 있어서의 바탕만들기 재료량과 품은 바탕(철재면, 아연도금면, 경금속면, 목재면, 플라스터면, 모르타르면, 콘크리트면 등)별에 따른 바탕면적에 단위면적당(m^2당) 소요재료량 및 품을 곱하여 산출한다. 여기서, 바탕면적은 도장면적과 같다.

(5) 도장공사비는 재료비(주재료비, 소모재료비, 기구손료 등)와 노무비(도장공노임, 청소 및 소운반 인부노임)로 구성되고 소모재료, 기구손료(뿜칠 기구 등)는 필요에 따라 계산하며 보양비, 비계가설비 등 도장공사를 위한 가설비가 필요한 경우에는 이를 별도로 계산하여 가산한다.

표 17.1 도장면적 배수표

구분		소요면적 계산	비고
목재면	양판문(양면칠)	(안목면적)×(3.0~4.0)	문틀, 문선 포함
	유리양판문(양면칠)	(안목면적)×(2.5~3.0)	문틀, 문선 포함
	플러시문(양면칠)	(안목면적)×(2.7~3.0)	문틀, 문선 포함
	오르내리창(양면칠)	(안목면적)×(2.5~3.0)	문틀, 문선 창선반 포함
	미서기창(양면칠)	(안목면적)×(1.1~1.7)	문틀, 문선 창선반 포함
철재면	철문(양면칠)	(안목면적)×(2.4~2.6)	문틀, 문선 포함
	새시(양면칠)	(안목면적)×(1.6~2.0)	문틀, 창선반 포함
	셔터(양면칠)	(안목면적)×(2.6)	박스 포함
징두리판벽, 두겁대, 걸레받이		(바탕면적)×(1.5~2.5)	
비늘판		(표면적)×(1.2)	
철격자 (양면칠)		(안목면적)×(0.7)	
철제계단 (양면칠)		(경사면적)×(3.0~5.0)	
파이프난간 (양면칠)		(높이×길이)×(0.5~1.0)	
기와가락잇기 (외쪽면)		(지붕면적)×(1.2)	
큰골함석지붕 (외쪽면)		(지붕면적)×(1.2)	
작은골함석지붕 (외쪽면)		(지붕면적)×(1.33)	
철골 표면적	보통구조	33~50m^2/t	
	큰부재가 많은 구조	23~26.4m^2/t	
	작은부재가 많은 구조	55~66m^2/t	

비고 : 수치 중 큰 수치는 복잡한 구조일 때, 작은 수치는 간단한 구조일 때 적용한다.

제17장 도장공사 적산실습

실습 1 다음 그림과 같은 사무실 건축물을 외벽과 내벽의 모르타르면 안팎을 수성페인트로 롤러도장할 경우의 소요 재료량과 품을 산출하시오.(다만, 벽높이는 3m, 칠횟수는 3회 칠이고, 창·출입문 크기는 다음과 같은 경우이다)

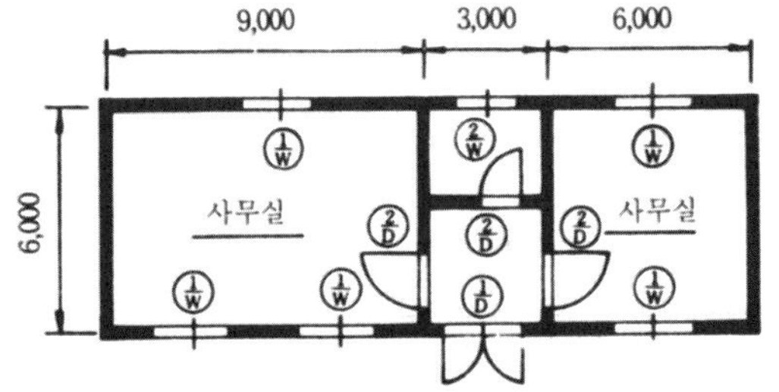

(1/W) : 1,600×1,000
(2/W) : 1,200×900
(1/D) : 2,000×1,800
(2/D) : 1,000×1,800

풀이 (1) 외벽도장면적=(외벽면적)−(개구부면적)

외벽면적={(18×2)+(6×2)}×3=144m^2

개구부면적=(1/W)+(2/W)+(1/D)=(1.6×1)×5+(1.2×0.9)+(2×1.8)=12.68m^2

따라서, 외벽 안팎 전체 도장면적=(144−12.68)×2=262.64m^2

(2) 내벽 도장면적=(내벽면적)−(개구부면적)

={(6×2+3)×3−(1×1.8×3)=39.6m^2

따라서, 내벽 안팎 전체 도장면적=39.6×2=79.2m^2

(3) 전체 수성페인트 도장면적=262.64+79.2=341.84m^2

(4) 도장 소요 재료량과 품 산출

품 명	산 출	수 량
수성페인트(에멀션페인트)	0.296 l/m^2×341.84m^2	101.18 l
도 장 공	0.36인/m^2×341.84m^2	12.31인
보 통 인 부	0.06인/m^2×341.84m^2	20.51인
연 마 지	0.1매/m^2×341.84m^2	34.18매
퍼 티	0.05kg/m^2×341.84m^2	17.1kg

해설 수성페인트칠 소요 재료량과 품 산출에 있어 단위면적당(m^{2}당) 소요 재료량 및 품은 "실습 5 (품셈 17.3)"에 의한 것이다.

실습 2 다음 그림과 같은 미서기창에서 목제미서기창의 래커에나멜 도장면적을 정미량으로 산출하고 이에 대한 소요 재료량과 품을 산출하시오.(단, 도장회수는 3회칠이고 목제미서기창의 울거미치수는 30mm×90mm이다)

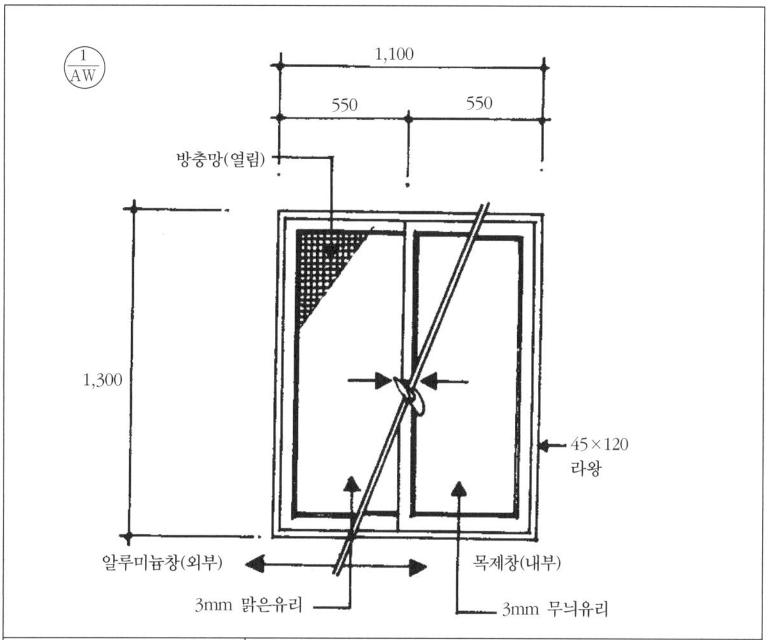

명 칭	목제 및 80mm 알루미늄 미서기창
위치 및 개소	침실 · 식당 3개소
마 감	목부 : 래커에나멜

풀이 (1) 창틀(1개소)의 도장면적 $=(0.045\times2+0.12)\times(1.1\times2+1.3\times2)=1.008\text{m}^2$

따라서, 목제미서기 창틀 3개소의 도장면적 $=1.008\text{m}^2\times3$개소 $=3.024\text{m}^2$

(2) 창짝 1매의 도장면적 $=\{(0.55+0.09/2-0.045)\times0.09\}\times2+\{(1.3-0.045\times2-0.09\times2)\times0.09\}\times2+\{0.03\times(0.55\times2+1.3\times2)\}=0.3954\text{m}^2$

창짝 2매의 창짝 양면 도장면적 $=0.3954\text{m}^2\times2$매$\times2$(양면) $=1.5816\text{m}^2$

따라서, 목제미서기 창짝 3개소의 창짝 도장면적 $=1.5816\text{m}^2\times3$개소 $\fallingdotseq4.745\text{m}^2$

(3) 목제미서기창 3개소의 전체 도장면적=(창틀도장면적)+(창짝도장면적)

$=3.024+4.745=7.769 \fallingdotseq 7.7\text{m}^2$

(4) 도장 소요 재료량과 품

품 명	산 출	수 량
쉐락크리스	$0.01l/\text{m}^2 \times 7.7\text{m}^2$	$0.08l$
오일프라이머	$0.17l/\text{m}^2 \times 7.7\text{m}^2$	$1.31l$
미네랄스피리트	$0.17l/\text{m}^2 \times 7.7\text{m}^2$	$1.31l$
오일사페사	$0.3l/\text{m}^2 \times 7.7\text{m}^2$	$2.31l$
래커신너	$0.05l/\text{m}^2 \times 7.7\text{m}^2$	$0.39l$
래커에나멜	$0.5l/\text{m}^2 \times 7.7\text{m}^2$	$3.85l$
연마지	0.5매/$\text{m}^2 \times 7.7\text{m}^2$	3.85매
퍼티	$0.15\text{kg}/\text{m}^2 \times 7.7\text{m}^2$	1.16kg
도장공	0.35인/$\text{m}^2 \times 7.7\text{m}^2$	2.7인

해설 (1) 창틀의 도장면적은 창틀 단면 폭 또는 두께에 창틀 길이를 곱하여 산출하고 창짝은 창짝 울거미 폭 또는 두께에 창짝 울거미 길이를 곱하여 산출한다.

(2) 래커에나멜칠의 단위면적당(m^2당)의 소요 재료량과 품은 "실습 6 (품셈 17.5)"에 의한 것이다.

실습 3 다음 창호도에서 창호의 도장면적을 개산(槪算)하시오.(단, 다음 창호도에 표시된 치수는 안목치수이다)

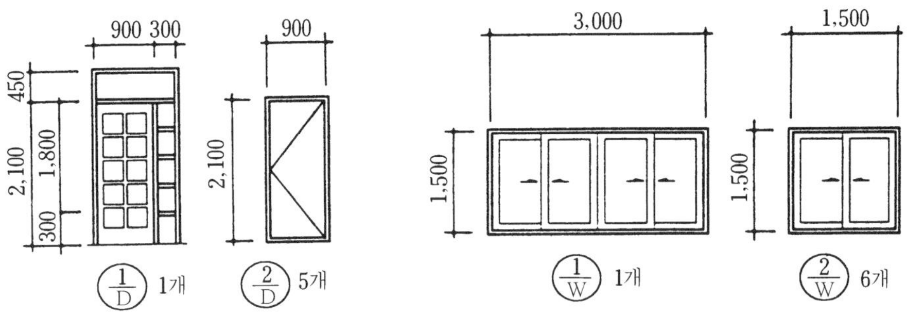

풀이 (1) (1/D) 1개의 양면 도장면적=(안목면적)×3.0=(1.2×2.55)×3.0

$=9.18\text{m}^2$

(2) (2/D) 5개의 양면 도장면적=(안목면적)×2.7=(0.9×2.1)×5×2.7

$=25.52\text{m}^2$

(3) ($\frac{1}{W}$) 1개의 양면 도장면적=(안목면적)×1.7=(3×1.5)×1.7=7.65m²

(4) ($\frac{2}{W}$) 6개의 양면 도장면적=(안목면적)×1.1

=(1.5×1.5)×6×1.1=14.85m²

해설 ① 창호의 도장면적은 창호의 안목면적에 표 17.1 도장면적 배수표에 의한 배수를 곱한 면적으로 개산한 것이다.

② 표 17.1 도장면적 배수표에 의한 배수의 큰 수치는 복잡한 구조일 때, 작은 수치는 간단한 구조일 때 적용하므로 ($\frac{1}{D}$) 유리양판문은 복잡한 구조로 보아 큰 수치를, ($\frac{2}{D}$) 플러시문은 간단한 구조로 보아 작은 수치를 ($\frac{1}{W}$) 미세기창은 복잡한 구조로 보아 큰 수치를, ($\frac{2}{W}$) 미세기창은 간단한 구조로 보아 작은 수치를 적용한 것이다.

실습 4

콘크리트 및 모르타르면에 유성페인트칠을 3회 외벽 도장할 경우 바탕만들기와 유성페인트 붓칠 도장할 경우 도장면적 1m²당 일위대가표를 작성하시오.

풀이 (1) 콘크리트 및 모르타르면 바탕만들기

(m²당)

품 명	규 격	단위	수량	단가	금액	비 고
오일퍼티		kg	0.05			① 도장 후 퍼티 및 연마할 경우 별도 계상한다.
연 마 지	#120~180	매	0.1			② 본 품은 외벽의 높이 3층인 경우이다.
도 장 공		인	0.01			
보통인부		인	0.001			
공구손료	(품의 2%)	식	1			
계	재 료 비					
	노 무 비					

(2) 유성페인트칠(콘크리트 및 모르타르면 3회 도장)

(m²당)

품 명	규 격	단위	수량	단가	금액	비 고
조합페인트		l	0.282			① 재료의 할증률이 포함되어 있다.
시 너		l	0.012			② 본 표의 품은 붓으로 칠할 때를 기준한 것이다.
잡재료비	(주재료비의 4%)	식	1			③ 천장 칠을 할 때에는 재료 및 품을 20% 가산한다.
도 장 공		인	0.072			

품 명	규 격	단위	수량	단가	금액	비 고
보통인부		인	0.012			④ 1회 칠 경우 도장공 0.024인, 보통인부 0.004인이다.
계	재 료 비					
	노 무 비					

해설 도장 전 바탕만들기 및 조합유성페인트칠의 일위대가표는 다음의 표준품셈에 의하여 작성한다.

(품셈 17.1) 도장 전 바탕만들기

(1) 콘크리트 · 모르타르면 도장 전 바탕만들기

(m^2당)

구 분	단 위	수 량
도 장 공	인	0.010
보통인부	인	0.001

비고 : 천장은 본 품의 20%를 가산한다.

① 본 품은 하도바름 전 콘크리트 · 모르타르면의 바탕만들기를 기준한 것이다.
② 본 품은 바탕처리, 퍼티 및 연마작업이 포함된 것이다.
③ 콘크리트 견출 및 마감미장, 프라이머 바름은 별도 계상한다.
④ 비계 사용 시 높이에 따라 다음 할증률에 의한 품을 가산할 수 있으며 19층 이상은 매 3층 증가마다 4%씩 가산할 수 있다.

지하층 및 1~3층	4~6층	7~9층	10~12층	13~15층	16~18층
0	5%	8%	12%	16%	20%

⑤ 외벽에서 층의 구분을 할 수 없을 때에는 층고를 3.6으로 기준하여 층수를 환산하고, 내벽 높이에서도 3.6을 기준하여 환산 적용한다.
⑥ 재료량은 다음을 참고하며, 상세수량은 도료 종류에 따라 제조사에서 제시하고 있는 수량을 적용할 수 있다.

구 분	규 격	단 위	수 량
퍼티		kg	0.05
연마지	#120~180	매	0.1

※ 위 재료량은 할증이 포함된 것이다.

(2) 철재면 · 콘크리트면 도장 후 퍼티 및 연마

(m^2당)

구 분	단 위	수 량
도 장 공	인	0.005
보통인부	인	0.001

비고 : 천장은 본 품의 20%를 가산한다.

(주) (1) 본 품은 하도바름 이후의 퍼티 및 연마를 기준한 것이다.

(2) 비계 사용시 높이별 품 할증은 "(1) ④항 도장 전 바탕만들기"에 준하여 계상한다.

(3) 재료량은 다음 "(품셈 17.2 ④)"을 참고하며, 상세수량은 도료 종류에 따라 제조사에서 제시하고 있는 수량을 적용할 수 있다.

구 분	단 위	철 재 면	콘 크 리 트 면
퍼 티	kg	0.08	0.06
연 마 지	매	0.05	0.25

(품셈 17.2) 유성페인트칠

(1) 붓칠

(m^2당)

구 분		단 위	수 량
바 탕 면	인 력		
철재면	도 장 공	인	0.020
	보통인부	인	0.004
콘크리트 · 모르타르면, 석고보드면	도 장 공	인	0.024
	보통인부	인	0.004

비고 : 천장은 본 품의 20%를 가산한다.

① 본 품은 유성페인트를 1회 칠하는 기준이다.

② 콘크리트 · 모르타르면 · 석고보드면의 바탕만들기는 "(품셈 17.1)"에 준하여 별도 계상하며, 철재면 바탕만들기는 공장에서 기수행 후 반입된 기준으로 별도 계상하지 않는다.

③ 비계 사용시 높이별 할증은 "(품셈 17.1) (1)④"에 준하여 계상한다.

④ 재료량은 다음을 참고하며, 상세수량은 도료 종류에 따라 제조사에서 제시하고 있는 수량을 적용할 수 있다.

구 분		단위	1회	2회	3회
철재면	조합페인터	l	0.081	0.166	0.246
	시너	l	0.004	0.008	0.012
콘크리트 · 모르타르면 · 석고보드면	조합페인트	l	0.099	0.199	0.282
	시너	l	0.004	0.008	0.012

※ 위 재료량은 할증이 포함된 것이며, 각 횟수의 재료량은 합산한 누계수치이다.

※ 잡재료비는 주재료(페인트 · 시너)비의 4%로 계상한다.

(2) 롤러칠

(m^2당)

구 분		단 위	수 량
바 탕 면	인 력		
철 재 면	도 장 공	인	0.011
	보통인부	인	0.002
콘크리트 · 모르타르면 · 석고보드면	도 장 공	인	0.013
	보통인부	인	0.003

비고 : 천장은 본 품의 20%를 가산한다.

① 본 품은 유성페인트를 1회 칠하는 기준이다.
② 본 품은 보조 붓칠 작업이 포함된 것이다.
③ 콘크리트 · 모르타르면 · 석고보드면의 바탕만들기는 "(품셈 17.1)"에 준하여 계상하며, 철재면 바탕만들기는 공장에서 기수행 후 반입된 기준으로 별도 계상하지 않는다.
④ 비계 사용시 높이별 품할증은 "(품셈 7.1) (1)④"에 준하여 계상한다.
⑤ 재료량은 "(품셈 17.2) (1) 붓칠"을 참고한다.
⑥ 석고보드면은 콘크리트면과 동일하게 적용한다.

실습 5 모르타르 바름면에 바탕만들기를 한 다음 수성페인트 3회칠(롤러칠)할 경우 도장면적 1m^{2}당 일위대가표를 작성하시오.

풀이

(m^{2}당)

품 명	규 격	단위	수량	단가	금액	비 고
에멀션페인트		l	0.296			①재료할증률이 포함되어 있다.
연 마 지	#120~180	매	0.1			②바탕만들기 경우 도장공 0.01인, 보통인부 0.001인이며, 1회칠 경우 도장공 0.012인, 보통인부 0.002인이다..
퍼 티	22.8×28cm	kg	0.05			
잡재료비	주재료비의 6%	식	1			
도 장 공		인	0.046			
보통인부		인	0.007			③천장 칠을 할 때에는 재료 및 품을 20% 가산한다.
계	재 료 비					
	노 무 비					

해설 바탕만들기의 재료 및 품과 소모재료는 "(품셈 17.1)"에 의하여 포함된 것이며, 수성페인트의 일위대가표는 다음의 표준품셈에 의하여 작성한다.

(품셈 17.3) 수성페인트(합성수지 에멀션페인트)

(1) 붓칠

(m^2 당)

구 분	단 위	수 량
도 장 공	인	0.022
보통인부	인	0.004

비고 : 천장은 본 품의 20%를 가산한다.

① 본 품은 수성페인트를 1회 칠하는 기준이다.
② 바탕만들기는 (품셈 17.1)에 준하여 별도 계상한다.
③ 비계 사용시 높이별 품 할증은 "(품셈 17.1) (1)④"에 준하여 계상한다.
④ 재료량은 다음을 참고하며, 상세수량은 도료 종류에 따라 제조사에서 제시하고 있는 수량을 적용할 수 있다.

구 분	단 위	1회	2회	3회
에멀션페인트	l	0.098	0.197	0.296

※ 위 재료량은 할증이 포함된 것이며, 각 횟수의 재료량은 합산한 누계수치이다.

※ 잡재료비는 주재료(페인트)비의 6%로 계상한다.

(2) 롤러칠

(m^2당)

구 분	단 위	수 량
도 장 공	인	0.012
보통인부	인	0.002

비고 : 천장은 본 품의 20%를 가산한다.

① 본 품은 수성페인트를 1회 칠하는 기준이다.

② 본 품은 보조붓칠 작업이 포함된 것이다.

③ 바탕만들기는 "(품셈 17.1)"에 준하여 별도 계상한다.

④ 비계 사용시 높이별 품 할증은 "(품셈 17.1) (1)④"에 준하여 계상한다.

⑤ 재료량은 (1) 붓칠을 참고한다.

(3) 뿜칠

($10m^2$당)

구 분	단 위	수 량
도 장 공	인	0.027
보통인부	인	0.013

비고 : 천장은 본 품의 20%를 가산한다.

① 본 품은 수성페인트를 1회 칠하는 기준이다.

② 본 품은 보조붓칠 작업이 포함된 것이다.

③ 공구손료 및 경장비(엔진식 도장기 등)의 기계경비는 인력품의 9%를 계상한다.

④ 보양작업은 별도 계상한다.

⑤ 바탕만들기는 "(품셈 17.1)"에 준하여 별도 계상한다.

⑥ 비계 사용시 높이별 품 할증은 "(품셈 17.1) (1)④"에 준하여 계상한다.

⑦ 재료량은 다음을 참고하며, 상세수량은 도료 종류에 따라 제조사에서 제시하고 있는 수량을 적용할 수 있다.

구 분	단 위	1회	2회
에멀션페인트	l	1.27	2.56

※ 위 재료량은 할증이 포함된 것이며, 각 횟수의 재료량은 합산한 누계수치이다.

※ 잡재료비는 주재료(페인트)비의 6%로 계상한다.

실습 6 목재 바탕에 바탕만들기를 한 다음 바니스 3회 칠할 경우 도장면적 1m²당 일위대가표를 작성하시오.

풀이

품 명	규 격	단위	수량	단가	금액	비 고
바 니 스		l	0.168			① 재료의 할증률 및 소운반품이 포함되어 있다.
시 너		l	0.006			
퍼 티		kg	0.05			② 바탕만들기할 때 셀락니스가 필요한 경우에는 0.01l/m²를 계상한다.
연 마 지	#120~180	매	0.42			
잡 재 료 비	주재료비의 4%	식	1			
도 장 공		인	0.087			
공 구 손 료	(품의 2%)	식	1			
계	재 료 비					
	노 무 비					

해설 바니시의 일위대가표는 다음의 표준품셈에 의하여 작성하며, 잡재료비는 "(품셈 17.2)"에 의하여 포함된 것이다.

(품셈 17.4) 목재면 바탕만들기

(m²당)

구 분	규 격	단 위	수 량
퍼 티		kg	0.05
연 마 지	#120~180	매	0.1
도 장 공		인	0.012

① 본 품에는 재료의 할증 및 소운반품이 포함되어 있다.
② 본 품은 본 도장 전 소재의 바탕만들기에 소요되는 재료 및 품이다.
③ 공구손료는 인력품의 2%로 계상한다.
④ 셀락니스가 필요한 경우에는 0.01ℓ/m²를 계상한다.

(품셈 17.5) 바니스칠

(m²당)

바탕면	재료명 \ 구분	단위	칠 수 량 1회	칠 수 량 2회	칠 수 량 3회	도 장 공(인) 1회	도 장 공(인) 2회	도 장 공(인) 3회
목재면	바 니 스	l	0.048	0.108	0.168	0.021	0.048	0.075
	시 너	l	0.006	0.006	0.006			
	연 마 지	매	–	0.17	0.32			

① 본 표에는 재료의 할증률 및 소운반품이 포함되어 있다.
② 바탕만들기를 위한 재료 및 품은 "(품셈 17.1) 바탕만들기"에 준하여 별도 계상한다.
③ 공구손료는 품의 2%를 가산한다.
④ 잡재료비는 필요에 따라 "(품셈 17.2) 유성페인트칠"에 준하여 별도 가산한다.
⑤ 바탕처리용 스테인 필러가 필요할 경우에는 별도 계상하고 품은 m²당 0.021~0.03인을 계상한다.

【해설】
본 표에서 2회 및 3회의 재료량 및 품은 각 횟수의 재료량 및 품을 합산한 누계 수치이다.

Chapter 18

수장공사

18.1 개 요

수장공사(interior finishing work)는 건축물 내 · 외부에 수장재료를 사용하여 바닥 · 벽 · 천장 등을 미려하게 꾸미는 동시에 흡음 · 보온 · 방습 등의 효과를 주는 공사이다.

수장공사에 사용되는 수장재료의 종류 · 재질 · 크기 등이 다양하고 시공방법도 여러 가지 일뿐만 아니라 의장적인 목적을 중요시하므로 재료의 손실이 크고 품도 비교적 다른 공사에 비해 많이 드는 공사이다. 따라서 이러한 점을 고려하여 설계도서의 내용에 따라 정밀히 적산하여야 한다.

18.2 수장재 종류

수장재의 종류를 일반적으로 다음과 같이 구분하여 들 수 있다.

① 바닥재 : 마룻널, 바닥 수장용 타일(아스팔트타일 · 리놀륨타일 · 비닐타일 · 고무타일 등), 각종 시트(리놀륨 · 플라스틱시트 · 고무시트 등), 카펫, 각종 걸레받이 등

② 벽 · 천장재 : 합판, 목재(각재, 판재), 섬유판, 석고판, 금속판, 아코스틱텍스, 코르크판, 커튼 · 차일 등

③ 단열재 : 암면, 유리면, 발포폴리스틸렌(스티로폼), 경질우레탄폼, 단열모르타르 등

④ 도배용 재료 : 도배지(벽지 · 반자지 · 장판지 : 초재지 · 재배지 · 정배지), 창호지 등

⑤ 부속재 : 못, 나사못, 접착제, 코킹재, 줄눈재 및 누름대 등

18.3 수장공사 적산

(1) 수장공사의 수량은 공사종별 (수장재시공, 단열시공, 도배시공, 경량칸막이설치, 커튼설치, 기타)로 대별하고 재료의 종류(재질) · 규격(두께, 크기) · 사용부위(바닥, 벽, 천장, 걸레받이 등) · 시공방법별로 구분하여 설계도에 의한 마감치수를 기준하여 정미수량(면적, 개소, 길이)으로 산출한다. 재료의 소요량은 정미수량에 각 재료별 할증률을 곱한 것으로 한다.

(2) 수장공사의 재료비는 수장공사용 재료의 소요량(정미량×할증률)에 재료단가를 곱한 것으로 하고, 수장공사용 재료는 종류가 다양하고 재질 · 형상 · 치수 · 무늬 · 색깔 등에 있어도 각 각 다르기 때문에 단가 결정에 있어 면밀한 검토가 필요하다. 특히 같은 종류의 재료라도 의장적인 목적으로 사용되는 재료일수록 재질면보다 형상 · 무늬 · 색깔 등에 따라 가격차이가 많이 나므로 재료 단가 결정에 유의한다.

노무비는 공사 수량에 따라 산출한 소요품에 노무단가를 곱한 금액으로 하며, 재료 단가에 일괄 포함 복합단가로 계상하기도 한다.

(3) 수징공사용 자재를 설치하기 위한 바탕꾸미기 공사비는 해당 공사비목에서 계상한다. 예를 들면 석고보드를 벽 · 천장에 붙이기 위하여 바탕틀을 설치할 경우 바탕틀이 목조인 경우의 공사비는 목공사비목에, 바탕틀이 경량철골조인 경우의 공사비는 금속공사비목에 포함한다.

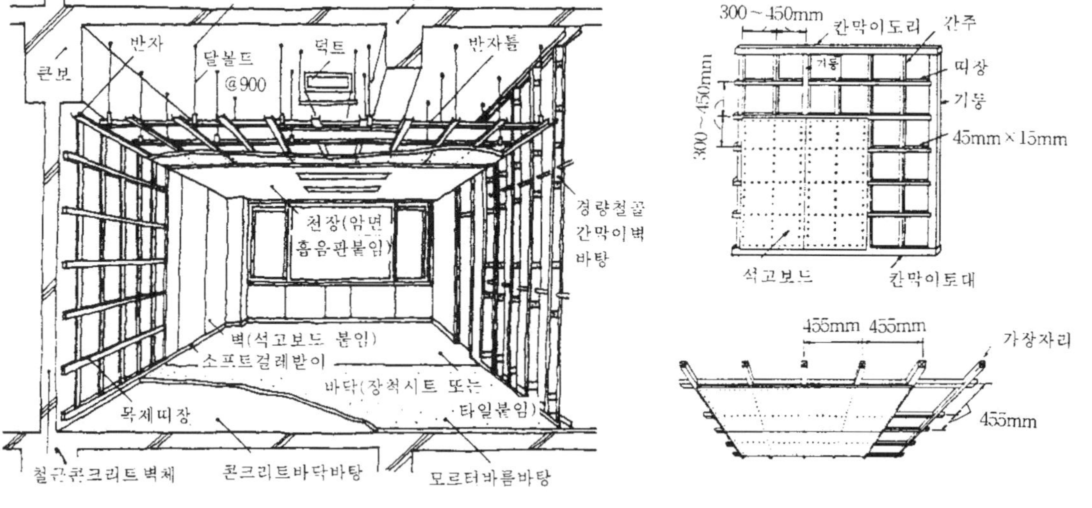

그림 18.1 수장재 시공(예시)

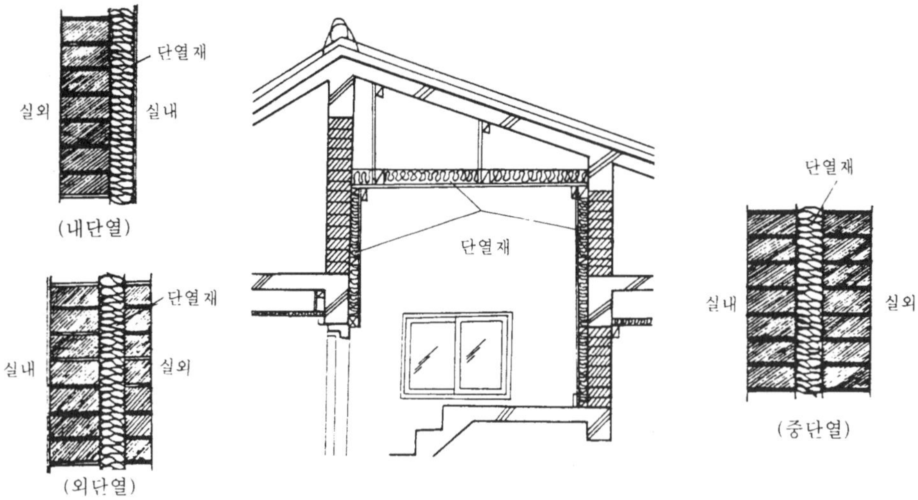

그림 18.2 단열시공(예시)

18.4 수장재 수량 산출

[1] 바닥용 수장재

① 바닥용 수장재의 수량은 설계도에 의한 마감치수를 기준한 정미면적(m^2)으로 산출한다.

② 바닥용 수장재의 소요량은 정미면적에 할증률을 곱한 소요면적(m^2)으로 산출하는 것이 원칙이고, 바닥용 수장재의 할증률은 다음 표의 값 이내로 한다.

재 료 별	할증률 (%)	재 료 별	할증률 (%)
아스팔트타일	5	고 무 타 일	5
리놀륨타일	5	리 놀 륨	5
비 닐 타 일	5	카 펫	10

[2] 벽용 수장재

① 벽용 수장재의 수량은 설계도에 의한 마감치수를 기준한 정미면적(m^2)으로 산출하며, 개구부가 있는 경우에는 개구부 면적을 공제한다. 다만, 1개소의 개구부 면적이 $0.5m^2$이하인 경우에는 이를 공제하지 아니한다.

② 벽용 수장재붙임에 줄눈대(metallic joiner) 및 누름대(bead, batten)를 설치할 경우에 있어서의 줄눈대 · 누름대의 수량은 길이(m)로 산출한다. 또한 벽과 천장 부분의 코

너(corner)에 몰딩(쇠시리, moulding)을 대는 경우에 몰딩의 수량은 길이(m)로 산출한다.

③ 벽용 수장재의 소요량은 정미면적에 할증률을 곱한 소요면적(m^2)으로 산출한다. 여기서 할증률은 다음 표의 값 이내로 한다.

재 료 별	할증률 (%)	재 료 별	할증률 (%)
합판(수장용)	5	석고판(못붙임용)	5
목재(판 재)	10	석고판(본드붙임용)	8

[3] 천장용 수장재

① 천장용 수장재의 수량은 설계도에 의한 마감치수를 기준한 정미면적(m^2)으로 산출한다.

② 천장용 수장재의 수량산출에 있어 연속되는 전등박스(box) · 환기구 등의 면적은 정미면적에서 공제한다. 그러나 독립된 전등 개구부, 천장점검구, 덕트개구부 등의 면적은 정미면적에서 공제하지 않는다.

③ 천장용 수장재의 소요량은 정미면적에 할증률을 곱한 소요면적(m^2)으로 산출하는 것이 원칙이고, 천장용 수장재의 할증률은 다음 표의 값 이내로 한다.

(수장재 붙임 m^2당)

재 료 별	할증률 (%)	재 료 별	할증률 (%)
어쿠스틱 텍스	5	석고판(못붙임용)	5
코 르 크 판	5	석고판(본드붙임용)	8

[4] 단열재

① 단열재의 수량은 단열재의 종류(재질) · 규격(두께, 크기) · 시공부위(바닥 · 벽 · 천장 · 지붕 · 창호개구부 등) · 시공방법(내단열, 외단열, 중단열, 기타 시공 부위에 따른 공법)별로 구분하여 실면적(m^2)으로 산출한다. 여기서 실면적은 설계도에 의한 마감치수를 기준한 정미면적(m^2)을 말하며, 개구부가 있는 경우에는 개구부 면적을 공제한다. 다만, 1개소의 개구부 면적이 $0.5m^2$ 이하인 경우에는 이를 공제하지 아니한다.

② 단열재의 소요량은 실면적 또는 실체적에 할증률을 곱한 소요면적(m^2) 또는 소요체적(m^3)으로 산출한다. 여기서 할증률은 다음 표의 값 이내로 한다.

재 료 별	할증률 (%)	재 료 별	할증률 (%)
발포폴리스티렌	10	유 리 면	10
암 면 판	10	우 레 아 폼	3

[5] 도배지

① 도배의 면적은 종류(벽지 · 반자지 · 장판지 : 초배지 · 재배지 · 정배지 등) · 재질(종이, 갈포지, 천, 플라스틱재, 선지, 화지 등) · 바름부위(바닥, 벽, 천장)별로 구분하여 실면적(m^2)으로 산출한다. 여기서 실면적은 설계도에 의한 안목치수를 기준한 정미면적(m^2)을 말한다.

② 도배지의 수량은 도배면적에 단위면적당(m^2당) 소요되는 도배지량을 곱한 것으로 산출한다. 여기서 도배지 바름횟수에 따른 단위면적당 소요되는 도배지량은 다음 표를 표준으로 한다.

(도배면적 m^2당)

초배지	재배지	벽지 · 반자지	장판지	창호지(97cm×55cm)
1.2m^2	1.2m^2	1.2m^2	1.1m^2	2매(장)

비고 : 본 표는 도배지 바름횟수가 1회인 경우이고, 벽지 및 반자지 바름에 재배지를 바름할 경우에는 2회 바름(2.4m^2)으로 하고 장판지 바름인 경우 정벌 밑바름으로 깨끗한 종이로 1회 바름(1.1m^2)을 추가하는 것이 일반적이다.

③ 도배지 바름에 소요되는 풀(밀가루풀, 플라스틱제풀)의 소요량은 도배면적 단위면적당(m^2당) 벽지 및 반자지 바름인 경우 0.05kg, 장판지 바름인 경우 0.1~0.25kg, 창호지 바름인 경우 0.02kg으로 보아 계산한다.

제18장 수장공사 적산실습

실습 1 다음 그림과 같은 평면도에 대한 실내마감이 다음과 같은 조건일 때 수장공사에 소요되는 재료량과 품을 산출하시오.(단, 벽두께는 25cm이고, 반자높이는 2.1m이며, 벽체높이는 2.2m이고, 창호의 크기는 다음과 같다)

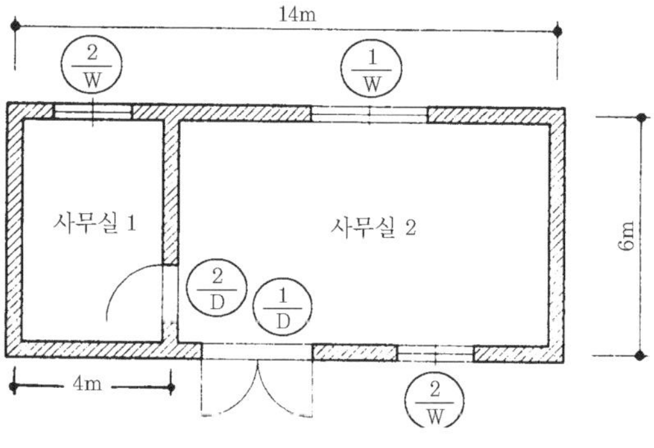

(창호의 크기)

- 1/D : 2,400×2,600
- 2/D : 1,200×2,500
- 1/W : 1,500×1,500
- 2/W : 1,200×900

(실내마감)

바닥(사무실1) : 리놀륨 깔기 위 카펫 깔기
바닥(사무실2) : 리놀륨타일붙임
내벽 : 석고판 붙임(접착제 붙임) 위 벽시 바름
천장 : 합판 붙임 위 반자지 바름
걸레받이 : 비닐제 걸레받이 붙임(폭 75mm)

풀이 (1) 수장재 붙임 면적 산출

① 바닥(사무실 1) 리놀륨 깔기 및 카펫 깔기 면적
$=(4-0.25)\times(6-0.25)\fallingdotseq 21.56m^2$

② 바닥(사무실 2) 리놀륨타일 붙임 면적
$=(10-0.25)\times(6-0.25)\fallingdotseq 56.06m^2$

③ 내벽 석고판 붙임 및 벽지 바름 면적 $=\{(14-0.25\times2)\times2\times2.1+(6-0.25)\times4\times2.1\}-\{(2.4\times2.6)+(1.2\times2.5)\times2+(1.5\times1.5)+1.2\times0.9\times2\}=105-16.66=88.34m^2$

④ 천장 합판 붙임 위 반자지 바름 면적
$=①+②=21.56+56.06$
$=77.62m^2$

⑤ 비닐제 걸레받이 붙임 길이 $=\{(14-0.25\times2)\times2+(6-0.25)\times4\}-(2.4+1.2\times2)=43.7m$

(2) 재료량 및 품 산출

구 분	재 료	산 출	품	산 출
리놀륨 깔 기	리놀륨 접착제	21.56×1.05=22.64m^2 21.56×0.4=8.62kg	내 장 공 보통인부	21.56×0.02=0.43인 21.56×0.01=0.22인
카펫깔기	카펫 펠트 접착제	21.56×1.1=23.72m^2 21.56×1.1=23.72m^2 21.56×0.1=2.16kg	내 장 공 보통인부	21.56×0.052=1.12인 21.56×0.02=0.43인
리놀륨타일 붙 임	리놀륨타일 접착제	56.06×1.05=58.86m^2 56.06×0.42=23.54m^2	내 장 공 보통인부	56.06×0.09=5.05인 56.06×0.03=1.68인
석고판붙임 (접착제붙임)	석고판 접착제	88.34×1.05=92.76m^2 88.34×2.43=214.66kg	내장공 보통인부	88.34×0.03=2.65인 88.34×0.013=1.15인
도배바름	초배지 벽지(정배지) 풀	88.34×1.2=106.01m^2 88.34×1.2=106.01m^2 88.34×0.3=26.5kg	도 배 공 보통인부	88.34×0.024=2.12인 88.34×0.006=0.53인
합판붙임	합판 못	77.62×1.03=79.95m^2 77.62×0.04=3.1kg	건축목공 보통인부	77.62×0.06=4.657인 77.62×0.006=0.466인
반자지 바름 (천장)	초배지 반자지(정배지) 풀	77.62×0.8=62.1m^2 77.62×1.2=93.14m^2 77.62×0.3=23.29kg	도 배 공 보통인부	77.62×0.027×1.3=2.725인 77.62×0.006×1.3=0.605인
걸레받이 붙 임	비닐제 걸레받이 접착제	43.7×1.04=46.45m 43.7×0.022=0.96kg	내 장 공	43.7×0.025=1.09인

(3) 재료량 및 품 집계

명 칭		단위	수 량	명 칭		단위	수 량
재료	리놀륨	m^2	22.64	재료	초 배 지	m^2	168.11
	카펫	m^2	23.72		벽지(정배지)	m^2	106.01
	펠트	m^2	23.72		반자지(정배지)	m^2	93.14
	리놀륨타일	m^2	58.86		풀	kg	49.79
	석고판	m^2	92.76				
	합판	m^2	79.95	품	내 장 공	인	10.34
	비닐제 걸레받이	m^2	46.45		건축목공	인	4.657
	못	kg	3.1		도 배 공	인	4.845
	접착제	kg	249.94		보통인부	인	5.081

해설 ① 수장재의 단위면적당 소요 재료량 및 품은 "실습 3 (품셈 18.1)과 (품셈 18.2), 실습 5 (품셈 18.4), 실습 6 (품셈 18.5), 실습 8 (품셈 18.8)"에 의한 것이고, 합판 붙임은 "제10장 목공사 실습 11 (품셈 10 · 3) (1) 벽체합판 붙임"을 준용한 것이며, 걸레받이 붙임의 단위길이당(m당) 소요 재료량 및 품은 "실습 4 (품셈 18.3)"에 의한 것이다.

② 리놀륨 깔기 및 리놀륨타일 붙임 위에 왁스를 칠할 경우에는 1m^{2}당 왁스를 0.12l, 품은 0.03인을 별도 계상한다.

실습 2 실습 1의 평면도에서 외벽은 시멘트벽돌 공간쌓기에 발포폴리스티렌(스티로폼) 두께 80mm을 공간넣기로 설치할 경우 단열재 시공에 소요되는 재료량과 품을 산출하시오.

풀이 (1) 단열재(발포폴리스티렌) 설치면적 산출

$=\{(14+6)\times2\times2.2\}-\{(2.4\times2.6)+(1.5\times1.5)+(1.2\times0.9)\times2\}$

$=88-10.66=77.34$m2

(2) 단열재 시공 소요재료량 및 품 산출

발포폴리스티렌(스티로폼) 설치			
스티로폼	$77.34\times1.1=85.07m^2$	내 장 공	$77.34\times0.026=2.01$인
접 착 제	$77.34\times0.035=2.71$kg	보통인부	$77.34\times0.005=0.386$인

해설 발포폴리스티렌 설치의 단위면적당(m^2당) 소요재료량과 품은 "실습 7 (품셈 18.7)"에 의한 것이다.

실습 3 리놀륨타일 붙임 및 리놀륨 깔기의 일위대가표를 작성하시오.

풀이 (1) 리놀륨타일 붙임 일위대가표

(m^2당)

품 명	규 격	단위	수량	단가	금액	비 고
타 일		m^2	1.05			
접 착 제		kg	0.42			0.39~0.45kg
왁 스		l	0.12			
내 장 공		인	0.09			
보통인부		인	0.06			0.03(붙임)+0.03(왁스칠)
계	재 료 비					
	노 무 비					

(2) 리놀륨 깔기 일위대가표

(m^2당)

품 명	규 격	단위	수량	단가	금액	비 고
리 놀 륨		m^2	1.05			
접 착 제		kg	0.4			
왁 스		l	0.12			
내 장 공		인	0.02			
보통인부		인	0.04			0.01(붙임)+0.03(왁스칠)
계	재 료 비					
	노 무 비					

해설 리놀륨타일 붙임 및 리놀륨 깔기 일위대가표는 다음 표준품셈에 의하여 작성한다.

(품셈 18.1) 리놀륨타일 붙임

(m^2당)

타일(m^2)	접착제(kg)	내장공(인)	보통인부(인)
1.05	0.39~0.45	0.09	0.03

① 본 품에는 재료의 할증률 5%가 포함되어 있다.
② 왁스 사용시에는 $1m^2$당 왁스를 $0.12l$, 품은 0.03인/m^2를 별도 계상한다.

(품셈 18.2) 리놀륨 깔기

(m^2당)

리놀륨(m^2)	접착제(kg)	내장공(인)	보통인부(인)
1.05	0.4	0.02	0.01

① 본 품에는 재료의 할증률 5%가 포함되어 있다.
② 왁스 사용시에는 $1m^2$당 왁스를 $0.12l$, 품은 0.03인/m^2를 별도 계상한다.
③ 연결 부위만 접착하는 부분접착방식으로 시공할 때에는 m^2당 접착제는 0.12kg, 내장공 0.012인, 보통인부 0.01인으로 한다.

실습 4 테라조 및 합성수지계 걸레받이 붙임의 일위대가표를 작성하시오.

풀이 (1) 테라조 걸레받이 붙임 일위대가표

(m당)

품 명	규 격	단위	수량	단가	금액	비 고
테 라 조 석 공 보통인부		m 인 인	1.0 0.106 0.053			• H=75~120mm임 • 기계경비는 인력품의 2%를 별도 계상함
계	재 료 비					
	노 무 비					

(2) 합성수지계 걸레받이 일위대가표

품 명	규 격	단위	수량	단가	금액	비 고
합성수지계비닐 접 착 제 내 장 공 보 통 인 부		m kg 인 인	1.04 0.022~0.035 0.012 0.002			• H=75~120mm임 • 접착제는 폭 75mm일 때의 기준이며 그 이상일 때에는 비례 가산함 • 기계경비는 인력품의 2%를 별도 계상함
계	재 료 비					
	노 무 비					

해설 테라조 및 합성수지계 걸레받이 붙임의 일위대가표는 다음의 표준품셈에 의하여 작성한다.

(품셈 18.3) 테라조 및 합성수지계 및 중밀도섬유판(MDF) 걸레받이 붙임

(m당)

구분 \ 품질	단위	합성수지류	석재류	중밀도섬유판	비 고
합성수지계비닐	m	1.04	–	–	H=75mm~120mm임
테 라 조	m	–	1.0	–	
중밀도섬유판	m	–	–	1.04	
접 착 제	kg	0.022~0.035	–	0.022~0.035	접착제는 폭 75mm일 때의 기준이며 그 이상일 경우에는 비례가산함
석 공	인	–	0.106	–	
내 장 공	인	0.012	–	0.014	
보 통 인 부	인	0.002	0.053	0.003	

① 본 품은 걸레받이 높이 75~120mm 설치작업을 기준한 것이다.
② 본 품은 바탕면정리, 걸레받이 절단 및 설치작업이 포함되어 있다.
③ 공구손료 및 경장비(절단기 등)의 기계경비는 인력품의 2%로 계상한다.

실습 5 카펫깔기의 일위대가표를 작성하시오.

풀이

(m^2당)

품 명	규 격	단위	수량	단가	금액	비 고
카 펫		m^2	1.1			
펠 트		m^2	1.1			
접 착 제		kg	0.1			
내 장 공		인	0.052			
보통인부		인	0.02			
공구손료		식	1			인력품의 3%
계	재 료 비					
	노 무 비					

해설 카펫깔기의 일위대가표는 다음의 표준품셈에 의하여 작성한다.

(품셈 18.4) 카펫깔기

(m^2당)

구 분	단위	수량	비 고
카 펫	m^2	1.1	※ 톱밥, 비닐 등은 필요시 별도 계상
펠 트	m^2	1.1	
접 착 제	kg	0.1	
내 장 공	인	0.052	
보통인부	인	0.02	

① 본 표는 재료할증률 및 소운반품이 포함되어 있다.

② 공구손료는 인력품의 3% 이내에서 별도 계상한다.
③ 청소, 바탕처리 등은 포함되어 있다.

실습 6 석고판 접착제 붙임의 일위대가표를 작성하시오.

풀이

(m^2당)

품 명	규 격	단위	수량	단가	금액	비 고
석 고 판		m^2	1.08			본 품은 접착제로
석고본드		kg	2.43			석고판 1겹 붙임기준
내 장 공		인	0.03			
보통인부		인	0.013			
공구손료 및 기계경비		식	1			인력품의 1%
계	재 료 비					
	노 무 비					

해설 석고판 붙임의 일위대가표는 다음의 표준품셈에 의하여 작성한다.

(품셈 18.5) 석고판 나사고정 붙임

(m^2당)

구 분	단 위	바 탕 용		치 장 용
		1겹 붙임	2겹 붙임	
내 장 공	인	0.033	0.046	0.066
보통인부	인	0.016	0.023	0.032

비고 : 천장은 본 품의 30%를 가산한다.

① 본 품은 벽면 바탕틀에 석고판을 설치하는 기준이다.
② 치장용은 바탕용 석고판(1겹)과 치장용 석고판(1겹) 붙임 기준이다.
③ 본 품은 석고판 절단 및 설치작업이 포함된 것이다.
④ 공구손료 및 경장비(드릴 등) 외 기계경비는 인력품의 1%를 계상한다.

(품셈 18.6) 석고판 접착제 붙임

(m^2당)

구 분	단 위	수 량
내 장 공	인	0.030
보 통 인 부	인	0.013

① 본 품은 접착제로 석고판 1겹 붙임 기준이다.
② 본 품은 접착제 비빔, 석고판 절단 및 설치, 정리 및 마무리작업이 포함된 것이다.
③ 공구손료 및 경장비(접착제 비빔기 등)의 기계경비는 인력품의 1%를 계상한다.
④ 재료량은 다음과 같다.

구 분	단 위	수 량
접 착 제	kg	2.43

※ 위 재료량은 할증이 포함된 것이다.

실습 7 발포폴리스티렌(스티로폼)을 벽 공간넣기의 일위대가표를 작성하시오.

풀이

(m^2당)

품 명	규 격	단위	수량	단가	금액	비 고
발포폴리스티렌	두께 : 50mm	m^2	1.1			· 1겹 붙이기 작업을 기준
접 착 제		kg	0.035			· 재료량은 할증이 포함됨
내 장 공		인	0.024			
보통인부		인	0.004			
계	재 료 비					
	노 무 비					

해설 발포폴리스티렌(스티로폼)의 일위대가표는 다음의 표준품셈에 의하여 작성한다.

(품셈 18.7) 발포폴리스티렌(스티로폼) 설치

(m^2당)

구분 (단열두께 mm)	직 종	단위	공간넣기	접착제붙이기		콘크리트 타설부착	격자넣기	슬래브위 깔기
			벽	벽	천장	벽 및 바닥	벽	바닥
50 이하	내장공	인	0.024	0.051	0.062	0.032	0.025	0.009
	보통인부	인	0.004	0.009	0.010	0.005	0.004	0.002
50 초과 100 이하	내장공	인	0.026	0.057	0.069	0.035	0.028	0.010
	보통인부	인	0.005	0.010	0.011	0.006	0.005	0.003
100 초과 150 이하	내장공	인	0.027	0.060	0.073	0.036	0.029	0.011
	보통인부	인	0.006	0.011	0.012	0.007	0.006	0.004

① 본 품은 단열재 1겹붙임 작업을 기준한 것이다.

② 본 품은 절단 및 설치, 이음새 마감작업이 포함되어 있다.

③ 공간넣기는 단열재의 상하좌우 이음면을 접착제로 접착시키며, 벽체와의 고정에 필요한 쐐기 또는 철물은 별도 계상한다.

④ 접착제 붙이기는 단열재를 고정하기 위한 가설자재(못 등) 설치작업이 포함되어 있다.

⑤ 콘크리트 타설부착은 거푸집면에 단열재를 설치하며, 슬래브 위 깔기는 콘크리트 바닥면 위에 단열재를 설치하는 기준이다.

⑥ 방습층(폴리에틸렌필름 등) 또는 와이어메시 설치는 별도 계상한다.

⑦ 재료량은 다음을 참고한다.

구분	단위	접착제붙이기	콘크리트 타설부착	공간넣기	격자넣기	슬래브 위 깔기
단열재 접착제	m^2 kg	1.1 0.3~0.35	1.1 –	1.1 0.035	1.1 –	1.05 0.35(필요시)

※ 위 재료량은 할증이 포함된 것이다.

실습 8 도배바름(콘크리트 · 모르타르면)의 일위대가표를 작성하시오.

풀이

(m^2당)

품 명	규 격	단위	수량	단가	금액	비 고
초 배 지 정 배 지 풀 도 배 공 보통인부		m^2 m^2 kg 인 인	1.2 1.2 0.3 0.024 0.006			재료량은 할증이 포함된 것임
계	재 료 비					
	노 무 비					

해설 도배바름의 일위대가표는 다음의 표준품셈에 의하여 작성한다.

(품셈 18.8) 도배바름

(m^2당)

구 분	단 위	합판 · 석고보드면	콘크리트 · 모르타르면
도 배 공 보통인부	인 인	0.027 0.006	0.024 0.006

비고 : 천장은 본 품의 30%를 가산한다.

① 본 품은 바탕 벽면에 초배지와 정배지를 바르는 기준이다.

② 도배방법은 다음과 같다.

바 름	합판 · 석고보드면	콘크리트 · 모르타르면
초 배 지	갈램막이붙임	봉투붙임
정 배 지	전 면 붙 임	

③ 본 품은 풀먹임, 초배바름, 정배바름이 포함된 것이다.

④ 재료량은 다음과 같다.

구 분	단 위	합판 · 석고보드면	콘크리트 · 모르타르면
초 배 지 정 배 지 풀	m^2 m^2 kg	0.8 1.2 0.3	1.2 1.2 0.3

※ 위 재료량은 할증이 포함된 것이다.

부 록

부록 1 주택(벽돌조 및 철근콘크리트 평슬래브구조) 신축공사 수량산출 종합 실습

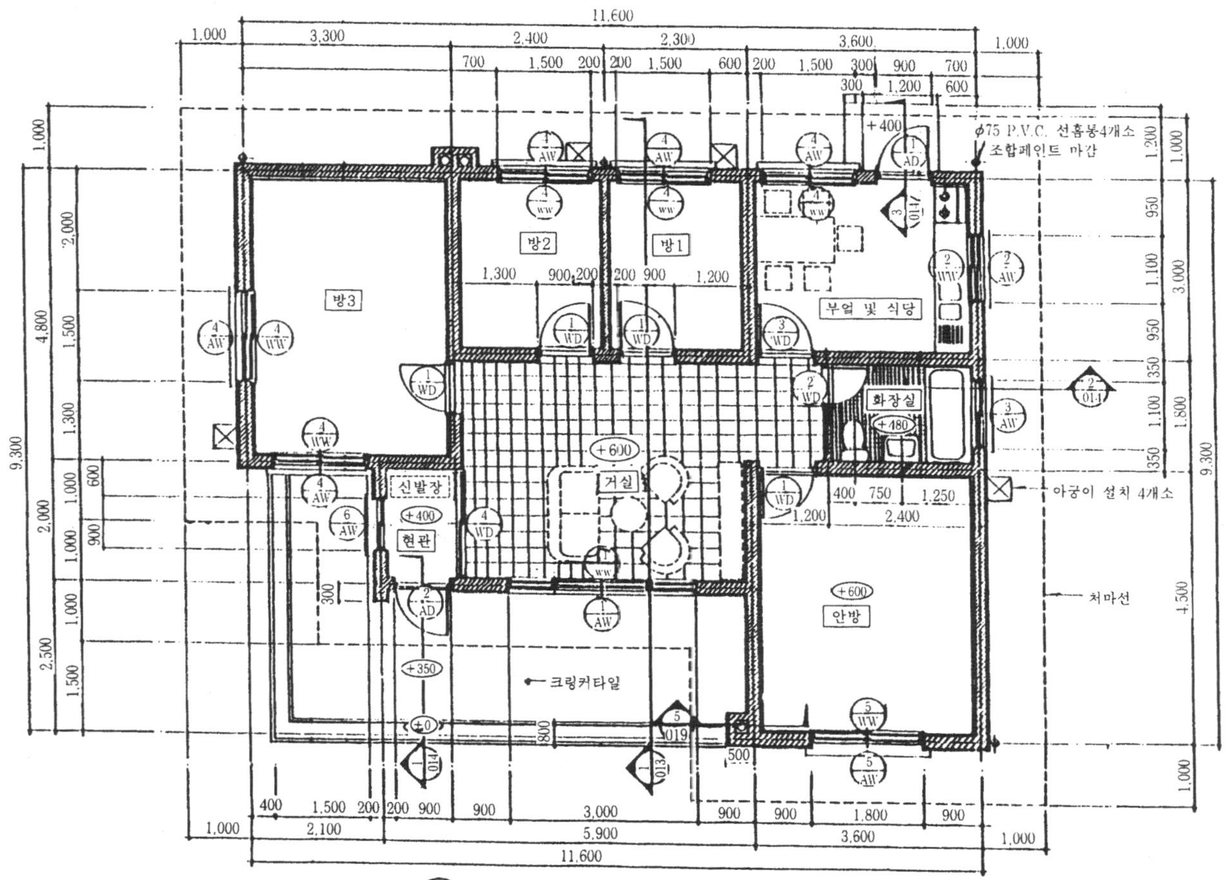

평 면 도 축척 : 1/50

연면적 : 83.68m²

단독주택 설계도	도면명	평 면 도	도면번호	011

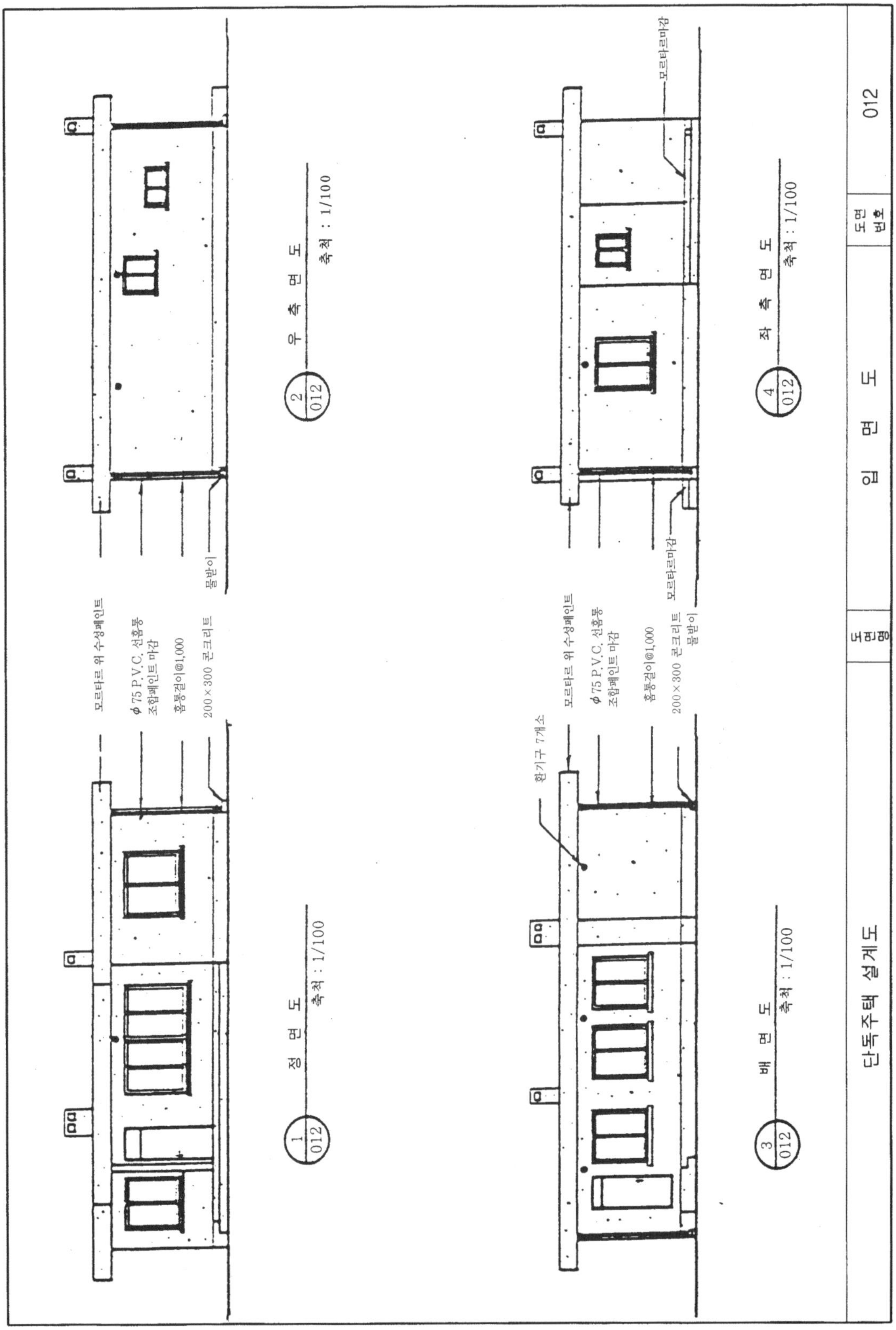
정 면 도
1/012
축척 : 1/100
우 측 면 도
2/012
축척 : 1/100
배 면 도
3/012
축척 : 1/100
좌 측 면 도
4/012
축척 : 1/100
모르타르 위 수성페인트
φ 75 P.V.C. 선홈통 조합페인트 마감
홈통걸이@1,000
200×300 콘크리트
물받이
환기구 7개소
모르타르마감
단독주택 설계도
도면명
입 면 도
도면번호
012

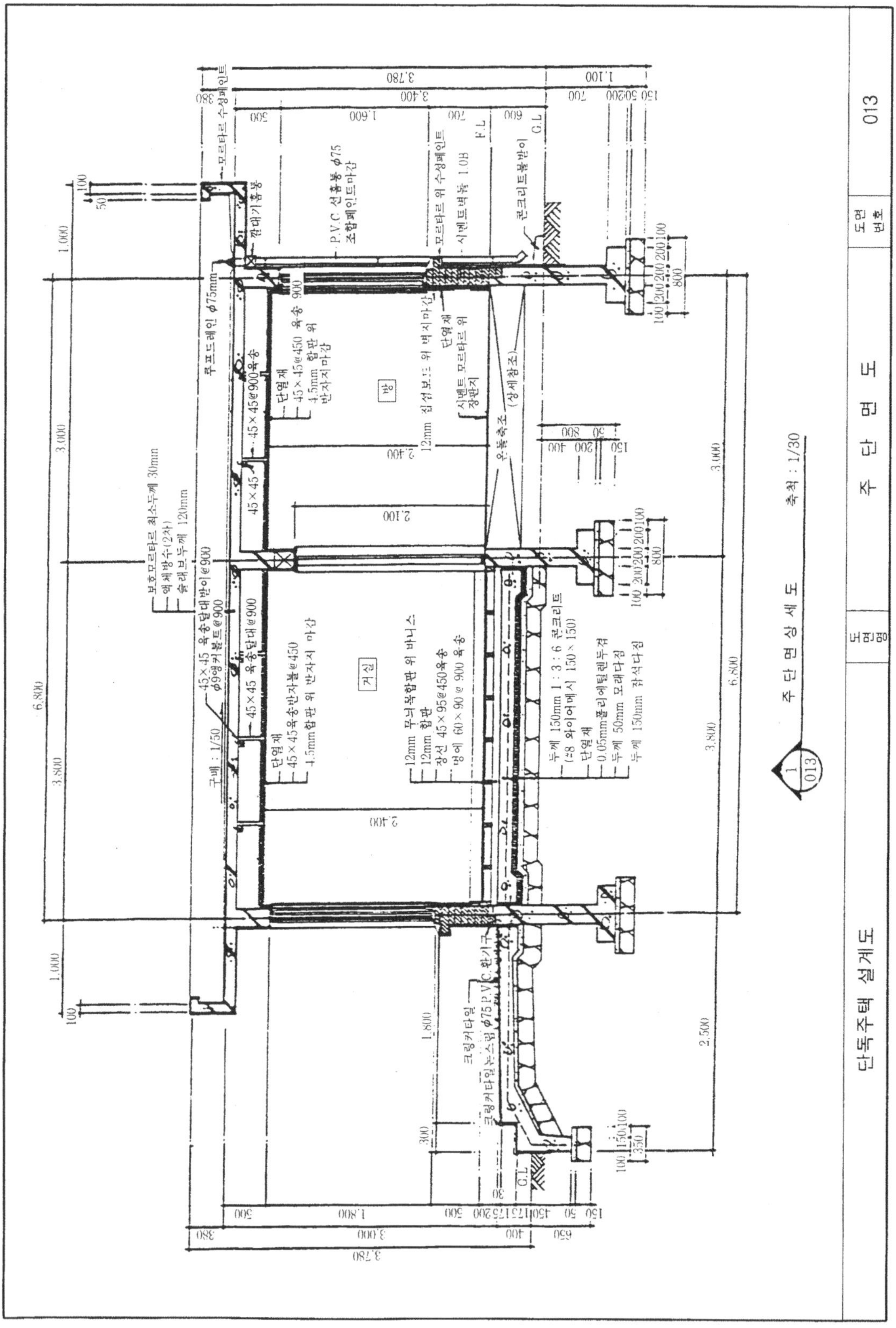
단독주택 설계도
주 단 면 상 세 도
축척 : 1/30
주 단 면 도
013

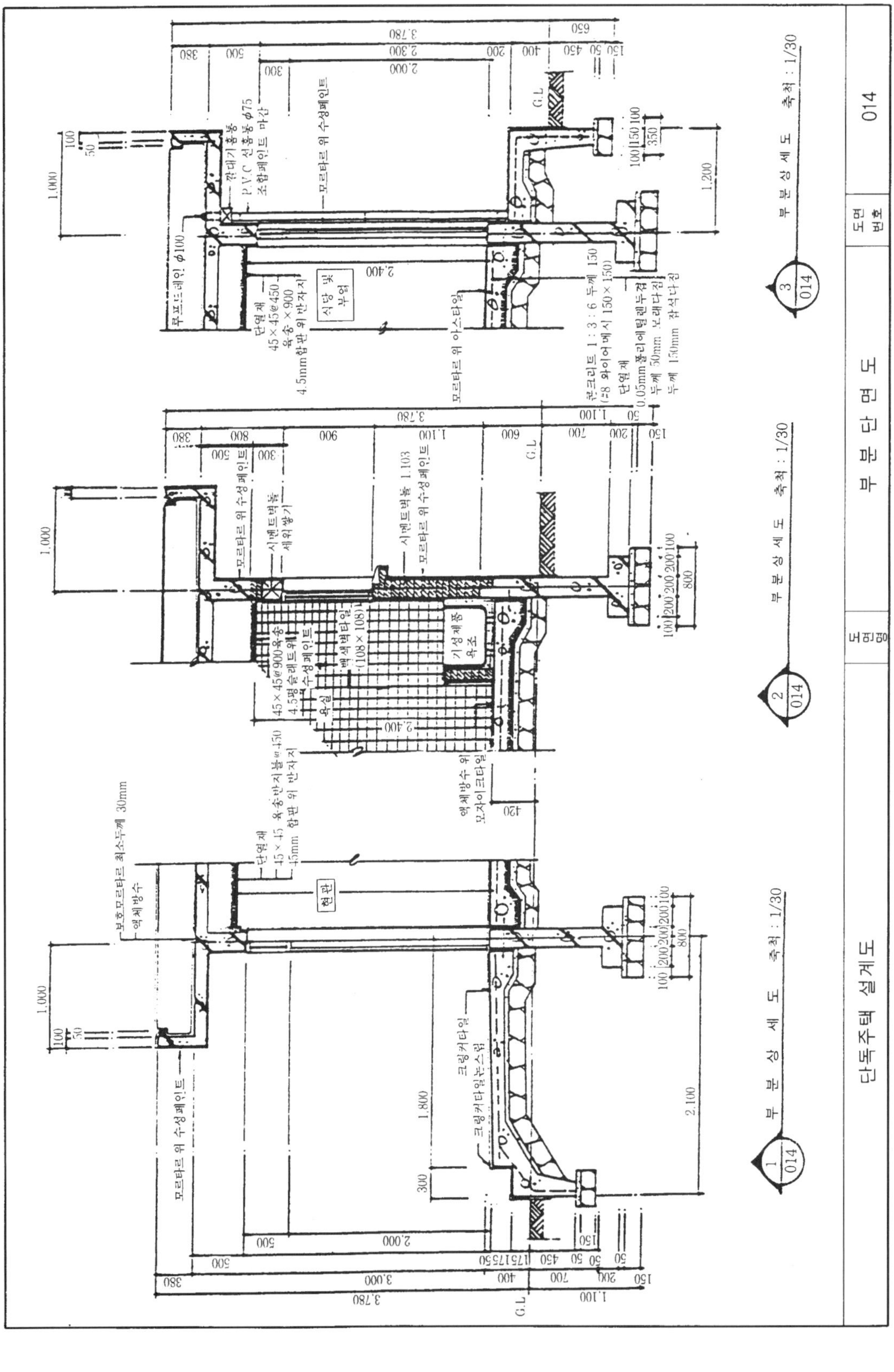
단독주택 설계도
부분단면도
도면번호 014
부분상세도 축척 : 1/30
모르타르 위 수성페인트
보호모르타르 최소두께 30mm
액체방수
단열재
45×45 육송반자틀@450
4.5mm 합판 위 반자지
현관
크링커타일
크링커타일논스립
모르타르 위 수성페인트
시멘트벽돌 쌓기
45×45@900육송
4.5평슬레트위 수성페인트
욕실
백색벽타일 (108×108)
시멘트벽돌 1.103
기성제품 욕조
액체방수 위 모자이크타일
루프드레인 φ100
걸레기홈통
P.V.C 선홈통 φ75
조합페인트 마감
단열재
45×45@450 육송×900
4.5mm합판 위 반자지
식당 및 부엌
모르타르 위 아스타일
콘크리트 1 : 3 : 6 두께 150
(#8 와이어메시 150×150)
단열재
0.05mm폴리에틸렌두겹
두께 50mm 모래다짐
두께 150mm 잡석다짐
G.L

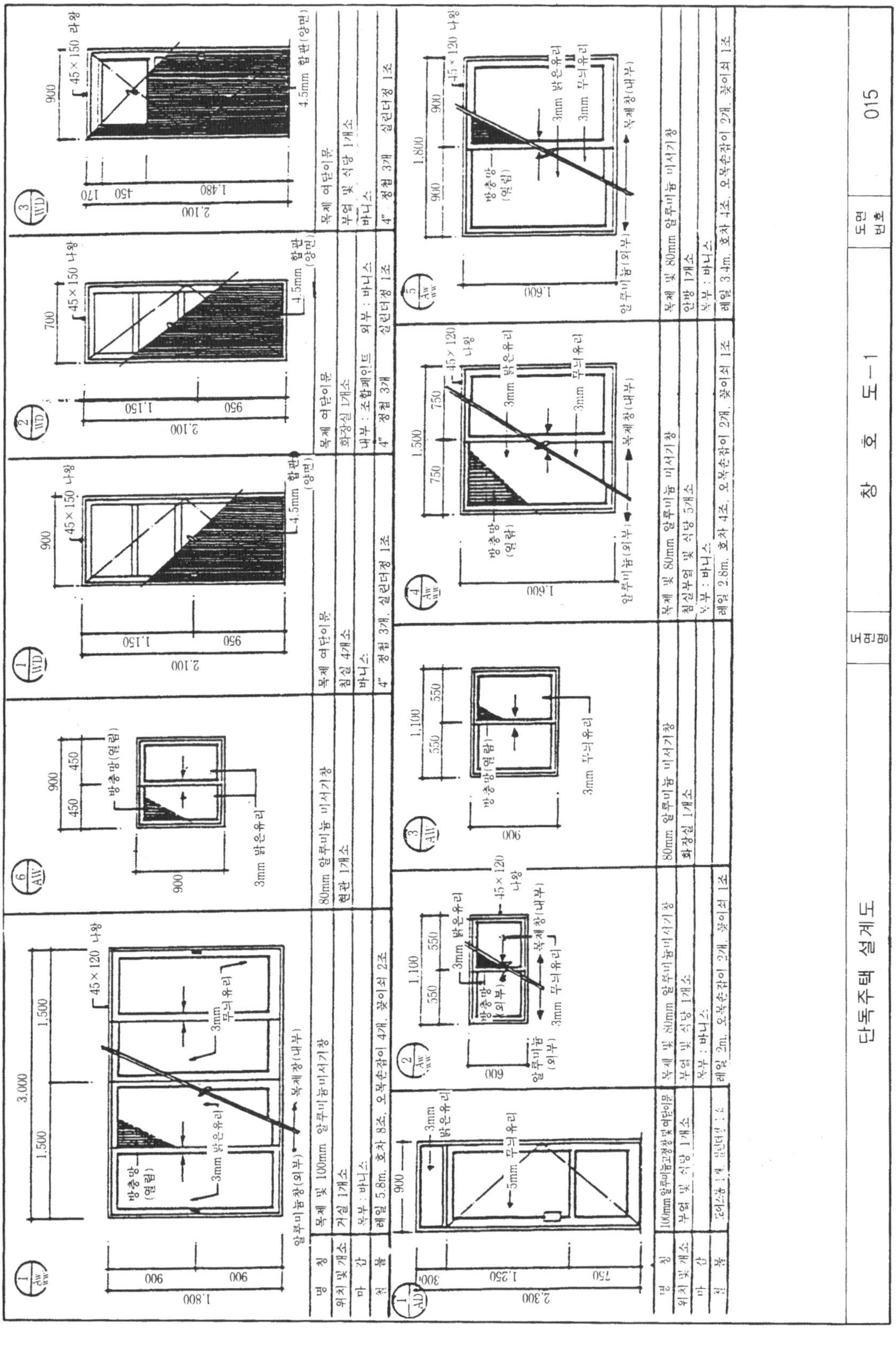
단독주택 설계도
도면명
창 호 도-1
도면번호
015
1 dw/ww
목재 및 100mm 알루미늄미서기창
거실 1개소
외부 : 바니스
레일 5.8m, 호차 8조, 오목손잡이 4개, 꽂이쇠 2조
6 AW
80mm 알루미늄 미서기창
현관 1개소
1 WD
목재 여닫이문
침실 4개소
바니스
4" 정첩 3개, 실린더정 1조
2 WD
목재 여닫이문
화장실 1개소
내부 : 조합페인트 외부 : 바니스
4" 정첩 3개 실린더정 1조
3 WD
목재 여닫이문
부엌 및 식당 1개소
바니스
4" 정첩 3개 실린더정 1조
1 AD
100mm 알루미늄고정창및여닫이문
부엌 및 식당 1개소
2 dw/ww
목재 및 80mm 알루미늄미서기창
부엌 및 식당 1개소
외부 : 바니스
레일 2m, 오목손잡이 2개, 꽂이쇠 1조
3 AW
80mm 알루미늄 미서기창
화장실 1개소
4 dw/ww
목재 및 80mm 알루미늄 미서기창
침실부엌 및 식당 5개소
외부 : 바니스
레일 2.8m, 호차 4조, 오목손잡이 2개, 꽂이쇠 1조
5 dw/ww
목재 및 80mm 알루미늄 미서기창
안방 1개소
외부 : 바니스
레일 3.4m, 호차 4조, 오목손잡이 2개, 꽂이쇠 1조

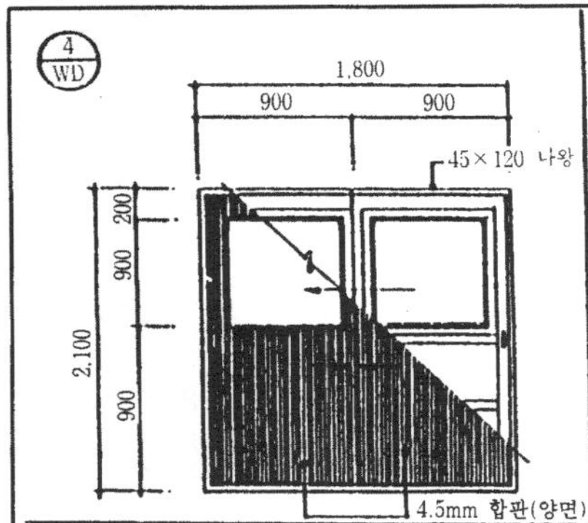

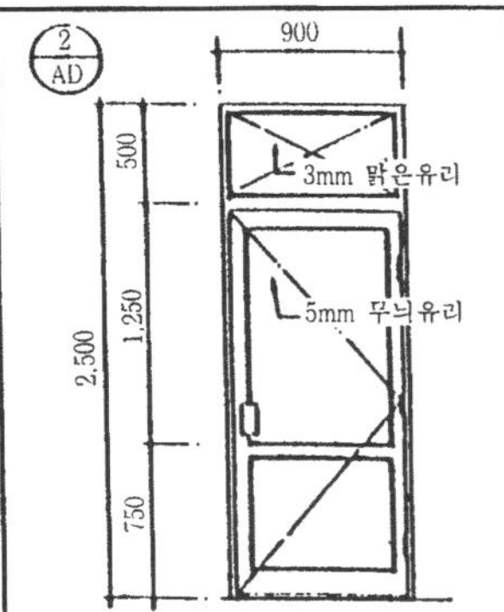

명 칭	목재 미서기문	100mm 알루미늄고정창 및 미서기문
위치 및 개소	현관 1개소	현관 1개소
마 감	바니스	
철 물	레일 3.4m, 호차 4조, 오목손잡이 4개, 꽂이쇠 1조	도어클로저 1개, 도어스톱 1개, 실린더정 1조

단독주택 설계도	도면명	창 호 도-2	도면번호	016

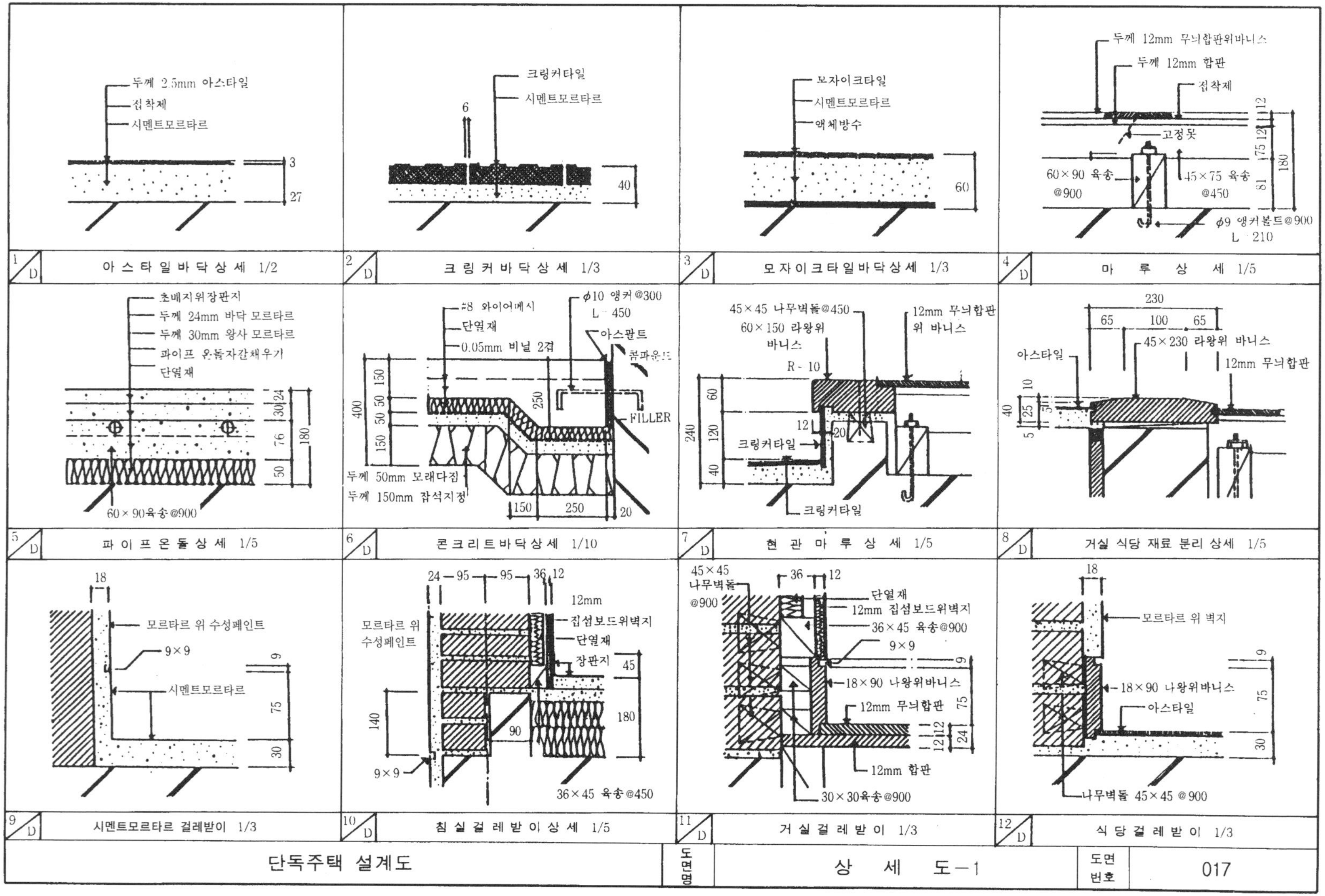
두께 2.5mm 아스타일
접착제
시멘트모르타르
아 스 타 일 바 닥 상 세 1/2
크링커타일
시멘트모르타르
크 링 커 바 닥 상 세 1/3
모자이크타일
시멘트모르타르
액체방수
모 자 이 크 타 일 바 닥 상 세 1/3
두께 12mm 무늬합판위바니스
두께 12mm 합판
접착제
고정못
60×90 육송 @900
45×75 육송 @450
φ9 앵커볼트@900 L 210
마 루 상 세 1/5
초배지위장판지
두께 24mm 바닥 모르타르
두께 30mm 왕사 모르타르
파이프 온돌자갈채우기
단열재
60×90육송@900
파 이 프 온 돌 상 세 1/5
#8 와이어메시
단열재
0.05mm 비닐 2겹
φ10 앵커@300 L 450
아스팔트
FILLER
두께 50mm 모래다짐
두께 150mm 잡석지정
콘 크 리 트 바 닥 상 세 1/10
45×45 나무벽돌@450
60×150 라왕위 바니스
R-10
12mm 무늬합판 위 바니스
크링커타일
현 관 마 루 상 세 1/5
아스타일
45×230 라왕위 바니스
12mm 무늬합판
거실 식당 재료 분리 상세 1/5
모르타르 위 수성페인트
9×9
시멘트모르타르
시멘트모르타르 걸레받이 1/3
모르타르 위 수성페인트
12mm 집섬보드위벽지
단열재
장판지
36×45 육송@450
침 실 걸 레 받 이 상 세 1/5
45×45 나무벽돌 @900
단열재
12mm 집섬보드위벽지
36×45 육송@900
18×90 나왕위바니스
12mm 무늬합판
12mm 합판
30×30육송@900
거 실 걸 레 받 이 1/3
모르타르 위 벽지
18×90 나왕위바니스
아스타일
나무벽돌 45×45 @900
식 당 걸 레 받 이 1/3
단독주택 설계도
도면명
상 세 도-1
도면번호
017

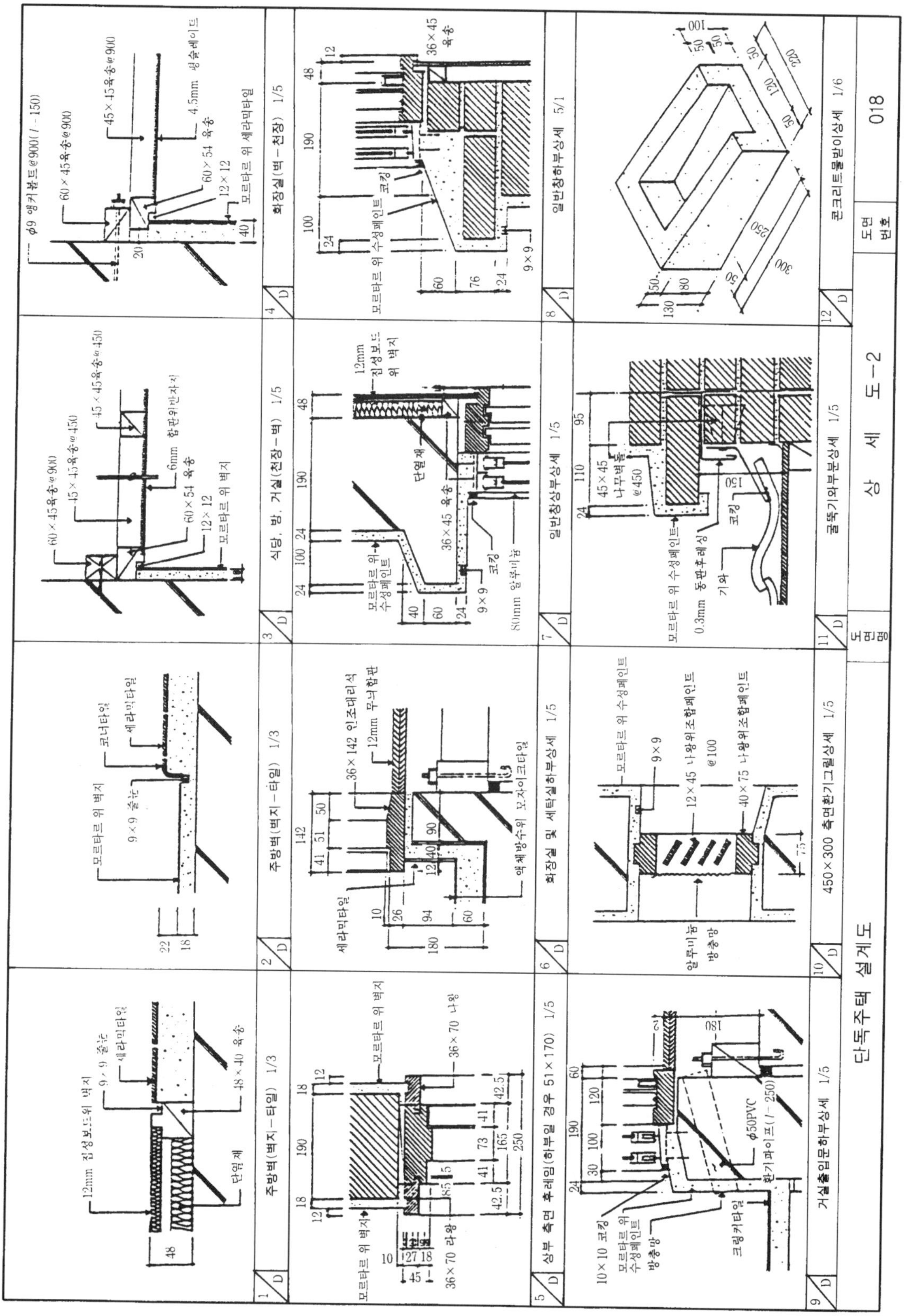
주방벽(벽지-타일) 1/3
주방벽(벽지-타일) 1/3
식당, 방, 거실(천장-벽) 1/5
화장실(벽-천장) 1/5
상부 측면 후레임(하부일 경우 51×170) 1/5
화장실 및 세탁실하부상세 1/5
일반창상부상세 1/5
일반창하부상세 5/1
거실출입문하부상세 1/5
450×300 측면환기그릴상세 1/5
굴뚝기와부분상세 1/5
콘크리트물받이상세 1/6
단독주택 설계도
상세도-2
도면번호 018

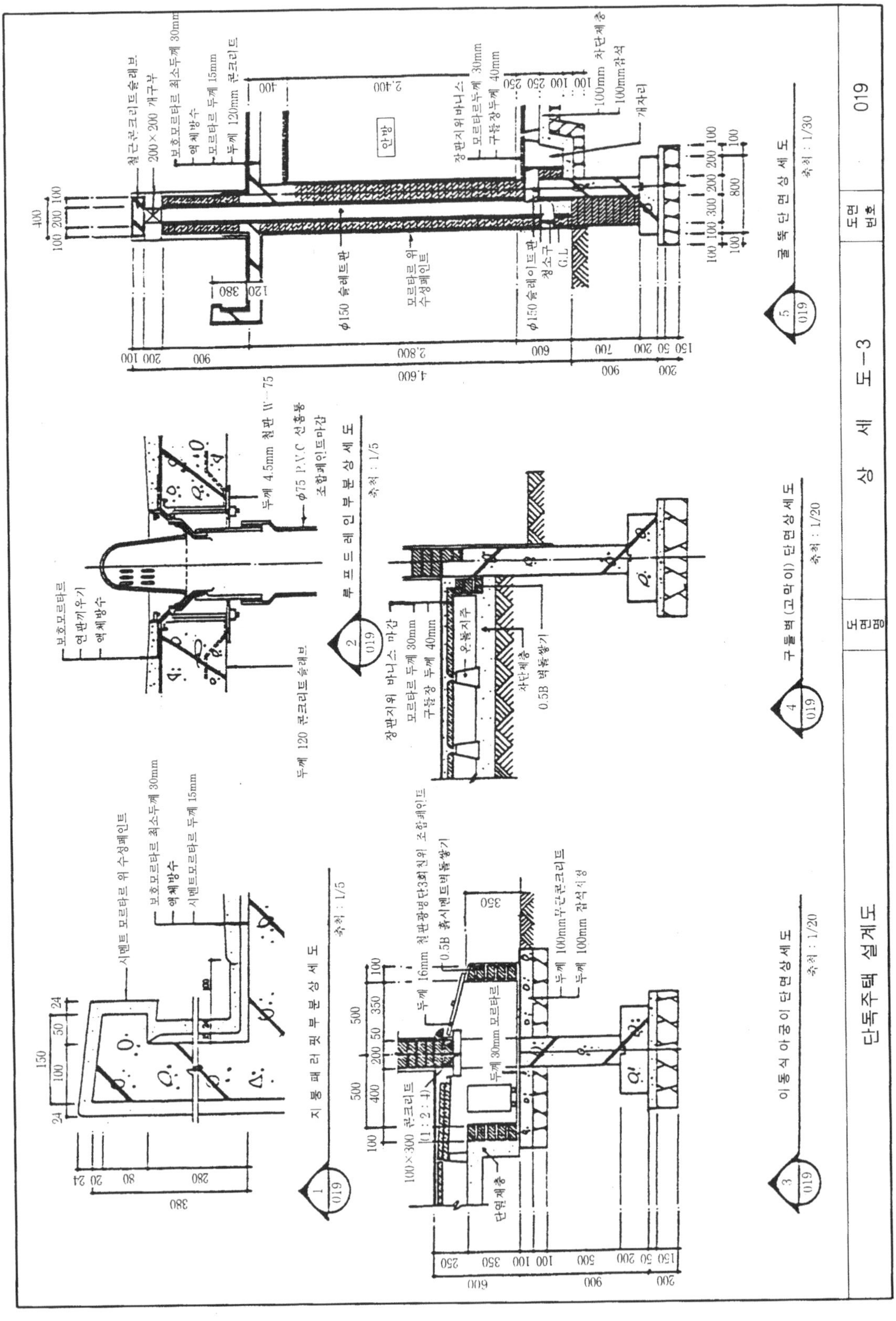

지 붕 패 러 핏 부 분 상 세 도
축척 : 1/5
루 프 드 레 인 부 분 상 세 도
축척 : 1/5
굴 뚝 단 면 상 세 도
축척 : 1/30
이동식 아궁이 단면상세도
축척 : 1/20
구들벽(고막이) 단면상세도
축척 : 1/20
단독주택 설계도
도면명
상 세 도-3
도면번호
019

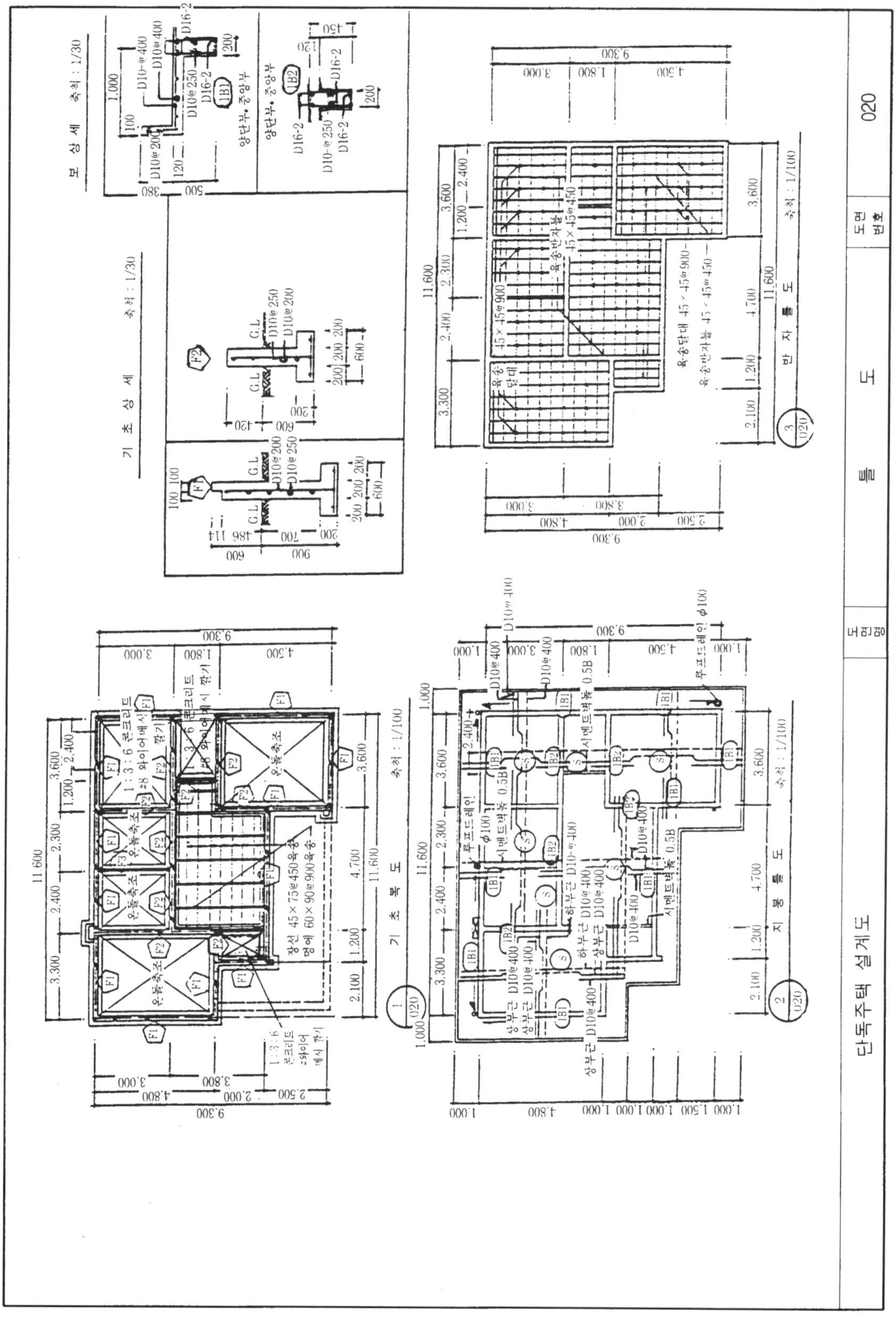
보 상세 축척 : 1/30
양단부, 중앙부
기 초 상 세 축척 : 1/30
기 초 복 도 축척 : 1/100
지 붕 틀 도 축척 : 1/100
반 자 틀 도 축척 : 1/100
단독주택 설계도
도면명
틀 도
도면 번호
020

실 내 마 감 표

구분 실명	바 닥		걸레받이		벽		천 장		천장고 (mm)	비고
	바탕	마감	바탕	마감	바탕	마감	바탕	마감		
현관	시멘트모르타르	클링커타일	시멘트모르타르	클링커타일 (H=75mm)	시멘트모르타르 12mm 집섬보드	벽지	두께 4.5mm 합판	반자지	2,600	
거실	두께12mm 무늬목합판	바니시	나왕	바니시 (H=75mm)	시멘트모르타르 12mm 집섬보드	벽지	두께 4.5mm 합판	반자지	2,400	
안방 · 방	온 돌	장판지위 바니시	시멘트모르타르	장판지위바니시(H=45mm)	시멘트모르타르 12mm 집섬보드	벽지	두께 4.5mm 합판	반자지	2,400	
식당 및 부엌	시멘트모르타르	아스타일	나왕	바니시 (H=75mm)	시멘트모르타르 일부는 12mm 집섬보드	벽지 일부는 타일(자기질)	두께 4.5mm 합판	반자지	2,400	
화장실	액체방수	모자이크타일(구배 : 1/100)			상 : 시멘트모르타르 하 : 액체방수(H=900mm)	타일 (자기질)	두께 4.5mm 평스레트	수성페인트	2,400	

주택신축공사 수량산출

1. 가설공사

도면	명 칭	구 분	수 량 산 출	단위	수량	비고
1/004 1/013	가설건물	가설사무소	건축면적=(11.6×9.3)−(8×2.5+2.1×2) =107.88−24.2=83.68m^2 도급사무실=12m^2, 감독사무실=6m^2 계 18m^2	m^2	18	
		가설창고	가설창고(자재창고)=10m^2	m^2	10	
		경비초소 (가설숙소 포함)	컨테이너형 가설건물=1개소(길이 9m×폭 3m), 8개월 사용	개소	1	
		가설변소	이동식변소(FRP)=1개소, 8개월 사용	개소	1	
	가설울타리	조립식 가설울타리	가설울타리길이=대지경계선길이 68m(가정)	m	68	
	규준틀	수평규준틀	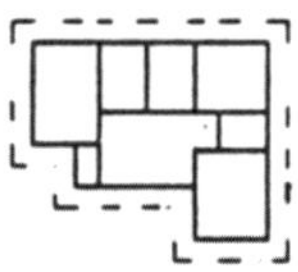 귀규준틀:6개소	개소	6	
			평규준틀:12개소	개소	12	
		세로규준틀	두면의 모서리가 합쳐지는 모서리에 설치하는 것으로 보아 7개소	개소	7	
	동바리	강관동바리	평슬래브지붕면적={(11.6+2)×(9.3+2)}−(8×2.5+2.1×2)=153.68−24.2=129.48m^2 동바리체적=(지붕면적)×(지붕슬래브밑까지높이)×90%=129.48×(3.4−0.12)×0.9=382.225 ≒382m^2	m^3	382	
	외부비계 및 비계다리	강관(단관)비계	비계면적{(11.6+9.3)×2+8×1.0}×3.78 =161.028≒161.03m^2	m^2	161.03	
		비계다리	비계다리면적=(3.78÷0.3)×0.9=11.34m^2	m^2	11.34	
	먹메김		(건축면적) 83.68m^2	m^2	83.68	
	건축물보양	콘크리트보양	보양면적=거실쪽바닥콘크리트면+평슬래브지붕콘크리트면 ={(4.8×3.8+1.8×1.2)+(7.6×2.5)+(1.7×2)}+129.48 =172.28m^2	m^2	172.28	
		타일보양	보양면적=(2.4×1.8)−(1.5×0.75) 욕조크기 =3.195≒3.2m^2	m^2	3.2	
		목재면보양	창호틀면적=(3×1.8)−(0.9×2.1)×2+(0.7×2.1)+(1.1×0.6)+(1.5×1.6)×5+(1.8×1.6)+(1.8×2.1)=29.97m^2	m^2	29.97	창호도 참조
	현장정리		조적조 연면적=83.68m^2	m^2	83.68	
	임시전력			식	1	
	임시용수			식	1	

2. 토공사 및 지정공사

도면	명 칭	구 분	수 량 산 출	단위	수량	비고
1/004 1/013 1/014	터파기	줄기초(F_1)	줄기초길이=(9.3+11.6)×2=41.8m 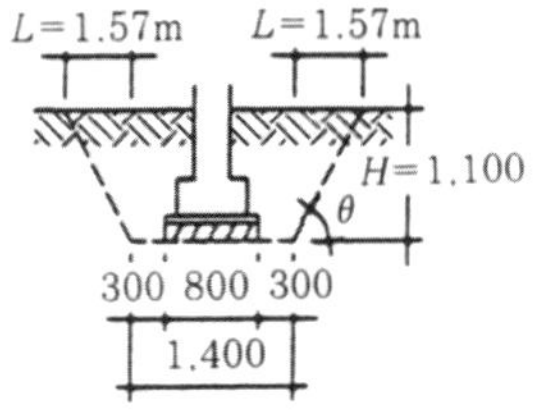 보통흙(건조)으로 보아 휴식각(θ)을 35°로 하면 비탈폭(L)은 $\cot 35° = \frac{L}{H}$ ∴ L=1.4281×1.1≒1.57m 줄기초터파기량=$\left(\frac{4.54+1.4}{2}\right)\times 41.8$ =496.58m³	m³	567.85	외벽 기초
		줄기초(F_2)	줄기초길이=3×2+4.8+2+3.6×2+4.7 =24.7m 줄기초(F_2)는 줄기초(F_1)와 구조가 같으나 다만, 깊이 (H) =800이므로 $\cot 35° = \frac{L}{0.8}$ ∴ L=1.4281×0.8≒1.14m 줄기초터파기량=$\left(\frac{3.68+1.4}{2}\right)\times 24.7$≒62.74m³			내부벽 기초
		줄기초(F_3)	줄기초길이=7.6+4.5=12.1m 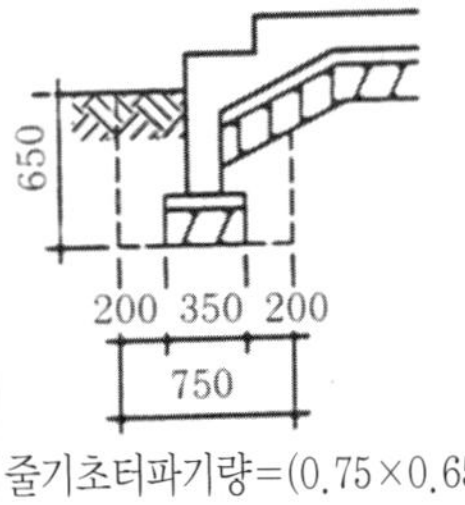 터파기 깊이가 1m미만이므로 휴식각을 고려하지 않는 수직 터파기량으로 계산하므로 줄기초터파기량=(0.75×0.65)×12.1≒5.9m³			현관측 바닥기초
		줄기초(F_4)	줄기초길이=(1.2+0.3+1.2)×2=5.4m 줄기초(F_3)와 구조가 같으므로 줄기초터파기량=(0.75×0.65)×5.4≒2.63m³			부엌및식당외부출입구바닥기초
	되메우기	줄기초(F_1)	되메우기량=496.58−{(0.2×0.7)+(0.6×0.2)+(0.8×0.05)+(0.8×0.15)}×41.8=496.58−70.22=426.36m³	m³	486.34	
		줄기초(F_2)	되메우기량=62.74−{(0.2×0.4)+(0.6×0.2)+(0.8×0.05)+(0.8×0.15)}×24.7=62.74−8.89=53.85m³			
		줄기초(F_3)	되메우기량=5.9−{(0.15×0.45)+(0.35×0.05)+(0.35×0.15)}×12.1=5.9−1.664 ≒4.24m³			

도면	명 칭	구 분	수 량 산 출	단위	수량	비고
		줄기초(F_4)	되메우기량=2.63−{(0.15×0.45)+(0.35×0.05)+(0.35×0.15)}×5.4=2.63−0.743≒1.89m³			
	잔토처리		잔토처리량=(터파기량−되메우기량)×(토량환산계수) =(567.85−486.34)×1.3≒105.96m²	m³	105.96	
1/013	잡석지정	줄기초(F_1)	잡석=(0.8×0.15)×41.8≒5.02m³	m³	19.87	
1/014		줄기초(F_2)	잡석=(0.8×0.15)×24.7≒2.96m³			
2/014		줄기초(F_3)	잡석=(0.35×0.15)×12.1≒0.64m³			
3/014		줄기초(F_4)	잡석=(0.35×0.15)×5.4≒0.28m³			
		거실바닥	잡석=(4.7×3.8)×0.15≒2.68m³			
		부엌 및 식당바닥	잡석=(3.6×3)×0.15=1.62m³			
		화장실측 바닥	잡석=(3.6×1.8)×0.15≒0.97m³			
		현관바닥	잡석=(2×1.3)×0.15=0.39m³			
		외부바닥	잡석={(7.6×2.5)+(1.7×2)+(0.95×0.95)}×0.15≒3.5m³			부엌및 식당 외부출입구바닥포함
			잡석정미량=18.06m³			
			잡석소요량=18.06×1.1≒19.87m³			
	모래지정	줄기초(F_1)	모래=(0.8×0.05)×41.8≒1.67m³	m³	7.32	
		줄기초(F_2)	모래=(0.8×0.05)×24.7≒0.99m³			
		줄기초(F_3)	모래=(0.35×0.05)×12.1≒0.21m³			
		줄기초(F_4)	모래=(0.35×0.05)×5.4≒0.09m³			
		거실바닥	모래=(4.7×3.8)×0.05≒0.89m³			
		부엌 및 식당바닥	모래=(3.6×3)×0.05≒0.54m³			
		화장실측 바닥	모래=(3.6×1.8)×0.05≒0.32m³			
		현관바닥	모래=(2×1.3)×0.05≒0.13m³			
		외부바닥	모래={(7.6×2.5)+(1.7×2)+(0.95×0.95)}×0.05≒1.17m³			부엌및 식당 외부출입구바 닥 포함
			모래정미량=6.1m³			
			모래소요량=6.1×1.2≒7.32m³			
1/013	폴리에칠렌필림 깔기 (0.05㎜ 두겹)	거실바닥	폴리에틸렌 필름=4.7×3.8=17.86m²	m²	41.51	
1/014		화장실측바닥	폴리에틸렌 필름=3.6×1.8=6.48m²			
2/014		부엌 및 식당바닥	폴리에틸렌 필름=3.6×3=10.8m²			
3/014		현관바닥	폴리에틸렌 필름=2×1.3=2.6m²			
			폴리에틸렌 필름 정미량=37.74m²			
			폴리에틸렌 필름 소요량=37.74×1.1≒41.51m²			
	단열재깔기(두께50㎜)		폴리에틸렌 필름량 산출과 같으므로	m²	41.51	
			단열재정미량=37.74m²			
			단열재소요량=37.74×1.1≒41.51m²			

도면	명 칭	구 분	수 량 산 출	단위	수량	비고
	와이어메시깔기 (150×150mm)		폴리에틸렌 필름 깔기면적에 외부바닥면적을 합한 것으로 산출 와이어메시량=37.74+{(7.6×2.5)+(1.7×2)} =60.14m²	m²	60.14	
	용적배합 콘크리트 (1:3:6)	거실바닥 부엌 및 식당바닥 화장실바닥 현관바닥 외부바닥 외부바닥기초벽	무근콘크리트=(4.7×3.8)×0.15≒2.68m³ 무근콘크리트=(3.6×3)×0.15=1.62m³ 무근콘크리트=(3.6×1.8)×0.15≒0.97m³ 무근콘크리트=(2×1.3)×0.15≒0.39m³ 무근콘크리트={(7.6×2.5)+(1.7×2)+(0.95×0.95)}× 0.15=3.49m³ 무근콘크리트={(0.15+0.25)÷2}×0.85×(1.2×3)+ {(0.15+0.3)÷2}×0.625×(7.6+2.5+ 2)=0.612+1.7≒2.31m² 무근콘크리트소요량=11.46×1.08≒12.38m²	m³	12.38	무근콘크리트소요량은 기초벽주위 콘크리트두께가다른바닥보다두꺼우므로이것까지감안할 증률을8%로 함

3. 철근콘크리트공사

도면	명 칭	구 분	수 량 산 출	단위	수량	비고
(1)기초 $\frac{1}{020}$ 기초복도 및 기초상세도	콘크리트 (레미콘)	줄기초(F_1)	단면적=(0.6×0.2)+(0.2×1.186) +(0.1×0.114)=0.3686m² 전체길이=(9.3+11.6)×2=41.8m 콘크리트=0.3686×41.8≒15.41m³	m³	21.57	
		줄기초(F_2)	단면적=(0.6×0.2)+(0.2×0.82)=0.284m² 전체길이=3.6+2.3+2.4+4.8+1.2+2+3.6+1.8 =21.7m 콘크리트=0.284×21.7≒6.16m³			
	거푸집	줄기초(F_1) 줄기초(F_2)	거푸집={(0.2×2)+(1.186×2}×41.8 ≒115.87m² 거푸집={(0.2×2)+(0.82×2)}×21.7 ≒44.27m²	m²	160.14	
	철근	줄기초(F_1)	기초벽철근길이=(세로근길이+가로근길이) =1.386×{(41.8÷0.2)+1}+41.8 ×{(1.386÷0.25)+1}=583.66m 기초판철근길이=(세로근길이+가로근길이) =41.8×{(0.6÷0.25)+1}+0.6×{(41.8 ÷0.2)+1}=251.4m 철근이음길이={(41.8×10본)÷6m}×(25×0.01) ≒17.42m	kg	696.78	가로근 이음길이 가산 (6m기준 이음개소수 계산) 한것이다.

도면	명 칭	구 분	수 량 산 출	단위	수량	비고
			철근정미량=(583.66+251.4+17.42)×0.56 ≒477.39kg 천근소요량=477.39×1.03≒491.71kg			
		줄기초(F_2)	기초벽철근길이=1.02×{(21.7÷0.2)+1}+2.17×{(1.02÷0.25)+1}=217.2m 기초판철근길이=21.7×{(0.6÷0.25)+1}+0.6×{(21.7÷0.2)+1}=131.1m 철근이음길이={(21.7×8본)÷6m}×(25×0.01)≒7.23m			
			철근정미량=(217.2+131.1+7.23)×0.56 ≒199.1kg 철근소요량=199.1×1.03=205.07kg			
(2)지붕 (2/020) 지붕틀도, 보 상세도	콘크리트	지붕보(1B1)	단 면 적=0.2×(0.5−0.12)=0.076m² 전체길이=(9.3+11.6)×2=41.8m 콘크리트=0.076×41.8≒3.18m³	m³	22.85	
		지붕보(1B2)	단 면 적=0.2×(0.45−0.12)=0.066m² 전체길이=3.6+2.3+2.4+3+4.8+1.2+2 +3.6=22.9m 콘크리트=0.066×22.9≒1.51m³			
		슬래브 (지붕바닥)	바닥면적=(11.3×13.6)−{(2.5×5.9) +(2×2.1)}=134.73m² 콘크리트=134.73×0.12≒16.17m³			
		지붕패러핏 (1/019)	단 면 적=(0.28×0.1)+(0.08×0.15) =0.04m² 전체길이=(13.6+11.3)×2=49.8m 콘크리트=0.04×49.8≒1.99m³			
	거푸집	지붕보(1B1)	전체길이=41.8m 거 푸 집=(0.5−0.12)×2×41.8≒31.77m²	m²	226.93	
		지붕보(1B2)	전체길이=22.9m 거 푸 집=(0.45−0.12)×2×22.9≒15.11m²			
		슬래브 (지붕바닥)	바닥면적=134.73m² 거 푸 집=134.73m²			
		지붕패러핏	전체길이=49.8m 거 푸 집=(0.12+0.38+0.08+0.05+0.28) ×49.8≒45.32m²			

<table>
<tr><th>도면</th><th>명칭</th><th>구 분</th><th>수 량 산 출</th><th>단위</th><th>수량</th><th>비고</th></tr>
<tr><td rowspan="2"></td><td rowspan="2">철근</td><td>지붕보(1B1)</td><td>상부근(D16)길이={41.8+(41.8÷7)
×(40×0.016)}×2=91.28m
중앙부근(D16)길이=91.28m
하부근(D16)길이={41.8+(41.8÷7)×25
×0.016}×2=88.4m
주근(D16)길이(집계)=(91.28×2)+88.4
=270.96m
늑근(D10)길이={2×(0.5+0.2)
×(41.8÷0.25)}=66.88m</td><td colspan="2">(철근D16)
kg 677.75
(철근D10)
kg 601.46</td><td rowspan="2">지중보의주근은직선근으로하며정착은고려하지않는것으로한다.</td></tr>
<tr><td>지붕보(1B2)</td><td>상부근(D16)길이={22.9+(22.9÷7)
×(40×0.016)}×2=50.92m
중앙부근(D16)길이=50.92m
하부근(D16)길이={22.9+(22.9÷7)
×(25×0.016)}×2=49m
주근(D16)길이(집계)=(50.92×2)+49
=150.84m
늑근(D10)길이={2×(0.45+0.2)
×(22.9÷0.25)}=119.08m</td><td></td><td></td></tr>
<tr><td></td><td></td><td>슬래브
(지붕바닥)
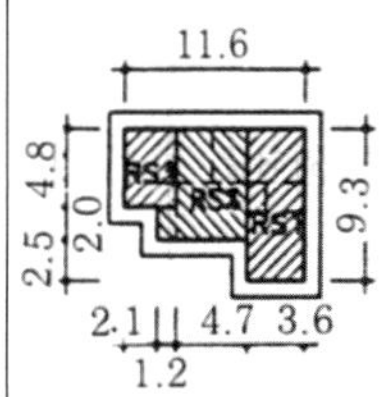

※캔틸레버의
길이는 1m 임</td><td>(RS1부분 철근 $\frac{2}{020}$ 지붕틀도의 배근에 의하여 산출)
주근(단변방향) 상부 상단근(D10)길이
$=\left\{\left(\frac{3.6-0.1}{4}+\frac{0.2}{2}+15\times0.01\right)\times21\times2\right\}$
$+\left(1.0+\frac{0.2}{2}\right)\times21=47.25+23.1=70.35\text{m}$
※상부상단근개수={(9.3−0.2)÷0.4}−1
=22.75−1=21개
주근(단변방향) 상부 굽힌철근(D10)의 길이
$=\left(3.6+\frac{0.2}{2}+1.0+40\times0.01\right)\times22$
=112.2m
※상부굽힌철근개수=(9.3−0.2)÷0.4=22.75
=22개
주근(단변방향) 하부 중앙부근(D10)길이
$=\left(3.6+\frac{0.2}{2}+1.0+25\times0.01\right)\times21$
=103.95m
부근(장변방향) 상부 상단근(D10)길이=(양단부보측철근
길이)+(내부보측철근길이)=29.75+24.15=53.9m</td><td></td><td></td><td>슬래브의 철근 수량산출에서 정착은 고려하지 않는 것으로 하고 4.5m마다 0.5개소씩 이음이 있는 것으로한다. 또한 굽인 철근의 길이 계산에서 굽인 부분의 1개소에 바닥판 두께의 $\frac{1}{2}$을 가산하지만 일반적으로 무시하고 계산하므로 여기서도 길이 계산에서 고려하지 않았다.</td></tr>
</table>

도면	명칭	구 분	수 량 산 출	단위	수량	비고
			※양단부보측철근개수={(3.6−0.2)÷0.4}−1 =8.5−1=7개 따라서, 양단부보측철근길이 $=\left\{\left(\frac{3.6-0.1}{4}+\frac{0.2}{2}+15\times0.01+1.0\right)\times7\right\}$ ×2=29.75m ※내부보측철근개수=7개 따라서, 내부보측철근길이 $=\left\{\left(\frac{3.6-0.1}{4}+15\times0.01\right)+\left(\frac{1.8-0.1}{4}\right.\right.$ $+15\times0.01)\times2+\left(\frac{3-0.1}{4}+15\times0.01\right)$ +(0.2×2)}×7=24.15m 부근(장변방향) 상부 굽힌철근(D10)길이 =(9.3+1.0×2+40×0.01×2)×8=96.8m ※상부 굽힌철근개수=(3.6−0.2)÷0.4=8.5≒8개 ※상부 굽힌철근1개당이음개소수={(9.3+1.0×2) ÷4.5}×0.5=1.25≒2개소 부근(장변방향) 하부 중앙부근(D10)길이 =(9.3+1.0×2+25×0.01×2)×7=82.6m (RS2부분 철근 $\left(\frac{2}{020}\right)$ 지붕틀도의 배근에 의하여 산출) 주근 상부 상단근(D10)길이 $=\left\{\left(\frac{4.7-0.1}{4}+\frac{0.2}{2}+15\times0.01\right)\times15\right\}\times2$ =42m ※상부 상단근개수={(6.8−0.2)÷0.4}−1 =16.5−1=15개 주근 상부 굽힌철근(D10)길이 =(4.7+40×0.01×0.5)×16=78.4m ※상부 굽힌 철근개수=(6.8−0.2)÷0.4=16.5 =16개 ※상부 굽힌 철근1개당이음개소수 $=\frac{4.7-0.2}{4.5}$ ×0.5=0.5개소 주근 하부 중앙부근(D10)길이 ={4.7+25×0.01×0.5}×16=77.2m 부근 상부 상단단(D10)길이=(양단부보측철근길이)+(내부보측철근길이)=48+23.75=71.75m ※양단부보측철근개수={(4.7−0.2)÷0.4}−1 =11.25−1=10개			

도면	명칭	구 분	수 량 산 출	단위	수량	비고

따라서, 양단부보측철근길이

$$=\left\{\left(\frac{4.7-0.1}{4}+\frac{0.2}{2}+15\times0.01+1.0\right)\times10\right\}\times2=48\text{m}$$

※내부보측철근개수=10개

따라서, 내부보측철근길이

$$=\left\{\left(\frac{4.7-0.1}{4}+15\times0.01\right)+\left(\frac{3-0.1}{4}+15\times0.01\right)+0.2\right\}\times10=23.75\text{m}$$

부근 상부 굽힌철근(D10)길이

=(6.8+1.0×2+40×0.01×1)×11

=101.2m

※상부 굽힌철근개소수

=(4.7−0.2)÷0.4=11.25=11개

※상부 굽힌철근 1개당 이음개소수

={(6.8+1.0×2)÷4.5}×0.5≒6.97=1개소

부근 하부 중앙부근(D10)길이

=(6.8+1.0×2+25×0.01×1)×11

=99.55m

현관 부분의 철근연장길이={(1.2+0.2+1.0)×3×(2.0÷0.4)}+{(2.0+0.2+1.0)×3×(1.2÷0.4)}

=36+28.8=64.8m

(RS3부분 철근 $\left(\frac{2}{020}\right)$ 지붕틀도의 배근에 의하여 산출)

주근 상부 상단근(D10)길이

$$=\left\{\left(\frac{3.3-0.1}{4}+\frac{0.2}{2}+15\times0.01\right)\times10\times2\right\}+\left(1.0+\frac{0.2}{2}\right)\times10=21+11=32\text{m}$$

※상부 상단근개수={(4.8−0.2)÷0.4}−1

=11.5−1=10개

주근 상부 굽힌철근(D10)길이

$$=\left(3.3+\frac{0.2}{2}+1.0+40\times0.01\right)\times11$$

=52.8m

※상부 굽힌 철근개수=(4.8−0.2)÷0.4=11.5

≒11개

주근 하부 중앙부근(D10)길이

$$=\left(3.3+\frac{0.2}{2}+1.0+25\times0.01\right)\times10$$

=46.5m

부근 상부 상단근(D10)길이

$$=\left(\frac{3.3-0.1}{4}+\frac{0.2}{2}+15\times0.01+1.0\right)\times6\times2$$

=24.6m

※상부 상단근개수={(3.3−0.2)÷0.4}−1

=7.75−1=6개

도면	명칭	구 분	수 량 산 출	단위	수량	비고
			부근 상부 굽힌철근(D10)길이 =(4.8+1.0×2+40×0.01×1)×7=50.4m ※상부 굽힌철근개수=(3.3−0.2)÷0.4=7.75 ≒7개 ※상부 굽힌철근1개소당이음개소수 ={(4.8+1.0×2)÷4.5}×0.5=0.76≒1개소 부근 하부 중앙부근(D10)길이 =(4.8+1.0×2+25×0.01×1)×6=42.3m (슬래브의 철근 전체길이) 철근(D10)길이=70.35+112.2+103.95+53.9+96.8+ 82.6+42+78.4+52.8+46.5 +24.6+50.4+42.3=856.8m			
		철근소요량 산출	철근(D16)=(270.96+150.84)×1.56×1.03 ≒677.75kg 철근(D10)=(66.88+119.08+856.8)×0.56×1.03≒ 601.46kg			
	결속선	기초철근배근용 지붕철근배근용	결속선=(696.78÷1,000)×6.5≒4.53kg 결속선={(677.75+601.46)÷1,000}×6.5 ≒8.3kg	kg	12.83	결속선의 직경은 0.9㎜ 이다.

4. 벽돌공사

도면	명 칭	구 분	수 량 산 출	단위	수량	비고
(1/004) (1/013) (2/014)	시멘트 벽돌	외벽쌓기	외벽길이=(9.3+11.6)×2=41.8m 외벽높이={3.78−(0.6+0.5+0.38)}=2.3m 외벽 전체 면적=41.8×2.3=96.14m^2 개구부(창문 등) 면적=(1/AW)+(2/AW)+(3/AW)+ (4/AW)×5개소+(5/AW)+(6/AW)+(1/AD)+(2/AD) =(3×1.8)+(1.1×0.6)+(1.1×0.9) +(1.8×1.6×5)+(1.8×1.6)+(0.9×0.9)+(0.9×2.3) +(0.9×2.5)=29.46m^2 외벽쌓기(1.0B)면적=96.14−29.46=66.68m^2 시멘트벽돌정미량=(외벽1.0B쌓기량)+(줄기초벽 0.5B쌓기량)+(창대밑내쌓기량)=9,935.32+342+ 84.5≒10,362매 ※외벽1.0B쌓기량=66.68×149=9,935.32매 ※줄기초벽0.5B쌓기량=(41.8−0.9×2)× 0.114×75= 342매 ※창대밑내쌓기량=(3+1.1×2+1.8×6+0.9)÷0.2= 84.5매	매	17,890	

도면	명 칭	구 분	수 량 산 출	단위	수량	비고
		내벽쌓기	내벽쌓기(1.0B)면적=(21.7×2.3)−10.35 =39.56m^2 ※내벽길이=3.6+2.3+2.4+3×2+1.8+2 +3.6=21.7m ※내벽높이=(0.7+1.6)=2.3m ※개구부(출입문 등) 면적=(1/WD)×4개소+(3/WD) =(0.9×2.3)×4+(0.9×2.3)=10.35m^2 내벽 및 욕조벽쌓기(0.5B)면적 ={(3+1.8)×2.3−(0.7×2.3)}+(1.8 ×0.55)=10.42m^2 시멘트벽돌정미량 =(39.56×149)+(10.42×75)≒6,676매			
		시멘트벽돌 소요량산출	시멘트벽돌정미량=10,362+6,676=17,038매 시멘트벽돌소요량=17,038×1.05≒17,890매			
	시멘트	시멘트벽돌 쌓기모르타르	시멘트벽돌쌓기(1.0B)벽돌정미량 =(66.68+39.56)×149≒15,830매 시멘트벽돌쌓기(1.0B)모르타르량 =(15,830÷1,000)×0.33=5.224m^3 시멘트벽돌쌓기(0.5B)모르타르량 ={(342+84.5+10.42×75)÷1,000}×0.25 =0.302m^3 시멘트량=(5.224+0.302)×510≒2,818kg	kg	2,818	쌓기모르타르의 배합비는 1:3이다
	모래	모래량산출	모래량=(5.224+0.302)×1.1≒6.08m^2	m^2	6.08	

5. 타일공사

도면	명 칭	구 분	수 량 산 출	단위	수량	비고
1/004 2/014 2/D 3/D	클링커타일 (108각)	외부바닥 및 현관 바닥	외부바닥면붙임면적=(5.9+1.7)×2.5+(1.7×2) =22.4m^2 외부바닥측면붙임면적=[{(5.9−0.5)+1.7+4.5}×2− (0.3×2)]×0.175=3.95m^2 현관바닥 및 마루턱면붙임면적 =(1.1×2)+(2×0.12)=2.44m^2 클링커타일소요량 =(22.4+3.95+2.44)×1.03≒29.65m^2	m^2	29.65	
	클링커타일 논슬립	외부바닥	외부바닥측면길이={(5.9−0.5)+1.7+4.5}×2− (0.3×2)=22.6m 클링커타일논슬립소요량=22.6×1.03≒23.28m	m	23.28	

도면	명 칭	구 분	수 량 산 출	단위	수량	비고
	모자이크타일	화장실바닥	바닥붙임면적=(1.8×2.4)−(1.7×1.0) =2.62m^2 모자이크타일소요량=2.62×11.11×1.03≒30매	매	30	욕조의크기=1,500×750×450
	타 일 (백색자기질 108×108)	화장실벽 부엌 및 식당벽	벽붙임면적={(2.4+1.8)×2}×2.48 −(1.0×0.55)×2≒19.73m^2 욕조설치벽붙임면적=(0.55+0.1)×1.7≒1.1m^2 벽붙임면적={(3+0.7×2)×(2.4−0.8)}−(1.1×0.6) =8.46m^2 타일소량=(19.73+1.1+8.46)×1.03 ≒30.17m^2	m^2	30.17	싱크대높이 80cm
	시멘트	타일붙임모르타르 및 줄눈모르타르용	클링커타일붙임용 시멘트=(22.4+3.95+2.44) ×5.3≒152.59kg 타일(모자이크 포함)붙임용 시멘트={(2.62×0.012)+ (19.73+1.1+8.46)×0.014}×510 ≒225.16kg 타일(모자이크 포함)줄눈용 시멘트=(2.62+19.73+1.1 +8.46)×0.005×1,093≒174.39kg 시멘트량=152.59+225.16+174.39 =552.14kg	kg	552.14	클링커타일외의 타일붙임모르타르의 두께는 12mm이고 붙임모르타르의 배합비는 1:3, 줄눈모르타르의 배합비는 1:1이며 일반공법(떠붙이기)으로 붙인다.
	모래	타일붙임모르타르 및 줄눈모르타르용	클링커타일붙임용 모래=(22.4+3.95+2.44) ×0.002≒0.058m^3 타일(모자이크 포함)붙임용 모래={(2.62×0.12) +(19.73+1.1+8.46)×0.014}×1.1 ≒0.486m^3 타일(모자이크 포함)줄눈용 모래 =(2.62+19.73+1.1+8.46)×0.005×0.78 ≒0.124m^3 모래량=0.058+0.486+0.124=0.668m^3	m^3	0.668	

6. 미장공사

도면	명 칭	구 분	수 량 산 출	단위	수량	비고
1/013 2/014 3/014	시멘트	외벽모르타르바름용	거실 및 현관부분 외벽바름용시멘트 ={(12.1×2.88)−10.86}×0.024×510 ≒293.61kg ※외벽길이=2.5+5.9+1.7+2=12.1m ※외벽바름높이=3−0.12=2.88m ※개구부면적=(3×1.8)+(0.9×2.5)+(0.9×0.9)+(1.5×1.6)=10.86m^2 거실 및 현관부분 이외의 외벽바름용시멘트 ={(29.7×3.58)−16.2}×0.024×510 =1,103.14kg ※외벽길이=3.6+9.3+11.6+4.8+0.4=29.7m ※외벽바름높이=0.3+3.4−0.12=3.58m ※개구부면적=(1.8×1.6)+(1.1×0.9)+(1.1×0.6)+(0.9×2.3)+(1.5×1.6)×4=16.2m^2	kg	3,293	모르타르바름 두께는 외벽은 24mm, 내벽은 18mm, 바닥은30mm 이며, 모르타르의 배합비는 1 : 3 이다.
7/D 8/D		외부창문틀 주위 모르타르바름용	외부창문틀 주위 바름용시멘트=(0.231+0.033)×510 =134.64kg ※창밑 및 위틀 주위 바름용모르타르 ={(0.1×0.024)+(0.03×0.2)+(0.174×0.024)+(0.1×0.024)}×(3+1.8+1.1+1.1+1.5×5+0.9)=0.231m^3 ※창양옆틀 주위 바름용모르타르=(0.05×0.024)×(1.8×2+1.6×2+0.9×2+0.6×2+1.6×2×5+0.9×2)=0.033m^3			
1/019		지붕캔틸레버면 모르타르바름용	지붕 캔틸레버면 바름용시멘트=2.07×510 =1,055.7kg ※지붕캔틸레버면 바름모르타르=(0.9+0.12+0.38+0.15+0.08+0.05+0.28+0.1)×(9.3+11.6)×2×0.024≒2.07m^3			
1/014 2/014 3/014 6/D		내부바닥 및 벽면 모르타르바름용	건물내부바닥 및 벽바름용시멘트=(0.14+0.126+0.826+0.292)×510=705.84kg ※현관벽바름용모르타르=[{(1.1×2+2)×2.6}−{(0.9×0.9)+(0.9×2.5)}]×0.018=0.14m^3 ※현관바닥타일붙임바탕모르타르 =(1.1×2+2)×0.03=0.126m^3 ※방등 내부벽바름용모르타르 =[{(3.6+4.5)×2+(1.8+2.4)×2+(3+3.6)×2+(2.3+3)×2+(2.4+3)×2+(3.3+4.8)×2}−(1.8×1.6+1.1×0.9+1.1×0.6+0.9×2.3+1.5×1.6×5+0.7×2.1+0.9×2.1×4+0.9×2.1)]×0.018 =0.826m^3 ※부엌 및 식당 바닥바탕모르타르 =(3×3.6)×0.027=0.292m^3			

도면	명 칭	구 분	수 량 산 출	단위	수량	비고
			모르타르바름용시멘트량=293.61+1,103.14+ 134.64+1,055.7+705.84≒3,293kg			
	모래	외벽모르타르바름용	바름용모래={(12.1×2.88)−10.86}×0.024 ×1.1+{(29.7×3.58)−16.2}×0.024×1.1 ≒3.01m^3	m^3	7.1	
		기타 모르타르바름용	바름용모래=(0.231+0.033)×1.1+2.07×1.1 +(0.14+0.126+0.826+0.292)×1.1 ≒4.09m^3			
			모르타르바름용모래량=3.01+4.09=7.1m^3			
	소석회	내부벽모르타르바름용	방등 내부벽모르타르바름면적=45.88m^2 소석회량=45.88×0.01≒0.46m^3	m^3	0.46	

7. 도장공사

도면	명 칭	구 분	수 량 산 출	단위	수량	비고
1/004 1/013 1/014 2/014 3/014 1/019	수성페인트	외벽모르타르면도장	거실 및 현관부분 외벽도장수성페인트 =(34.85−10.86)×0.296≒7.1l ※외벽면적=12.1×2.88=34.85m^2 ※개구부면적=10.86m^2 거실 및 현관부분 이외의 외벽도장수성페인트 =(106.33−16.2)×0.296≒26.68l ※외벽면적=29.7×3.58=106.33m^2 ※개구부면적=16.2m^2 외부창문틀 주위면 도장수성페인트 =(8.07+1.38)×0.296≒2.8l ※창밑 및 위틀 주위면 도장면적={(0.1+0.15)+(0.174+0.1)}×(3+1.8+1.1+1.1+1.5×5+0.9)≒8.07m^2 ※창양옆틀 주위면 도장면적=0.05×(1.8×2+1.6×2+0.9×2+0.6×2+1.6×2×5+0.9×2) =1.38m^2 지붕 캔틸레버면 도장수성페인트=86.11×0.296 ≒25.49l ※지붕 캔틸레버면 도장면적 =(0.9+0.12+0.38+0.15+0.08+0.05+0.28+0.1)×(9.3+11.6)×2≒86.11m^2	l	62.07	롤러칠(3회)로서 바탕만들기는 고려하지않는 것이다.
			수성페인트량=7.1+26.68+2.8+25.49 =62.07l			

도면	명 칭	구 분	수 량 산 출	단위	수량	비고
	연마지	수성페인트도장용	연마지=209.68×0.25=52.42매 ※거실 및 현관부분 외벽 도장면적 =(34.85−10.86)=23.99m² ※거실 및 현관부분 이외의 외벽 도장면적 =(106.33−16.2)=90.13m² ※외부창문틀 주위면 도장면적 =(8.07+1.38)=9.45m² ※지붕 캔틸레버면 도장면적=86.11m²	매	52.42	
	넝마	수성페인트도장용	넝마=209.68×0.01≒2.1kg	kg	2.1	
	바니시	거실바닥 및 걸레받이면 도장	거실바닥(무늬목합판바탕면)도장 바니시 =20.02×0.168≒3.36l ※거실바닥면적={(2.3+2.4)×(1.8+2)}+(1.2×1.8)=20.02m² 거실걸레받이면 도장 바니시 =(158.1×0.075)×0.168≒1.99l ※거실걸레받이길이=(4.7+3.8)×2−(3+1.8+0.9×3+1.8)=158.1m ※거실걸레받이폭=0.075m(75㎜)	l	11.05	목재면3회도장로서바탕만들기는고려하지않는것이다.
		방바닥면 도장	방바닥(장판지면) 도장 바니시=49.74×0.108 ≒5.37l ※방바닥면적=(3.6×4.5)+(3×3.6)+(2.3×3)+(2.4×3)+(3.3×4.8)=49.74m²			면적당(m²당) 바니시량은목재면2회도장량을적용한것이다.
		부엌 및 식당 걸레받이면 도장	부엌 및 식당 걸레받이면 도장 바니시 =(7×0.075)×0.168≒0.09l ※부엌 및 식당 걸레받이 길이 ={3+(3.6−0.7)×2}−(0.9+0.9)=7m			
		방걸레받이면 도장	방걸레받이면(장판지면) 도장 바니시 =(49.3×0.045)×0.108≒0.24l ※방걸레받이길이={(3.6+4.5)×2}+(2.3+3)×2+(2.4+3)×2+(3.3+4.8)×2}−(0.9×5)=49.3m			
			바니시량=3.36+1.99+5.37+0.09+0.24 =11.05l			
	시너	바니시도장용	시너={20.02+(158.1×0.075)+49.74+(7×0.075)+(49.3×0.045)}×0.006 =84.36×0.006≒0.51l	l	0.51	

도면	명 칭	구 분	수 량 산 출	단위	수량	비고
	연마지	바니시도장용 (방장판지면 제외)	연마지 = {20.02 + (158.1 × 0.075) + (7 × 0.075)} × 0.32 + {49.74 + (49.3 × 0.045)} × 0.17 ≒ 19.2매	매	19.2	
	넝마	바니시도장용	넝마 = 84.36 × 0.01 ≒ 0.84kg	kg	0.84	
	휘발유	바니시도장용	휘발유 = 84.36 × 0.05 ≒ 4.22*l*	*l*	4.22	

8. 목공사

도면	명 칭	구 분	수 량 산 출	단위	수량	비고
1/013 8/D 3/020	목재	거실마루설치용	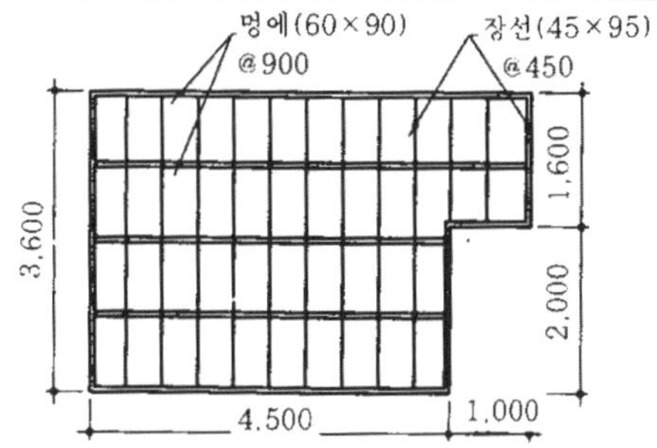 거실마루틀도 육송(멍에) $= (0.06 \times 0.09) \times \left\{\left(\frac{3{,}600}{900} + 1\right)\right.$ $\left. \times 4.5 + (1 \times 2)\right\} = 0.1323\text{m}^3$ 육송(장선) $= (0.045 \times 0.095) \times \left\{\left(\frac{4{,}500}{450} + 1\right)\right.$ $\left. \times 3.6 + \left(\frac{1{,}000}{450} + 1\right) \times 1.6\right\} = 0.1898\text{m}^3$	(육송) m^2	(육송) 1.346 (나왕) 0.725	거실마루의길이는벽체두께를공제한것이고그외의길이는벽체중심선길이로계산한 것 이다.
				(나왕) m^2		
7/D		현관마루부분설치용	나왕 $= (0.06 \times 0.15) \times (2 - 0.2) \fallingdotseq 0.016\text{m}^3$ 육송(나무벽돌) $= (0.045 \times 0.045) \times 0.06 \times \left(\frac{2-0.2}{0.45} - 1\right) \fallingdotseq 0.00036\text{m}^3$			
8/D		거실식당재료분리용	나왕 $= (0.045 \times 0.23) \times 0.9 \fallingdotseq 0.00932\text{m}^3$			
10/D		침실걸레받이 설치용	육송 $= (0.036 \times 0.045) \times 0.06 \times (49.3 \div 0.45)$ $= 0.01069\text{m}^3$ ※침실걸레받이길이 = {(3.6 + 4.5) × 2 + (2.3 + 3) × 2 + (2.4 + 3) × 2 + (3.3 + 4.8) × 2} − (0.9 × 5) = 49.3m			

도면	명 칭	구 분	수 량 산 출	단위	수량	비고
11/D		거실걸레받이 설치용	육송={(0.03×0.03)×0.06×(7.7÷0.9)×2}+{(0.036×0.045)×0.06×(7.7÷0.9)} =0.00164m^3 ※거실걸레받이길이=(4.7+3.8)×2−(3+1.8+0.9×3+1.8)=7.7m 육송(나무벽돌)=(0.045×0.045)×0.06×(7.7÷0.9)×3=0.00293m^3 나왕=(0.018×0.09)×7.7=0.01247m^2			
		식당걸레받이 설치용	육송(나무벽돌)=(0.045×0.045)×0.06×(12.4÷0.9)×2=0.0034m^3 ※식당걸레받이길이={(3+3.6)×2}−(0.9+0.9)≒12.4m 나왕=(0.018×0.09)×12.4≒0.02m^3			
1/D		주방벽(벽지−타일)부분	육송=(0.048×0.04)×(3−0.2)=0.0054m^3			
3/D 3/020		부엌 및 식당 천장틀설치용	육송(천장과 벽부분 설치용)=(0.06×0.054)×13.2≒0.0428m^3 ※천장 주위 길이=(3+3.6)×2=13.2m 육송(천장과 벽부분 설치용)=(0.06×0.045)×0.06×$\left(\frac{13.2}{0.9}+1\right)$=0.0024$m^3$ 육송=(0.045×0.045)×$\left\{\left(\frac{3}{0.45}-1\right)\times 3.6+\left(\frac{3.6}{0.45}-1\right)\times 3\right\}$≒0.079$m^3$ 육송(달대)=(0.045×0.045)×$\left\{\left(\frac{3}{0.9}-1\right)\times\left(\frac{3.6}{0.9}-1\right)\times 0.28\right\}$=0.0034$m^3$ ※달대높이=3.78−(0.6+2.4+0.38+0.12)=0.28m			
4/D 3/020		화장실 천장틀 설치용	육송(벽과 천장부분 설치용)=(0.012×0.012)×8.4=0.0012m^3 ※천장 주위 길이=(1.8+2.4)×2=8.4m 육송(벽과 천장부분 설치용)=(0.06×0.045)×0.06×$\left(\frac{8.4}{0.9}+1\right)$=0.00162$m^3$ 육송=(0.045×0.045)×$\left\{\left(\frac{8.4}{0.9}-1\right)\times 2.4+\left(\frac{2.4}{0.45}-1\right)\times 1.8\right\}$=0.02916$m^3$			

도면	명 칭	구 분	수 량 산 출	단위	수량	비고
			육송(달대)$=(0.045\times0.045)\times\left\{\left(\frac{1.8}{0.9}-1\right)\times\left(\frac{2.4}{0.9}-1\right)\right\}\times0.46=0.0405\text{m}^3$ ※달대높이=3.78−(0.42+2.4+0.38+0.12) =0.46m			
3/D 3/020		거실 천장틀 설치용 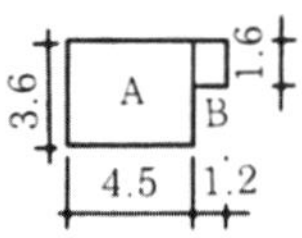	육송(천장과 벽부분 설치용)$=\{(0.06\times0.054)\times18.6\}+\{(0.06\times0.045)\times0.06\times\left(\frac{18.6}{0.9}+1\right)\}$ $≒0.0637\text{m}^3$ ※ 천장주위길이=(3.6+5.7)×2=18.6m 육송$=(0.045\times0.045)\times\left\{\left(\frac{4.5}{0.45}-1\right)\times3.6+\left(\frac{3.6}{0.45}-1\right)\times4.5+\left(\frac{1.2}{0.45}-1\right)\times1.6+\left(\frac{1.6}{0.45}-1\right)\times1.2\right\}=0.1407\text{m}^3$ 육송(달대)$=(0.045\times0.045)\times\left\{\left(\frac{4.5}{0.9}-1\right)\times\left(\frac{3.6}{0.9}-1\right)+\left(\frac{1.2}{0.9}-1\right)\times\left(\frac{1.6}{0.9}-1\right)\right\}\times0.28=0.0182\text{m}^3$ ※달대높이=3.78−(0.6+2.4+0.38+0.12) =0.28m			
3/D 3/020		안방 천장틀 설치용	욕송(천장과 벽부분 설치용)$=\{(0.06\times0.054)\times15.4\}+\{(0.06\times0.045)\times0.06\times\left(\frac{15.4}{0.9}+1\right)\}$ $=0.0528\text{m}^3$ ※천장 주위 길이=(3.4+4.3)×2=15.4m 육송$=(0.045\times0.045)\times\left\{\left(\frac{3.4}{0.45}-1\right)\times4.3+\left(\frac{4.3}{0.45}-1\right)\times3.4\right\}=0.1073\text{m}^3$ 육송(달대)$=(0.045\times0.045)\times\left\{\left(\frac{3.4}{0.9}-1\right)\times\left(\frac{4.3}{0.9}-1\right)\right\}\times0.28≒0.0122\text{m}^3$			
3/D 3/020		방1 천장틀 설치용	육송(천장과 벽부분 설치용)$=\{(0.06\times0.054)\times9.8\}+\{(0.06\times0.045)\times0.06\times\left(\frac{9.8}{0.9}-1\right)\}$ $=0.0335\text{m}^3$ ※천장 주위 길이=(2.1+2.8)×2=9.8m			

도면	명 칭	구 분	수 량 산 출	단위	수량	비고
			육송$=(0.045\times0.045)\times\left(\frac{2.1}{0.45}-1\right)\times2.8$ $+\left(\frac{2.8}{0.45}-1\right)\times2.1\}\fallingdotseq0.0383\text{m}^3$ 육송(달대)$=(0.045\times0.045)\times\left\{\left(\frac{2.1}{0.9}-1\right)\right.$ $\left.\times\left(\frac{2.8}{0.9}-1\right)\right\}\times0.28\fallingdotseq0.004\text{m}^3$			
3/D 3/020		방2 천장틀 설치용	육송(천장과 벽부분 설치용)$=\{(0.06\times0.054)$ $\times10\}+\left\{(0.06\times0.045)\times0.06\times\left(\frac{10}{0.9}\right)+1\right\}$ $\fallingdotseq0.0343\text{m}^3$ ※천장 주위 길이$=(2.2+2.8)\times2=10\text{m}$ 육송$=(0.045\times0.045)\times\left(\frac{2.2}{0.45}-1\right)\times2.8$ $+\left(\frac{2.8}{0.45}-1\right)\times2.2\}\fallingdotseq0.0393\text{m}^3$ 육송(달대)$=(0.045\times0.045)\times\left\{\left(\frac{2.2}{0.9}-1\right)\right.$ $\left.\times\left(\frac{2.8}{0.9}-1\right)\right\}\times0.28\fallingdotseq0.0011\text{m}^3$			
3/D 3/020		방3 천장틀 설치용	육송(천장과 벽부분 설치용)$=\{(0.06\times0.054)$ $\times15.4\}+\{(0.06\times0.045)\times0.06\times\left(\frac{15.4}{0.9}+1)\right\}$ $\fallingdotseq0.0528\text{m}^3$ ※천장 주위 길이$=(3.1+4.6)\times2=15.4\text{m}$ 육송$=(0.045\times0.045)\times\left(\frac{3.1}{0.45}-1\right)\times4.6$ $+\left(\frac{4.6}{0.45}-1\right)\times3.1\}\fallingdotseq0.1031\text{m}^3$ 육송(달대)$=(0.045\times0.045)\times\left\{\left(\frac{3.1}{0.9}-1\right)\right.$ $\left.\times\left(\frac{4.6}{0.9}-1\right)\right\}\times0.28\fallingdotseq0.0045\text{m}^3$			
3/D 3/020		현관 천장틀 설치용	육송(천장과 벽부분 설치용)$=\{(0.06\times0.054)$ $\times5.6\}+\left\{(0.06\times0.045)\times0.06\times\left(\frac{5.6}{0.9}+1\right)\right\}$ $\fallingdotseq0.0193\text{m}^3$ ※천장 주위 길이$=(1+1.8)\times2=5.6\text{m}$ 육송$=(0.045\times0.045)\times\left\{\left(\frac{1}{0.45}-1\right)\times1.8\right.$ $\left.+\left(\frac{1.8}{0.45}-1\right)\times1\right\}\fallingdotseq0.0097\text{m}^3$			

도면	명 칭	구 분	수 량 산 출	단위	수량	비고
(1/004)		문틀설치용	나왕((1/AW) 목제창, 거실 1개소) = (0.045 + 0.005) × (0.12 + 0.003) × (3 + 1.8) × 2 ≒ 0.059m^3 나왕((1/WD) 목제문, 침실 4개소) = (0.045 + 0.005) × (0.15 + 0.003) × (0.9 + 2.1) × 2 × 4 ≒ 0.1836m^3 나왕((2/WD) 목제문, 화장실 1개소) = (0.045 + 0.005) × (0.15 + 0.003) × (0.7 + 2.1) × 2 ≒ 0.0428m^3 나왕((3/WD) 목제문, 부엌 및 식당 1개소) = (0.045 + 0.005) × (0.15 + 0.003) × (0.9 + 2.1) × 2 ≒ 0.0459m^3 나왕((2/AW) 목제창, 부엌 및 식당 1개소) = (0.045 + 0.005) × (0.12 + 0.003) × (1.1 + 0.6) × 2 ≒ 0.0209m^3 나왕((4/AW) 목제창, 침실 · 부엌 및 식당 5개소) = (0.045 + 0.005) × (0.12 + 0.003) × (1.5 + 1.6) × 2 × 5 ≒ 0.1906m^3 나왕((5/AW) 목제창, 안방 1개소) = (0.045 + 0.005) × (0.12 + 0.003) × (1.8 + 1.6) × 2 ≒ 0.0418m^3 나왕((4/WD) 목제문, 현관 1개소) = (0.045 + 0.005) × (0.12 + 0.003) × (1.8 + 2.1) × 2 ≒ 0.048m^3			문틀의 대패질 치수는 한쪽면인 경우 3mm, 양쪽면인 경우 5mm로 한다.
		육송소요량 나왕소요량	육송 = (0.3221 + 0.00036 + 0.01069 + 0.00456 + 0.0034 + 0.0054 + 0.1276 + 0.07248 + 0.2226 + 0.1723 + 0.0758 + 0.0747 + 0.1604 + 0.029) × 1.05 ≒ 1.346m^3 나왕 = (0.016 + 0.00932 + 0.01247 + 0.02 + 0.6326) × 1.05 ≒ 0.725m^3			
(4/D) (1/013)	합판	거실의 마루 설치용	합판(12mm) = {(3.6 − 0.2) × (4.7 − 0.2)} + {(1.2 − 0.2) × (1.8 − 0.2)} = 16.9m^2 무늬합판(12mm) = (3.6 × 4.5) + (1.2 × 1.6) = 18.12m^2	(합판) m^2 (무늬합판) m^2	 87.9 19.03	
		현관천장설치용 큰방천장설치용 부엌천장설치용 방1천장설치용 방2천장설치용	합판(4.5mm) = (1.2 − 0.2) × (2 − 0.2) = 1.8m^2 합판(4.5mm) = (3.6 − 0.2) × (4.5 − 0.2) = 14.62m^2 합판(4.5mm) = (3 − 0.2) × (3.6 − 0.2) = 9.52m^2 합판(4.5mm) = (2.3 − 0.2) × (3 − 0.2) = 5.88m^2 합판(4.5mm) = (2.4 − 0.2) × (3 − 0.2) = 6.16m^2			

도면	명 칭	구 분	수 량 산 출	단위	수량	비고
		방3천장설치용 거실천장설치용	합판(4.5㎜)=(3.3−0.2)×(4.8−0.2)=14.26m^2 합판(4.5㎜)=(4.7−0.2)×(3.8−0.2)=16.2m^2			
		합판소요량 무늬합판소요량	합판=85.34×1.03≒87.9m^2 무늬합판=18.12×1.05≒19.03m^2			
	평슬레이트 (4.5㎜)	화장실천장 설치용	평슬레이트(45.㎜)소요량 =(1.8−0.2)×(2.4−0.2)×1.03≒3.63m^2	m^2	3.63	
1/013 11/D	단열재 (난연성스 티로폼 25㎜)	거실벽 및 천장설치용	단열재={(4.5+3.6)×2×(2.4−0.15)} −{(3×1.8)+(1.8×2.1)+(0.9×2.1)×3 +(1.8−0.2)×(2.4−0.15)}=18m^2 단열재=(2.5×3.6)+(1×1.6)=10.6m^2	m^2	203.37	내벽 및 천장에 단열재를 설치한 것으로 한다.
		안방벽 및 천장설치용	단열재={(3.4+4.3)×2×(2.4−0.45)}−{(1.8 ×1.6)+(0.9×2.1)}=25.26m^2 단열재=3.4×4.3=14.62m^2			
1/D		부엌 및 식당의 벽 및 천장설치용	단열재=[{2.8+(3.6−0.1−0.7)×2}×(2.4 −0.084)]−{(0.9×2.3)+(1.5×1.6)+(0.9 ×2.1)}≒13.09m^2 단열재=2.8×3.4=9.52m^2			
		방1벽 및 천장설치용	단열재={(2.1+2.8)×2×(2.4−0.45)}−{(1.5 ×1.6)+(0.9×2.1)}=14.82m^2 단열재=2.1×2.8=5.88m^2			
		방2벽 및 천장설치용	단열재={(2.2+2.8)×2×(2.4−0.45)}−{(1.5 ×1.6)+(0.9×2.1)}=15.21m^2 단열재=2.2×2.8=6.16m^2			
		방3벽 및 천장설치용	단열재={(3.1+4.6)×2×(2.4−0.45)}−{(1.5 ×1.6)×2+(0.9×2.1)}=23.34m^2 단열재=3.1×4.6=14.26m^2			
		현관벽 및 천장설치용	단열재={(1+1.8)×2×2.6}−{(0.9×0.9) +(0.9×2.6)}=11.41m^2 단열재=1×1.8=1.8m^2			
		단열재소요량	단열재=183.97×1.1≒203.37m^2			
1/013 10/D 11/D 1/D	집섬보드 (12㎜)	거실, 방, 식당 현관벽 설치용	집섬보드=183.97m^2 ※집섬보드정미량=단열재정미량 집섬보드(걸레받이 부분)=0.45×{(3.4+4.3)×2 +(2.8+2.8×2)+(2.1+2.8)×2+(2.2 +2.8)×2+(3.1+4.6)×2+(4.5+3.6)×2 −0.9×6−1.8}=30.6m^2	m^2	225.3	
		집섬보드소요량	집섬보드=214.57×1.05≒225.3m^2			
	앵커볼트 (ϕ9, L=210)	거실마루설치용	앵커볼트=$\left(\frac{2.5}{0.9}+1\right)\times\left(\frac{3.6}{0.9}+1\right)+\left(\frac{1.2}{0.9}\right)$ $\times\left(\frac{1.6}{0.9}+1\right)$=17개	개	17	

9. 창호공사

도면	명 칭	구 분	수 량 산 출	단위	수량	비고
$\frac{1}{013}$ 창호도	목제미서기창	거실, 방, 부엌 및 식당 등	목제창 $=\frac{1}{AW}$1개소 $+\frac{5}{AW}$1개소 $+\frac{2}{AW}$1개소 $+\frac{4}{AW}$5개소 $+\frac{6}{AW}$1개소 $=$4매 $+$2매 $+$2매 $+$2매 $+$2매 $\times 5+$2매 $=$22매	매	22	창및문의 수량은개폐방식에 의한구분에따라종류별로산출한것이며,이를창호의규격에따라별도로구분하여야한다.
	목제여닫이문	거실, 방, 부엌 및 식당 등	목제문 $=\frac{1}{WD}$4개소 $+\frac{2}{WD}$1개소 $+\frac{3}{WD}$1개소 $=$6매	매	6	
	목제미서기문	현관	목제문 $=\frac{4}{WD}$1개소 $=$2매	매	2	
	알루미늄 미서기창	거실, 방, 부엌 및 식당 등	알루미늄창(100mm) $=(3\times 1.8)=5.4\text{m}^2$ 알루미늄창(80mm) $=(1.8\times 1.6)+(1.1\times 0.9)+(1.1\times 0.6)+(1.5\times 1.6)\times 5+(0.9\times 0.9)=17.34\text{m}^2$	m^2	17.34	창틀 포함
	알루미늄 여닫이문	부엌 및 식당	알루미늄문(100mm) $=(0.9\times 2.3)+(0.9\times 2.5)=4.32\text{m}^2$	m^2	4.32	
	레일	거실, 방, 부엌 및 식당 등	레일 $=\frac{1}{AW}$1개소 $+\frac{5}{AW}$1개소 $+\frac{2}{AW}$1개소 $+\frac{4}{AW}$5개소 $+\frac{4}{WD}$1개소 $=5.8+3.4+2+2.8\times 5+3.4=28.6$m	m	28.6	알루미늄 창호의 철물은 제외된 것이다.
	호차	〃	호차 $=8+4+4+4\times 5+4=$40개	개	40	
	오목손잡이	〃	오목손잡이 $=4+2+2+2\times 5+4=$22개	개	22	
	꽂이쇠	〃	꽂이쇠 $=2+1+1+1\times 5+1=$10개	개	10	
	정첩	〃	정첩 $=\frac{1}{WD}$4개소 $+\frac{2}{WD}$1개소 $+\frac{3}{WD}$1개소 $+\frac{1}{AD}$1개소 $+\frac{2}{AD}$1개소 $=3\times 4+3+3+3+3=$24개	개	24	
	실린더자물쇠	방, 화장실, 현관 등	실린더자물쇠 $=\frac{1}{WD}$4개소 $+\frac{2}{WD}$1개소 $+\frac{3}{WD}$1개소 $+\frac{1}{AD}$1개소 $+\frac{2}{AD}$1개소 $=4+1+1+1+1=$8조	조	8	
	도어클로저	현관	도어클로저 $=\frac{2}{AD}$1개소 $=$1개	개	1	
	도어스톱	현관, 부엌 및 식당	도어스톱 $=\frac{1}{AD}$1개소 $+\frac{2}{AD}$1개소 $=$2개	개	2	

10. 유리공사

도면	명 칭	구 분	수 량 산 출	단위	수량	비고
창호도	맑은유리		맑은유리(3㎜) = $\frac{1}{AW}$ 1개소 + $\frac{6}{AW}$ 1개소 + $\frac{3}{WD}$ 1개소 + $\frac{2}{AW}$ 1개소 + $\frac{4}{AW}$ 5개소 + $\frac{5}{AW}$ 1개소 + $\frac{4}{WD}$ 1개소 + $\frac{1}{AD}$ 1개소 + $\frac{2}{AD}$ 1개소 = (3×1.8)×1.2+(0.9×0.9)×1.2+(0.45×0.56)+(1.1×0.6)×1.2+(1.5×1.6)×1.2×5+(1.8×1.6)×1.2+(0.9×0.5)×2+(0.3×0.9)×1.2+(0.5×0.9)×1.2≒28.12m^2	m^2	28.12	창짝 및 문짝의 치수가 표시되어 있지 않으므로 유리끼우기 홈을 고려한 정확한 면적으로 계산하지 못하여 근사면적으로 계산한 것이다. 목재창은 창문틀 테두리 면적의 90%로 하고 알루미늄창은 테두리 면적의 20%를 가산한 것을 유리 소요량으로 산출한 것이다.
	무늬유리		무늬유리(3㎜) = $\frac{1}{AW}$ 1개소 + $\frac{2}{AW}$ 1개소 + $\frac{3}{AW}$ 1개소 + $\frac{4}{AW}$ 5개소 + $\frac{5}{AW}$ 1개소 = (3×1.8)×0.9+(1.1×0.6)×0.9+(1.1×0.9)×1.2+(1.5×1.6)×0.9×5+(1.8×1.6)×0.9≒20.03m^2 무늬유리(5㎜) = $\frac{1}{AD}$ 1개소 + $\frac{2}{AD}$ 1개소 =(0.9×2)×2×1.2=4.32m^2	m^2	24.35	
	유리끼우기		유리끼우기=(28.12+20.03+4.32)×0.9 =47.22m^2	m^2	47.22	
	유리닦기		유리닦기=(28.12+20.03+4.32)×0.9 =47.22m^2	m^2	47.22	

11. 방수공사

도면	명 칭	구 분	수 량 산 출	단위	수량	비고
$\frac{1}{004}$ $\frac{2}{014}$	액체방수 (2차)	화장실	액체방수(바닥)=(2.2×1.6)=3.52m^2 액체방수(벽하부)={(2.2+1.6)×2−0.7}×0.9 =6.21m^2	m^2	160.93	액체방수면적당 (m^2당) 소요재료량은 품셈표에 의하여 별도계산한다.
		평지붕	액체방수(바닥)={(11.3−0.2)×(13.6−0.2)} −{(2.5×5.9)+(2×2.1)}=129.79m^2 액체방수(지붕파라펫)=(0.38+0.05)×(11.3+13.6)×2≒21.41m^2			
6/D	아스팔트 컴파운드 (H=250㎜)	외부콘크리트바닥	아스팔트컴파운드 =1.5+1.9+0.3+5.9+2.5+1.5=13.6m	m	51.1	
		현관, 거실 및 화장실 콘크리트바닥	아스팔트컴파운드=5.7+1.8+1.1+1.6+8.1+1.6+3.4+1.8=25.1m			
		부엌 및 식당바닥	아스팔트컴파운드=(3.4+2.8)×2=12.4m			

12. 수장공사

도면	명 칭	구 분	수 량 산 출	단위	수량	비고
1/004 5/D 1/D 실내마감 표참조	초배지	현관, 거실, 방, 식당 및 부엌벽면 벽지바름용	초배지(1회)=152.25×1.2=182.7m^2 ※벽면적={(1.1×2+1.8)+(4.5+3.6)×2 +(1.2×2+1.6)+(3.4+4.3)×2+(2.8×2 +2.8)+(2.1+2.8)×2+(2.2+2.8)×2 +(3.1+4.6)×2}×2.4−(0.9×0.9+0.9 ×2.5+3×1.8+1.8×1.6+1.1×0.9+1.1 ×0.6+0.9×2.3+1.5×1.6×5+0.9×2.1 ×2×5+0.7×2.1)=152.25m^2	m^2	341.83	
		현관, 거실, 방, 식당 및 부엌천장면 반자지바름용	초배지(1회)=70.54×1.2≒84.65m^2 ※천장면적=(1.1×1.8)+(4.5×3.6)+(1.2 ×1.6)+(3.4×4.3)+(3.4×2.8)+(2.1 ×2.8)+(2.2×2.8)+(3.1×4.6)=70.54m^2			
		방바닥 장판지바름용	초배지(1회)=62.07×1.2≒74.48m^2 ※방바닥 및 굽도리면적=(3.4×4.3)+(2.1 ×2.8)+(2.2×2.8)+(3.1×4.6)+{(3.4 +4.3)×2−0.9}×0.45+{(2.1+2.8)×2 −0.9}×0.45+{(2.2+2.8)×2−0.9} ×0.45+{(3.1+4.6)×2−0.9}×0.45 =62.07m^2			
	재배지	벽지 및 반자지바름용	재배지(2회)=(152.25+70.54)×2.4≒534.7m^2 재배지(1회)=62.07×1.2≒74.48m^2	m^2	609.18	
	정벌지	장판지 바름용	정벌지(1회)=62.07×1.1≒68.28m^2	m^2	68.28	
	벽지	벽 도배용	벽지(1회)=152.25×1.2≒182.7m^2	m^2	182.7	
	반자지	천장 도배용	반자지(1회)=70.54×1.2≒84.65m^2	m^2	84.65	
	장판지	바닥 도배용	장판지(1회)=62.07×1.1≒68.28m^2	m^2	68.28	
	풀	도배용	풀(벽 및 천장도배용)=(152.25+70.54)×0.05 ≒11.14kg 풀(바닥도배용)=62.07×0.17≒10.55kg	kg	21.69	
3/014	아스타일	식당 및 부엌바닥 깔기용	아스타일=8.12×1.05≒8.53m^2 ※식당 및 부엌바닥면적=(3.6−0.1−0.6) ×(3−0.2)=8.12m^2	m^2	8.53	
	접착제	〃	접착제=8.12×0.42≒3.41kg	kg	3.41	

13. 잡공사

도면	명 칭	구 분	수 량 산 출	단위	수량	비고
5/D	단열재 (25㎜)	온돌축조용	단열재=40.92×1.1≒45.01m^2 ※온돌축조면적=(3.4×4.3)+(2.1×2.8)+(2.2×2.8)+(3.1×4.6)=40.92m^2	m^2	45.01	온돌축조용파이프는 별도계상한다.
	자갈	〃	자갈=40.92×0.076×1.1=3.42m^3	m^3	3.42	
	왕사콘크리트	〃	왕사콘크리트=40.92×0.03≒1.23m^3	m^3	1.23	
	모르타르	〃	모르타르=40.92×0.024≒0.98m^3	m^3	0.98	
1/013	선홈통	물받이용	선홈통(ϕ75㎜, P.V.C)=3.08×4개소=12.32m ※1개소당길이=3.4−0.12−0.2=3.08m	m	12.32	
	깔대기홈통	〃	깔기대기홈통=4개	개	4	
	콘크리트물받이	〃	콘크리트물받이=4개	개	4	
2/019	루프드레인	평지붕용	루프드레인(ϕ75㎜)=4조	조	4	
1/013	환기구		환기구(ϕ50㎜, P.V.C파이프)=2−0.2=1.8m	m	1.8	
3/019	이동식 아궁이		이동식아궁이=4개소	개소	4	
5/019	굴뚝축조		굴뚝축조=3개소	개소	3	
4/019	구들벽축조		구들벽축조=4개소	개소	4	

부록 2 주택(벽돌조 및 기와잇기 지붕) 신축공사 수량 산출 실습 과제

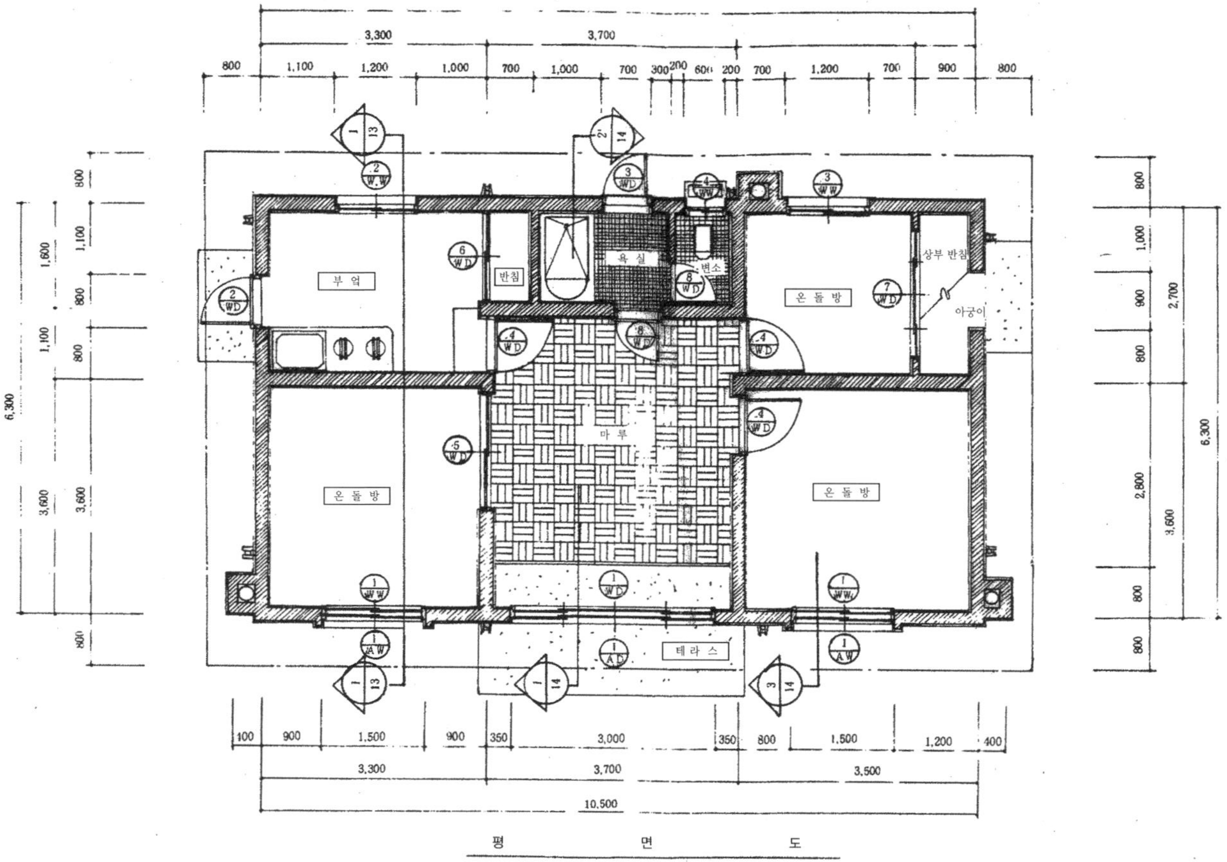

평 면 도

단독주택(농촌형) 설계도	도면명	평 면 도	도면번호	11

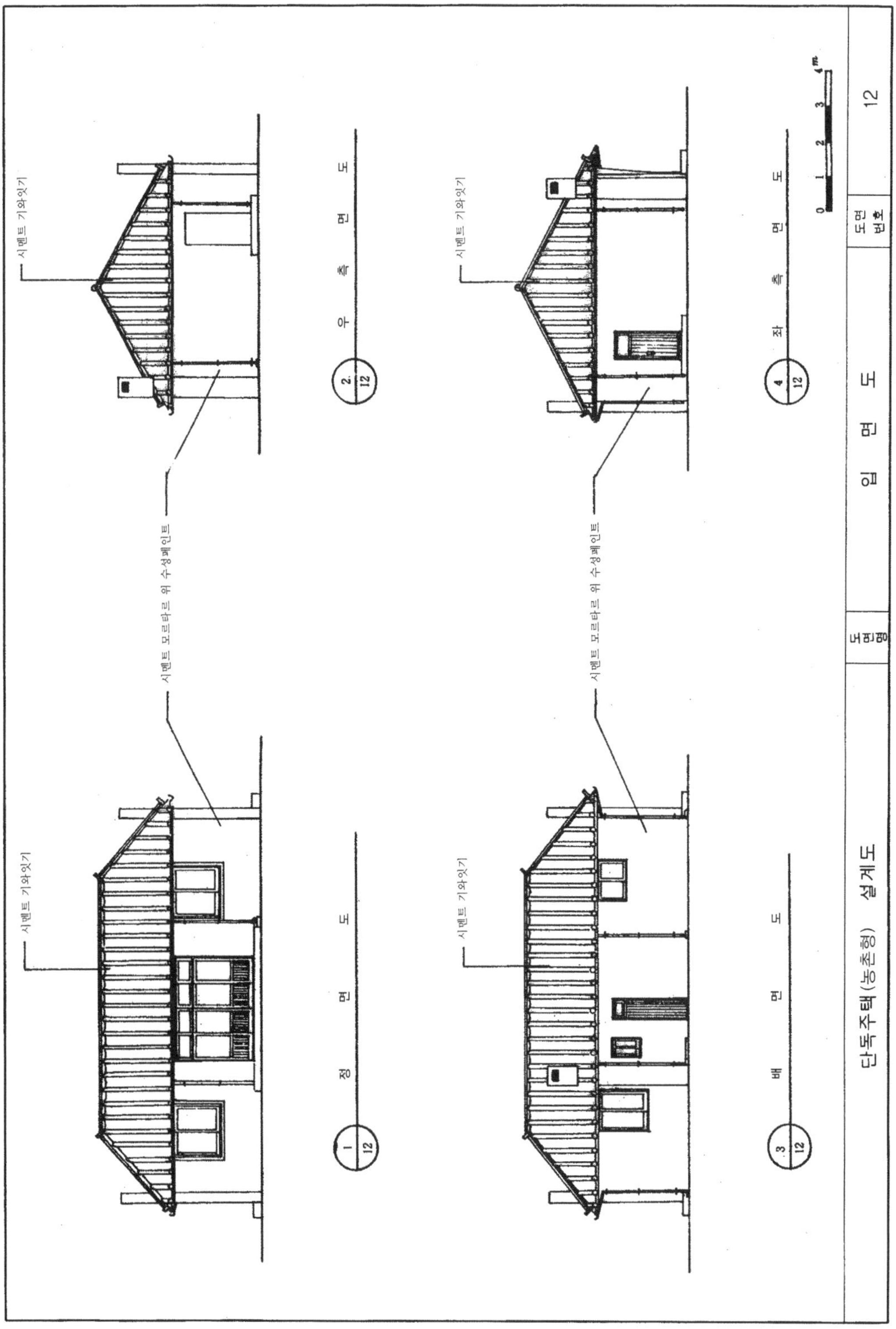
시멘트 기와잇기
시멘트 모르타르 위 수성페인트
1/12 정 면 도
2/12 우 측 면 도
3/12 배 면 도
4/12 좌 측 면 도
0 1 2 3 4m
단독주택(농촌형) 설계도
도면명
입 면 도
도면번호
12

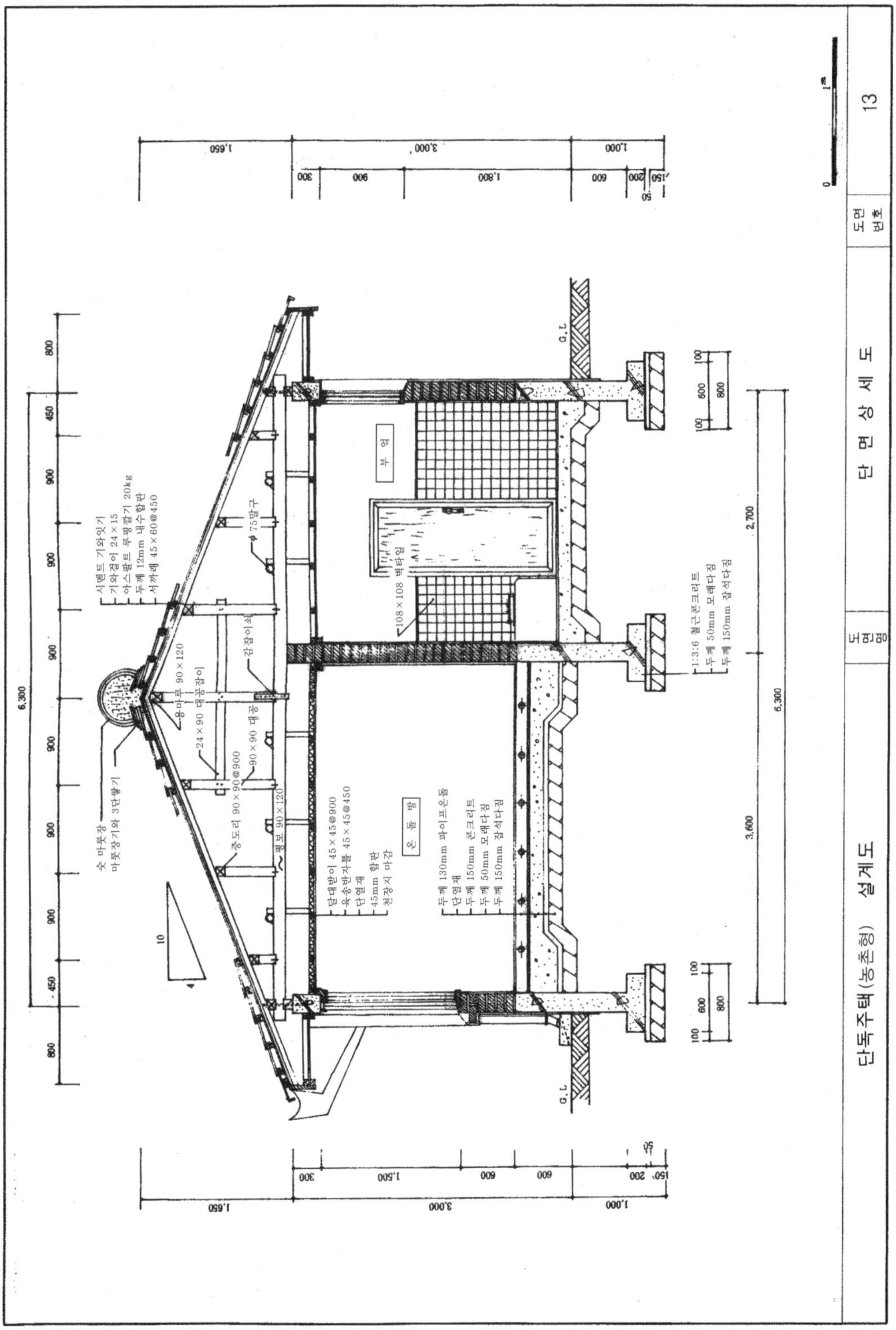
단독주택(농촌형) 설계도
도면명
단면상세도
도면번호
13

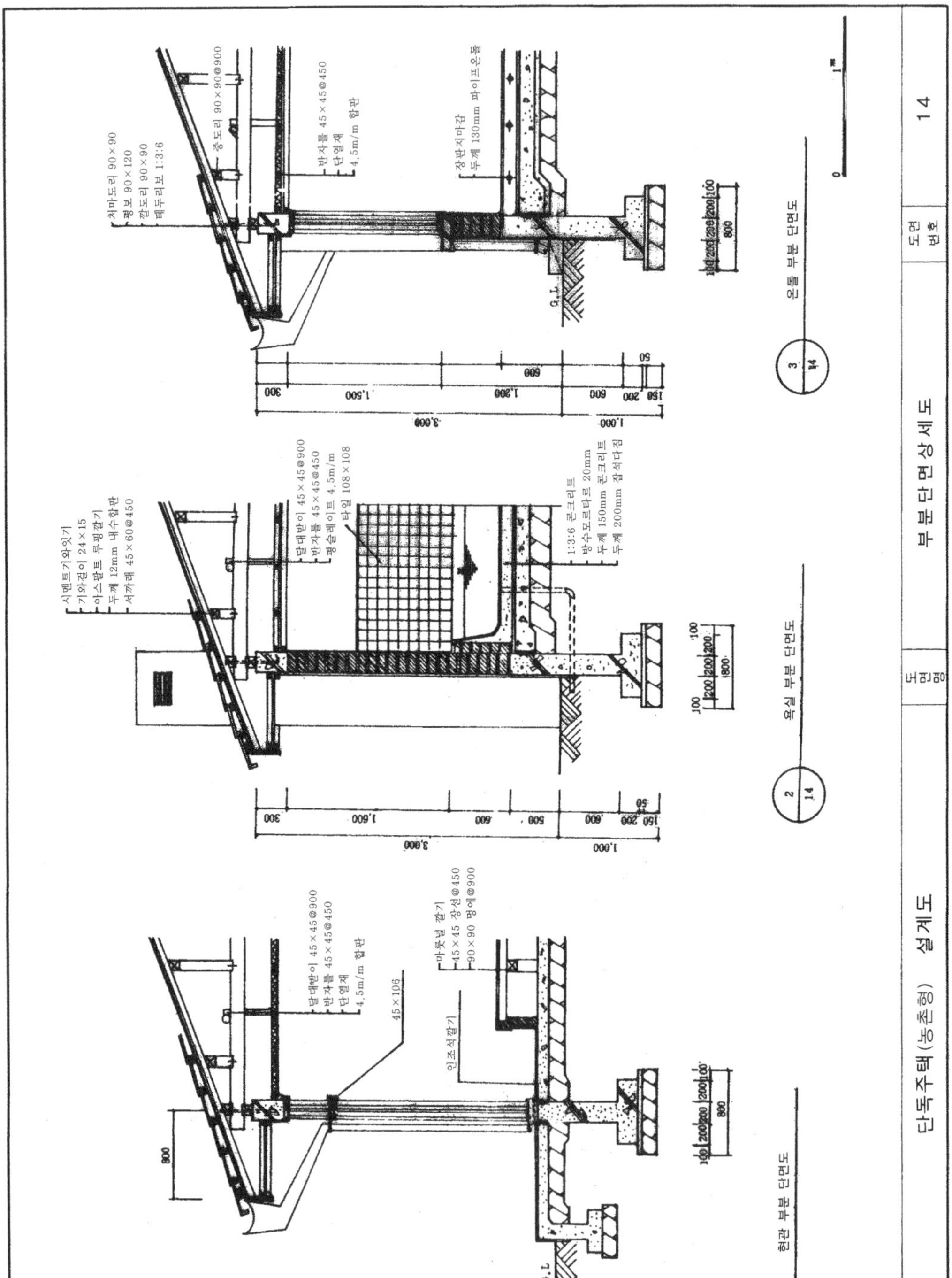
단독주택(농촌형) 설계도
부분단면상세도
도면명
도면번호
14
현관 부분 단면도
욕실 부분 단면도
온돌 부분 단면도

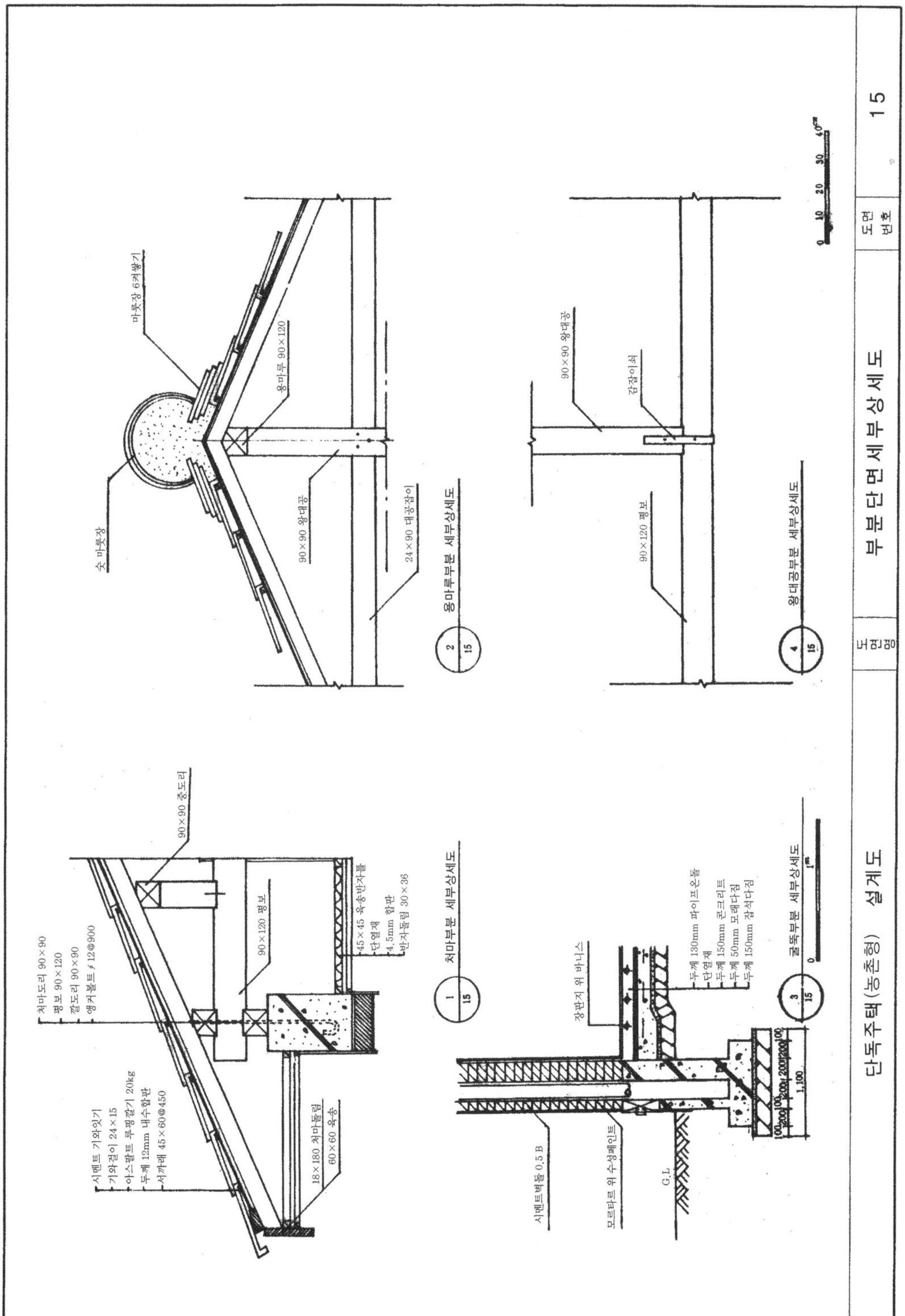
단독주택(농촌형) 설계도
부분단면세부상세도
도면명
도면번호
15
처마부분 세부상세도
1
15
시멘트 기와잇기
기와걸이 24×15
아스팔트 루핑깔기 20kg
두께 12mm 내수합판
서까래 45×60@450
처마도리 90×90
평보 90×120
깔도리 90×90
앵커볼트 ∮12@900
90×90 중도리
90×120 평보
45×45 육송반자틀
단열재
4.5mm 합판
반자돌림 30×36
18×180 처마돌림
60×60 육송
용마루부분 세부상세도
2
15
숫마룻장
마룻장 6켜쌓기
용마루 90×120
90×90 왕대공
24×90 대공잡이
굴뚝부분 세부상세도
3
15
시멘트벽돌 0.5B
모르타르 위 수성페인트
G.L
장판지 위 바니스
두께 130mm 파이프온돌
단열재
두께 150mm 콘크리트
두께 50mm 모래다짐
두께 150mm 잡석다짐
1,100
왕대공부분 세부상세도
4
15
90×90 왕대공
감잡이쇠
90×120 평보

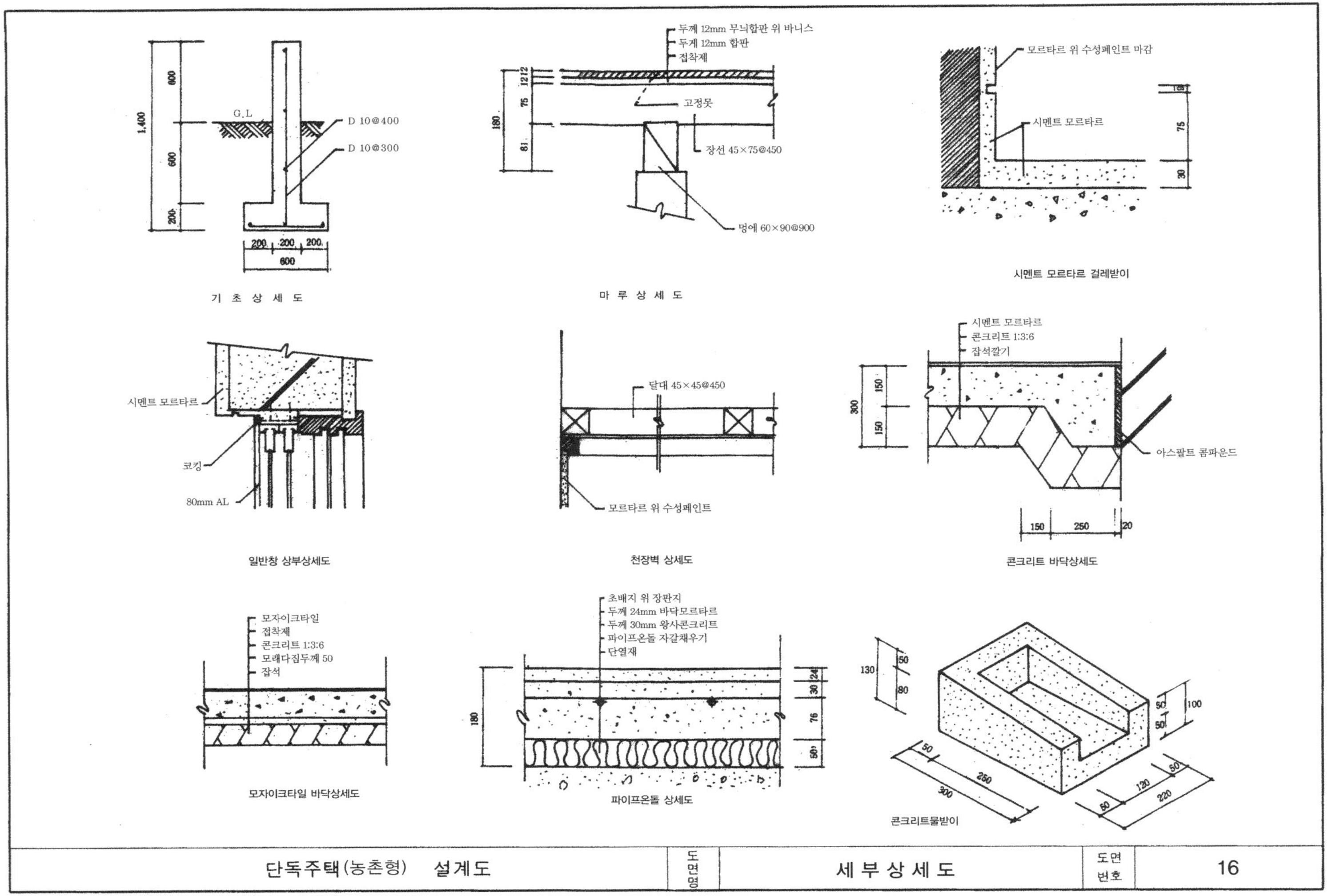
1,400
600
600
200
G.L
D 10@400
D 10@300
200 200 200
600
기 초 상 세 도
두께 12mm 무늬합판 위 바니스
두께 12mm 합판
접착제
180
1212
75
81
고정못
장선 45×75@450
멍에 60×90@900
마 루 상 세 도
모르타르 위 수성페인트 마감
시멘트 모르타르
75
30
시멘트 모르타르 걸레받이
시멘트 모르타르
코킹
80mm AL
일반창 상부상세도
달대 45×45@450
모르타르 위 수성페인트
천장벽 상세도
시멘트 모르타르
콘크리트 1:3:6
잡석깔기
300
150
150
아스팔트 콤파운드
150 250 20
콘크리트 바닥상세도
모자이크타일
접착제
콘크리트 1:3:6
모래다짐두께 50
잡석
모자이크타일 바닥상세도
초배지 위 장판지
두께 24mm 바닥모르타르
두께 30mm 왕사콘크리트
파이프온돌 자갈채우기
단열재
180
24
30
76
50
파이프온돌 상세도
130
50
80
100
50
50
250
300
120
220
콘크리트물받이
단독주택(농촌형) 설계도
도면명
세 부 상 세 도
도면번호
16

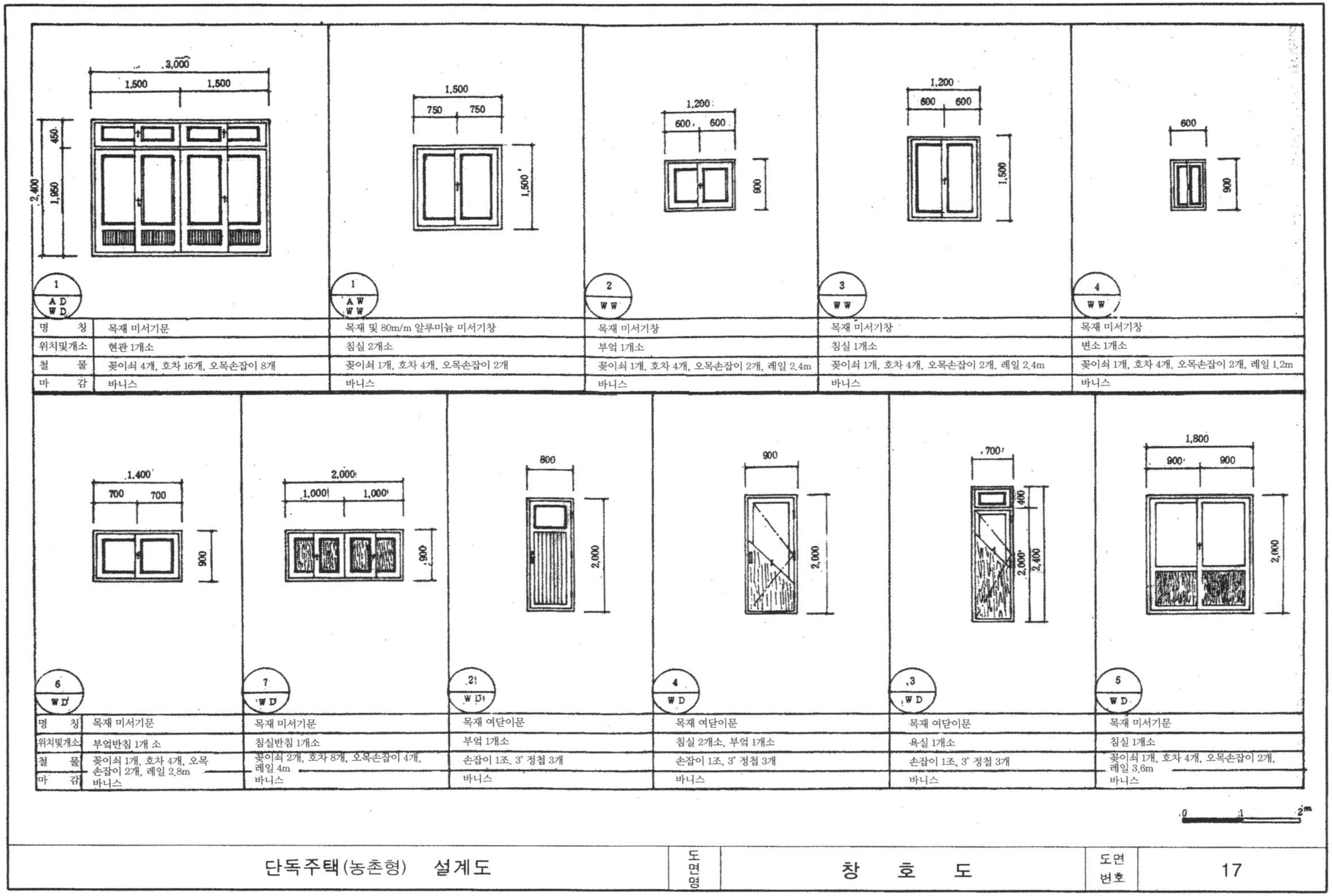
1 AD WD
3,000
1,500 1,500
2,400 450 1,950
명칭 목재 미서기문
위치및개소 현관 1개소
철물 꽂이쇠 4개, 호차 16개, 오목손잡이 8개
마감 바니스
1 AW WW
1,500
750 750
1,500
목재 및 80m/m 알루미늄 미서기창
침실 2개소
꽂이쇠 1개, 호차 4개, 오목손잡이 2개
바니스
2 WW
1,200
600 600
900
목재 미서기창
부엌 1개소
꽂이쇠 1개, 호차 4개, 오목손잡이 2개, 레일 2.4m
바니스
3 WW
1,200
600 600
1,500
목재 미서기창
침실 1개소
꽂이쇠 1개, 호차 4개, 오목손잡이 2개, 레일 2.4m
바니스
4 WW
600
900
목재 미서기창
변소 1개소
꽂이쇠 1개, 호차 4개, 오목손잡이 2개, 레일 1.2m
바니스
6 WD
1,400
700 700
900
명칭 목재 미서기문
위치및개소 부엌반침 1개 소
철물 꽂이쇠 1개, 호차 4개, 오목손잡이 2개, 레일 2.8m
마감 바니스
7 WD
2,000
1,000 1,000
900
목재 미서기문
침실반침 1개소
꽂이쇠 2개, 호차 8개, 오목손잡이 4개, 레일 4m
바니스
21 WD
800
2,000
목재 여닫이문
부엌 1개소
손잡이 1조, 3" 정첩 3개
바니스
4 WD
900
2,000
목재 여닫이문
침실 2개소, 부엌 1개소
손잡이 1조, 3" 정첩 3개
바니스
3 WD
700
400 2,000 2,400
목재 여닫이문
욕실 1개소
손잡이 1조, 3" 정첩 3개
바니스
5 WD
1,800
900 900
2,000
목재 미서기문
침실 1개소
꽂이쇠 1개, 호차 4개, 오목손잡이 2개, 레일 3.6m
바니스
0 1 2m
단독주택(농촌형) 설계도
도면명 창 호 도
도면번호 17

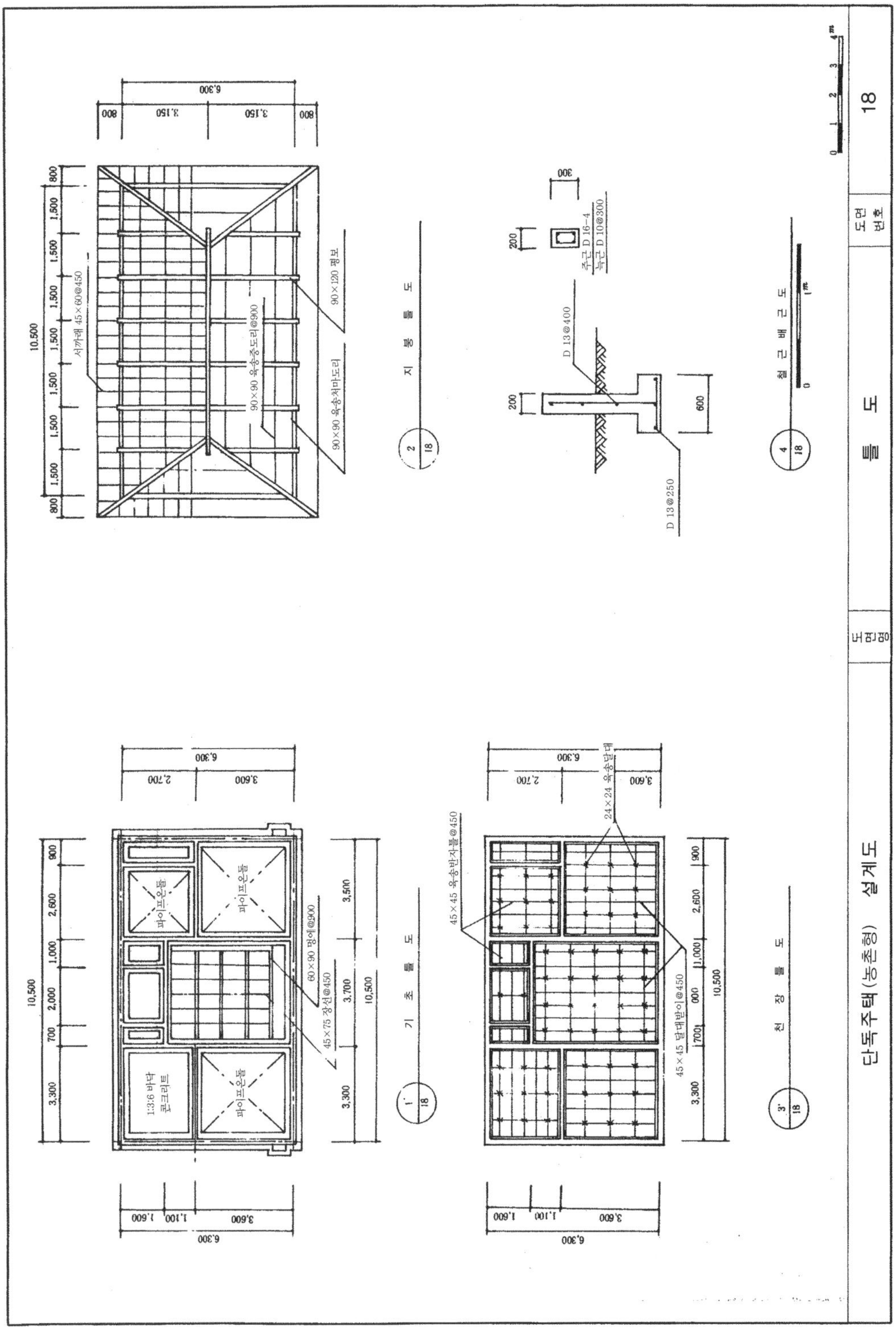

단독주택(농촌형) 설계도
틀 도
도면명
도면번호
18
기 초 틀 도
천 장 틀 도
지 붕 틀 도
철 근 배 근 도
파이프온돌
1:3:6 바닥 콘크리트
45×75 장선@450
60×90 멍에@900
45×45 달대받이@450
45×45 육송반자틀@450
24×24 육송달대
서까래 45×60@450
90×90 육송중도리@900
90×90 육송처마도리
90×120 평보
D 13@400
D 13@250
주근 D 16-4
늑근 D 10@300
10,500
6,300

실 내 마 감 표

실명 \ 구분	바닥		걸레받이		벽		천장		천장고 (m/m)	비고
	바탕	마감	바탕	마감	바탕	마감	바탕	마감		
현관	시멘트 모르타르	모자이크타일	시멘트 모르타르	크링커타일	시멘트 모르타르	벽지	두께 4.5m/m 합판	천장지	2,500	
거실	두께12m/m 무늬합판	바니스	라왕	바니스H=90m/m	시멘트 모르타르	벽지	두께 4.5m/m 합판	천장지	2,500	
방	파이프온돌	장판 위 바니스	–	–	시멘트 모르타르	벽지	두께 4.5m/m 합판	천장지	2,150	
부엌	시멘트 모르타르	모자이크타일	시멘트 모르타르	세라믹타일	시멘트 모르타르	수성페인트	두께 4.5m/m 합판	천장지	2,500	
욕실	액체방수	모자이크타일 (구배=1/100)	–	–	상(上) 시멘트 모르타르	수성페인트	두께 4.5m/m 평슬레이트	수성페인트	2,500	
반침	두께 12m/m 합판	조합페인트	–	–	시멘트 모르타르	벽지	두께 4.5m/m 합판	천장지	–	

실 내 면 적 표

실명	온돌방					현관 및 거실 (복도포함)	화장실	부엌	욕실	(반침)	창고	계	합계					비고
	방1	방2	방3	방4	소계													
면적 m^2(평)	11.88 (3.6)	12.6 (2.2)	7.02 (3.8)		31.5 (9.6)	17.39 (5.3)	1.6 (0.48)	8.92 (2.7)	3.1 (0.97)	3.55 (1.07)		34.65 (10.5)	66.15 (20.0)					

단독주택(농촌형) 설계도	도면명	실 내 마 감 표

부록 3 수량조서 양식

(1) 수량조서 (일반용)

No. (　　)

구 분	부호 No.	명 칭	품종 · 내용 · 치수	계 산	수 량	

(2) 철근콘크리트 수량조서

① 수량조서

No. (　　)

구 분		콘크리트 (m^3)			거푸집(m^2)			철 근(m)			D10	D13	D16	D19	D22	D25
부호	개소	산출식	레미콘	용적배합	산출식	재치장용회	일반용회	위치	직경	산출식	0.56	0.995	1.56	2.25	3.04	3.98
계																

② 수량 집계표

No. (　　)

건축명칭			층 수		건축면적	연면적
			지 상		m^2 (평)	m^2 (평)
			지 하			

구 분	철근 지름	10	13	16	19	22	25	계(t)	콘크리트 (m^3)	거푸집 (m^2)	비고
	내용 \ kg/m	0.56	0.995	1.56	2.25	3.04	3.98				
기 초	연길이										
	무 게										
기 둥	연길이										
	무 게										
보	연길이										
	무 게										
바닥판	연길이										
	무 게										
계 단	연길이										
	무 게										
벽	연길이										
	무 게										
기 타 부 위	연길이										
	무 게										
계	연길이										
	무 게										
할증	할증률							%	%	%	
	할증량							t	m^3	m^2	
총 합 계								t	m^3	m^2	
콘크리트에 대한 비율								t/m^3		m^2/m^3	
건축물면적당비율								t/m^2	m^3/m^2	m^2/m^2	

(3) 철골수량조서

① 수량조서

No. (　　　)

구 분	부호 No.	명 칭	형 상	치 수 (mm)	단위 (길이, 면적)	개 수	개 소	수 량					

② 수량 집계표

No. (　　　)

건축명칭			층 수		건축면적	연면적
구조개요			지 상	층	m^2	m^2
			지 하	층	(평)	(평)
구 분	내용 · 치수	형 강(kg)	강 판 (kg)		리벳 · 볼트(kg)	합계(kg)
합 계						
할 증	할증률	%	%		총	%
	할증량	kg	kg		kg	kg
총 합 계		kg	kg		kg	kg
콘크리트에 대한 비율		t/m^3	t/m^3		t/m^3	t/m^3
건축물면적당비율		t/m^2	t/m^2		t/m^2	t/m^2

(4) 목재수량조서

① 수량조서

No. (　　　)

부호 No.	명　칭	품 종	치 수	개소	수 량	단위	단 재 수		총 재 수	

② 수량 집계표

No. (　　　)

구분	명 칭	치　수 (길이×너비×두께)	각　재				널 또는 합 판	기 타	
			나왕	미송	육송	합계			
합　계									
할　증		할　증　률							
		할　증　량							
총 합 계									
구조단위별비율		구조 부 분 명							
		구조　부분비율							
건축면적당비율									
건 축 물 개 요		건축면적		m^2		연면적		m^2	

(5) 벽돌 수량조서

No. (　　　)

위 치	적요	산 출 식	단위	수 량		
				0.5B	1.0B	1.5B

(6) 창호 및 유리수량조서

① 창호 수량조서

No. (　　　)

부 호	창 호 명	개소	(　　　　　) 재				
			규　격	단 재	본 수	재 적	계

② 유리 수량조서

No. (　　　)

창호명	정미치수	소요치수	개 소 당 유리매수	정미면적	소요면적	두변의 길이	비 고

(7) 마감공사수량조서

No. (　　　)

위 치	마감 명칭	구분	산 출 식	수량		

부록 4 견적서식

(1) 건축공사비 내역서(집계표)

공 사 비 내 역 서

공 사 명 ____________

공사금액 ____________ 원정

(도급금액) ____________

명 칭	규 격	단위	수량	금액		비고
				자재비	인건비	
1. 가설공사						
2. 기초 및 토공사						
3. 철근콘크리트공사						
4. 철골공사						
5. 조적공사						
6. 미장공사						
7. 방수공사						
8. 석공사						
9. 철거공사						
10. 타일공사						
11. 목공사						
12. 창호공사						
13. 유리공사						
14. 도장공사						
15. 지붕 및 홈통공사						
16. 수장공사						
17. 금속공사						
18. 기타공사						
19. PC공사						
20. 운반공사						
소 계						
21. 고자재대 공제(-)						
차 인 계						
22. 지급 자재대						
합 계						

(2) 건축공사비 내역서

No.__________________ (갑지)

__________________________ 서

20 년 월 일

공 사 명 : __________________

공사금액 : __________________ 주소

공사내용 : __________________

○○○○주식회사

대표이사 ○○○

귀하 전화 ( )

위와 같이 합니다.

명 칭	규 격	수 량		단 위	단 가(원)		금 액(원)		비고

(3) 건축공사원가계산서

공사명 : **공사기간 :**

비목 \ 구분			금액	구성비	비고
순공사원가	재료비	직접재료비 간접재료비 작업실 · 부산물등(△)			
		소계			
	노무비	직접노무비 간접노무비			
		소계			
	경비	전력비 수도광열비 운반비 기계경비 특허권사용료 기술료 연구개발비 품질관리비 가설비 지급임차료 보험료 복리후생비 보관비 외주가공비 안전관리비 소모품비 여비 · 교통비 · 통신비 세금과공과 폐기물처리비 도서인쇄비 지급수수료 환경보전비 보상비 안전점검비 건설근로자퇴직공제부금비 기타법정경비			
		소계			
일반관리비[(재료비+노무비+경비)×( )%]					
이윤[(노무비+경비+일반관리비)×( )%]					
총원가					
공사 손해보험료[보험가입 대상공사 부분의 총원가×( )%]					

■ 참고문헌

1. 건축공사표준품셈, 국토교통부 편, (주)건설연구사, 2016.
2. 건축공사적산학, 장기인 저, 야정문화사, 1995.
3. 건축적산학, 심명섭 외 4인 공저, 기문당, 2008.
4. 건축적산실무, 장영춘 저, 기문당, 2010.
5. 건축전산적산, 이택운 외 1인 공저, 기문당, 2007.
6. 건축적산실무, 이택운 저, 기문당, 2009.
7. 건축적산학, 양극영 외 1인 공저, 공간예술사, 1999.
8. 건축적산 · 견적학, 최산호 외 1인 공저, 기문당, 2006.
9. 건축적산실습, 최준오 외 3인 공저, 구미서관, 1997.
10. 건축견적, 대한주택공사, 대한주택공사, 1990.
11. 해체공법과 적산, 유병억 역, 기문당, 1982.
12. 건축적산학, 조준현 저, 기문당, 2013.
13. 표준건축적산, 조준현 저, 기문당, 1989.
14. 건축공사적산(일위대가), 조준현 저, 한국적산연구소, 1988.
15. 건축적산자료집성, 조준현 저, 건설연구사, 1983.
16. 건축시공학, 정상진 외 6인 공저, 기문당, 2003.
17. 건축시공학, 심명섭 외 5인 공저, 기문당, 1996.
18. 철골의 적산요령, 도서출판 신기술 편집부, 신기술, 1997.
19. 철근콘크리트조 건축의 적산, 奧田幸司 외 3인 공저, 창국사, 1985.
20. 건축공사표준시방서(건설교통부 제정), 대한건축학회 저, 기문당, 1999.